キーワードと基本知識

1章

元素記号と元素名，周期表

H, He, Li, Be, B, C, N, O, F, Ne, Na, Mg, Al, Si, P, S, Cl, Ar, K, Ca（元素名で周期表の形に書けること），多量・微量必須元素

元素の族番号とイオンの価数(電荷)，原子価(共有結合の手の数)；ハロゲン，貴ガス

1, 2, 13～18族：イオンの価数と原子価	＋1，＋2，＋3，…，…，－2，－1，0；(1)…，…，4，3，2，1，0
ハロゲン(17族)，貴ガス(18族)	Fフッ素，Cl塩素，Br臭素，Iヨウ素；高貴なガス(希ガス)

イオン，酸化物，塩の名称と化学式(元素の族番号と価数との関係，交差法)

リチウムイオン，ナトリウムイオン，カリウムイオン	Li^+，Na^+，K^+，
マグネシウムイオン，カルシウムイオン，アルミニウムイオン	Mg^{2+}，Ca^{2+}，Al^{3+}
塩化物イオン，ヨウ化物イオン，酸化物イオン	Cl^-，I^-，O^{2-}
鉄(II)イオン，鉄(III)イオン，酸化鉄(II)，酸化鉄(III)（交差法）	Fe^{2+}，Fe^{3+}，FeO，Fe_2O_3
塩化ナトリウム(食塩)，塩化カルシウム，塩化鉄(III)	NaCl，$CaCl_2$，$FeCl_3$

塩酸，オキソ酸(非金属酸化物から生じた酸)とそのイオン，塩の名称と化学式

塩酸，硫酸，硫酸水素イオン，硫酸イオン	HClの水溶液，H_2SO_4，HSO_4^-，SO_4^{2-}
硫酸水素ナトリウム，硫酸ナトリウム，硫酸アルミニウム（交差法）	$NaHSO_4$，Na_2SO_4，$Al_2(SO_4)_3$
硝酸，硝酸イオン，硝酸ナトリウム	HNO_3，NO_3^-，$NaNO_3$
炭酸，炭酸水素イオン，炭酸イオン	H_2CO_3，HCO_3^-，CO_3^{2-}，
炭酸水素ナトリウム，炭酸ナトリウム	$NaHCO_3$，Na_2CO_3，
リン酸，リン酸二水素イオン，リン酸水素イオン，リン酸イオン	H_3PO_4，$H_2PO_4^-$，HPO_4^{2-}，PO_4^{3-}，
リン酸二水素ナトリウム，リン酸水素ナトリウム，リン酸ナトリウム	NaH_2PO_4，Na_2HPO_4，Na_3PO_4
塩基：水酸化ナトリウム，アンモニア　　イオン：アンモニウムイオン	NaOH，NH_3，NH_4^+

簡単な分子の名称と化学式(原子は寂しがりや！)

水，水素分子，酸素分子，窒素分子，アンモニア，メタン，塩素分子	H_2O，H_2，O_2，N_2，NH_3，CH_4，Cl_2
塩化水素，二酸化炭素，一酸化炭素，二酸化硫黄，過酸化水素，オゾン	HCl，CO_2，CO，SO_2，H_2O_2，O_3

付録1　濃度計算公式

物質量 mol（○○山）：　試料の重さ(g)/1山の重さ$\left(\text{モル質量，}\dfrac{\text{分子量 g}}{1\text{mol}}\right)$＝試料の質量(g)×$\left(\dfrac{1\text{mol}}{\text{分子量 g}}\right)$

物質量 $\cancel{\text{mol}}$×モル質量$\left(\dfrac{\text{g}}{\cancel{\text{mol}}}\right)$ ⟶ 質量(g)，試料の質量($\cancel{\text{g}}$)×$\left(\dfrac{\text{mol}}{\cancel{\text{g}}}\right)$ ⟶ mol

モル濃度 mol/L $\left(\dfrac{\text{mol}}{\text{L}}\right)$：　モル濃度＝$\left(\dfrac{\text{物質量 mol}}{\text{溶液の体積(L)}}\right)$，モル濃度$\left(\dfrac{\text{mol}}{\cancel{\text{L}}}\right)$×体積($\cancel{\text{L}}$) ⟶ mol

パーセント％：　$\left(\dfrac{\text{部分}}{\text{全体}}\right)$×100%，w/w% ⟶ $\left(\dfrac{\text{部分(g)}}{\text{全体(g)}}\right)$×100%，w/v% ⟶ $\left(\dfrac{\text{部分(g)}}{\text{全体(mL)}}\right)$×100%

密度，g/cm^3 = g/mL $\left(\dfrac{\text{g}}{\text{mL}}\right)$：　全体体積($\cancel{\text{mL}}$)×密度$\left(\dfrac{\text{g}}{\cancel{\text{mL}}}\right)$＝全体質量(g)，全体質量($\cancel{\text{g}}$)×$\left(\dfrac{\text{mL}}{\cancel{\text{g}}}\right)$ ⟶ 全体体積(mL)

希　釈：　$CV = C'V'$＝物質の量(希釈前後で一定)（C(mol/L，w/v%*)，V(L，mL)）

* w/w%では $C(Vd) = (C'(V'd'))$（dは密度）．倍率を表す接頭語：k，h，da，d，c，m，μ，n．
極微量の物質の含有率：ppm，ppb．

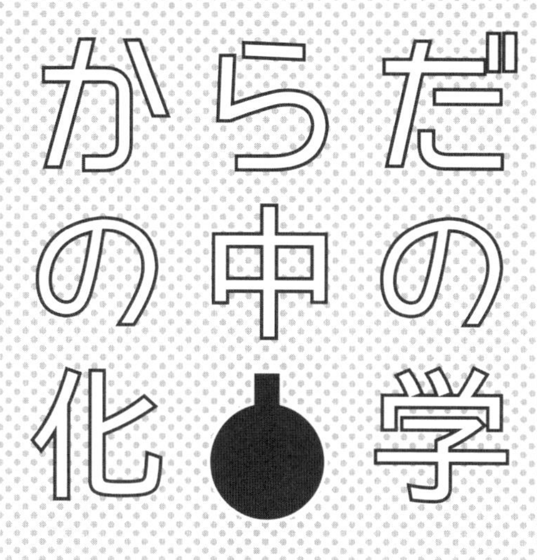

立屋敷 哲 著

丸善出版

は じ め に

生物系の勉強をしたいと考えている人は，化学は必要ない，と思っているかもしれませんが，そうではありません．医・薬・保健・衛生・看護・栄養・食品・バイオテクノロジーといった分野を学ぶには，その基礎として，からだの成り立ちと仕組み，食物・薬の性質，消化吸収・代謝などを学ぶ必要があります．つまり，からだの科学・食品の科学としての生理学・生化学・食品学・衛生学・薬理学などの理系科目を学ぶことが必要です．これらの科目を学ぶ基礎として，物質の学である化学の基礎知識は必須です．

からだの仕組み，生化学や栄養学，食品学を学ぶための化学的基礎としては，高校「化学基礎」では未学習の「有機化学」が最重要です．さまざまな実験・実習の基礎として，モル・モル濃度や質量％・質量/容量％などの計算も必要です．加えてさまざまな元素やイオン・塩，酸と塩基，酸化還元，高校の「化学基礎」で未学習の反応熱・熱化学(カロリー計算の基礎)，気体と溶液の性質(呼吸・消化吸収の基礎)，反応速度などの知識も，生理学，栄養学などを学ぶ基礎として必要です．

しかしながら，これらの化学の基本を化学の論理に従って系統的に学んでもらうことは，大学への進学率が50％を超えたユニバーサルな大学教育の時代，学生の学習歴が多様化した近年ではますます難しくなってきました．

授業ではまず，学生が学習内容に興味をもち，これから学ぶ化学の基礎が自らの将来に密接に関わっていることを実感することが肝要と考えられます．そこで，医療・保健・衛生・健康・栄養系の分野の学生を対象に，からだを題材として，からだの論理に従って，高校の生物で学んだからだの仕組みの基礎を復習・学習するなかで化学の大切さを実感し，化学の基礎を身につけることを目標とした教科書を上梓しました．

本書は，生物・からだの科学の門外漢である筆者が，門前の小僧の知識で，生物と化学の学習内容の多少の合体を試みたものです．高校化学のほぼ全領域，食品科学の分野，フードスペシャリスト試験の化学系キーワードもほぼカバーしています．

筆者は，医師夫妻が80余年前に設立した保健・栄養系大学の教員として，高校への出前授業，高校生を対象にした国のサイエンスパートナーシッププログラムや埼玉県の子ども70万人体験活動における「高等学校体験活動」への協力，放送大学の非常勤講師などで「からだと化学のかかわり」について紹介してきました．高校生や一般社会人は，栄養学徒が予防医学である栄養学を学ぶにあたり，医師・看護師などと同様に，からだの科学について学ぶ必要があることを必ずしも理解していません．また，高校生は中学校の科学で，「生きるためになぜ食べる必要があるのか，なぜ呼吸するのか(酸素はなぜ必要か・二酸化炭素はどこから出てきたか・何から生じたのか)，なぜ水を飲み排尿する必要があるのか」を学んできていますが，どういうわけか，これにきちんと答えられる生徒・社会人はあまりいません．じつは栄養学分野の学生ですら大差ありません．本書を上梓した第二の理由は，栄養系大学の化学基礎教育に長年携わってきた者として，全栄養学徒に，これらの質問にしっかりと答えられるようになって欲しいからです．

ちなみに栄養学とは，食べものによる「からだ」の健康維持・向上・増進を図る学問分野です．以下の文章は，広辞苑からの引用です．

「栄養とは生物が外界から物質を摂取し代謝してエネルギーを得，またこれを同化して生長すること．また，その摂取する物質．栄養価とは食物の栄養的価値，すなわち，たんぱく質・脂肪・炭水化物・ビタミン・無機質等の含量，必須アミノ酸の含量，およびカロリーなどを指標とする．栄養学とは栄養について研究する学問．栄養素の代謝・所要量・過不足による病態，食品の種類・組成・調理法，疾患時の食事などについて生理学・生化学・病理学・衛生学の立場から探求する」

生活の質(QOL：quality of life)の向上を目指す最近の栄養学は，もっと幅広いはずです．

本書を上梓した理由がいま一つあります．この「からだ」を化学の目で見てみますと，いままで化学として高校・大学で学んだことが，周期表をはじめとして，すべてからだの中に含まれている・からだの中で起こっている，からだは小宇宙であり，化学を自在に扱っている天才だ！ ということに気づきます．

筆者は長年化学を専門・生業としてきた身ながら，このからだのすごさ，あたりまえのことにいまごろ気づいた次第です．この感激を，化学がこんなに身近であることを，みなさんに伝えたいのです．私たちは生きるために呼吸をし，水を飲み，食事をします．この生きていくためのからだの仕組みが「化学の基礎」と密接に関わっていることを，多くの人に知って欲しいのです．

筆者の勤務する大学の創設者・香川綾は，「食は生命(いのち)なり」「人間はいくつになっても髪や爪が伸びるように，学んでいれば(一生)成長することができる」という金言を残しています．読者が食事を大切にして健康で充実した生活を送ること，学習にあたっては「なぜ」という言葉を忘れずに理解・納得するよう心掛けること，他人と比較せず「過去の自分と比較する，世界に二人といないオンリーワンである自分を伸ばす」ことにより，将来，いちばん自分らしいかたちで，自分らしさを生かして社会に寄与されることを切望します．

本書で取り上げた化学の基礎に関して，より詳しい・力をつけるための学習には，まずは次の拙著(丸善出版)をご参照下さい．

『生命科学・食品学・栄養学を学ぶための有機化学 基礎の基礎』

『演習 溶液の化学と濃度計算－実験・実習の基礎－』

『ゼロからはじめる化学』

最後に，本書の出版にあたり多大なる労をいとわずご尽力いただいた丸善出版の方々，執筆にあたり参考にさせていただいた書籍類の著者の方々，本書執筆の契機をつくって戴いた高校生とその先生方，筆者とともに高校生たちの指導にあたっていただいた滝山(旧姓・清水)美帆氏，作図の一部や挿絵のご協力をいただいた中原馨子氏，筆者の授業の受講生であった放送大学学生・勤務先の学生たちに深謝します．なお，筆者の専門は無機錯体化学，無機光化学，無機溶液化学でからだの科学は素人です．十分に注意を払ったつもりですが，間違いも多々あるかと思われます．お気づきの点があればご教示いただければ幸いです(e-mail：tachi@eiyo.ac.jp)．

筆者にとって，教員としての総決算となる本書を，育ててくれた亡父母，学生時代の恩師たち，学生たち，そして支えてくれた家内に，謝意を込めて，捧げたい．

2017 年　初春

立 屋 敷　哲

目　　次

序　からだの不思議——もう一つの目次

読者の皆さんは，われわれのからだに関する以下の“なぜ？ なぜ？”にどのように答えるだろうか．

1．食べる

われわれが生きていくためには，日々，食べて・飲んで・呼吸する必要がある．では，なぜ・何のために食べるのだろうか，食べないとなぜ死んでしまうのだろうか．**代謝**とは何か，同化とは，異化とは何か(p. 2〜5)．

2．異　化

(1) **食べる**　毎日食べる量は1年間分では膨大になる．なのに，なぜ体重は食べただけ増えないのだろうか，食べた物はどこへ行ったのだろうか(p. 80)．

(2) **呼吸する**　なぜ呼吸しなければならないのだろうか．なぜ呼吸しなければ死んでしまうのだろうか．呼吸とは何なのだろうか．呼吸とは，酸素を吸って二酸化炭素を吐き出す身体活動である．では，生きるために酸素がなぜ必要なのだろうか，なぜ酸素がないと死んでしまうのだろうか．呼吸で吐き出す二酸化炭素はどこからやってくるのだろうか，どうやって生じたのだろうか(p. 81)．

(3) **水を飲む**　われわれはなぜ水を飲む必要があるのだろうか．からだの中にすでに水があり，その水が汗などによって一切失われないとしても，われわれはさらに水を飲み続ける必要があるのだろうか．実は，われわれは必ず排尿しなければならないので(生理学：**不可避尿**)，最低限，その水分を補給する必要がある．では，なぜ排尿する必要があるのだろうか(p. 82)．

3．消化と吸収

(1) 胃液は塩酸溶液で強酸性である．膵液，腸液は重曹・炭酸水素ナトリウムの溶液で，塩基性である．胃はなぜ**酸性**，腸はなぜ**塩基性**の必要があるのだろうか．塩酸，重曹はからだの中でどのようにしてつくられるのだろうか．十二指腸では中和反応が起こっている！(p. 98)

(2) 三大栄養素である糖質，脂質，タンパク質のうち脂質は水に溶けない．では，水に溶けない脂質・油はどのようにして**消化・吸収・運搬**されるのだろうか．からだの中にせっけんがある！(p. 104)

4．恒常性

(1) 体温はなぜ一定なのだろうか．ヒトは100 Wの発熱体である(p. 97)．体温のもとは何なのだろうか．どのようにして体温が生じるのだろうか(p. 143)．

(2) 血液のpHは7.4で一定である．なぜ一定なのだろうか．呼吸で吐き出す二酸化炭素は本当に老廃物なのだろうか(p. 136)．

(3) なぜ食塩がないと，ヒトや動物は生きられないのだろうか(p. 138)．

5. 情報の伝達

(1) 神経伝達の原理はどのようになっているのだろうか．病院で測る心電図，筋電図，脳波からわかるように，われわれのからだの中には電気が流れている．では，からだの中の電気はどのような化学的原理で生み出されるのだろうか．われわれのからだの中には電池がある？！（電気ウナギの電気は？）(p. 150)

(2) 遺伝情報はどのような仕組みで親から子に伝達されるのだろうか(p. 166)．

(3) 免疫の抗体は相手の抗原をどのような化学力で特異的に見分けているのだろうか(p. 160)．

(4) ホルモンはどのような仕組みで生体を制御しているのだろうか(p. 157)．

以下，これらの“なぜ？ なぜ？”を考える中で，関連する化学の基礎を学ぼう．

本書の内容と特徴

1章では，代謝(同化と異化)の同化にかかわること，からだを構成する元素とその原子，イオン・塩，分子に関する化学と有機化学の基礎を学ぶ．この章は，からだの科学を学ぶための基本部分であり，その内容を身につけ，専門の学習に使えるようにするために，解説書と演習書を兼ねた構成(左に問題，右に答)となっている．

1章末のタンパク質，脂質，糖質に関する1.6節と2～5章は，それぞれ，からだの科学で学ぶ生理学，生化学，栄養学，食品学などの専門分野の基礎を，化学の目を通して学ぶことが目的であり，問答形式の解説書である．問答の一部は，理解を助けるためや身につけるための演習として組み込まれている．

付録1には，生化学，食品学，栄養学などの実験，実習で必要な濃度計算の基礎を演習形式でまとめた．付録2には必要な化学的基礎を補足した．

本書の構成

本書の学習順序は必ずしも化学の論理に従っていない．そこで，化学の基礎の確認のために，「化学の基礎」の項目を設けた．枠で囲んだ“コラム”は，より深い，幅広い視野から内容を理解するため，「デモ実験」は，学生の興味を喚起し，紙上の知識の詰め込みではない，五感による理解を促すためのものである．各節末の「まとめ問題」は，学習内容をキーワードとして復習し，その意味と内容を消化，吸収するためのものである．答は各自，本文を参照して自分でつくること．“正解”を覚えるのではなく，自分で考え，まとめる訓練をしよう．自分で書いた答が“正解”である(そのうえで，他人の答がより良いと思えたら，それが，より良い正解かもしれない)．

本書の使用法(主として，高校の「化学基礎」で未学習の項目の学習および復習)

1. 有機化学，熱化学，その他の化学基礎の学習

　　(1章，2～4章の一部，付録1，2)

2. 専門科目基礎として重要な，より応用的な項目の学習

　　(1章末(1.6節)，2～5章)

本書を用いた学習の仕方

本書は，いままでの拙著同様，読者が自学自習できるように，基礎からの詳しい説明がある米国式の教科書(～1000 ページ)を目指したものである．結果として，限られた紙数の中で，左右の欄に多くの補足説明が入ってしまい，見づらいに違いない．しかし，いわば教員用の教えるためのカタログ本では，覚えるための教科書としては役立っても，理解する学習は容易ではない．高校教科書は，ゆとり教育の反動で学習内容を増やした厚手のものとなったが，説明が詳しくなったわけではなく，理科嫌いがますます増えていないか危惧される．

拙著『ゼロからはじめる化学』は，一読者からネット上で“読みにくい，ぐちゃぐちゃ書き過ぎ，見難い，わかりにくい，要点まとめろ！　ばか！”との酷評を受けている．批判は批判として甘受するとして，暗記用でしかないまとめ重視のカタログ本では，真の学習はできないと信じる．本書をすみからすみまでしっかり読み，理解・納得する学習，学んだ各事項を頭にイメージできる，自分の言葉で人に説明できる，真に身についた学修として欲しい．

「本書で学習した学生の感想」の一部を紹介しよう．学習の参考として欲しい．

化学基礎の学習： **a.** 有機化合物の構造式の書き方，命名法，物質の性質，酸と塩基について理解できた．　**b.** 苦手だった化学が自分の中で自信をもてるようになった．化学が少し得意になった．　**c.** 栄養素の構造式がイメージできるようになった．　**d.** 化学と食品，ヒトのからだとのつながりを理解できた．　**e.** 濃度計算の学習ができなくて残念だった．

専門基礎の学習： **a.** 少し難易度が高く，時間はかかるが，じっくり読めば理解できる．理解すると興味がもて，面白いと感じた．　**b.** ただ暗記するだけでは何も理解できないことを改めて知った．しっかりと理屈で理解することが大切だと思った．わかるとうれしいし，頭に残る．　**c.** いままで理解できていなかったことも，教科書を読んで“そういうことだったのか”と気づかされることが多かった．　**d.**「食べた物の重さだけ体重が増えないのか」のところで，エネルギーになるなんてあり得ない！という一文が印象的で，内容に引きつけられた．　**e.** 栄養にものすごく直結しており，他の科目とも関係している部分が多々あって，理解を深めるのに役立った．　**f.** デモ実験が面白かった．“実際に見て，触れてわかる”が何倍も頭に入ることがわかった．　**g.** 毎回の豆テストは大事なところがわかり，模範解のまとめもよかった．覚える習慣もついた．宿題は自ら学ぶ習慣がつくし，すぐ解説してくれるので頭に入る．

学習方法： **a.** テキストに黄色マーカーをつけながら学習したら，驚くほど理解が容易になった(筆者より：単色の教科書は，予習の際に線引き・着色作業ができるので，多色刷の教科書より学習効果がある！)．　**b.** 教科書を1回読んでわからなくても，何回か読めばわかるようになった．問題は何度も解いた．　**c.** 字が多くて，いままで飛ばしてきた教科書の補足や豆知識欄も，試験勉強ですみからすみまで細かく読んだら，ほかのことも理解しやすくなり，もっと早く読めばよかったと思った．　**d.** 苦手意識をもっていたので，大学に入ってからも“どうせわからない”という気持ちが少しあった．しかし，テスト前に気合を入れて教科書を読み，問題を解いたら，すごく理解できた．もっと早く，ちゃんと始めたかった．　**e.** わからないところを恥ずかしがらずに，とことん友達に聞いて取り組んだら，本当にできるようになった．

からだの中の化学

1章　なぜ食べるのか：理由・その1　代謝・同化

1)　食べた物をからだと同じものに変化させる．

2)　この場合，**窒素出納**は負．窒素出納とは，生理学・栄養学の専門語であり，食べてからだに取り込んだ窒素原子（タンパク質の構成元素）と，尿として排泄した窒素原子の収支のこと．窒素出納が正の例を考えてみよ．

3)　生物がなぜ日々からだをつくり替える必要があるのか，著者は理解できない．ある人はこれを“愚問”といっている．生物として，それが，修復などからだの維持に有利なのは確かである．からだをつくっているタンパク質は本来は不安定であり，時間がたてば必ず分解されるので（熱力学安定性の欠如），つくり続ける必要があることも理解できる．しかし，科学の第一原理に基づいて，なぜつくり替える必要があるのかが理解できない．からだを維持するためには，“すべての変化は，乱雑さの尺度エントロピーが増大する方向に起こる（すべてはばらばらになる＝死）”という法則につねに抗う必要があるので，からだをつねにつくり続けること，そのためにエネルギーが必要なことも何となく理解できるが（p. 95），いまひとつすっきりしない．もし，生体内の反応・酵素反応が可逆・迅速であることが原因ならば納得できる．可逆だから，必然的に，からだをつくる一方でこわすことになる．ただし，実際にはすべてが可逆反応ではない．

1.1　なぜ，何のために食べるのか

この質問に，高校生，栄養学徒，大人の多くは“生きるため，…”と答える．

では，なぜヒトは食べないと生きていけないのだろうか．生きていくための食物の役割・**食べる理由**が二つある．**一つ目**：① 子供は日々大きくなる・身体的に成長する．この成長にかかわる食べ物の役割は何だろうか．母親は子供に，“食べないと大きくなれないよ”と食事を促すことがしばしばある．② 食べないと痩せる．水だけでも飲んでいれば，しばらくは死なないが，痩せ細ってしまう．なぜ痩せるのだろうか．

食べる理由の一つ目はいわゆる代謝の**同化**作用[1]，つまり食べた物を原料にしてからだをつくる・筋肉などの体構成物質の合成である．食べないと，原料を補給しないと，からだをつくること・維持することができなくて痩せてしまう[2]．生きているということは，動的平衡状態・準安定状態を維持する努力をしている・日々からだをつくり替えているということである[3]．食べないで痩せるのは，からだをつくり替える材料を補給することができない一方で，生きるためのエネルギーを取り出すために（食べる理由の二つ目，p. 4）自分自身を食べているからである．

では，からだとその原料である食べ物は何からできているのだろうか．からだの勉強の基礎としてなぜ化学が必要なのだろうか．

からだと食べ物はさまざまな物質からできている．それらの物質はさまざまな元素

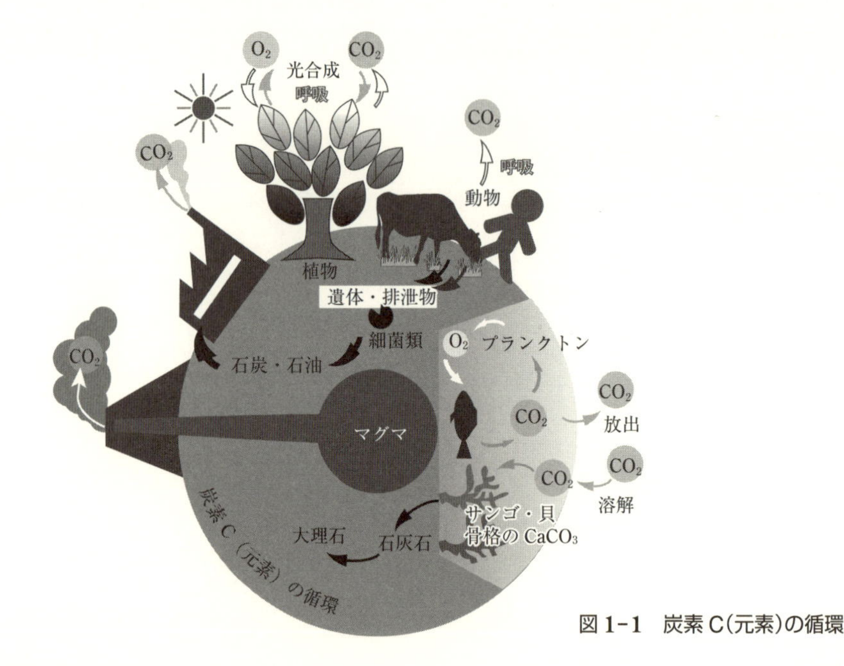

図1-1　炭素C（元素）の循環

の**原子・イオン・分子**からできている．からだをつくるためには，これらのからだの構成原料を食物として摂取する必要がある(p. 8〜79)．からだの仕組みと食物について理解するためには，からだと食物を構成する物質，原子・イオン・分子に関する知識が必須である．

ヒトは食べないと生きていけない．生きていくための食物の役割・**食べる理由の二つ目**は次の③，④と関係している：③ 生きているということはどういうことだろう．

元素の循環と生態系

ヒトのからだを構成するおもな元素，炭素Cと窒素Nは，もとの生まれる前は，空気中の二酸化炭素(炭酸ガス)CO_2と窒素分子N_2である．つまりこれら空気の成分がからだの構成原料である．

炭素Cの循環と**炭酸同化作用**(図1-1)：われわれのからだを構成するタンパク質や脂質，糖質など，さまざまな有機物は植物の光合成によりつくり出されたグルコース(ブドウ糖)$C_6H_{12}O_6$が原料である．このグルコースは空気中の二酸化炭素CO_2のCと，水H_2OのH，Oを原料として，植物により，太陽光のエネルギーを用いてつくり出されている(光合成による空中CO_2の固定・炭酸(ガス)同化作用)．

窒素Nの循環と**窒素同化作用**(窒素固定*，図1-2)：昔は，雷の多い年は農作物が豊作になるといわれていた．雷の空中放電により空気中の窒素分子N_2は硝酸イオンNO_3^-へと酸化され，これが天然の窒素肥料となるからである．NO_3^-はアンモニアNH_3へ変換(還元)され，NH_3とC，H，Oからアミノ酸，さらにタンパク質，からだがつくられている(窒素同化作用)．からだを形つくっている物質は，最後には(死ねば)分解されてもとのCO_2，H_2O，N_2にもどる．われわれは今，呼吸では，クレオパトラ・卑弥呼・ナポレオンが吸ったその同じ酸素分子O_2を何個か，自分の肺の中に取り込んでいる．元素は地球上で循環している(図1-1，1-2)．

* 空気中のN_2固定は，雷の空中放電と根粒細菌によるほかに，アンモニアNH_3の人工合成などによっても行われている($N_2+3H_2 \rightarrow 2NH_3$：1913年ハーバー・ボッシュ法．地上の全$N_2$固定の60%を占める)．硫安$(NH_4)_2SO_4$，尿素$CO(NH_2)_2$などの化学肥料とイネなどの多収穫品種への改良(緑色革命)が地球の人口増を支えている(1900年16億，1950年25億，2000年61億，2011年70億)．

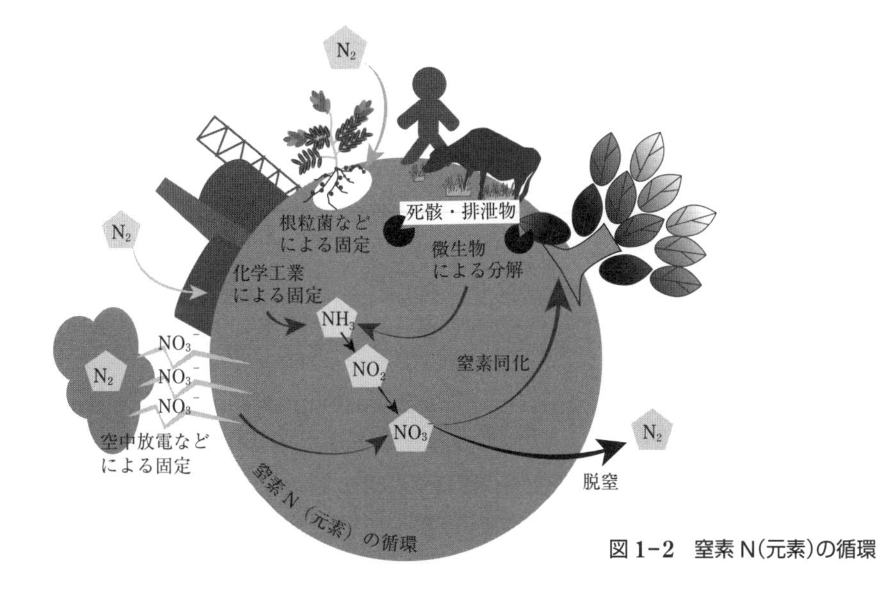

図1-2　窒素N(元素)の循環

われわれが生きている証拠・バイタルサインにはどのようなものがあるだろうか．バイタルサインとは呼吸・脈拍・意識・反射など，からだの動きである．動く・生きるためにはエネルギーが必要である．さまざまな生命活動のエネルギー，動く・からだに必要な物質（筋肉，酵素など）を合成する（同化），物質の吸収・輸送，情報伝達，脳活動などを行うためのエネルギーが，生きるためには必要である．

食べる理由の二つ目は異化作用[1]，食べた物や体構成物質を分解・簡単な分子に変換し，生きるためのエネルギーを**取り出す**ためである．生きるためのエネルギーがなくては人は動くこともできず，生きるために必須な物質も合成できない．

1）食べた物をからだと異なるもの（CO_2, H_2O, NH_3 などの簡単な分子）に変化させる．

④ 三大栄養素（タンパク質（protein），脂質（fat），糖質（carbohydrate，炭水化物）），微量栄養素（ビタミン，ミネラル）は，それぞれどのような役割を果たしているのだろうか．**糖質**はエネルギーを**取り出す**ために使われる．**タンパク質**はからだ（筋肉，臓器など）をつくるために用いられる．**脂質**はからだをつくるため（細胞膜，皮下脂肪など），糖質不足のときや飢餓のときのエネルギー源として貯蔵される．タンパク質，脂質の一部はエネルギー源としても用いられる（p. 10，129，130）．微量栄養素のビタミン，ミネラル，およびタンパク質の一部（酵素，ペプチドホルモン）はからだの調節作用を行う（p. 10，27，149，157）．

※　このように解説すれば，栄養学徒は“あっ，それなら知っている，習った”と答えるはずである．これらが，“食べる二つの理由”である（皆，知っているのだが，なぜか答えられない！）

食べる理由 ＝ 代謝（metabolism；ギリシャ語で変化・変換の意）は生きるための営み ＝ 物質変換である（**同化**：からだをつくる，**異化**：生きるためのエネルギーを取り出す）（図 1-4）．

独立栄養生物（植物）と従属栄養生物（人間・動物）[2]

ヒトは自然界・地球環境下の物質循環の中で，元素循環・物質循環の一つとしての生命現象を営んでいる．食物連鎖・生態系がいかに重要であるかが理解できるだろう（健康に良いとされる魚の DHA は大洋プランクトン由来である！）．

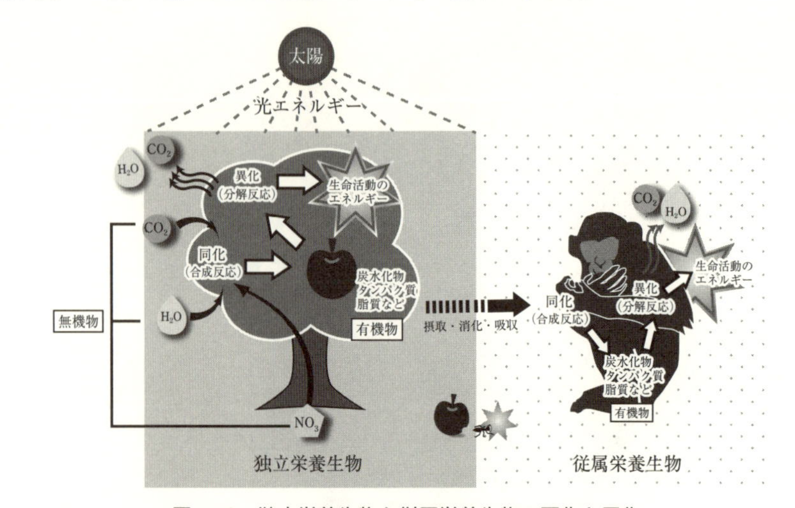

図 1-3　独立栄養生物と従属栄養生物の同化と異化

2）独立栄養生物：無機化合物のみを素材として有機化合物を自力で合成して生活する生物のこと．従属栄養生物：生活に必要な炭素化合物を他の動植物がつくった有機物に依存する生物のことである．

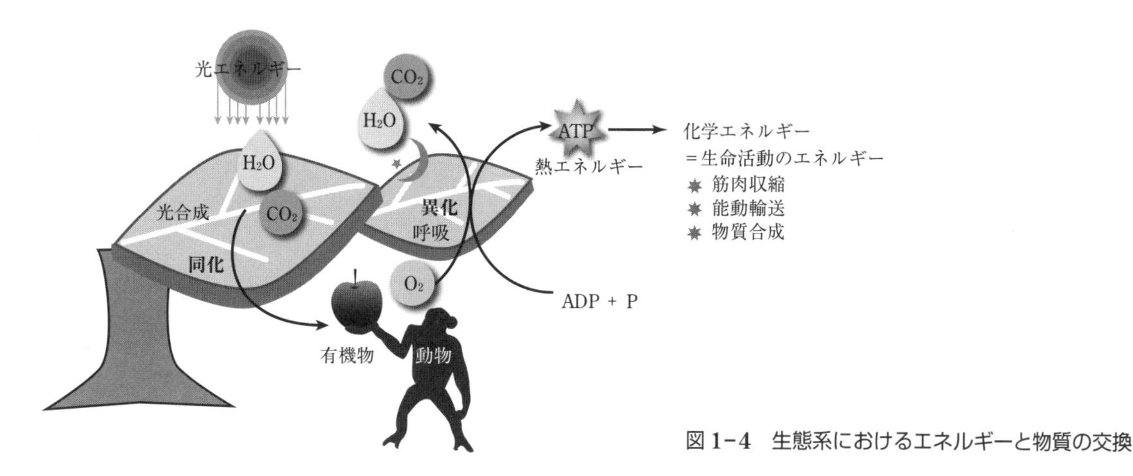

図 1-4　生態系におけるエネルギーと物質の交換

メタボ(メタボリックシンドローム)とは何か

栄養学や医療の分野では“内臓脂肪症候群”と翻訳している．病態はその通りであるが，言葉の意味は“代謝性症候群”である(メタボリズム(metabolism)＝代謝)．代謝は同化(anabolism)と異化(catabolism)に分けられる．

同化とは食べ物をからだの一部として取り込むこと，異化とは食べ物を簡単な分子に分解して，この過程で生きるためのエネルギーを食べ物から取り出すことである．

メタボリックシンドロームとは，**同化と異化のアンバランス**が原因で内臓脂肪が増大するとともに，糖尿病，高脂血症，高血圧を引き起こすことである．バランスが取れていれば，合成(同化)と分解(異化)は同じだけ起こり，食べた物は外見上すべて二酸化炭素 CO_2，水 H_2O，尿素 $CO(NH_2)_2$ などに分解され体外に排出されるので，食べても体重・内臓脂肪は増えない．つまり，メタボリックシンドロームとは**“同化過剰(由来)症候群”“食べ過ぎ(由来)症候群”である．**

人類の永い飢餓の歴史の中で，食べ過ぎた分は飢餓に備えて脂肪として蓄える仕組みがわれわれのからだにできている．現代は人類史上初めての飽食の時代となり，メタボが健康を損なう一因となっている．他方，世界では飢餓状態・低栄養状態の人が多数いる．“食べ過ぎなければ”，特別な運動も必要なく(現代人の筋力維持には運動は必要！)，余分に食糧やエネルギーを消費しない，地球にやさしい，未来の人類を侵略しない・子孫の資源・環境を損なわない新しい時代の地球市民となれよう．

2011 年 3 月 11 日の大震災・原発事故による 1.5 万人の死者と多数の被災者は，新しい価値観の世界を求めている．放射性ヨウ素 I やセシウム Cs による食品汚染は，からだが元素からできている・外部から栄養源としてさまざまな元素を取り込む必要があること・ヒトが従属栄養生物であること，それゆえ，生態系の維持が健康な人間生活にとっていかに重要か，また日々の生活・人の絆・命がいかに尊いかを改めて実感させた．

まとめ問題　1　以下の語句を説明せよ：

ヒトはなぜ食べる必要があるのか．代謝，同化・異化とは何か．糖質・タンパク質・脂質・ビタミン・ミネラルのからだの中での役割．

(答：本文をまとめよ．なぜ呼吸する，水を飲む，食べても体重が増えないかは上のコラムおよび p. 80 を参照せよ．)

1.2　からだの構成と元素・原子・分子：からだの階層構造

生命とは，さまざまな**元素の原子**から成り立つ物質が高度に集積，機能化された，**物質**の一つの極限のあり方である．地球上の存在だから，生命が地球を構成する**元素**から成り立っていても何の不思議もない(生命にとっての母なる地球・大地・海)．宇宙人ですら同じ物質からなっているはずだし，生命をつくる物質・条件も基本的には同じはずである(地球・宇宙に存在する百余種の元素(周期表に記載)の性質によって規定されている)．

われわれは食べ物を食べていかなければ生きてはいけない．すでに述べたように，その理由は二つある．一つはわれわれのからだが食べ物をもとにしてできているからである[1]．からだは骨(図1-5)，筋肉，脂肪，血液などからできているが，これらは食べ物を原料にしてつくられている(**代謝：同化**)．生を得た個体が成長するためには，からだを形つくっている物質やその材料物質を取り込む必要がある．また，成長し終わった個体でも，実はからだは日々つねにつくり替えられている(動的・疑似平衡，準安定状態(p. 2))．それゆえ，生命が生き続けるためにはからだをつくる材料である物質を取り込む ＝ 食べる必要がある．

1)　二つ目の理由は2章，またはp. 2〜5参照(代謝，異化)．

骨はリン酸カルシウム塩の一種(無機化合物[2])とタンパク質，筋肉はタンパク質，血液は水，タンパク質，食塩などからできている．タンパク質，脂質などは炭素，水素，酸素，窒素(硫黄，リン)といった元素の原子からできている有機化合物である．からだの中の水素原子は19日，炭素原子は35日，カルシウム原子も5年でその半分が入れ替わる(**生物学的半減期**，p. 146)．それゆえ，これらを毎日補給・摂取する・食べる必要がある．

2)　有機化合物ではないもの．有機化合物とは，もともとは生物由来の炭素化合物を指したが，現在はCO_2，炭酸塩$CaCO_3$などの一部のものを除く炭素化合物の総称．

からだの階層構造

われわれのからだは，骨格，運動器官の筋肉，消化器・循環器などの臓器(五臓(心臓・肝臓・脾臓・肺臓・腎臓)と大腸，小腸，胆嚢，胃，膀胱)からできている(図1-6)．(臓器の役割：肝臓はp. 124，腎臓・脾臓・大腸・小腸・胆嚢・胃はp. 122参照のこと)

筋肉・臓器は，ともに生命の構造的・機能的な基本単位・最小単位である細胞からできている[3](図1-7)．細胞はさまざまな細胞器官からできているが，それらはすべて，原子・分子(その多くは有機化合物)からできている．からだをつくるための原料物質である食べ物も同様である．したがって，からだの科学，健康の科学，食べ物の科学を学ぶため・理解するためには，まずは**元素・原子・分子**についての知識，さらには無機化合物・有機化合物についての知識が必要となる．

3)　ヒトは60兆個の細胞からできている．

まとめ問題　2　以下の語句を説明せよ：

臓器の名称・形・位置・役割(p. 122，124)，細胞の構成(細胞膜，核，細胞質[4]，細胞質基質(サイトゾル)[4]，ミトコンドリア，リボソーム，p. 72)．

4)　細胞質：細胞膜の内側・原形質のうち，核以外の部分の総称．
細胞質基質(細胞質ゾル，サイトゾル)：細胞質の細胞小器官の間を埋める液相のこと．

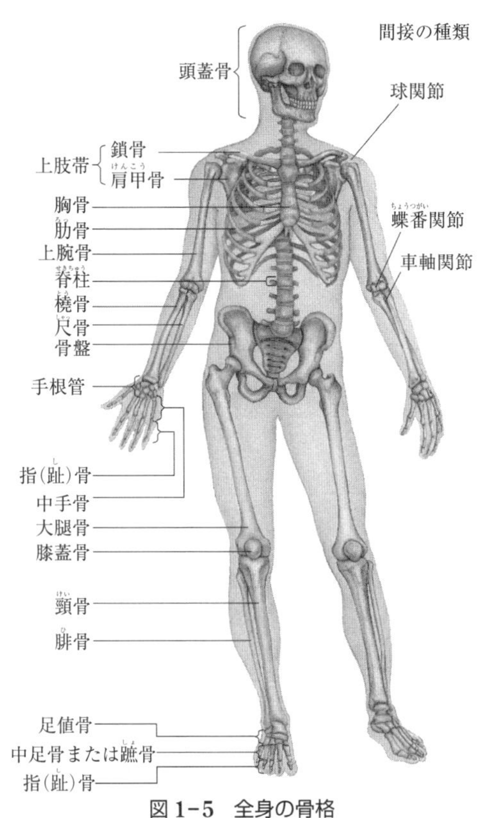

図 1-5　全身の骨格
[J. B. Reece ほか 著，池内昌彦ほか 監訳，"キャンベル生物学 原書 9 版，丸善出版(2013), p. 1288]

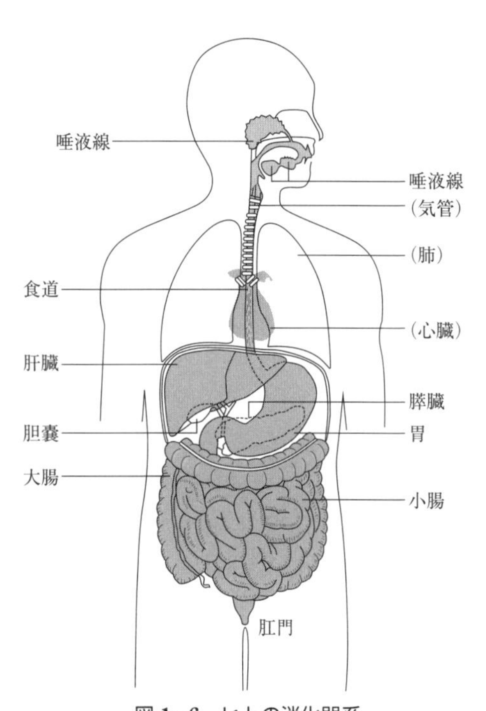

図 1-6　ヒトの消化器系
食道，胃，小腸，大腸を経て肛門に至る消化管と，唾液腺，膵臓などからなる．

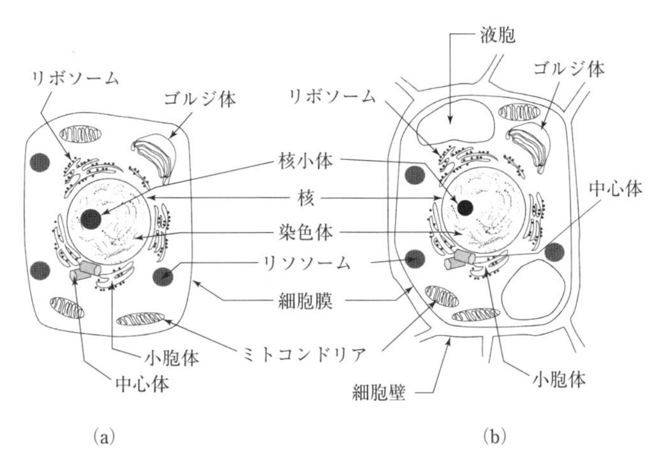

図 1-7　動物細胞(a)と植物細胞(b)

1.3　からだはさまざまな元素の原子からできている

◀化学の基礎 1▶　原子と元素，原子の大きさ

すべての物質は，それを半分，半分，……と分けていくと，ついには，それ以上に分けることができない小さい丸い球に到達する．これを**原子**という(原子とはそれ以上に分けることができないものという意味)．たとえば1円硬貨(アルミニウム，Al)を半分，半分，……と切り分けていくと，74回目にはAlの原子にたどり着く[1]．

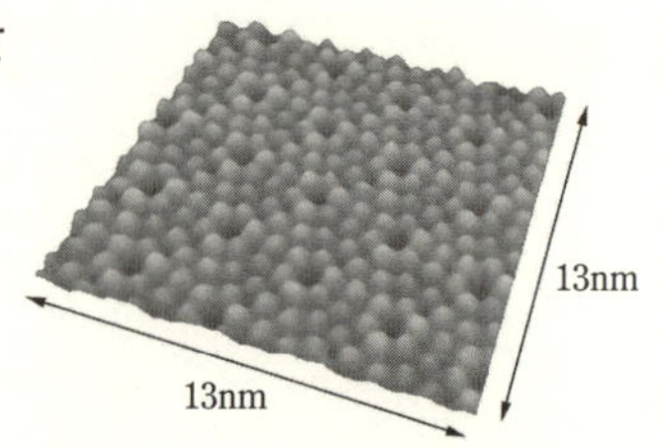

図 1-8　ケイ素の電子顕微鏡画像
［名古屋大学名誉教授 一宮彪彦氏より提供］

1)　1円硬貨 $1.00\,g \times (1/2)^{74} = 5.29 \times 10^{-23}\,g$；Alの原子量=27．27gのAlはAl原子 6.02×10^{23} 個(アボガドロ定数)よりなる．よって，原子1個の重さは
$27\,g \div (6.02 \times 10^{23}) = 4.49 \times 10^{-23}\,g$

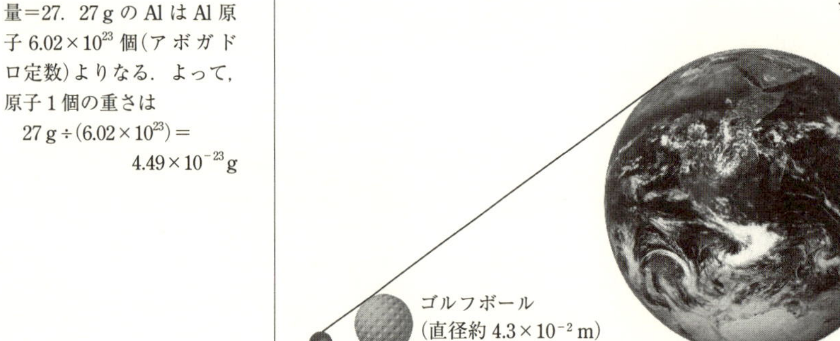

図 1-9　原子の大きさ
原子とゴルフボールの直径の比は，ゴルフボールと地球の直径の比にほぼ等しい．
［地球の写真，NASAより］

原子にはいろいろな種類がある．この種類を**元素**という．地球・宇宙には百余種類の元素が存在する．すべての物質は，われわれのからだを含めて，この百余種類の元素からできている．表1-1に読者がすでに知っている元素を示す．読者はこれほど多くの元素を知っていることに驚くかもしれない．

また，からだに必要な元素でC，H，O，N，P，S以外の元素と欠乏症・過剰症を表1-2に示す．生きるためにはさまざまな元素が必要なことが理解できよう．

デモ実験：元素の炎色反応(元素を身近に感じるために)

炎色反応　→　きれい！

Na原子の発する光の色(Na^+ではない，橙色)　→　高速道路・トンネルの照明灯

Li原子(深紅色)　→　花火の色

Cu原子(CuCl，緑色)　→　花火の色

Na，Li，Cuなどの元素はからだ・食物の成分である．血液・尿・食品中のさまざまな元素の分析にこの炎色反応の原理が利用されている(発光分析，原子吸光分析)．

デモ実験：単体(一つの元素のみからなる物質)を見る・触る

H_2，O_2，Cl_2，I_2，S，Na，Mg，Al，Fe，Cu，Zn，Sn，Hg，Pbなど．

2)　元素の族番号については p. 11～13 参照.

表 1-1　身のまわりの元素

族[2]	元素名，元素記号(存在，利用)
1 族	水素 H(水)，リチウム Li(リチウムイオン電池)，ナトリウム Na(食塩)，カリウム K(植物の三大肥料の一つ)，セシウム Cs(放射能汚染)
2 族	マグネシウム Mg(にがり)，カルシウム Ca(骨)，ストロンチウム Sr(放射能汚染)，バリウム Ba(胃の精密検診)
4 族	チタン Ti(ゴルフのドライバーなど)
5 族	バナジウム V(…の天然水？ 硫酸製造の触媒)
6 族	クロム Cr(ニクロム線，Cr めっき)，タングステン W(電球のフィラメント)
7 族	マンガン Mn(乾電池)
8 族	鉄 Fe(鉄釘，鉄筋コンクリート，エッフェル塔・鉄骨塔，吊橋)
9 族	コバルト Co(磁器の染付け藍色顔料)
10 族	ニッケル Ni(百円硬貨，ニクロム線)，白金・プラチナ Pt(指輪，白金触媒)
11 族	銅 Cu(10 円硬貨：銅とスズ・亜鉛合金)，銀 Ag(指輪)，金 Au(金メダル)
12 族	亜鉛 Zn(トタンは鉄板の亜鉛めっき)，カドミウム Cd(有害元素：イタイイタイ病)，水銀 Hg(温度計，有害元素：水俣病・メチル水銀が原因)
13 族	ホウ素 B(消毒剤，ガラス)，アルミニウム Al(アルミニウム箔，サッシ，1 円硬貨)
14 族	炭素 C(木炭，有機物，生命体)，ケイ素 Si(半導体，ガラス)，スズ Sn(缶詰めの缶は鉄板のスズめっき)，鉛 Pb(自動車のバッテリー，有害元素)
15 族	窒素 N(空気，肥料)，リン P(肥料，DNA，ATP)，ヒ素 As(有害元素)
16 族	酸素 O(空気，水)，硫黄 S(火山，温泉，硫酸)
17 族	フッ素 F(虫歯予防)，塩素 Cl(食塩，塩酸)，ヨウ素 I(医薬品，うがい薬)
18 族	ヘリウム He(風船・気球・飛行船の充填ガス)，ネオン Ne(ネオンサイン)，アルゴン Ar(電球)，クリプトン Kr(電球，スーパーマンのエネルギー源)

表 1-2　必須元素依存の症状

元　素	欠乏障害	過剰障害
リチウム(Li)	躁うつ病	—
ナトリウム(Na)	アジソン病	—
マグネシウム(Mg)	痙攣	無感覚症
カリウム(K)	—	アジソン病
カルシウム(Ca)	骨奇形，破傷風，骨粗鬆症	—
クロム(Cr)	グルコース代謝不全	—
マンガン(Mn)	骨格変形，生殖腺機能障害	運動失調症
鉄(Fe)	貧血症	血色素症
コバルト(Co)	貧血症	心筋疾患
銅(Cu)	貧血症，縮毛症候群	ウィルソン病
亜鉛(Zn)	小人症，性腺機能亢進症，味盲症 皮膚炎・辱蒼(圧迫性壊疽)との関係	金属熱
セレン(Se)	肝臓壊死，白色筋肉症，克山病	牛のこん倒病

元素と周期表

これらの百余種類の元素を軽いものから順[1]に18列に並べまとめた表を周期表という（図1-10）．われわれのからだには，この周期表中の30種類以上の元素が含まれている．安定な元素すべての80数種類が含まれているとする説もある．図1-10には，ヒトにとって必要な多量必須元素，微量必須元素，必須ないし有為（役に立つ）元素，およびこれら以外の社会で利用されている身近な元素が区別して示されている．

1）例外が3カ所ある．

われわれが生きていくために，毎日からだの中に取り入れるべきものとその構成元素には次のものがある．

(1) 酸素 O_2（呼吸）
(2) 水 H_2O（体重の60％は水・体液（細胞外液（血漿，組織間液・リンパ漿）と細胞内液）
(3) 食べ物

① 三大栄養素・多量栄養素（macro-nutrients）：からだの主構成物とエネルギーの素
・糖質 C，H，O：エネルギーのもと
・脂質 C，H，O，（P，N）：エネルギーのもと（貯蔵，からだをつくる）
・タンパク質 C，H，O，N，S：からだをつくる（エネルギーのもと，タンパク質よりなる酵素やペプチドホルモンはからだの調節に用いられる）
以上の糖質，脂質，タンパク質はすべて有機化合物・有機分子である．

② 微量栄養素（micro-nutrients）：からだの調節
・ビタミン：有機化合物・有機分子（C，H，O，N，S，P），Co（ビタミン B_{12}）
・ファイトケミカル[2]：植物がつくるポリフェノールなどの健康維持に役立つ有機化合物
・ミネラル：必須元素，微量必須元素のイオン，塩，酵素成分，その他の化合物 Na，Mg，K，Ca，P，Cl（以上は多量ミネラル），Cr，Mn，Fe，（Co），Cu，Zn，Mo，Se，I（有為元素：Li，B，F，Si[3]，Ni，As，Cd，Sn，Pb）各元素の役割は表1-3を参照．

2）phytochemical：phyto 植物の（つくる），chemical（compounds）化学（物質）．

3）下線の元素は量が多いと有毒元素となる．

a. からだの構成要素，からだの中に周期表がある！

からだの中には周期表の最初の4行目，第4周期までの元素がほぼすべて含まれており，役割を果たしている（生体必須元素：地球上の生き物はすべて地球の申し子）．からだの中でのこれらの元素の役割は，それぞれの元素の性質を反映しているので，各元素のからだの中における役割を知るためには，これらの元素の性質[4]を知る必要がある．

4）原子の電気陰性度（陽，陰イオンのどちらになりやすいか，など），原子の大きさ，イオン半径の大小，イオンの電荷の大小（原子，イオンのふるまいと関係），非共有電子対をもつか否か（配位結合との関係），原子が複数の酸化数をとるか否か（酸化還元と関係）など．

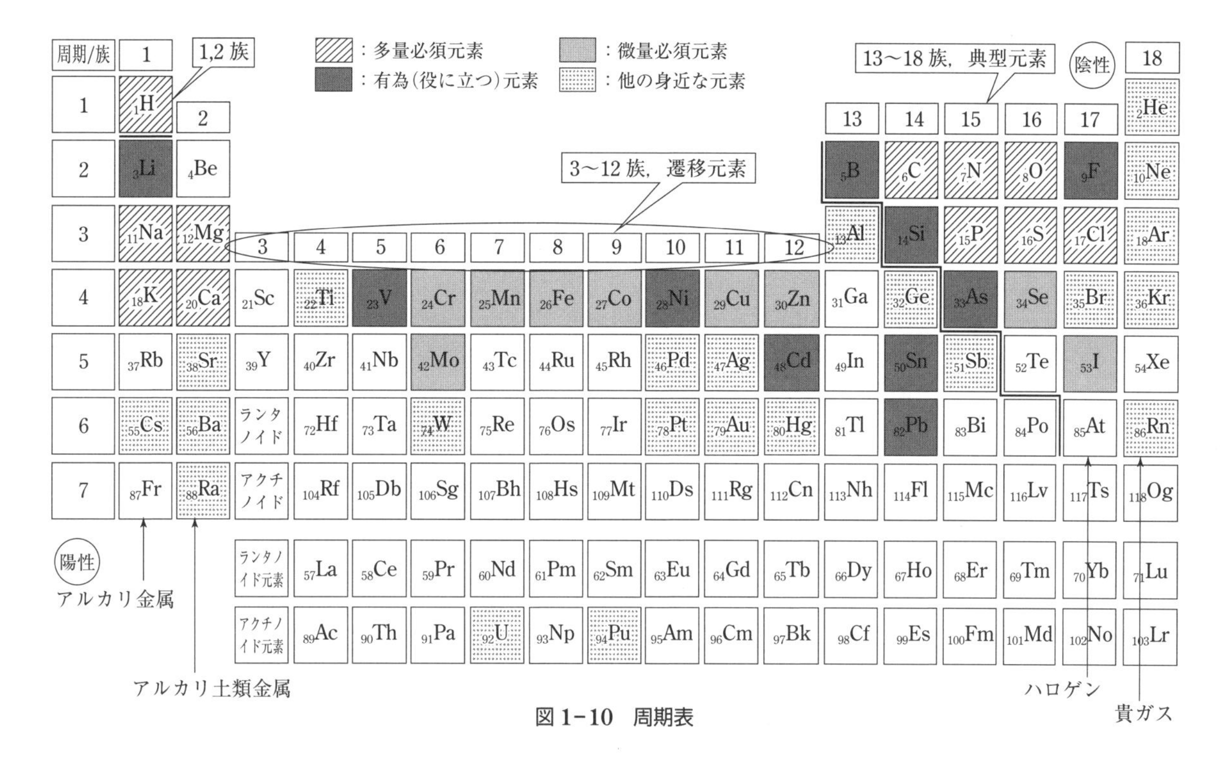

図 1-10　周期表

化学の基礎 2　周期表の族番号，族名

周期表中の元素には表の縦(列)ごとに，1 列目から 18 列目まで，1 族，2 族，3 族，…18 族元素のように列番号をつけた**族番号**[5]がある．また，それらのうちのいくつかの族は特別の呼び名・族の集団名をもつ．1 族を**アルカリ金属**[6]，2 族を**アルカリ土類金属**[6]（狭義には 2 族のうち Ca より下の元素をアルカリ土類金属とよぶ)，17 族を**ハロゲン**[7]，18 族を**貴ガス**(希(稀)ガス)[8]とよんでいる．また，1，2，(12) 13〜18 族元素は**典型元素**[9]，3〜11 (12)族元素は**遷移元素**[10]に分類される．元素の分類と，それらのからだの中の役割を表 1-3 に示す．

5)　族とは家族の族，**family** のこと．したがって，同じ列にある**同族元素**は互いに性質が似ている(族番号とイオンの価数(p. 13，19)，共有結合の価数(p. 13，31)．

6)　水と反応してアルカリ性物質(NaOH，$Ca(OH)_2$ など)を生じるもの．土類金属とは B を除いた 13 族元素のこと．

7)　塩をつくるものという意味．Cl 原子が食塩 NaCl をつくる，など．

8)　貴ガスとは孤高を守る高貴なガス＝反応性に乏しい＝イオンになりにくい・化合物をつくりにくい．希ガスとは空気中にわずか(稀・まれに)しか存在しないガスという意味であり，この言葉では元素の性質はわからない．

9)　典型元素では同族元素(周期表の縦方向)同士の性質がよく似ている．つまり，これらは一定周期で同じ性質の元素が出てくるという周期律の特徴をよく表しているので「典型」元素という．

10)　遷移元素はすべてが**金属元素***1 である．これらの元素は隣同士・族間でも似ている．12 族の Zn は典型元素だが，からだの中での役割などが遷移元素に似ているので，遷移元素に含めることもある*2．メンデレーエフの時代には元素は 8 族分類され，現代の 16，17 族の陰性元素が 6，7 族，Fe，Co，Ni が 8 族に分類されたので，陰性元素と 1,2 族の陽性元素の間を遷り変わっていく元素という意味で，Fe，Co，Ni などを“遷移”元素と称した．現代的には，1,2 族と 13〜18 族の典型元素の間を遷り変わっていく元素と理解すればよい．

*1　Al の上から階段状に下がった元素(太線)の上側・右側が非金属元素，左側が金属元素(p. 13)．

*2　“ゼロからはじめる化学”，丸善(2008)，p. 105.

1)　次ページのコラム“周期表のまとめ”参照.

2)　ここでは，このような役割があることを知ればよい．覚える必要はない．

表 1–3　元素の分類と役割：金属元素と非金属元素[1]，同族元素とからだの中の役割[2]

1，2 族元素：典型元素・金属元素(Li，Na，K，Mg，Ca) からだの構成(骨・歯：Ca，Mg．体液の成分：Na，K) 神経伝達(生体電気のもと：活動電位 Na，静止電位 K，p.153〜154) 浸透圧・細胞の形維持(陽イオン：Na，K，p.138) Li(うつ病治療)，Mg(ATP の活性化)
3〜11 (12) 族元素：遷移元素，生体必須微量元素(Fe(血色素ヘム・酸素運搬，電子伝達系)，Zn[*1]・Mn(酵素：結合切断，ルイス酸[*2]として作用，Zn は DNA の働き制御)，Fe，Cu，Mo(酵素：酸化還元)，Cr(耐糖因子)，Co(ビタミン B_{12}))
(12)，13 族元素：典型元素・金属元素(Zn，Al)
14〜17 族元素：典型元素・非金属元素(C，N，O，P，S，Cl，Se，I) からだの構成(有機物：C，H，O，N．骨・歯の陰イオン：P，O，H，p.17) 浸透圧・細胞の形維持(陰イオン：C，P，Cl，p.138)，pH の維持(陰イオン：C，P，p.137)，F(虫歯予防)，P(リン酸：DNA，ATP など)，Se(抗酸化酵素)，I(甲状腺ホルモン)
18 族元素：典型元素・非金属元素，貴ガス(希ガス：He，Ne など)，化合物をつくりにくい．

[*1] 12 族 Zn は遷移元素ではないがこれに準じる．微量必須元素と錯体(“ゼロからはじめる化学”，丸善(2008)，p.114)．

[*2] ルイスによる酸の定義では“電子対を受け取るものが酸”(“ゼロからはじめる化学”，丸善(2008)，p.31)．

基礎知識：元素名・元素記号，周期表を覚えよう！ 必須元素の元素名と元素記号の覚え方は，下に示した語呂合わせを参照のこと．

水　兵　リーベ　僕　の (お) 船(はホウ炭窒酸(たんちつさん))，

H，He，Li，Be，B，**C**，**N**，**O**，**F**，Ne，

名前が　あるんだ　シッ プ　ス　クラー　ク　か？(“ケイリン硫黄塩(いおうえん)”)

Na，**Mg**，Al，Si，**P**，**S**，**Cl**，Ar，**K**，**Ca**，

(意味)　水兵さんが言いました．“僕は自分のお船が大好きなのです(Liebe：ドイツ語で愛するという意味)．

船には名前ももちろんあるのですよ”．相手の人が水兵さんに聞き返しました．“クラーク号という名前ですか”(“ケイリン硫黄塩(いおうえん)”です)．

問題 1-1　(1) 元素名と元素記号を軽い順に，20 番まで書け．これらの元素を並べて，周期表を書け．書いた周期表の縦方向・列の族番号(表の 1 行目)と族名(表の最下の[　])も述べよ．また，表下の＊に記載した元素の元素名を記せ．

族	(　)	(　)	(　)	(　)	(　)	(　)	(　)	(　)
	(　)							(　)
	(　)	(　)	(　)	(　)	(　)	(　)	(　)	(　)
	(　)	(　)	(　)	(　)	(　)	(　)	(　)	(　)
	(　)	(　)*				(　)	(　)	[　]
	[　]	[　]					(　)	
							[　]	

＊の後に続く元素名：Sc，Ti，V，Cr(　　　)，Mn(　　　)，Fe(　　　)，Co(　　　)，Ni(　　　)，Cu(　　　)，Zn(　　　)，Cr と同族(Cr の下)第 5 周期元素 Mo(　　　)．

(2) 暗記した周期表に基づいて，H，C，N，O，Na，Cl それぞれの原子番号(元素を軽い順にならべたその順序)を示せ．

答 1-1　答は図 1-10，本書の表紙裏の表を確認のこと．

周期表のまとめ

次のように，元素の族番号とイオン[3]の価数(p. 19)，共有結合[3]の手の数＝価数(原子価)との間には一定の関係がある(下表，p. 19 も参照)．

族番号：	1	2	13	14	15	16	17	18
イオンの価数：	+1	+2	+3	(+4)	(−3)	−2	−1	0
共有結合の価数：	(1)		(3)	4	3	2	1	0

- **貴ガス**という言葉はその反応性に由来している(高貴 ＝ 孤高を保つ・孤独に耐える・ほかと仲良くしない → 反応性が低い)．その反応性はイオンの価数 0，共有結合の手の数 0 で代表される．
- 周期表左下の元素はより**陽性**(陽イオンになりやすい・電子を失いやすい)，右上の元素はより**陰性**(陰イオンになりやすい・電子を引きつける・奪い取る力が強い ＝ **電気陰性度**大，p. 191)．
- **典型元素**(p. 11)：1，2，(12)，13〜18 族，周期表の縦方向の元素(**同族元素**)の性質はよく似ている → 族番号とイオンの価数，共有結合の手の数の関係．
  遷移元素(p. 11)：3〜11(12)族，縦方向だけでなく，隣同士でも似ている．すべての元素が金属元素，イオンの価数(酸化数)は+2 のほか，複数の値をとる．
- **金属元素**と**非金属元素**：H と B，Si，As，Te，At(図 1-10 で，Al の上から階段状に下がった元素)とその上側・右側が非金属元素(金属でない元素：共有結合性の分子をつくりやすい，陰イオンになりやすい)，左側が金属元素(金属の性質[4]をもち，陽イオンになりやすい)．
- 地殻の元素の存在量：定性的には周期表の上ほど多く，下にいくほど少なくなる[5]．
- 原子の重さ(**原子量**)：一番軽い元素 H から原子番号順に重くなる(p. 14，例外 3 カ所)．

3) イオン，共有結合については p. 16〜23，187〜188 参照．

4) 金属光沢，延性，展性をもつ．電気伝導性，熱伝導性が高い．

5) よって，栄養素としての必須元素の推定平均必要量は，周期表の下に行くにつれて，重さの単位が g，mg，μg と小さくなる．

化学の基礎3　元素の周期表と原子の構造

周期表(図1–10)はもともとは元素をその原子の重さの軽い順に並べたものであった．原子の重さを**原子量**といい，一番軽い元素である水素の重さを1としたときの相対的な重さ・相対質量で示した．その重さの順序，周期表に並んだ順序を**原子番号**といった．

後年，原子の構造が明らかになり，原子が**原子核**とその周りの**電子殻**からなること，原子核は正の単位電荷(これ以上小さくできない電荷の大きさ)をもつ**陽子**と，重さは陽子と同じだが電荷をもたない無電荷の**中性子**とからなること，原子核の外側には陽子の約1/2000の重さで，負の単位電荷(陽子と同じ電荷の大きさで符号が負)をもった**電子**が，原子核中の陽子の数と同じ数だけ存在することがわかった．**原子番号**は原子核の中の**陽子数**，したがって電子数に等しいことがわかった．原子の性質は電子の数(そのもとの原子核の陽子の数)に依存している．原子量はほぼ原子核中の陽子の数と中性子の数の和に等しく，この和，**陽子数＋中性子数＝質量数**とよぶ．

実際の元素の原子量は質量数で表される整数ではなく，小数点以下の値をもつ．これは下記のように**同位体**(陽子数が同じで原子として同じ性質をもつが，中性子数が異なり，重さ・質量数が異なる核種)が存在するためである．

b.　原子の構造

ここでは，まず一番単純なモデルを学ぶ．高校で学んだモデルはp. 186を参照)．原子はモモの実のように種(原子核)のある丸い玉である(図1–11)．種には＋電荷のパチンコ玉(陽子)と無電荷のパチンコ玉(中性子)，果肉部には＋電荷のパチンコ玉と同数の－電荷のスイカの種(電子)が存在する(実際の原子核はきわめて小さい)．

問題 1-2

(1) 原子量，原子番号とは何か，簡単に説明せよ．

(2) 以下の元素の原子番号，原子量を周期表(表紙裏)で調べよ．

①H　②C　③N　④O　⑤Na　⑥Cl　⑦Fe　⑧Br　⑨I

(3) 原子の構造と質量数，原子番号の関係について説明せよ．

(4) 同位体とは何か説明せよ．また，水素の同位体 $^{1}_{1}$H，$^{2}_{1}$H，$^{3}_{1}$H，および塩素の同位体 $^{35}_{17}$Cl と $^{37}_{17}$Cl の原子番号，質量数，陽子数，中性子数，電子数を答えよ．

c.　同位体と原子量

塩素の原子量は35.45．これは自然界に安定に存在する質量数35と37の2種類の**安定同位体**核種 ^{35}Cl と ^{37}Cl が77.5：22.5で混ざっているためである．原子の体重・原子量は，その元素として含まれる重さの異なる複数の同位体核種の平均値である(**放射性同位体**：不安定核種であり，α 線(He原子核)，β 線(電子)，γ 線(電磁波)を出して安定な別の元素・核種・状態に変換される．**α壊変**(α 崩壊，α 線放出)[1]：$^{239}_{94}$Pu → $^{235}_{92}$U，**β壊変**(β 崩壊，β 線放出)[2]：$^{3}_{1}$H → $^{3}_{2}$He，$^{60}_{27}$Co → $^{60}_{28}$Ni，$^{90}_{38}$Sr → $^{90}_{39}$Y → $^{90}_{40}$Zr，$^{131}_{53}$I → $^{131}_{54}$Xe，$^{137}_{55}$Cs → $^{137}_{56}$Ba，**γ遷移**(γ 線放出)[3]：原子番号，質量数ともに不変)．

問題 1-3　塩素の同位体存在比は ^{35}Cl ＝ 77.5%，^{37}Cl ＝ 22.5%である．塩素の原子量を求めよ(Cl原子100個のうち，35の重さのClが77.5個，37のClが22.5個の平均値を求める)．

1)　**α壊変**：ヘリウム原子核 $^{4}_{2}$He を放出するので，生成核種の原子番号は2だけ，質量数は4だけ小さくなる．

2)　**β壊変**：電子(e^-)を放出する(中性子→陽子＋電子，陽子が一つ増える)ので，生成核種の原子番号は1だけ大きくなるが，質量数は変わらない(中性子の質量 ≒ 陽子の質量)．

3)　原子核が高励起状態(高エネルギー状態)から低エネルギー状態に移ること．この際に γ 線を放出する．2011年東日本大震災での原発事故により放出された ^{137}Cs は ^{137}Ba に β 壊変する際に ^{137}Ba の高励起状態(94.5%)を経由するために β 線とともに γ 線も放出する．^{137}Cs の半減期は30年である．放射能の強さとその半減期についてはp. 146参照．

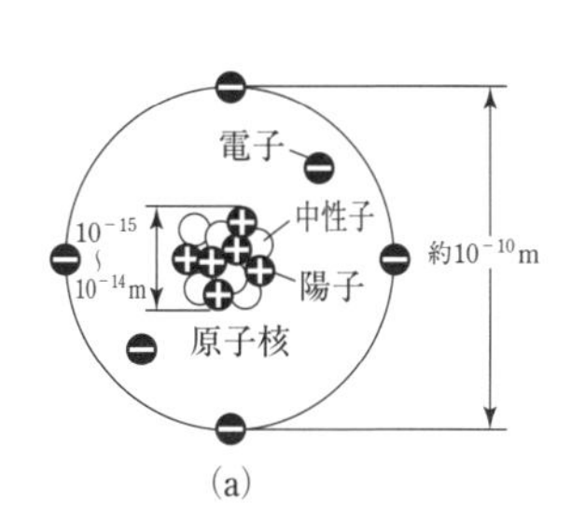

(a)

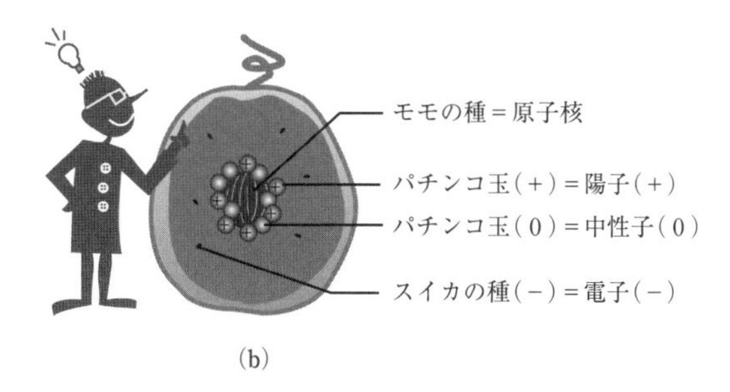

(b)

図 1-11 原子の構造
(a)原子の模型 (b)モモの実-スイカハイブリッドモデル

答 1-2

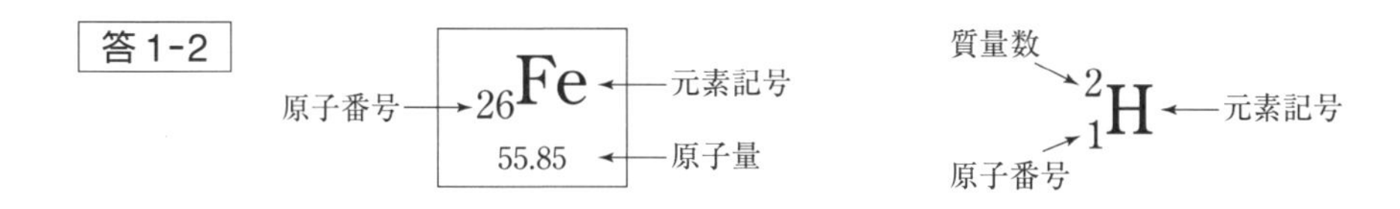

(1) 原子量とは，いわば原子の体重であり，歴史的には H = 1 としたときの相対質量．原子番号とは，歴史的には原子の重さの軽い順に並べた順序のこと(例外 3 カ所)．(原子量の現代的定義は ^{12}C = 12 としたときの原子の相対質量．原子番号の現代的定義は原子中の陽子の数)．

(2) 原子番号と原子量はこの順で，① H：1, 1.008 ② C：6, 12.01 ③ N：7, 14.01 ④ O：8, 16.00 ⑤ Na：11, 22.99 ⑥ Cl：17, 35.45 ⑦ Fe：26, 55.85 ⑧ Br：35, 79.90 ⑨ I：53, 126.9.

(3) 質量数＝陽子数＋中性子数，原子番号＝陽子数

(4) 同位体とは，陽子数が同じ核種のこと．したがってその電荷を中和する電子数も同じ．中性子数が異なる．したがって質量数(陽子数＋中性子数)が異なる．

	原子番号	質量数	陽子数	中性子数	電子数
$^{1}_{1}$H	1	1	1	0	1
$^{2}_{1}$H	1	2	1	1	1
$^{3}_{1}$H	1	3	1	2	1
$^{35}_{17}$Cl	17	35	17	18	17
$^{37}_{17}$Cl	17	37	17	20	17

答 1-3 $35\times\frac{77.5}{100}+37\times\frac{22.5}{100}=35.45$ または $\frac{(35\times77.5+37\times22.5)}{100}$

まとめ問題 3 以下の語句を説明せよ：

原子量と原子番号，周期表(1～20 番元素の元素名と元素記号)，族名，貴ガス，ハロゲン，同族元素，金属元素，非金属元素，典型元素，遷移元素，原子構造と原子番号・質量数・電子数，α・β・γ 線の放出と核種の変換の有無(原子番号と質量数の変化)．

1.4　イオン：物質の第二の構成要素

1.4.1　イオンとは何か

イオンとは Na^+ や Cl^- のように正（＋）や負（－）の電荷をもつ微粒子のことである．正，負の電荷をもつイオンをそれぞれ**陽イオン**，**陰イオン**という[1)]．イオン・電解質（問題 1-4(4)）はヒトの健康に大きくかかわっている[2)]．ヒトは食塩なしでは生きられない[3)]．

1)　○○イオンという名称であれば，化学式の右肩に必ず＋か－の電荷をもつ．イオンのでき方は p. 19 参照．

2)　電解質の代謝と医学，栄養学のキーワード（p. 138～142）：腎臓の役割，バソプレシン，アルドステロン，脱水症，浮腫（水腫，むくみ）．体液量，イオン濃度，浸透圧，pH 調節．イオン当量（メック（mEq）），オスモルはこの分野の基本用語．

3)　なぜ食塩が必須かは p. 138 を見よ．

デモ実験：味見をする（NaCl, KCl, Na_2SO_4, $CaCl_2$, $MgCl_2$）．浸透圧．

問題 1-4

(1) 食塩の化学式と化学名を述べよ．（化学の基本知識！　理屈抜きに丸暗記せよ！）
(2) 食塩の化学名と化学式をもとに，食塩を構成する陽イオン，陰イオンの名称と化学式を述べよ（イオンに関する知識の基本である．重要！）．
(3) 食塩を構成するイオンの，食塩結晶中と水溶液中での存在状態を述べよ．
(4) 電解質（強電解質・弱電解質）とは何か，例をあげて説明せよ．

1.4.2　からだの中のイオンとその存在場所，役割

問題 1-5

(1) イオンはからだのどこに存在するか．その理由も述べよ．
(2) 細胞内液，細胞外液中にそれぞれ多く含まれているイオン 9 種類と，その他のイオン 6 種類の名称，化学式を示せ（NaCl を参照）．

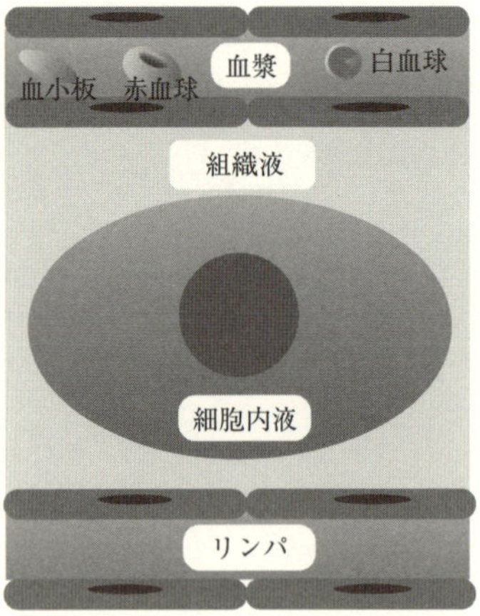

割合(%)		細胞内液	細胞外液	
			組織液	血漿
陽イオン	Na^+	8	95	92
	K^+	77	2.5	3
	Ca^{2+}	1*	2	3
	Mg^{2+}	14	0.5	2
陰イオン	Cl^-	1	73	68
	HCO_3^-	5	19	16
	$H_2PO_4^-/HPO_4^{2-}$	52	2	1
	SO_4^{2-}	10	1	1
	有機酸	—	5	4
	タンパク質	32	—	10

* 細胞内の Ca^{2+} は小胞体，ミトコンドリア中に存在し，細胞質ゾル中の Ca^{2+} 濃度は 10^{-8}～10^{-7}mol/L と極めて小さい．

図 1-12　細胞内液，細胞外液（組織液[4)]，血漿）中のイオンの種類とその存在比(%)
これらのイオンの役割は表 1-4 に示す．

4)　体液は細胞内液と細胞外液とに分けられる．細胞外液は**血漿**（血管内液）と**組織間液**，**リンパ漿**に分けられる．組織間液は**組織液**（**間質液**ともいう）と脳脊髄液などに分けられる．組織液は，細胞間の隙間を満たし，組織の新陳代謝，栄養物の供給，排泄物の運搬などの役目をする液体成分．毛細血管からの血漿の漏出によって生じ，一部はリンパ管に入りリンパ漿となる．他は静脈毛細血管に吸収され血液成分にもどる（図 4-4，4-6）．（細胞外液＝血漿＋組織間液＋リンパ漿，組織間液＝組織液（間質液）＋脳脊髄液など）

答 1-4

(1) 食塩：NaCl，塩化ナトリウム

(2) **ナトリウムイオン**，Na^+．**塩化物イオン**，Cl^-

(3) 結晶中では，Na^+とCl^-は，三次元に，交互に，規則的に整列している(図 1-13)．水溶液中では，$Na^+Cl^- \longrightarrow Na^+(aq) + Cl^-(aq)$と，これらが解離して，ばらばらの水和イオン(p. 106)として存在する(図 1-13)．

(4) **電解質**：食塩・NaClのように，水に溶けて陽イオンと陰イオンに解離する，分かれる物質(塩，酸，塩基)．もともとは電気分解することでイオンに分かれる物質と考えられた．
強電解質：水に溶かすとほぼすべてがイオンに解離する(分かれる)もの．食塩などの塩，強酸と強塩基(p. 99〜101)．
弱電解質：水に溶かしてもわずかしかイオンに解離しないもの．酢酸などの弱酸とアンモニアなどの弱塩基(p. 99〜101)．

水分子

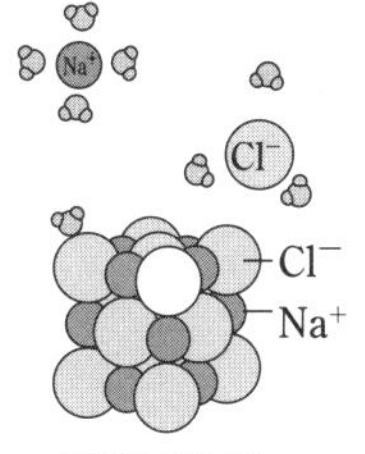

図 1-13　塩化ナトリウム(食塩)

答 1-5　(1) イオンは水に溶けやすいので(p. 106)，おもに水溶液中に存在する．したがって，イオンは体液[4]中，つまり，細胞内液(図 1-12)の中，および細胞外液の血漿(図 1-14，1-15)，組織間液[4]とリンパ漿[5](図 1-16)の中に存在する．イオンは塩[6](鉱物)として骨・歯にも存在する．

6) 塩については p. 20 参照．

5) **リンパ(液)**：組織液の一部は細静脈で静脈内に入り，他はリンパ管に集められ静脈に還る．このリンパ管を流れる液をリンパという．リンパはリンパ漿(血漿と類似．タンパク質を除いた血漿成分が毛細血管より漏出)とリンパ内細胞(おもにリンパ球，白血球の一種，p. 161)からなる．リンパ管は組織に始まり，多くのリンパ節を通過して胸管および右リンパ本管となり静脈に合する(図 1-16，1-17)．組織液 → リンパ→ 血液(腸からのリンパを乳糜(にゅうび)(chyle)といい，キロミクロン(chylomicrone, p. 112)を含み乳白色)．

(2) **からだの中のイオン**[7](図 1-12，イオンの化学式，名称は p. 18〜23 で学習する)

細胞内液　カリウムイオン K^+，マグネシウムイオン Mg^{2+}，
リン酸水素イオン HPO_4^{2-}/リン酸二水素イオン $H_2PO_4^-$，硫酸イオン SO_4^{2-}
細胞外液(血漿，組織間液，リンパ漿)　ナトリウムイオン Na^+，
カルシウムイオン Ca^{2+}，塩化物イオン Cl^-，炭酸水素イオン[8] HCO_3^-
微量・少量だが重要なイオン　水素イオン H^+(オキソニウムイオン H_3O^+)，
アンモニウムイオン NH_4^+，水酸化物イオン OH^-
その他　リチウムイオン Li^+，フッ化物イオン F^-，リン酸イオン PO_4^{3-}(骨・歯)

7) Na^+，Cl^-のように1個の原子からできたイオンを単原子イオン，HCO_3^-，SO_4^{2-}のように，複数の原子からできたイオンを多原子イオンという．

8) 医学分野では重炭酸イオンともいう．

表 1-4　からだの中のイオンの役割[9]

浸透圧の維持	細胞内液：K^+，Mg^{2+}，$HPO_4^{2-}/H_2PO_4^-$，SO_4^{2-}
	細胞外液(血漿，組織間液，リンパ漿)：Na^+，Cl^-，HCO_3^-(p. 138)
pH 一定化	細胞内液：$HPO_4^{2-}/H_2PO_4^-$；細胞外液：$HCO_3^-/H_2CO_3(CO_2)$(p. 137)
神経伝達	生体電気・活動電位 Na^+と静止電位 K^+ (p. 153，154)
骨・歯の成分	Ca^{2+}，Mg^{2+}，PO_4^{3-}，OH^-(p. 20)
ATP(生体エネルギー源)，DNA(遺伝子本体)との相互作用	Mg^{2+}，Mn^{2+}．
二次情報伝達物質，筋収縮，タンパク質の構造維持，その他多くの役割	Ca^{2+}(p. 158)
金属酵素，タンパク質中のイオン	Mn^{2+}，Fe^{2+}[10]/Fe^{3+}，Co^{2+}，Cu^{2+}，Zn^{2+}など(p. 149)

9) ここでは，さまざまなイオンが，からだの中で重要な役割を果していることを理解すればよい．覚えなくてよい．細胞内と細胞外でイオンの種類・濃度が異なること(図1-12)が重要！

10) 赤血球のヘム色素の成分として酸素を運搬(p. 120)．

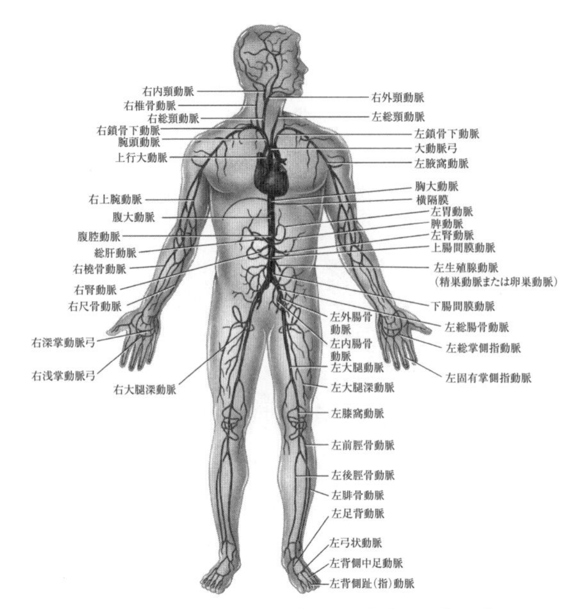

図 1-14　大動脈から分岐する主要な動脈：全身を前からみる
［G. J. Tortora ほか著，佐伯由香ほか編訳，“トートラ人体解剖生理学 原書 9 版”，丸善出版(2014)，p.439］

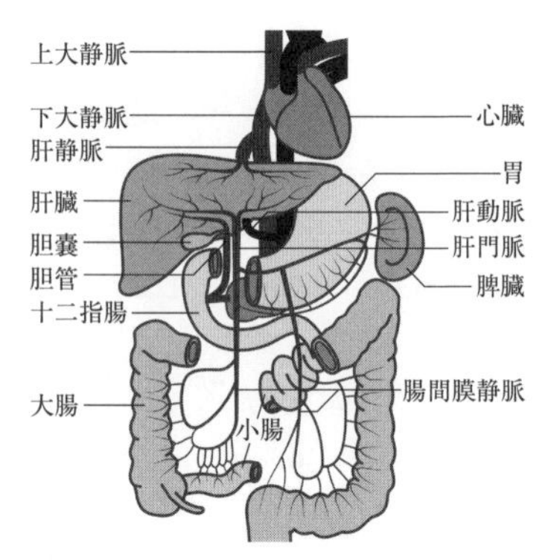

図 1-15　消化器系の血管(肝)門脈
肝臓(肝門)を経由する血液系，胃，腸，膵臓，脾臓 → 肝門脈毛細血管 → 静脈 →（肝門）→ 肝臓毛細血管 → 肝静脈 → 大静脈 → 心臓

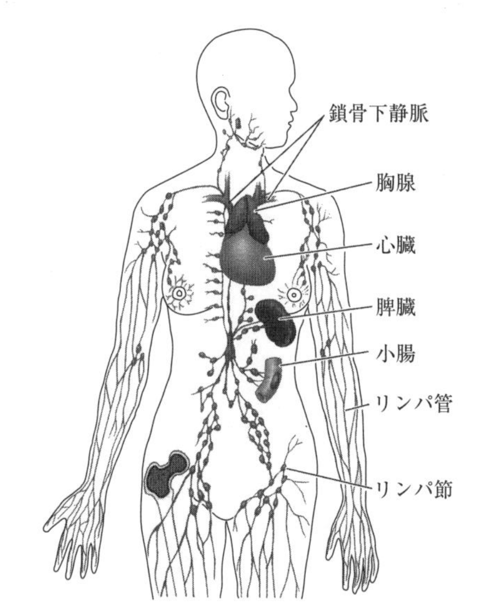

図 1-16　リンパ管：リンパ(液)(リンパ漿，リンパ球)
組織液 → リンパ管(リンパ(液)) → 静脈，腸管のリンパ(液)(＝乳糜(にゅうび)) → 胸管 → 左静脈角(左鎖骨下静脈)

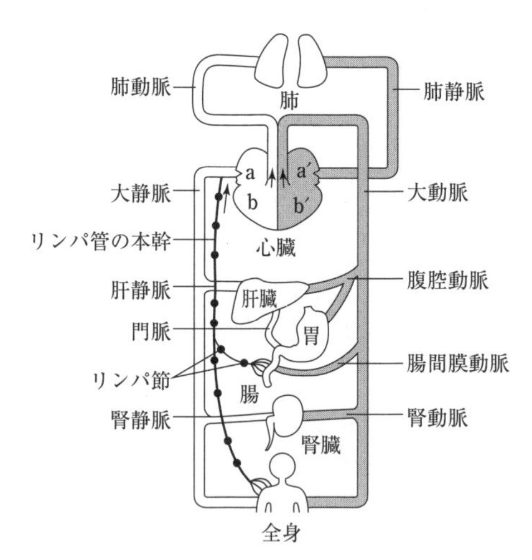

図 1-17　循環系の全図の模式図
a：右心房　　b：右心室
a′：左心房　　b′：左心室

1.4.3　イオンの化学式・価数と名称

問題 1-6　周期表の族番号と生成するイオンの正負・価数の関係を示せ(**要記憶**).

問題 1-7　次の元素の原子は，どのような単原子イオンとなるか，記憶した 20 元素の族番号をもとにイオンの化学式(符号と価数)を示せ.

① H　② Li　③ O　④ F　⑤ Na　⑥ Mg　⑦ Al　⑧ S　⑨ Cl　⑩ K　⑪ Ca

答1-6

表1-5　イオンの価数と周期表(化学の基礎，重要！ 覚えよ！)[1]

元素の族番号	イオンの価数	イオンの具体例(記憶した20元素)
1族元素(アルカリ金属)	+1価　卑賤*2	(H^+)，Li^+，Na^+ *3，K^+
2族元素(アルカリ土類金属)	+2価	Mg^{2+}，Ca^{2+}，(Sr^{2+}，Ba^{2+})
13族元素(ホウ素族)	+3価	Al^{3+}
14族元素(炭素族)	(+4価)	(Si^{4+})(共有結合が主)
15族元素(窒素族)	(−3価)	(N^{3-})(共有結合が主)
16族元素(酸素族)	−2価	O^{2-}，S^{2-}
17族元素(ハロゲン)	−1価　卑賤*2	F^-，Cl^- *3，Br^-，I^-
(18族元素(貴ガス・希ガス)	0価　高貴*1	(He，Ne，Ar，反応性低い)

*1 高貴：孤独でも平気＝反応性低い ⇔ 貴金属
*2 卑賤：すぐ他人と仲良くする＝反応性高い ⇔ 卑金属
*3 なぜNaが⊖を1個失ってNa^+になるか，なぜClが⊖を1個もらってCl^-となるのかはp.187 答7-1 参照.

1) 族番号とイオンの価数の関係はp.13，"周期表のまとめ"の中の表も参照のこと.

答1-7　① H(1族)：H^+　② Li(1族)：Li^+　③ O(16族)：O^{2-}　④ F(17族)：F^-　⑤ Na(1族)：Na^+　⑥ Mg(2族)：Mg^{2+}　⑦ Al(13族)：Al^{3+}　⑧ S(16族)：S^{2-}　⑨ Cl(17族)：Cl^-　⑩ K(1族)：K^+　⑪ Ca(2族)：Ca^{2+}

化学の基礎4　イオンのでき方

食塩NaCl(塩化ナトリウム)は，正電荷をもった陽イオンであるナトリウムイオンNa^+と負電荷をもった陰イオンである塩化物イオンCl^-からできている．これらのイオンのでき方は以下の通りである．

・**塩化物イオンCl^-**(陰イオン)：Cl原子がほかから電子を1個もらったもの.

−17 (+17) Cl原子　+ ⊖ 電子 → −18 (+17) Cl^-　≡ −1　これをCl^-と書く　つまりCl^-とは −18 (+17) のこと.

(Clは17番元素だから原子核+17，電子17個．原子に電子がくっついてできた陰イオンのでき方は，顔についたご飯粒と同じであり，外から見てよくわかる・理解しやすい)

・**ナトリウムイオンNa^+**(陽イオン)：Na原子が電子を1個失ったもの.

−11 (+11) Na原子　− ⊖ 電子 = −10 (+11) Na^+　= +1　これをNa^+と書く　つまりNa^+とは −10 (+11) のこと.

(Naは11番元素だから原子核+11，電子11個．陽イオンのでき方は，口内炎と同じであり，中まで見ないと・考えないと理解できない，わからない.)

問題 1-8　陽イオン，陰イオンのでき方を，${}_{20}Ca$，${}_{53}I$，${}_{8}O$ について示せ[1]．

◀化学の基礎 5-1▶　イオンの名称の付け方(命名法)

陽イオンは，Na^+をナトリウムイオンというように「**元素名＋イオン**」，
陰イオンは，Cl^-を塩化物イオンというように「**○化物イオン**」と呼称する[2]．

問題 1-9　次の元素から生じる**イオンの化学式**と**名称**を述べよ[3](電荷数に注意．自分でHからCaまでを周期表の形に書いて考える習慣をつけよ)．

① H　② Li　③ O　④ F　⑤ Na　⑥ Mg　⑦ Al　⑧ S　⑨ Cl　⑩ K　⑪ Ca
⑫ Fe(Ⅱ)[4]　⑬ Fe(Ⅲ)[4]　⑭ Cu(Ⅱ)[4]　⑮ Br　⑯ I

1.4.4　イオン性化合物：塩[5]，酸化物

イオン性化合物とは，陽イオンと陰イオンよりなる，静電的相互作用[6]に基づくイオン結合性物質である．

代表例：食塩(塩化ナトリウム NaCl)．

フッ素，塩素，臭素，ヨウ素との化合物をそれぞれ**フッ化物**(フッ素化合物)，**塩化物**(塩素化合物)，**臭化物**(臭素化合物)，**ヨウ化物**(ヨウ素化合物)，酸素との化合物を**酸化物**(酸素化合物)，硫黄との化合物を**硫化物**(硫黄化合物)という．

代表例：塩化ナトリウム NaCl，酸化カルシウム CaO，硫化鉄(II)FeS.

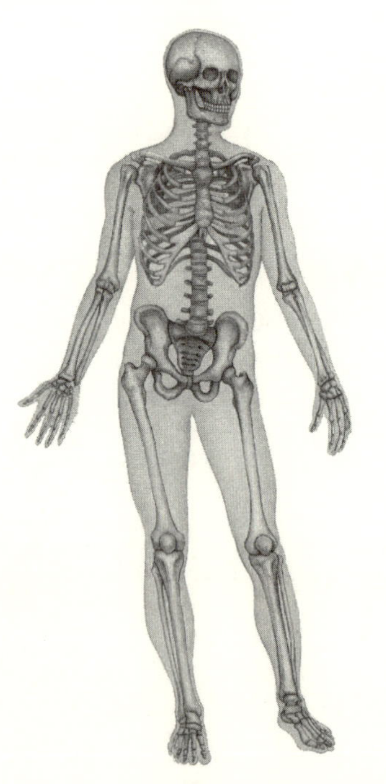

図 1-18　全身の骨格(図 1-5 も参照)
[J. B. Reece ほか 著，池内昌彦ほか 監訳，"キャンベル生物学 原書9版，丸善出版(2013)，p. 1288]

からだを支え内蔵を守る骨(図 1-18)や歯の成分は，水に難溶性の塩であるリン酸カルシウムの一種，ヒドロキシアパタイト $Ca_{10}(PO_4)_6$-$(OH)_2$ という鉱物，**イオン性化合物**からできている(**カルシウムイオン** Ca^{2+}，**リン酸イオン** PO_4^{3-}，**水酸化物イオン** OH^-．p. 17，101)．

歯は虫歯になることがあるが，これは口腔中の細菌が食べ物の滓から乳酸[7]を生成し，歯の硬組織を侵すからである．ヒドロキシアパタイト中の OH^- が酸と反応して，$H^+ + OH^- \longrightarrow H_2O$ となれば $Ca_{10}(PO_4)_6(OH)_2$ の組成が崩れ，歯が溶けることになる．フッ化物イオン F^- を含んだ水を飲んだり，歯のフッ素処理を行えば歯の表面のヒドロキシアパタイト中の OH^- は F^- に変換されて，フルオロアパタイト $Ca_{10}(PO_4)_6$-$(F)_2$ へと変化し，耐酸性が増し虫歯になりにくくなる．したがって，**フッ素**はからだにとって役立つ**有為元素**である(F の体中含有量は 2〜3 g)．

1)　${}_{20}Ca$ は Ca が 20 番元素であるという意味．20 番元素は陽子 20 個，電子 20 個．Ca は 2 族元素だから，イオンの価数は+2，つまり，Ca^{2+}．I，O についても同様に考えよ．

2)　ナトリウムイオン Na^+，塩化物イオン Cl^- は基礎の基礎として要暗記．○化物イオンなる名称の由来は，1.4.4 項を参照のこと．

3)　大部分は，塩化ナトリウム NaCl の構成イオンの名称をもとに類推できる．価数・電荷数は周期表の位置(族番号)からわかる(p. 19)(化学式と名称は要記憶)．

4)　Fe や Cu，Co，Cr，Sn，Pb(遷移金属や 14 族)などの複数の価数をとるイオンでは，どの価数であるかを区別するために元素記号の後に( )をつけ，その中に価数をローマ数字で記入する．

5)　**塩とは**，陽イオンと陰イオンとがイオン結合(＋と－の引力・静電的相互作用，p. 193)により集合したものである．酸の水素原子を金属イオン NH_4^+ などで置き換えた化合物で，酸と塩基の中和の際に生じる．
$HCl + NaOH \longrightarrow H_2O + NaCl$
$H_2SO_4 \longrightarrow Na_2SO_4$ (2 個の Na^+ と 1 個の SO_4^{2-}，p. 103)

6)　p. 193 参照．

7)　乳酸や酢酸など．乳酸は有機酸中では強い酸である．

答 1-8

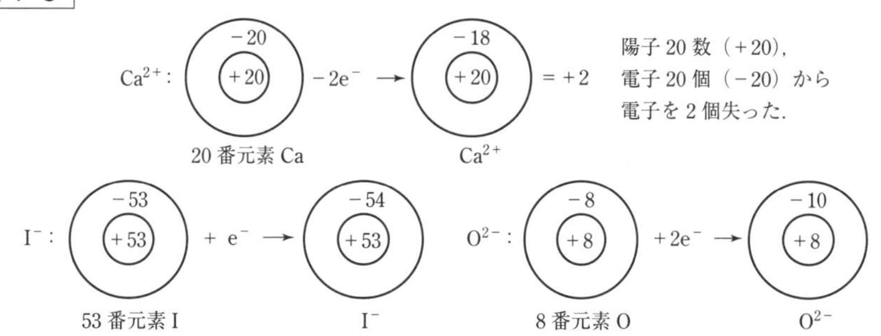

答 1-9

① H^+　水素イオン（酸性のもと）
② Li^+　リチウムイオン（うつ病治療）
③ O^{2-}　酸化物イオン（酸化物をつくる）
④ F^-　フッ化物イオン（虫歯予防）
⑤ Na^+　ナトリウムイオン（細胞外液）[8]
⑥ Mg^{2+}　マグネシウムイオン（にがり）
⑦ Al^{3+}　アルミニウムイオン
⑧ S^{2-}　硫化物イオン（硫化物をつくる）
⑨ Cl^-　塩化物イオン（細胞外液）
⑩ K^+　カリウムイオン（肥料，細胞内液）[8]
⑪ Ca^{2+}　カルシウムイオン（骨，硬水）
⑫ Fe^{2+}　鉄（Ⅱ）イオン（ヘモグロビンのヘム）
⑬ Fe^{3+}　鉄（Ⅲ）イオン（野菜・穀類中の鉄）
⑭ Cu^{2+}　銅（Ⅱ）イオン
⑮ Br^-　臭化物イオン（臭化物をつくる）
⑯ I^-　ヨウ化物イオン（ヨウ化物をつくる）

8）Na^+/K^+ バランスは，栄養学では重要概念．これらのイオンは生物電気，生体内における神経情報伝達のもとである（p. 151）．

体内における骨，歯以外のカルシウム塩の生成

腎結石，尿路結石の 80% はシュウ酸カルシウム CaC_2O_4，リン酸カルシウムなどのカルシウム塩である．石灰化が原因の動脈硬化（中膜石灰症）や，古い結核病巣などの壊死した組織などにカルシウム塩（リン酸カルシウムなど）が沈着する石灰化もある[9]．

他の生物におけるイオン性化合物と地球環境

生物は動物の骨・歯以外にも 2 族元素の難溶性の塩を利用している．卵の殻，サンゴや貝殻，それから生じた大理石や石灰石は，リン酸よりも弱酸である炭酸の塩・炭酸カルシウム $CaCO_3$ からできている．したがって，大理石の像などは，大気汚染で生じる亜硫酸や硝酸を含んだ酸性雨（$pH < 5.6$）により徐々に侵蝕される．大気中の CO_2 濃度増大に伴う地球温暖化と海水の pH（8.3）の低下は $CaCO_3$ を溶けやすく（できにくく）するため，生物の生息域を減らすと危惧されている．

栄養素としての微量ミネラル元素（Cr，Mn，Fe，Co，Cu，Zn，Se，Mo，I）

育児用ミルクにはイオン性化合物・塩の硫酸銅 $CuSO_4 \cdot 5H_2O$ が添加されており，市販サプリメントには数種類のミネラル成分が含まれている．これらの金属元素の陽イオンはタンパク質などと結合して（金属錯体＝金属イオンとの化合物をつくって，Se・I では有機物として），からだの中でさまざまな働きをしている（p. 12，17，148）．鉄の摂取では，鉄 Fe^{3+} は小腸上部の pH 5 程度の弱酸性でも加水分解して水酸化鉄（Ⅲ），$Fe(OH)_3$ として沈殿するが[10]，Fe^{3+} をビタミン C で Fe^{2+} に還元すると（p. 83，84）加水分解されにくくなるため，吸収されやすくなる．穀類中のフィチン酸[11]は Ca，Mg，Fe，Zn の吸収を妨げる．

9）石灰とは，化学では CaO，$Ca(OH)_2$ のことであるが（広義には $CaCO_3$ を含む），医学分野での石灰化とは $CaCO_3$・リン酸カルシウムが組織に沈着することをいう．

デモ実験：卵の殻・炭酸カルシウムの塩酸による溶解

$$CaCO_3 + 2HCl \longrightarrow CaCl_2 + H_2O + CO_2$$

さまざまな塩をなめて味見をする．

10）$Fe^{3+} + 3H_2O \longrightarrow Fe(OH)_3 + 3H^+$

11）イノシトール六リン酸（シクロヘキサンヘキサオールのリン酸エステル）のこと．Ca^{2+} などと難溶性塩をつくる．野菜中のシュウ酸（$(COOH)_2$）イオン；$C_2O_4^{2-}$，野菜のあく）も Ca^{2+} と難溶性の塩をつくり，からだへの吸収を阻害する．p. 107 注 4）参照．

1.4.5　イオン性化合物・塩の化学式の書き方，名称の付け方

問題 1-10　酸化アルミニウムを例にとり，イオン性化合物の化学式の書き方を示せ[1].

問題 1-11　以下のイオン性化合物（塩，酸化物）の化学式を書け[2].

①ヨウ化カリウム　②塩化カルシウム　③酸化銅（Ⅱ）[3]　④酸化二銅[3]　⑤酸化銅（Ⅰ）　⑥塩化アルミニウム　⑦酸化アルミニウム　⑧塩化鉄（Ⅱ）　⑨塩化鉄（Ⅲ）　⑩三酸化二鉄[3]　⑪酸化鉄（Ⅲ）　⑫酸化鉄（Ⅱ）

問題 1-12　以下のイオン性化合物の名称を述べよ（NaCl を参考に考えよ）.

① $CaCl_2$　② Fe_2O_3　③ FeO　④ $FeCl_2$　⑤ $FeCl_3$　⑥ AlF_3　⑦ Na_2S

1.4.6　多原子イオンとその塩

問題 1-13

(1) 多原子イオンとは何か．例をあげて説明せよ．

(2) 硫黄，窒素，リン，炭素の酸化物から生じる酸の名称と化学式[4]を示せ．

(3) (2)の酸由来の多原子イオンの名称，化学式と，でき方（酸のイオン解離反応式，H^+が取れる反応）を述べよ[5].

(4) 水素イオン（酸性の素）と水酸化物イオン（塩基性の素）の化学式，およびオキソニウムイオンとアンモニウムイオンのでき方とその化学式を示せ．

答 1-13　(1) **多原子イオン**とは，下図の硫酸イオン SO_4^{2-} のように，複数の原子が共有結合で結びつき，ひとかたまりとなったイオン．多原子イオンの生成は p. 100 に記載．

(2) **硫酸**[6] H_2SO_4，**硝酸**[6] HNO_3，**リン酸**[6] H_3PO_4，**炭酸**[6] H_2CO_3

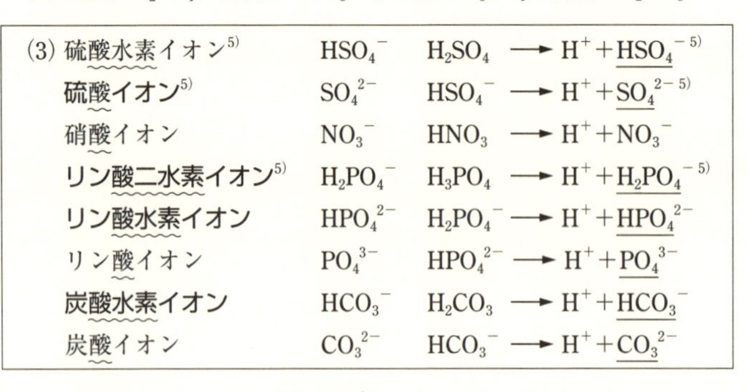

(3)		
硫酸水素イオン[5]	HSO_4^-	$H_2SO_4 \longrightarrow H^+ + HSO_4^{-}$ [5]
硫酸イオン[5]	SO_4^{2-}	$HSO_4^- \longrightarrow H^+ + SO_4^{2-}$ [5]
硝酸イオン	NO_3^-	$HNO_3 \longrightarrow H^+ + NO_3^-$
リン酸二水素イオン[5]	$H_2PO_4^-$	$H_3PO_4 \longrightarrow H^+ + H_2PO_4^{-}$ [5]
リン酸水素イオン	HPO_4^{2-}	$H_2PO_4^- \longrightarrow H^+ + HPO_4^{2-}$
リン酸イオン	PO_4^{3-}	$HPO_4^{2-} \longrightarrow H^+ + PO_4^{3-}$
炭酸水素イオン	HCO_3^-	$H_2CO_3 \longrightarrow H^+ + HCO_3^-$
炭酸イオン	CO_3^{2-}	$HCO_3^- \longrightarrow H^+ + CO_3^{2-}$

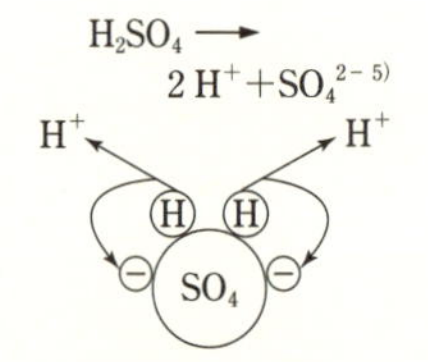

(4) **水素イオン**：H^+，**水酸化物**[7]**イオン**：OH^-（水酸化ナトリウム NaOH など）

オキソニウムイオン[8]：$H_2O + H^+ \longrightarrow H_3O^+$

アンモニウムイオン[8]：$NH_3 + H^+ \longrightarrow NH_4^+$

問題 1-14　以下の塩と陰イオンの化学式・名称を書け（答は問題 1-15 の化学式）.

①硫酸ナトリウム　②硫酸鉄(III)　③炭酸ナトリウム　④炭酸水素ナトリウム（重曹）　⑤リン酸水素ナトリウム　⑥リン酸二水素カリウム　⑦リン酸ナトリウム　⑧リン酸カルシウム　⑨次亜塩素酸ナトリウム[9]　⑩亜硝酸ナトリウム[10]

---

1)　塩化ナトリウム NaCl, Na^+，Cl^- をまず覚えよ．この知識と族番号，価数をもとに考えよ．

2)　化学式の書き方は NaCl を参考にせよ．イオンの価数に注意．周期表の族番号と価数の関係，交差法．

3)　化合物名の示す意味をきちんと考える．p. 20 注 4)，二銅とは銅が 2 個のこと．

4)　これらの酸の名称は元素名から，化学式は元素の族番号に対応する最高酸化数（p. 100）から予測可能．

5)　これらの**イオン**はもとの酸の化学式中から H^+ が一つずつ取れることで生じる．化学式中に残る H 数が 0 は…**酸イオン**，一つは…**酸水素イオン**，二つは…**酸二水素イオン**．H 原子が H^+ として取れる際に電子を残していくから（下図），これらのイオンの負電荷はもとの酸から H^+ が取れた数と等しい．$H_2SO_4 \longrightarrow 2H^+ + SO_4^{2-}$ など（右図，p. 100, 101, 103 参照）．

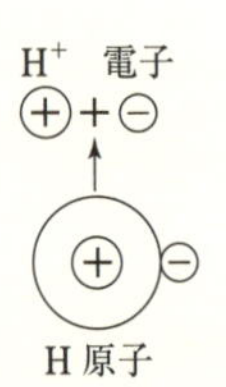

6)　硫黄の酸，硝石 KNO_3 の酸，リンの酸，炭素の酸，（塩酸＝食塩の酸）．

7)　水酸化とは水素・酸素化 HO．水酸化物イオンは OH^- と書くのが約束．

8)　配位結合により H^+ が付加したイオン（p. 189）．

9)　台所の塩素系の殺菌消毒剤，漂白剤．

10)　ハムの発色剤．

◀化学の基礎 5-2▶ イオン性化合物・塩の化学式の書き方

答 1-10

① 化合物名からその化合物を構成する陰イオンと陽イオンの名称，化学式，価数・電荷数を知る：酸化物イオン，アルミニウムイオン → O^{2-}(16 族)，Al^{3+}(13 族).

② 化合物の化学式(組成式)は陽イオンを先，陰イオンを後に書く(名称は元素記号と逆，塩化ナトリウム NaCl を例に考えよ：NaCl＝Na^+，Cl^-) → Al^{3+}，O^{2-}

③ 化合物の化学式では，陽イオンの正電荷と陰イオンの負電荷を同数として，**全体の電荷がゼロ**＝無電荷となるように陽イオンと陰イオンの数を合わせる(もっとも簡単な整数比とする).

→ Al^{3+}の 1 個の電荷＋3 を中和するには，O^{2-}(電荷－2)の 1.5 個が必要である.

→ $(Al^{3+})_1(O^{2-})_{1.5}$(イオンの個数は元素名の右下) 2 倍して整数化，$(Al^{3+})_2(O^{2-})_3$

④ (　)と陽・陰イオンの電荷を取り除き，化合物の化学式とする → Al_2O_3

(以上を，より簡単に求めるには次の**交差法**を用いるとよい)

交差法(重要！)

例① Al^{3+}と O^{2-}からなる化合物の組成式 → 荷数 3＋と 2－の 3 と 2 を逆に使う(交差)

→ Al_2O_3 (Al_2O_3 全体の電荷は(＋3)×2＋(－2)×3＝0 となる)

例② Ca^{2+}と O^{2-}の化合物，交差 → Ca_2O_2 → CaO

(Ca_2O_2 は 2 で約分できるので CaO[11] とする)

つまり，A^{m+}と B^{n-}からなるイオン性化合物の組成式

→ 荷数を逆さに使う → A_nB_m(m, n が約分できるときには約分して，m, n を素数とする)

Al^{3+}(3 価)　O^{2-}(2 価)
交差
Al　2 個　　O　3 個
化学式 → Al_2O_3

答 1-11　① KI　② $CaCl_2$(Ca^{2+}，Cl^-)　③ CuO　④ Cu_2O　⑤ Cu_2O　⑥ $AlCl_3$(Al^{3+}，Cl^-)　⑦ Al_2O_3　⑧ $FeCl_2$　⑨ $FeCl_3$　⑩ Fe_2O_3　⑪ Fe_2O_3[12]　⑫ FeO

◀化学の基礎 5-3▶ イオン性化合物の名称の付け方

答 1-12

① 陰イオン部分(塩化物イオン → 塩化)を先，陽イオン部分の元素名(カルシウム)を後に命名(化学式と逆の順序) → 塩化カルシウム[12]

② (酸化物イオン → 酸化)を先，陽イオン元素・鉄を後．元素の数を元素に対応する名の前につける(三酸化，二鉄) → 三酸化二鉄(酸化鉄(Ⅲ)[13]).

③ 酸化鉄(Ⅱ)　④ 塩化鉄(Ⅱ)，二塩化鉄　⑤ 塩化鉄(Ⅲ)，三塩化鉄

⑥ フッ化アルミニウム[12]　⑦ (硫化物イオン)硫化ナトリウム[12]

問題 1-15　次の塩の名称を書け(答は問題 1-14 の名称).

塩：交差法を利用.

① Na_2SO_4　② $Fe_2(SO_4)_3$[14]　③ Na_2CO_3　④ $NaHCO_3$(重曹)　⑤ Na_2HPO_4[15]　⑥ KH_2PO_4　⑦ Na_3PO_4　⑧ $Ca_3(PO_4)_2$[14]　⑨ NaClO[16]　⑩ $NaNO_2$[17]

陰イオン：①，② SO_4^{2-}，硫酸イオン[18]　③ CO_3^{2-}，炭酸イオン[18]　④ HCO_3^-，炭酸水素イオン(医療系：重炭酸イオン)[18]　⑤ HPO_4^{2-}，リン酸水素イオン[18]　⑥ $H_2PO_4^-$，リン酸二水素イオン[18]　⑦，⑧ PO_4^{3-}，リン酸イオン[18]　⑨ ClO^-，次亜塩素酸イオン　⑩ NO_2^-，亜硝酸イオン

11) CaO：酸化カルシウム(生石灰)酸性土壌(畑)の中和，運動場の線引.
$CaO + H_2O \longrightarrow Ca(OH)_2$ (消石灰)

12) 価数が 1 種類しかない元素では，たとえば，Ca は Ca^{2+}，Al は Al^{3+}，S は S^{2-}が常識と考え，二塩化カルシウム，三フッ化アルミニウム，硫化二ナトリウムとは言わない.

13) 酸化鉄(Ⅲ)は Fe^{3+}と O^{2-}からできているので，化学式は交差法により Fe_2O_3．複数の価数をもつ元素の価数は鉄(Ⅲ)のように元素名の後ろにカッコつきのローマ数字で示す.

14) 多原子イオンが複数個ある塩の場合はイオンを( )で囲み，その数を右下につける.

15) 食品の加工，pH 緩衝液に利用.

16) 次亜塩素酸 HClO とその塩は殺菌消毒剤(水道水，医用)・漂白剤.
過塩素酸 $HClO_4$，塩素酸 $HClO_3$，亜塩素酸 $HClO_2$，HClO 次亜塩素酸．過，…酸，亜，次亜となるにつれて酸素数が一つずつ減少.

17) 硝酸 HNO_3，亜硝酸 HNO_2.

18) 多原子イオン：…**酸イオン**の化学式中には H はない．…**酸水素イオン**なら化学式中に H が一つ，…**酸二水素イオン**なら H が二つある．多原子イオンの電荷数は p. 100，101，103 参照.
もとの酸から H^+が取れた分だけ－の価数のイオンとなる．その Na 塩の化学式には H^+が取れた数だけ Na がある．例：$H_2SO_4 \longrightarrow 2H^+ + SO_4^{2-}$，Na 塩：$Na_2SO_4$.

問題A　以下の単体，化合物，イオン名を化学式に変えよ(答は問題Bの問題文)．

気体[1]：水素ガス(　　)〔水の電気分解〕，酸素ガス(　　)〔空気の成分・呼吸・水の電気分解〕，窒素ガス(　　)〔空気の成分・窒素固定(肥料・タンパク質のもと)〕，塩素ガス(　　)〔水の消毒・(台所の殺菌漂白剤＋HCl)〕，アンモニア(　　)〔トイレ臭・虫刺され薬(中和反応)〕，オゾン(　　)〔酸素の同素体・オゾン層・酸化剤・漂白剤〕，(固体：ヨウ素(　　)殺菌・酸化剤)

酸[2](酸っぱい・酸性)：塩化水素(　　)，塩酸((　　)の水溶液)〔胃酸〕，(フッ化水素，臭化水素，ヨウ化水素)，硫酸(　　)〔強酸・硫黄の酸・脱水火傷〕，硝酸(　　)，リン酸(　　)〔DNA・ATPの成分〕，炭酸(　　)〔炭酸飲料〕

塩基(塩基＝中和して塩を生じる，塩基性)：水酸化ナトリウム(　　)，水酸化カリウム(　　)〔けん化価〕，水酸化カルシウム(　　)〔消石灰・生石灰〕，アンモニア(　　)．

イオン[3]：水素イオン(　　)〔酸味・酸性のもと・pH〕，ナトリウムイオン(　　)〔しょっぱい味のもと・細胞外液〕，カリウムイオン(　　)〔肥料・植物・灰〕，マグネシウムイオン(　　)〔にがり〕，カルシウムイオン(　　)〔骨・歯の成分・体内でさまざまな役割〕，アルミニウムイオン(　　)，酸化物イオン(　　)，硫化物イオン(　　)，フッ化物イオン(　　)，塩化物イオン(　　)，臭化物イオン(　　)，ヨウ化物イオン(　　)，鉄(Ⅱ)イオン(　　)，鉄(Ⅲ)イオン(　　)．後二者は理屈抜きに要記憶．

多原子イオン[4](理屈(p. 100，103注7)を理解して名称と化学式を憶える)：アンモニウムイオン(　　)〔アンモニアの中性・酸性における形〕，水酸化物イオン(　　)〔アルカリ性のもと〕，硫酸イオン(　　)〔Mgにがり・Ba造影剤・Ca石膏・ギプス〕，硝酸イオン(　　)〔肥料・植物中に存在・NH_3のもと〕，炭酸水素イオン・重炭酸イオン(　　)〔膵液と腸液の成分・ふくらし粉・重曹〕，炭酸イオン(　　)〔貝殻・卵の殻〕，リン酸イオン(　　)〔骨・肥料〕，リン酸水素イオン(　　)・リン酸二水素イオン(　　)〔細胞内液〕．

塩(全体は無電荷)：塩化ナトリウム(　　)〔体中のHCl・$NaHCO_3$のもと〕，塩化アルミニウム(　　)，塩化アンモニウム(　　)，硫酸ナトリウム(　　)，炭酸水素ナトリウム＝重炭酸ナトリウム＝重炭酸ソーダ＝重曹(　　)，硝酸銀(　　)，塩化銀(　　)，硫酸アルミニウム(　　)，塩化鉄(Ⅱ)(　　)，塩化鉄(Ⅲ)(　　)，塩化カルシウム(　　)，ヨウ化カリウム(　　)，亜硫酸ナトリウム[5](　　)〔還元剤〕，亜硝酸ナトリウム[5](　　)，次亜塩素酸ナトリウム[5](　　)，リン酸二水素ナトリウム(　　)，リン酸水素ナトリウム(　　)．

金属酸化物[6]**・硫化物**(全体は無電荷，酸素原子Oの価数はいくつか)：酸化鉄(Ⅱ)(　　)，酸化鉄(Ⅲ)(　　)〔赤さび〕，酸化銅(Ⅱ)(　　)，酸化銅(Ⅰ)(　　)〔フェーリング反応の色〕，硫化鉄(　　)，硫化銅(　　)，硫化銀(　　)．

非金属酸化物：水(　　)，過酸化水素(　　)〔水溶液はオキシドール・殺菌・酸化漂白〕，一酸化炭素(　　)〔ガス中毒〕，二酸化炭素[7]＝炭酸ガス(　　)〔呼吸〕，一酸化窒素(　　)〔硝酸・環境汚染・血管拡張作用・情報伝達〕，二酸化窒素(　　)〔排ガス・酸性雨〕，二酸化硫黄＝亜硫酸ガス(　　)〔火山ガス・還元漂白・酸性雨〕，三酸化硫黄(　　)，五酸化二窒素(　　)，七酸化二塩素(　　)，五酸化二リン(　　)，亜酸化窒素[8](　　)〔笑気・麻酔ガス〕

1)　貴ガスを除き，原子はさみしがりや，原子は1個では不安定であり分子を形成する．

2)　酸の酸っぱい味のもとはH^+だから，酸の化学式には必ずH原子がある．

3)　族番号とイオンの価数の関係については，表1-5参照．

4)　多原子イオン：…**酸イオン**の化学式中にはHはない．…**酸水素イオン**ならイオンの化学式中にHが一つ，…**酸二水素イオン**ならHが二つある．これらのイオンの電荷はもとの酸からH^+が取れた数だけ負電荷となる(H^+と陰イオン全体で電荷は0)．

5)　亜…とは，この場合，酸素原子Oが少ないという意味で用いている．次亜とは，2個少ない．

6)　酸化とはなにか(三つの定義，p. 83)．

7)　二酸化炭素とは，2個の酸素がくっついた炭素という意味．一酸化炭素，…，三酸化硫黄も同様．

8)　一酸化二窒素のこと．

問題 B　以下の化学式を単体名，化合物名，イオン名に変えよ(答は問題Aの問題文)．

気体分子[9]：H_2(　　　)，O_2(　　　)，N_2(　　　)，Cl_2(　　　)，NH_3(　　　)，O_3(　　　)，(固体：I_2(　　　))．

酸[10]：HCl(　　　)，HClの水溶液(　　　)，(HF，HBr，HI)，H_2SO_4(　　　)，HNO_3(　　　)，H_3PO_4(　　　)，H_2CO_3(　　　)．

塩基[11]：NaOH(　　　)，KOH(　　　)，$Ca(OH)_2$(　　　)，NH_3(　　　)．

イオン[12]：H^+(　　　)，Na^+(　　　)，K^+(　　　)，Mg^{2+}(　　　)，Ca^{2+}(　　　)，Al^{3+}(　　　)，O^{2-}(　　　)，S^{2-}(　　　)，F^-(　　　)，Cl^-(　　　)，Br^-(　　　)，I^-(　　　)，Fe^{2+}(　　　)，Fe^{3+}(　　　)．

多原子イオン：$NH_4{}^+$(　　　)〔理屈は p. 189〕，OH^-(　　　)，$SO_4{}^{2-}$(　　　)，$NO_3{}^-$(　　　)，$HCO_3{}^-$(　　　=　　　)，$CO_3{}^{2-}$(　　　)，$PO_4{}^{3-}$(　　　)，$HPO_4{}^{2-}$(　　　)，$H_2PO_4{}^-$(　　　)．

塩[13]：NaCl(　　　)，$AlCl_3$(　　　)，NH_4Cl(　　　)，Na_2SO_4(　　　)，$NaHCO_3$(　　　=　　　=　　　)，$AgNO_3$(　　　)，AgCl(　　　)，$Al_2(SO_4)_3$(　　　)，$FeCl_2$(二塩化鉄，　　　)，$FeCl_3$(三塩化鉄，　　　)，$CaCl_2$(　　　)，KI(　　　)，Na_2SO_3(　　　)，$NaNO_2$(　　　)，NaClO(　　　)，NaH_2PO_4(　　　)，Na_2HPO_4(　　　)，ミョウバン $KAl(SO_4)_2 \cdot 12H_2O$[14]

金属酸化物・硫化物[15]：FeO(一酸化鉄，　　　)，Fe_2O_3(三酸化二鉄，　　　)，CuO(一酸化銅，　　　)，Cu_2O(一酸化二銅，　　　)，FeS(　　　)，CuS(　　　)，Ag_2S(　　　)．

非金属酸化物(分子)：H_2O(　　　)，H_2O_2(　　　)，CO(　　　)，CO_2(　　　=　　　)，NO(　　　)，NO_2(　　　)，SO_2(　　　=　　　)，SO_3(　　　)，N_2O_5(　　　)，Cl_2O_7(　　　)，(P_2O_5)[16](　　　)，N_2O(一酸化二窒素，　　　)．

9) **原子はさみしがりや・不安定・反応性が高い → 2原子分子となって安定化．**

10) ハロゲン化水素酸とオキソ酸(非金属元素の酸化物(最高酸化数，p. 100)と水分子が反応して生じた酸)．

11) アルカリ金属，アルカリ土類金属の水酸化物と NH_3.

12) 1族は+1，2族は+2，13族は+3，16族は−2，17族は−1，遷移金属は複数の価数をとる(+2，+3など，11族のCuは+1，+2)，12族(Zn，Cd)は+2.

13) 塩の全体は無電荷．陽イオンと陰イオン(イオンの価数は上記)とを組み合わせて，全体が無電荷となるようにする．

14) 化合物名は，硫酸アルミニウムカリウム．

15) 金属イオンの価数とOの−2とを合わせて，全体が無電荷となるようにする．

16) この化合物は正しくは P_4O_{10}，十酸化四リン．

まとめ問題 4　以下の語句を説明せよ：

電解質，血漿，リンパ，組織間液・組織液，細胞外液・細胞内液，食塩の化学名，Na^+とCl^-の名称，イオン・酸の名称と化学式：K^+，Ca^{2+}，Mg^{2+}，H^+，OH^-，$NH_4{}^+$，$HCO_3{}^-$，$H_2PO_4{}^-$，$HPO_4{}^{2-}$，$SO_4{}^{2-}$，$PO_4{}^{3-}$，$CO_3{}^{2-}$，$NO_3{}^-$，H_3PO_4，H_2SO_4，H_2CO_3，HNO_3，これらの陰イオンのナトリウム塩の化学式．

1.5　分子：物質の第三の構成要素

分子とは複数の原子が手をつないで(共有結合で[1])ひとかたまりとなったものである．われわれのからだの6割を占める水 H_2O も分子である．からだの全体がさまざまな分子からできている．筋肉，臓器，細胞の構成要素のほとんどが分子である．三大栄養素のタンパク質，糖質，脂質，遺伝子の本体のDNA，微量栄養素のビタミンも，健康に良いとされる植物由来の化学物質・ファイトケミカルも，神経細胞間で情報を伝える神経伝達物質も，からだの特定の組織の動きを制御するホルモンも，すべて分子である．

1) p187，188参照．

1.5.1　からだの中の分子・有機化合物を概観する[2]

2) この節の目的は，からだの科学の学習にとって，分子・有機化合物がいかに重要かを感じてもらうことにある．詳しい内容はp. 66以降で学習するので，今は概観するだけでよい．

a.　栄養素その他の物質群

(1) タンパク質(ポリペプチド)：筋肉・内臓などのからだを構成するタンパク質は，C，H，O，N，Sの元素からできた20種類の**α-アミノ酸**(p. 66)が，**ペプチド結合** -CONH-(p. 68)によってつながった1本の長い分子の糸・鎖・生体高分子(ポリマー)である．

α-アミノ酸の一般式・構造式：　　　　ポリペプチド（でき方はp. 68）

```
   H              H                      H       H
   |              |                      |       |
R—C——C—O—H (R—C—COOH) ··· ——C—C—N—C—C—N—— ···
   |   ||         |                      |  || |  |  || |
  NH2  O         NH2                     R  O  H  R′ O  H
            (RCH(NH2)COOH)
```

(2) 糖質：われわれの主食(穀類・イモなど)の成分の**デンプン**は，C，H，Oからできた代表的な糖・**グルコース**(**ブドウ糖** $C_6H_{12}O_6$)が多数つながったもの，グルコースが糸・鎖状につながった高分子(ポリマー)である．グルコースは，反応性に富む**アルデヒド基**(**-CHO**)をもった鎖状構造(0.003％，下図)と，^{1}CHOが分子内で^{5}C-OHと反応して生じた環状構造(～100％，下図)の2種類の構造が可能である．

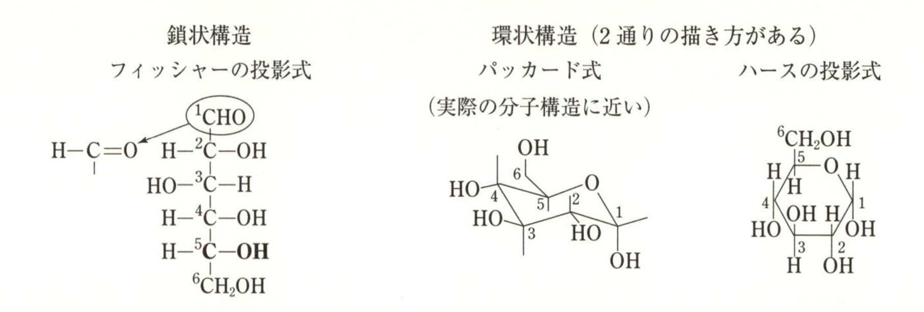

(3) 脂質：**中性脂肪**はC，H，Oの元素からできた**グリセリン**と**脂肪酸**を原料とする代表的な脂質である[3]．ヒトの皮下，腹壁に多く存在し，生命活動のエネルギー源，飢餓時の貯蔵エネルギー源，体温の断熱保温，物理的衝撃の緩衝剤である．

3) ここでは構造式は気にしない．構造式の詳細はp. 73～74で説明する．

$$
\begin{array}{l}
CH_2-O-\overset{\displaystyle O}{\overset{\|}{C}}-CH_2CH_2 \cdots CH_2CH_3 \\
CH_3CH_2 \cdots CH_2CH_2-\overset{\displaystyle O}{\overset{\|}{C}}-O-CH \\
CH_2-O-\underset{\displaystyle O}{\underset{\|}{C}}-CH_2CH_2 \cdots CH_2CH_3
\end{array}
$$

すべての生物の構成単位である細胞の細胞膜はC，H，O，P，Nからできた**リン脂質**の**ホスファチジルコリン**から主としてつくられている[3]．

$$
\begin{array}{l}
CH_2-O-\overset{\displaystyle O}{\overset{\|}{C}}-CH_2CH_2 \cdots CH_2CH_3 \\
CH_3CH_2 \cdots CH_2CH_2-\overset{\displaystyle O}{\overset{\|}{C}}-O-CH \\
CH_2-O-\underset{\displaystyle O^{\ominus}}{\underset{|}{\overset{\displaystyle O}{\overset{\|}{P}}}}-O-CH_2CH_2-N^{\oplus}(CH_3)_3
\end{array}
$$

(4) 核酸：遺伝子の本体である核酸分子のDNAは，A(アデニン)，G(グアニン)，C(シトシン)，T(チミン)の4種類の異なった核酸塩基(p. 167)をもつヌクレオチド[4](p. 167〜168)が多数結合した生体高分子である．

4)　核酸塩基＋五炭糖のリボース＋リン酸よりなる．

(5) ビタミン：動物の栄養を保ち，成長を遂げさせるのに不可欠の微量の有機化合物群である．

脂溶性ビタミン	化合物名*1	欠乏症
ビタミンA	レチノール，**レチナール**	**夜盲症**，成長停止（抗酸化作用）
プロビタミンA	カロテン(α，β，γ)	
ビタミンD(D_2，D_3)*2	カルシフェロール	**くる病**，骨軟化症
プロビタミンD	エルゴステロール	
ビタミンE	トコフェロール	不妊症，筋萎縮（抗酸化作用）
ビタミンK	フィロキノン	血液凝固遅滞

水溶性ビタミン	化合物名	欠乏症
ビタミンB_1	チアミン	**脚　気**
ビタミンB_2	リボフラビン	成長停止
ナイアシン	ニコチン酸	ペラグラ
ビタミンB_6	ピリドキシン	皮膚炎
ビタミンB_{12}	コバラミン	悪性貧血
パントテン酸，ビオチン，葉酸		
ビタミンC	アスコルビン酸	**壊血病**(抗酸化作用)

*1 化合物名の語尾から化合物の種類と性質の一部が理解できる(p.60〜63参照)．
*2 ビタミンDは活性型ホルモンとして作用，骨の成分であるCa，Pの吸収・代謝に関与．

ビタミンA（レチノール）

CH_3 CH_3 CH_3 CH_3 CH_2OH CH_3

ビタミンB_1（チアミン）

NH_2 N N H_3C $\overset{+}{N}$ CH_3 S OH

ビタミンC（アスコルビン酸）

CH_2OH H−C−OH O O H OH OH

O=C− HO−C HO−C O H−C HO−C−H CH_2OH

ビタミンE（トコフェロール）

R_1 HO R_2 R_3 O CH_3 CH_3 CH_3 CH_3

(6) ファイトケミカル(p. 10)：植物がつくる，健康維持に役立つ有機化合物．

カテキン
（茶など）

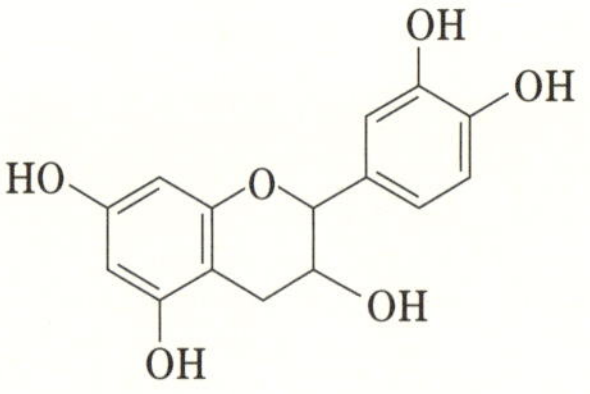

HO, O, OH, OH, OH, OH

アントシアニンの一種
（赤ワイン，ブルーベリーなど）

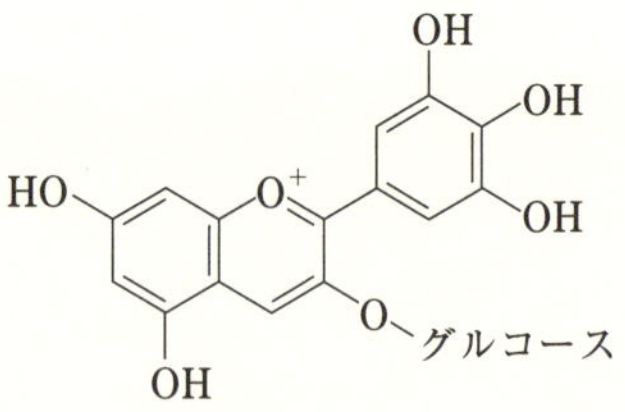

HO, O^+, OH, OH, OH, OH, O－グルコース

(7) 神経伝達物質：神経端シナプスで神経細胞同士の情報伝達を行う物質(p. 155～157)．

アセチルコリン（副交感神経，p. 157）

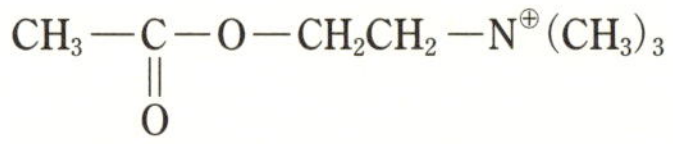

$CH_3-C(=O)-O-CH_2CH_2-N^{\oplus}(CH_3)_3$

ノルアドレナリン（交感神経，p. 156）

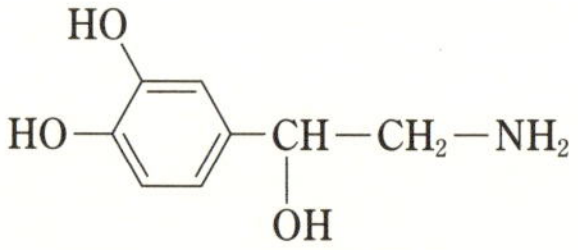

HO, HO, $CH-CH_2-NH_2$, OH

グルタミン酸（脳神経，アミノ酸の一種）

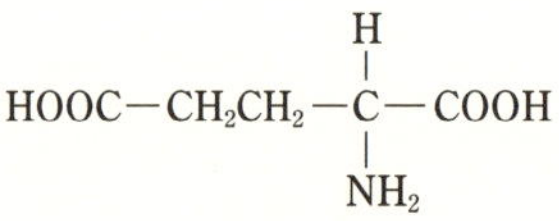

$HOOC-CH_2CH_2-CH(NH_2)-COOH$

(8) ホルモン：からだを調節する物質(p. 157～160)．

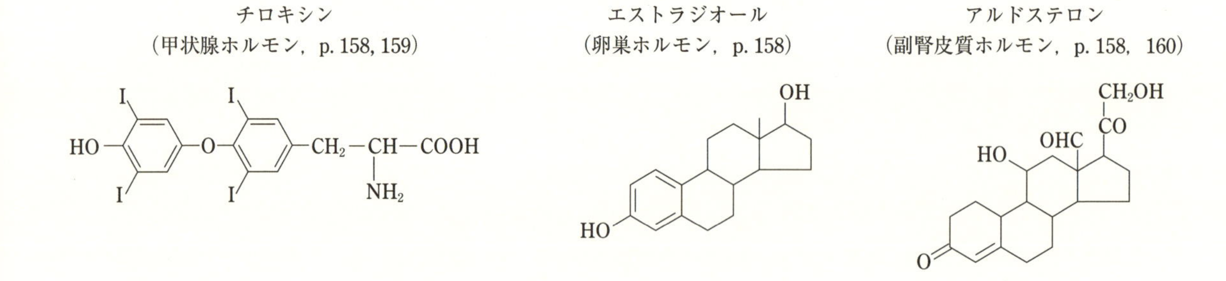

1) 下線部の言葉は，有機化合物のグループ(p. 60)を示す接頭・接尾語，官能基(p. 60)，アルカン名，数詞など(p. 41, 43)，有機化合物の命名の基本用語であり，これを習得すれば，名称をもとに，これらがどのような化合物かが理解できる．

巷でよく聞くからだに良い化学物質には以下のものがある[1]．ポリフェノール(赤ワイン，ブルーベリー，茶)，β-カロテン(ニンジン，野菜)，ビタミンA，ビタミンE(植物性油脂)，ビタミンC(野菜，果物)・セサミノール(ごま，活性酸素に対する抗酸化性)，クエン酸，タウリン，DHA(ドコサヘキサエン酸，頭の良くなる魚の油)，ジアシルグリセロール(太らない油)，大豆イソフラボン(女性ホルモン様効果)，キシリトール(虫歯にならないガム)，ヒアルロン酸・コンドロイチン硫酸・グルコサミン(軟骨成分)，アミノ酸，ペンタデカン酸ジグリセリド(育毛剤)など．

からだに悪い物質には悪玉コレステロール(動脈硬化)，ダイオキシン・PCB(母乳汚染)，ホルムアルデヒド・トルエン(シックハウス症候群の原因物質)などがある．

b.　栄養成分の健康に果たす役割や病気のメカニズムの分子レベルでの理解

(1) 時差ぼけと食事：時差ぼけを早くもとにもどすには，必須アミノ酸のトリプトファンを含んだ食品を食べて太陽光を浴びれば良いといわれている．これは体内時計・バイオリズムを制御している脳内情報伝達物質メラトニン **2** の構造とトリプトファン **1** の構造を比較すれば容易に理解できる[2]．太陽光は体内時計をリセットする．

2）神経伝達物質のセロトニンは，メラトニン **2** の H_3C-O- を H-O-，-NH-CO-CH_3 を -NH_2 に変えたものである．

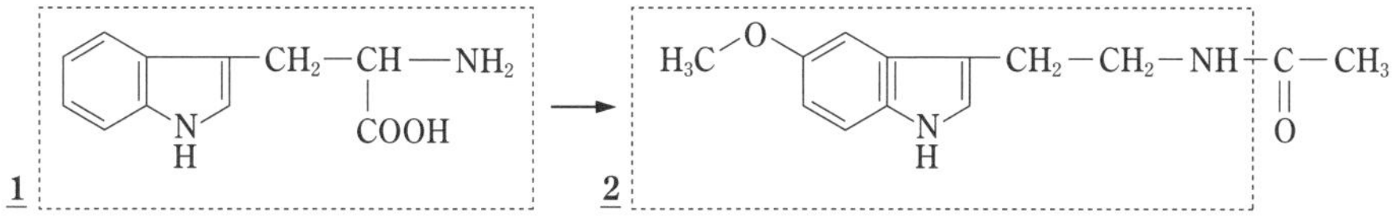

(2) フェニルケトン尿症（先天性フェニルアラニン代謝異常）：全人口の 1.5% がこの劣性の遺伝子をもち，新生児 1 万人中に 2 人の患者を生じる[3]．症状は金髪，色白の膚（メラニン色素減少）と精神薄弱（知能障害）である．これを防ぐために，新生児スクリーニングによる早期発見と，その後の栄養指導が必要である．症状の一部は，フェニルアラニンの代謝経路にかかわる分子の構造を見れば容易に理解できる．

3）父親 × 母親
＝0.015 × 0.015
＝0.0002
＝2/10000

フェニルケトン尿症はフェニルアラニン **3**（必須アミノ酸）をチロシン **4** に変換する酵素の欠損が原因で血液や脳にフェニルアラニンが蓄積し，尿にフェニルピルビン酸 C_6H_5-CH_2-CO-COOH を排出する．チロキシン **5** は物質代謝を盛んにするホルモンなので，不足で成長障害を起こす．ドーパミン **6** は脳内情報伝達物質，アドレナリン（エピネフリン）**7** はヒトのさまざまな働きを活性化させる役割をもつホルモンである．メラニン色素はチロシンを原料として体内で合成される（金髪，色白）．

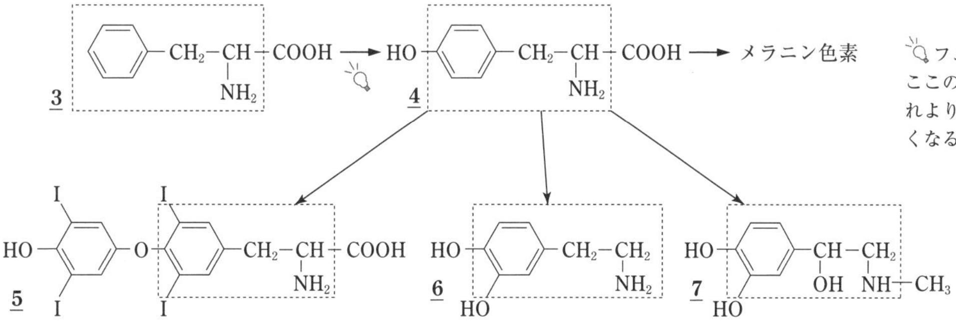

フェニルケトン尿症は，ここの酵素欠損により，これより先の反応が起こらなくなる！

以上の例から明らかなように，この先の内容を読み進める際に，また今後，からだ，生命，食品の科学を学ぶ際には，有機化合物の構造と性質，反応についての知識は必須である．これらの生体関連分子や，もっと複雑な分子の構造式を見てもぞっとしなくなるように，まずは，分子の構造式の書き方・見方（p. 30，63）・化合物の名称に関わるルール（p. 52，62）・化合物のグループ（p. 52，60）などの基礎について学ぼう．

まとめ問題　5　以下の化合物の化学式を本節から探し出し，写し書きせよ：
α-アミノ酸，ペプチド結合，グルコース，中性脂肪，ホスファチジルコリン．

1.5.2　分子の構造(有機化学の基礎の基礎の学習)

有機物は分子，つまり，複数の原子が手をつないだものからできている．水やアンモニアも分子である．分子中の原子の1個1個を元素記号で表し，その原子同士のつながり(結合)を短い棒(bond，結合，価標)で表したものを分子の**構造式**，ある原子が他の原子とつなぐことができる手の数(共有結合の数)を**原子価**という．

問題 1-16　H，C，N，Oの各原子の**原子価**(価数：手の数，共有結合の数)はいくつか．

a.　簡単な分子の構造式

問題 1-17　水素分子 H_2，水分子 H_2O，アンモニア分子 NH_3，メタン分子 CH_4 の原子間のつながり方を示せ(ヒント：1本の手で握手．これらの分子はすべて単結合により他の原子とつながっている)．

※ 原子はさみしがりや！　全部の手をつないでいないと不安定，手をつなぎたがる[1]．

1)　手を一つだけつないでいないものを**フリーラジカル(遊離基)**といい，一般に不安定．反応性が非常に高く，ほかの物質と反応して別物に変化する．それゆえ，からだにとっては毒，がんや老化のもととなる．活性酸素もその仲間である．

問題 1-18　水素分子，水，アンモニア[2]，メタン[3]，酸素分子，窒素分子，二酸化炭素，(尿素)の示性式(分子式)，構造式を書け(ヒント：何本の手で握手しているかを考えよ)．

2)　汚れたトイレの悪臭．

3)　台所のガス，おならの成分，地球温暖化ガス．

デモ実験：分子模型を示す．

化学式：分子式，示性式，構造式など，元素記号を用いて物質を表示する式．
分子式：分子の元素組成を表した式．例：水 H_2O，硫酸 H_2SO_4，尿素 CH_4N_2O など．
示性式：分子の性質を示す原子団(○○基，官能基)を明示した化学式．
　例：尿素(分子式 CH_4N_2O，示性式 $CO(NH_2)_2$，または $(NH_2)_2CO$)には NH_2 基(アミノ基，アンモニアの性質をもつ)と CO 基(カルボニル基)があること，エタノール C_2H_5OH では OH 基(ヒドロキシ基，水の性質をもつ)，酢酸 CH_3COOH では COOH 基(カルボキシ基，酸性を示す)があることを示している．
構造式：答 1-18 に示しているように，構造式とは原子間の手のつながり(結合)を短い線(価標)で示したものである．

問題 1-19　以下の有機化合物・有機分子の名称，示性式と構造式を書け(これらは理屈抜きに記憶せよ)．

① 台所のガス(メタンガス，プロパンガス)の仲間で炭素数2個からなる化合物
② 酒の成分のアルコール
③ 酢の主成分の酸

答 1-16　H：1　C：4　N：3　O：2（理由は p. 187〜188 を参照のこと）

周期表の族番号と原子価との関係

族	1	2	13	14	15[4]	16[4]	17	18
原子価	H のみ 1	↓	↓(3)	4	3	2	1	0
例	H	（おもにイオン結合する）		C	N	O	F, Cl	（貴ガス）

4)　P は 3 価と 5 価，S は 2 価と 6 価.

答 1-17

H_2：　H— + —H ⟶ H—(握手)—H ⟶ H—H
握手　水素分子

H_2O：　H— + —O— + —H ⟶ H—O—H
2 本の手で握手　水分子

NH_3：　H—(握手)—N—(握手)—H ⟶ H—N—H（下に H）　アンモニア分子
3 本の手で握手

CH_4：　H—(握手)—C—(握手)—H（上下に H）⟶ H—C—H（上下に H）
4 本の手で握手　メタン分子

答 1-18

	水素	水	アンモニア	メタン	酸素分子	窒素分子	二酸化炭素	（尿素）
	H_2	H_2O	NH_3	CH_4	O_2	N_2	CO_2	$CO(NH_2)_2$
構造式：	H−H	H−O−H	H−N−H（N の下に H）	H−C−H（C の上下に H）	O=O	N≡N	O=C=O	H−N−C−N−H（N の下に H，C の下に =O）

答 1-19

① エタン $\underline{C_2H_6}$[5]　② エタノール $\underline{C_2H_5OH}$　③ 酢酸　$\underline{CH_3COOH}$

構造式[6]：

```
  H H          H H             H
  | |          | |             |
H-C-C-H      H-C-C-O-H       H-C-C-O-H
  | |          | |             | ||
  H H          H H             H O
```

5)　①，②，③の示性式は記憶せよ.

6)　構造式中の H, O, (N), C 原子の手の数が **1**, **2**, (**3**), **4** で合っている（正しい）ことを確認せよ.

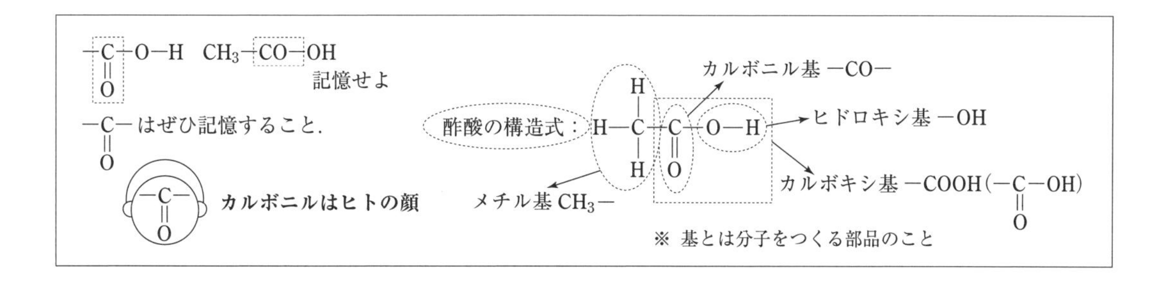

b.　構造式の書き方と構造異性体

◀化学の基礎 6▶　分子の構造式が書けるようになる

構造式を書けるようになり，構造式の意味(官能基の意味)がわかると，そのものの大まかな性質がわかるようになり，生体内におけるその分子の役割も理解できるようになる．以下，構造式の書き方を学ぼう．

問題 1-20　エタン C_2H_6，メタノール CH_4O，過酸化水素 H_2O_2 の構造式を書け．わからなければ，まず，以下の“構造式の書き方”を読むこと(答は本ページ下)．

構造式の書き方(ルール)　エタン C_2H_6 の構造式を書いてみよう！

ルール 1.　**原子価(手の数)が 2 以上のものを取り出す**(C，N，O 原子)．
C の原子価は 4，**H** の原子価は **1** なので，この場合は C_2．

ルール 2.　原子価が 2 以上の**原子をつないで分子骨格をつくる**．
C_2，つまり 2 個の C をつなぐ．　　C−C

ルール 3.　ルール 2. でつくった分子骨格のすべての原子の原子価を正しく書く(**原子価の数だけ手をのばす**)．
C の原子価は 4
N は 3，O は 2

```
  |  |
 −C−C−
  |  |
```

ルール 4.　分子の端に**原子価 1 の原子を書く**(H，F，Cl，Br，I 原子)．
H は原子価が 1 なので，
H_6(H は 6 個)をつなぐ．

```
   H  H
   |  |
 H−C−C−H
   |  |
   H  H
```

エタン

答 1-20

“構造式の書き方”のルール

分子式	ルール 1	ルール 2	ルール 3	ルール 4
C_2H_6	C_2 1)	C−C	−C−C−（各 C に上下の手）	H−C−C−H（各 C に上下の H）
CH_4O	CO 2)	C−O	−C−O−（C に上下の手）	H−C−O−H（C に上下の H）
H_2O_2	O_2 3)	O−O	−O−O−	H−O−O−H

自分で分子模型を組立ててみよ．

1)　分子模型：黒い玉(C 原子)2 個をつなぐ．

2)　黒い玉 1 個と赤い玉(O 原子)1 個をつなぐ．

3)　赤い玉 2 個をつなぐ．

※　分子模型は丸善出版より HGS 分子構造模型(A 型，B 型，C 型，有機化学学生用セット)の購入が可能である．

デモ実験：分子模型で酢酸，メタノール，エタノール，過酸化水素を組立てる．

問題 1-21　C_2H_6O には異性体[4]が二つある．その構造式を書け（ルール 1〜4 に従う）．

答 1-21　"構造式の書き方" のルール 1〜4 に従って考えること．

ルール 1.　C_2O（C が 2 個と O が 1 個）

ルール 2.　手のつなぎ方は C−C−O，C−O−C　（O−C−C）の 2 種類[5]．

ルール 3.　−C−C−O−，　−C−O−C−

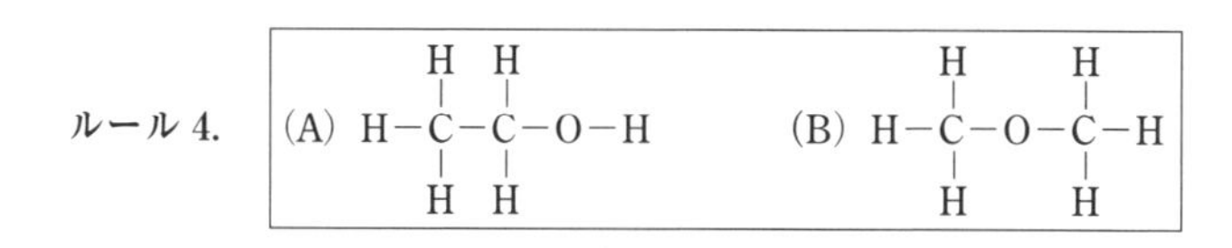

ルール 4.

（より詳しい説明）　以下は実際に分子模型を手にとって考えてみるとわかりやすい[6]．

C_2O：C に着目する．C が 2 個だから，

（i）2 個の C が直接つながっている場合，

−C−C−

（ii）2 個の C がつながっていない場合は，−C− ＋ −C− を考えればよい．

（i）−C−C− への−O−のつなぎ方をすべて考えると，次の a.〜f. がある．

a.　−C−**C**−O−　　b.　−C−**C**−（上に O）　　c.　−C−**C**−（下に O）

d.　−O−**C**−C　　e.　−**C**−C−（上に O）　　f.　−**C**−C−（下に O）

$$\left(\begin{array}{c} H_2 \\ | \\ H_4-C-H_1 \\ | \\ H_3 \end{array}\right)$$

a.，b.，c. は正四面体（正三角錐）構造のメタン（上式中の最右構造式，立体分子模型）の四つの等価な−H のうちの三つの H_1，H_2，H_3 の一つを O−，残りの H_4 を−C−にしたものだから，a.，b.，c. の−O−はすべて等価（右図の a.，c.，b. は上式 a.〜c. の立体図）．

a.，b.，c. の左右を逆にすれば（横に 180° 回転すれば）d.，e.，f. が得られることから，a.〜f. はすべて同一であることがわかる．よって構造式(A)が得られる．

（ii）2 個の C がつながっていない場合，C_2O は−C−O−C−であることはすぐに理解できよう．したがって構造式(B)が得られる．

4）**異性体**：分子式（分子の元素組成）が同じでも，互いに異なる物質をいう．この場合は構造が異なるので**構造異性体**という．

5）黒い玉 2 個と赤い玉 1 個をつなぐつなぎ方を順序だてて・系統的に考える．

（③は①と同じ）

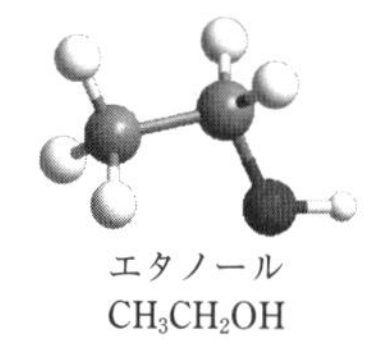

エタノール
CH_3CH_2OH

6）立体である分子を紙上に平面で書き表しているのでわかりにくい．

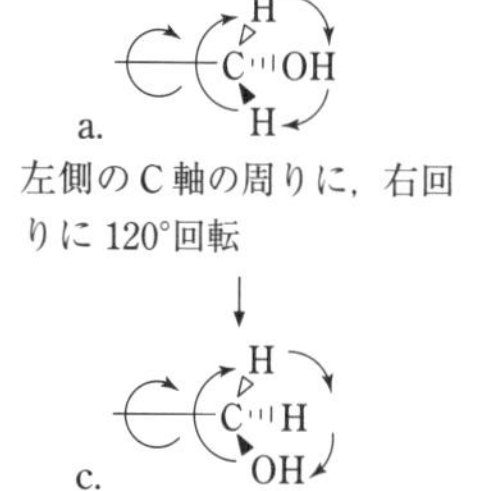

左側の C 軸の周りに，右回りに 120°回転

↓

c.

左側の C 軸の周りに，右回りにさらに 120°回転

↓

b.

左側の C 軸の周りに，右回りにさらに 120°回転

↓

a.

問題 1-22　C_3H_8O には何種類の異性体があるか．構造式を書け．

（ルール 1〜4 に従うこと）

構造異性体の見分け方：

1. 一筆書き（例：下図矢印）で原子のつながりをなぞって C−C−C−O の順なら同じものである（一筆書きできる最初の 6 個は同じもの，できない最後の 2 個は別のもと容易に区別できる）.

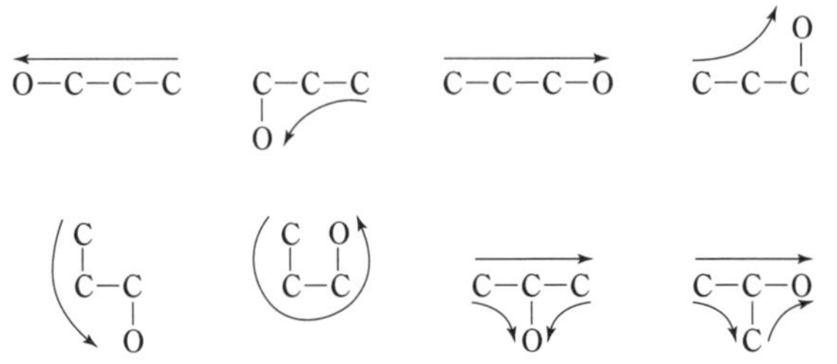

```
←――――――――                          ――――――――→        ↗ O
O−C−C−C      C−C−C          C−C−C−O       |
             |  ↙                        C−C−C
             O
```

```
 C        C  O↑
 |        |  |       ――――→      ――――→
 C−C      C−C        C−C−C      C−C−O
   |                  ↘|↙        ↘|↗
   O                   O          C
```

2. 分子の両端を握って引っ張る ⟶ 分子が伸びて直線型になる ⟶ 同じ分子なら同じ形になる.

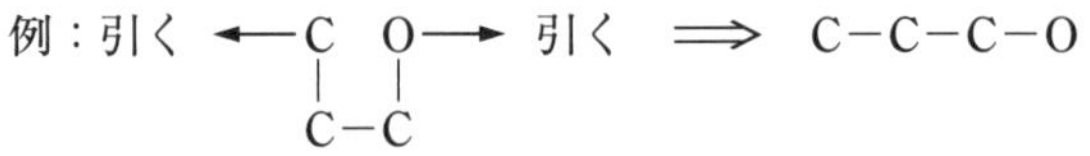

```
例：引く ←―C   O―→ 引く  ⟹  C−C−C−O
           |   |
           C − C
```

構造式は立体的な分子の構造を平面にして表すので，構造式を見ただけでは立体構造は必ずしも理解できない．同じ構造かどうかわからない．上の構造式で示した 6 個，および 2 個の構造がそれぞれ同一であること，分子の形がグニャグニャ動くことを分子模型で確認せよ*.

* イメージが浮かぶようになるためには，分子模型に触るのが最良の方法である．

c.　二重結合と三重結合をもつ分子の構造式と異性体

問題 1-23　① H_2，② O_2，③ N_2，④ C_2 の構造式を書け．

ヒント：各元素の価数（手の数）を−で示すと，H−　−O−　−N−（下に | ）　−C−（上下に | ）

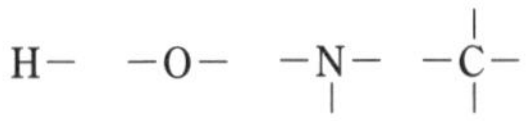

どのように手をつなぎあうかを示したものが結合・構造式である．**原子価**（価数）は，他人とつなぐ手の数である．自分自身で手をつないでは駄目．2 価の酸素 O のとき，相手 A，B 2 人の人と握手（A−O−B）は OK，相手 A 1 人の人と両手で握手（O=A）も OK，自分同士で握手（⌒O⌒）は 0 価，片手で握手（A−O−）は 1 価となり駄目．

答 1-22 "構造式[1]の書き方" (p. 32) に従う．

ルール 1. C_3O

ルール 2.，ルール 3. C_3O：C に着目する．C が 3 個だから，

（i）3 個の C が直接つながっている場合，−C−C−C−

（ii）C が 2 個つながって，残りの 1 個の C は直接にはつながっていない場合，
−C−C− ＋ −C−を考えればよい．

（i）の−C−C−C−への−O−のつなぎ方をすべて考えると，p. 33 や p. 34 の例と同様に，下記の構造式のうち a.〜f. の 6 個はすべて同一構造であること，g., h. の 2 個は上下を逆に(縦に 180° 回転)すれば互いに同一構造であることがわかる[2]．分子模型で確認せよ．

```
                          O
                          |
a. −O−C−C−C−    b. −C−C−C−    c. −C−C−C−    d. −C−C−C−O−
                                    |
                                    O

            O                         O
            |                         |
e. −C−C−C−      f. −C−C−C−    g. −C−C−C−    h. −C−C−C−
                        |                         |
                        O                         O
```

（ii）の−C−C− ＋ −C−ではすぐに−C−C−O−C−なる構造であることが理解されよう．−C−O−C−C−は，前の構造の左右を逆にひっくり返せば得られるので同一物である[3]．

ルール 4. 以上 3 種類の骨組みに H をつなげば，次の構造式が得られる．

```
      H H H                H H H                H H   H
      | | |                | | |                | |   |
(A) H−C−C−C−O−H      (B) H−C−C−C−H      (C) H−C−C−O−C−H
      | | |                | | |                | |   |
      H H H                H O H                H H   H
                             |
                             H
```

1) 分子模型でこれらの異性体を実際につくり，構造を比較してみよ．

2) または、黒い玉 3 個と赤い玉 1 個をつなぐつなぎ方を順序立てて書いてみる．

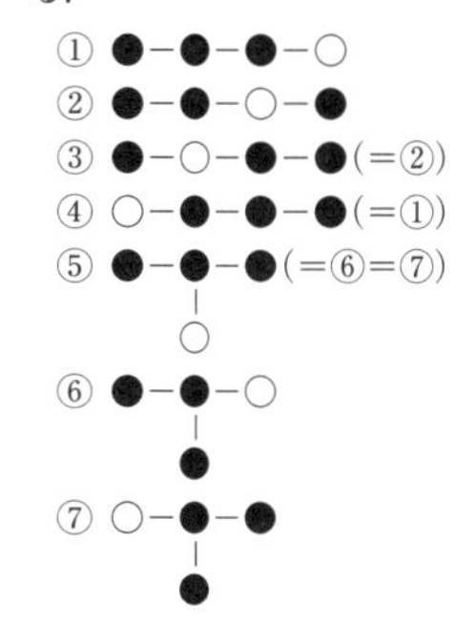

3) p. 34 の "構造異性体の見分け方" も参照．

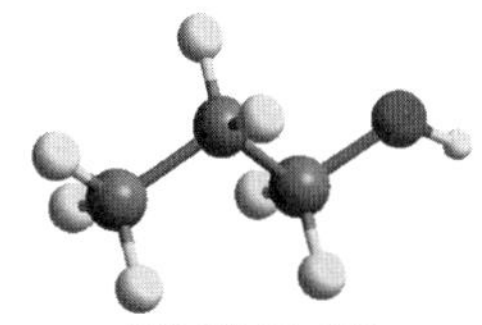

$CH_3CH_2CH_2OH$

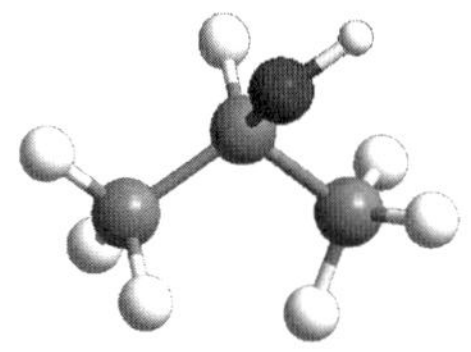

$CH_3CH(OH)CH_3$

答 1-23

① H−⋯−H ⟶ H−H

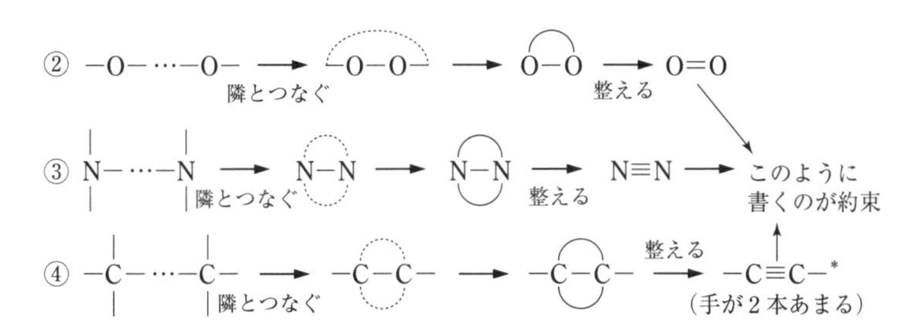

* C の四重結合は存在しない．−C≡C−の両端の手はまったく反対の方向を向いているので(分子模型で確認せよ)，これをさらにつないで四重結合をつくることは立体的に不可能である．

問題 1-24　CH_3NO の構造式をすべて書け（5 種類）．

ヒント：書き方がわからなければ，“**構造式の書き方**”（p. 32）の**ルール 1〜4** を参照のこと．

ヒント：つなぎ方の違いで異性体ができる可能性があるので順序立てて考える（論理思考のトレーニングである！）[1]．

答 1-24 [2]

ルール 1.　CH_3NO から原子価（手の数）が 2 以上のものを取り出す ⟶ C，N，O，H の原子価は，それぞれ 4，3，2，1 なので，この場合は C，N，O．

ルール 2.　原子価が 2 以上の原子の手をつなぎ合わせて分子骨格をつくる ⟶ C，N，O の原子の並べ方は，① C N O，② C O N，③ N C O の 3 通り[1]．それぞれをつなぐ．

①C−N−O　②C−O−N　③N−C−O

ルール 3.　ルール 2 でつくった分子骨格の原子の原子価をすべて書く（手をのばす）．

① −C−N−O−　② −C−O−N−　③ −N−C−O−

ルール 4.　分子の端に原子価 1 の H をつなぐ ⟶ 分子骨格から出ている手は 5 本だが H は 3 個しかない．したがって手が 2 本余る．そこで，①，②，③ について余った 2 本の手を互いにつなぐことを考える．

① −C−N−O− では，次の a.，b.，c. の 3 通りの手のつなぎ方がある[3]．

a.　C と N，b.　N と O，c.　C と O をつなぐ．

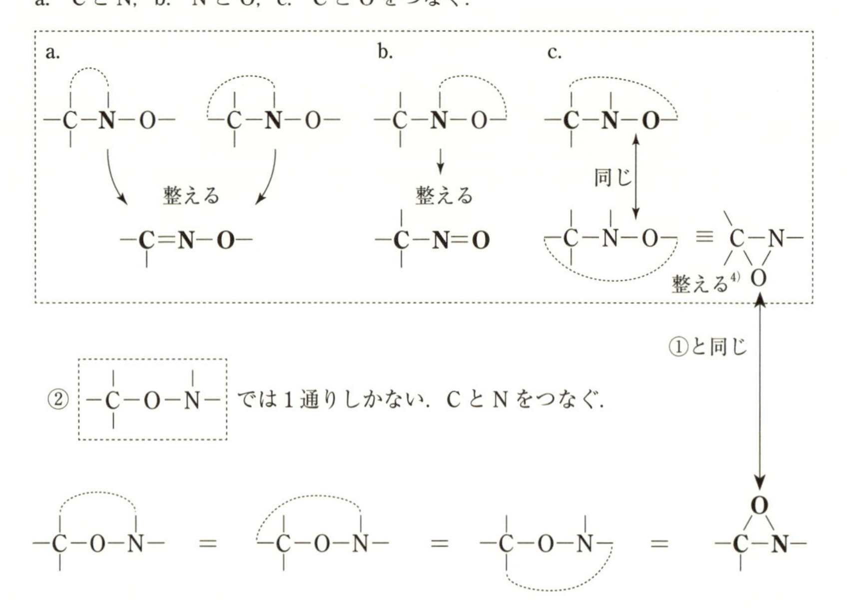

② −C−O−N− では 1 通りしかない．C と N をつなぐ．

1)　黒い玉（C 原子）●，青い玉（N 原子）◎，赤い玉（O 原子）○，をつなぐつなぎ方を考える．
① ●−◎−○，C−N−O
② ●−○−◎，C−O−N
③ ◎−●−○，N−C−O
④ ○−●−◎，O−C−N
⑤ ○−◎−●，O−N−C
⑥ ◎−○−●，N−O−C
このうち，①と⑤，②と⑥，③と④は同じ（全体を 180° 回転してみるとよい）．

2)　ほかの分子式の構造式もこの答と同じように，その通りに真似て書くと，書けるようになる．その通りに真似ないと書けるようにはならない！

3)　C-N-O の C の 3 本の手は等価・同じ（メタン CH_4 の 3 本の C−H と同じ関係，p. 35）なので，C は 1 本の手のみで考える．
　C-N-O の手のつなぎ方を順序だてて考えると，次のように，a，b，c の 3 通りあることがわかる．

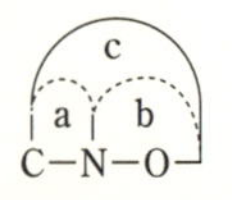

異性体の構造式をすべて書くためには，必ず上記のような図を描いて，つなぎ方をすべて考え，a，b，c，…のそれぞれについて構造式を書くとよい．

4)　これが理解できない人へ：3 人（4 人，5 人でも同じ）全員がまず一列に手をつないだとする．その一列の両端の 2 人が手をつなぐためにはどうすればよいか？また，両端が手をつないだらどのような形になるか？ → 両端の人が歩み寄り輪（環）をつくる → 三角形（四角形，五角形）になるはず！

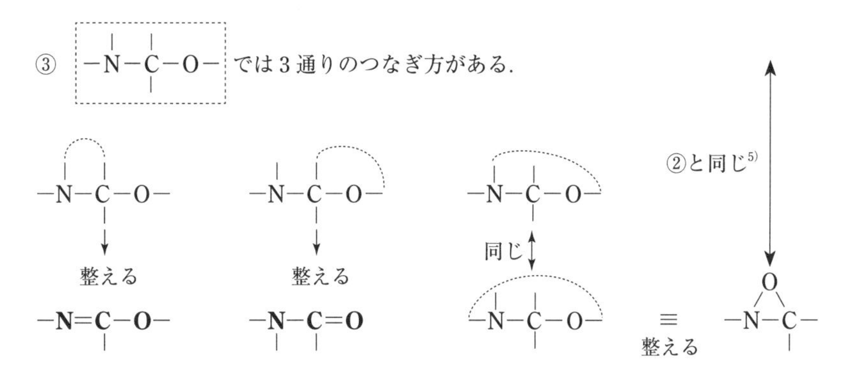

手のつなぎ方を考えてみると三角形(環状)のものも可能であることがわかる[6]．原子の手の数が正しく各元素の原子数が一致すれば，いかなる構造でも存在する可能性がある，正しい答えである．

以上の中から同じものを省くと，次の5種類の異性体の構造式が書ける(全部書けなくても可．三つ以上書けたら構造式の書き方は一応理解したと思ってよい)．

a. H−C(H)=N−O−H　b. H−C(H)(H)−N=O　c. H−C(H)−N−H (C, N, O の環状)　d. H−N=C(H)−O−H　e. H−N(H)−C(H)=O

5) −C−N−(O)，−N−C−(O)，O−C−(N)，−C−O(N)，(C)O−N−，(C)−N−O はすべて，すでに考えた上述の構造と同じ．

6) ただし不安定，理由は分子模型をつくろうとしてみればわかる．ひずみが大きい．

書いた構造式が正しいかどうかの判断：

① 原子の数が分子式に合っているか．

② 各原子の原子価(手の数)が合っているか．

①，②は“構造式の書き方”のルール(p. 32)に従えば自動的にOK．

注意!! 構造式が書けないのにルール通りに書こうとしないで，勝手に書こうとする人がいる！ C, N, O, H の原子価 4, 3, 2, 1 が正しく書けていない人がいる！

③ 手が余っていないか．

④ 手が余った場合：同一原子で手が二つ余っている場合は，自分の中で手をつなぐことになるが，これでは原子価の条件(他とつなぐ手の数)を満たさない．

⟶ 他原子からHを1個はずして，手が二つ余った原子にHをつなぐ．

⟶ 手が1本ずつ余っている原子は2個 ⟶ この手をつなぎ合わせると結合ができる(二重結合か環状) ⟶ 余った手はなくなりOK[7]．

発　展： 手が**2本余る場合**は二重結合1個か，環状1個．手が**4本余る場合**は二重結合2個か，環状2個か二重結合と環状1個ずつ，または三重結合1個を考えれば容易に構造が得られる．

例：問題1-24では，分子の骨組みを一つだけ書いてみて，H原子が2個足らない＝手が2本余ることが分かったらその手をつなぐ．つまり二重結合(C=N，N=O，C=O)か環状を考える ⟹ ここから始めると五つの構造を容易に書くことができる ⟶ 原子価をすべて書く ⟶ 残りの原子をつなぐ

7) 例：CH_3NO

−C(H)−N(H)−O−H
↓
H−C(H)−N−O−H
↓
H−C(H)=N−O−H

問題 1-25　① CO_2,　② C_2H_2,　③ C_2H_4,　④ CH_2O,　⑤ CH_3N,　⑥ HCN,　⑦ HNO,　⑧ H_3NO,　⑨ $C_2H_4O_2$ の構造式をすべて書け（①～⑧は1個，⑨は11個）.

答 1-25　構造式の書き方ルール 1～4（p. 32）の通りに書くと，可能な構造式は，

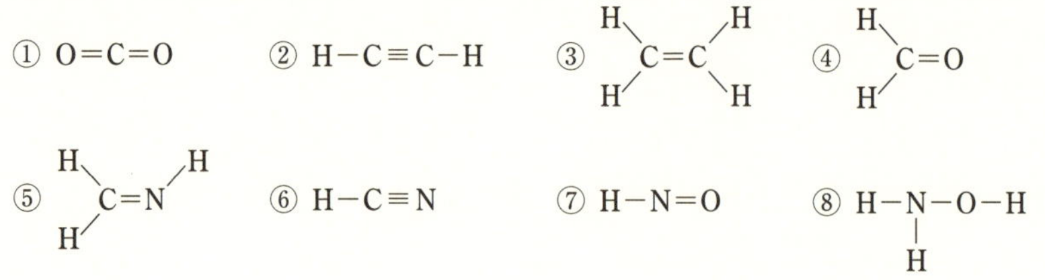

```
① O=C=O      ② H−C≡C−H      ③ H       H      ④ H
                                 \     /           \
                                  C=C               C=O
                                 /     \           /
                                H       H         H

⑤ H     H    ⑥ H−C≡N      ⑦ H−N=O      ⑧ H−N−O−H
    \   /                                     |
     C=N                                      H
    /
   H
```

⑨ 5個以上書ければよい．$C_2H_4O_2$ の C_2O_2 をもとに，すべての分子骨格を考える．

```
a. −C−C−O−O−     b. −C−O−C−O−     c. −C−O−O−C−

d. −O−C−C−O−     e. −C−C−O−
                         |
                         O
```

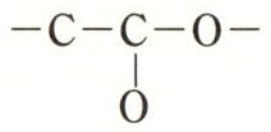

これらはすべて手が6本あるが，Hは4個しかないので，6本のうちの2本の手を互いにつなぐ（二重結合か環状とする）必要がある．そこで，それぞれについて，分子内の2本の手のつなぎ方をすべて考えると，以下の11個の構造式が得られる[1]．

1） 上記，分子骨格の
a. より（1）（3）（5）；
b. より（2）（4）（9）；
c. より（1）；
d. より（1）（4）（7）（8）（10）；
e. より（3）（4）（6）（11）；
が得られる．書き方の詳細は，"生命科学・食品学・栄養学を学ぶための有機化学 基礎の基礎"（丸善），p. 27を参照．

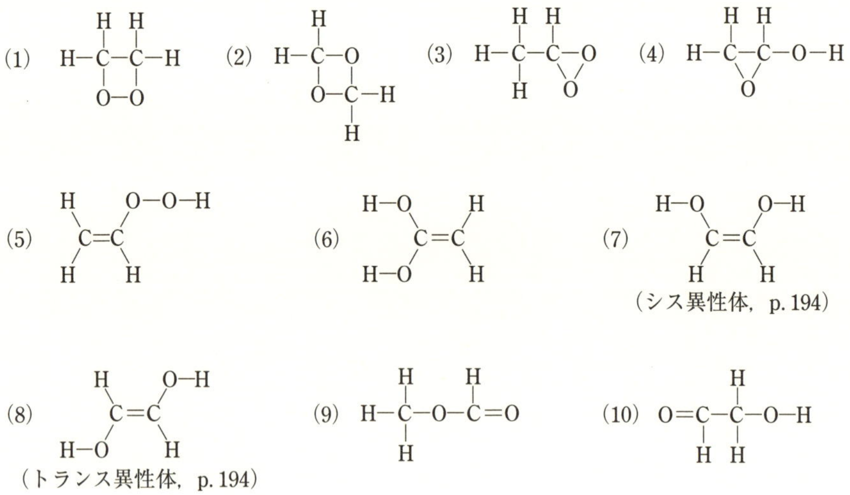

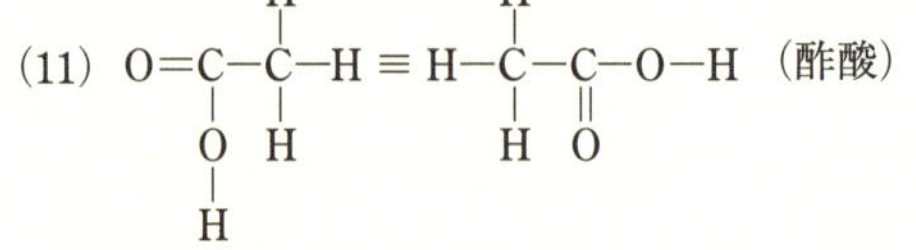

```
(1)   H H        (2)   H            (3)   H H           (4)    H H
      | |              |                  | |                  | |
    H−C−C−H          H−C−O              H−C−C−O            H−C−C−O−H
      | |              | |                | | \/                \/
      O−O              O−C−H              H O                   O
                         |
                         H

(5) H     O−O−H     (6) H−O     H     (7) H−O     O−H
     \   /                \    /             \   /
      C=C                  C=C                C=C
     /   \                /    \             /   \
    H     H           H−O       H           H     H
                                          （シス異性体，p. 194）

(8) H     O−H       (9)   H   H        (10)       H
     \   /                |   |                   |
      C=C               H−C−O−C=O          O=C−C−O−H
     /   \                |                  | |
 H−O      H               H                  H H
（トランス異性体，p. 194）

(11)        H                   H
            |                   |
      O=C−C−H  ≡  H−C−C−O−H （酢酸）
        |   |                   |   ‖
        O   H                   H   O
        |
        H
```

d. 示性式(短縮構造式)：構造がすぐわかる化学式，分子の分かち書き

次の日本語の文章を読んで欲しい．“ここではきものをぬいでください”では意味がわからない．わかるようするには“ここでは，きものをぬいでください”と読点をつけるか，“ここで　はきものを　ぬいでください”と分かち書きすべきである．

分子式もこれと同じで，たとえば，分子式C_2H_6Oだけでは分子がどういう構造をしているかわからない[2]．構造式を書けばC_2H_6Oがどのような分子か，どういう性質をもつかわかるが，構造式は煩雑なうえに，書き表すのに広いスペースが必要なので不便である．そこで，構造式に基づいた，構造式がすぐわかる分かち書きした分子式を考える．これを示性式(または短縮構造式)という．以下，具体的に考えてみよう．

2）分子式はその分子がどのような元素の原子からできているか，元素の種類と数，分子の原子組成を示すだけのもの．

問題 1-26

(1) 分子式C_2H_6Oで表される2種類の異性体①，②の構造式を書け．

(2) ①，②の構造式を分かち書きした分子式＝示性式(短縮構造式)を示せ[3]．

3）構造式から示性式，示性式から構造式が書けるようになること．

答 1-26

(1) 構造式

① 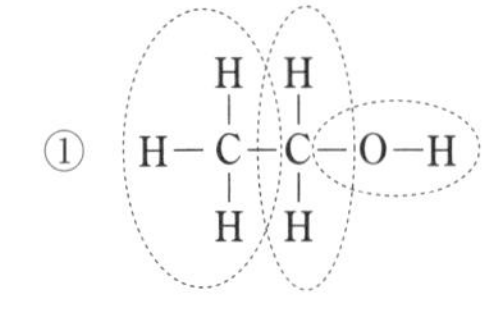

② 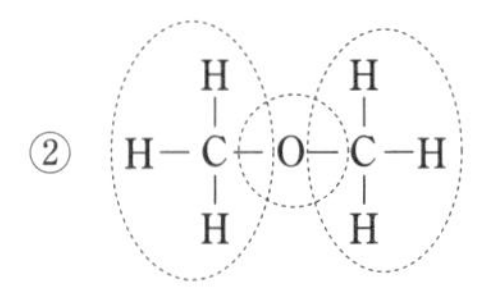

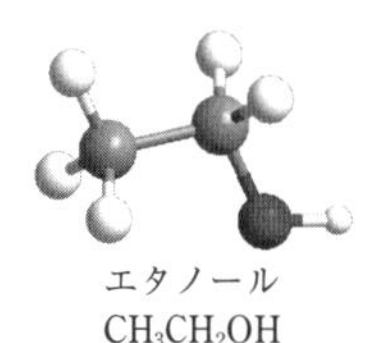

エタノール
CH_3CH_2OH

(2) 示性式

① CH_3-CH_2-OH，CH_3CH_2-OH，CH_3CH_2OH，C_2H_5-OH，C_2H_5OH(これら5種類のいずれの書き方でもよい)

・分子骨格C-C-Oについて1原子ごとにHを一緒にまとめて書く，つまり分かち書きをするとCH_3-CH_2-OH

・C-Cのつながりは同じCだから，-を略して書くとCH_3CH_2-OH[4]

・または，C-C部分だけをまとめて書くとC_2H_5-OH

・-を全部省略するとCH_3CH_2OHまたはC_2H_5OH

・通常は分子の性質を表す**官能基**(CH以外の部分)を強調するために(**示性式！**)，C_2H_5-OHのようにCH部分とそれ以外を分けて書くか，単純にC_2H_5OHと書く[5]．

※ エタンC_2H_6からHを一つ取る：C_2H_5-(エチル基，油の性質をもつアルキル基の一つ)，水分子H-O-HからHを一つ取る：-OH(ヒドロキシ基，水の性質のもと)．これをつないだものがC_2H_5OHだから水と油の性質をもつ ⟶ 性質がわかる ⟶ 示性式(性質を示す式)．

4）CH_3-CH_2OHとは書かない．これは間違った分かち書きである．

5）これをさらにまとめて，C_2H_6Oと書いたら，①と②の区別がつかなくなる！

② CH_3-O-CH_3，CH_3OCH_3(これらのいずれの書き方でもよい)

・分子骨格C-O-Cについて一原子ごとにHを一緒にまとめて書く，つまり分かち書きをするとCH_3-O-CH_3

・- を全部省略するとCH_3OCH_3

※　水分子H-O-Hの両方のHをCH_3(メチル基，油)に変えたものがCH_3-O-CH_3，水のもと-OHがなくなり，分子の両側が油で囲まれた物質だから油の性質をもつ ⟶ 性質がわかる ⟶ 示性式．

問題 1-27

(1) エタン，エタノール，酢酸の示性式を書け[1]．

(2) 次の①，②，③のペンタン C_5H_{12} の3種類の異性体の構造式を示性式で示せ．

```
     H  H  H  H  H              H      H      H  H
     |  |  |  |  |              |      |      |  |
① H-C-C-C-C-C-H       ② H-C------C------C-C-H
     |  |  |  |  |              |      |      |  |
     H  H  H  H  H              H  H-C-H  H  H
                                       |
                                       H

           H
           |
     H  H-C-H  H
     |     |     |
③ H-C-----C-----C-H
     |     |     |
     H  H-C-H  H
           |
           H
```

1) これらの示性式は基礎(掛算の九九)として必ず覚えておくこと．

(3) 示性式から構造式を書け[2]．

① $CH_3CH(CH_3)CH_2CH_3$　　② $CH_3C(CH_3)_2CH_3$

2) 示性式中に(CH_3)があるときは枝分かれ分子なので，(CH_3)を抜いて分子骨格を書いてみるとよい．

1.5.3 飽和炭化水素・アルカン

アルカン・脂肪族飽和炭化水素 C_nH_{2n+2} とは，メタン CH_4，プロパン C_3H_8 などの C と H からなる飽和炭化水素である．ガソリン・石油からわかるように**アルカンは油**であり，水に溶けにくい・**疎水性**である．水より軽く，水に浮く．反応性は低く，濃硫酸や濃硝酸，過マンガン酸カリウムなどの強力な酸化剤に対しても安定である．

デモ実験：アルカンの体験(ブタン，ペンタン，ヘキサン，ヘプタン，パラフィンを触る．水と混ぜる．これらとマッチ軸，紙と濃硫酸 H_2SO_4，過マンガン酸カリウム $KMnO_4$ との反応を比較)，分子模型(自分でつくってみよ)．

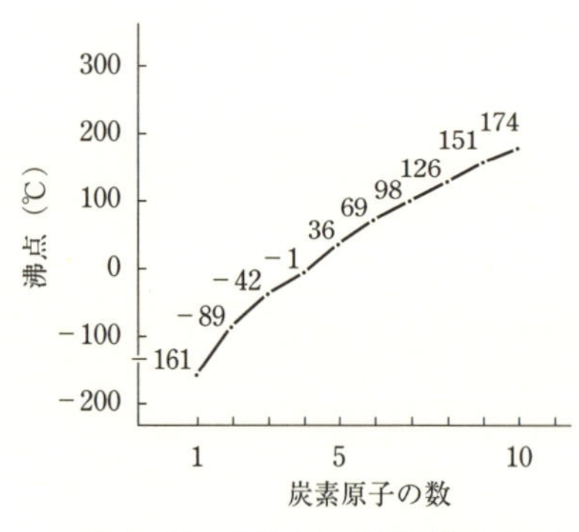

図 1-19　アルカンの炭素数と沸点

沸点は図 1-19 のように炭素数(分子量)とともに増大する．メタン(C_1)からブタン(C_4)までは常温で気体，C_5～C_{16} は液体，C_{17} 以上では固体(パラフィン)である．ガソリンは C_5～C_{12}，灯油(石油)は C_{11}～C_{18} のアルカンの混合物である．安価なろうそくはパラフィンからつくられている．

問題 1-28

(1) アルカンの沸点と分子量との関係を述べよ(一般的性質)．

(2) ブタン，ヘキサン，C_{20} のアルカン((エ)イコサン)は室温で気体，液体，固体のいずれか．

(3) アルカンの密度は水より小さい(軽い)か大きい(重い)か．

(4) アルカンの水との親和性 ＝ 水と混ざるか混ざらないか．

(5) アルカンの反応性は高いか低いか．

答 1-27

(1) エタン C_2H_6，エタノール C_2H_5OH，酢酸 CH_3COOH

(2) 示性式では枝分かれ部分は(　)に入れた書き方をする．

① $CH_3CH_2CH_2CH_2CH_3$（または $CH_3(CH_2)_3CH_3$）

② $CH_3CH(CH_3)CH_2CH_3$　③ $CH_3C(CH_3)_2CH_3$

(3) 示性式中に(CH_3)があるときは枝分かれ分子なので，(CH_3)を抜いて分子骨格を書く．

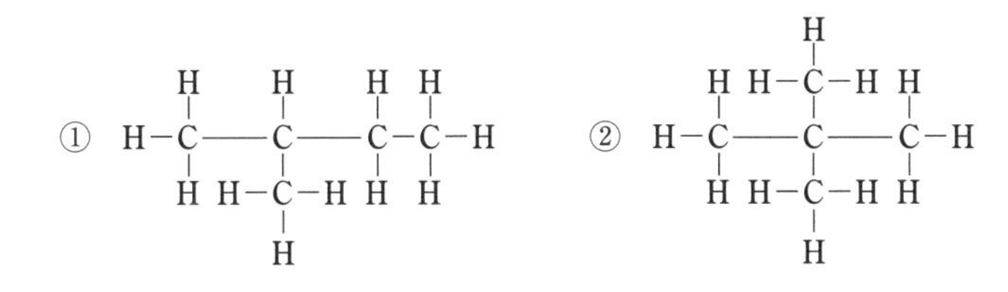

表 1-6　飽和炭化水素（アルカン alkane）の名称（太字は記憶せよ，命名法の基本！）

分子式	よみ	覚え方・例
CH_4[3]	**メタン**	methane（メタンガス）
C_2H_6[3]	**エタン**	ethane（酒の成分のエタノールはエタン＋オール）
C_3H_8[3]	**プロパン**	propane（プロパンガス）
C_4H_{10}[3]	**ブタン**	butane（ガスライターの中身はブタンガス）
C_5H_{12}	**ペンタン**	ペンタ＋アン penta ane ⟶ pentane[4]
C_6H_{14}	**ヘキサン**	ヘキサ＋アン hexa ane ⟶ hexane
C_7H_{16}	ヘプタン	以下，アルカンの名称は，すべて数詞＋ane（アン）．
C_8H_{18}	オクタン	
C_9H_{20}	ノナン	（ガソリンは C_5〜C_{12} のアルカンなどの混合物）
$C_{10}H_{22}$	デカン	（灯油は C_{11}〜C_{18} のアルカンなどの混合物）
$C_{15}H_{32}$	ペンタデカン	(5＋10)，ペンタデカン酸ジグリセリド（育毛剤の成分）
$C_{20}H_{42}$	（エ）イコサン	eicosane（栄養学の栄子さんは 20 歳），EPA（p. 55）
$C_{22}H_{46}$	ドコサン	docosane（わらべ歌，あんたがたドコさん），DHA（p. 55）

3)　CH_4　−C−
　C_2H_6　−C−C−
　C_3H_8　−C−C−C−
　C_4H_{10}　−C−C−C−C−

4)　C_1〜C_4 の名称は不規則だが，語尾はすべて ane と命名されたので，C_5 より長鎖の化合物の名称は，より簡単に，**数詞**＋ane とされた．数詞は表 1-7（p. 43）参照．

答 1-28

(1) 分子量大で沸点高（図 1-19 参照）（分子量が大きくなるにつれて，分子間相互作用・隣の分子同士の絆（分散力，p. 193）が大きくなる）．

(2) ブタンは気体，ヘキサンは液体，C_{20} は固体（その理由は(1)と同じ）．

(3) 密度は小さい．油は水より軽く，水の表面に浮く（密度が小さい理由はアルカンを構成する元素 C が水の構成元素 O より軽いから）．

(4) アルカンの水との親和性は低く，水とは混ざらない．“水と油”の関係（アルカンは無極性であり，水にはほとんど溶けない，疎水性（p. 107）の分子である）．

(5) 反応性は低い．アルカン類をパラフィン系（他との親和性がない）炭化水素ともいう．強力な酸化剤である濃硝酸や過マンガン酸カリウムにも酸化されにくく，濃硫酸とも反応しない（無極性分子であるため）．

1.5.4　アルキル基とは（重要！）

アルキル基R–とは飽和炭化水素メタン・エタン…から水素原子を1個取ったメチル基・エチル基…といったものを指す一般名である．たとえば，メタンCH_4からHを1個取るとメチル基CH_3–となる（左下式）．炭素原子Cには手が4本あり（原子価4），これらをすべて使っていないと不安定である．メチル基CH_3–（アルキル基R–）は手が1本余っているから不安定であり，何かとくっつきたがる．その結果，下の例のようにほかのものと手をつないでさまざまな分子をつくることができる．

```
    H                H
    |                |
 H－C－H  ──→  H－C－  ＋  －H
    |                |
    H                H
メタンCH4       メチルCH3－
アルカンR－H    アルキルR－
```

```
        H    手  手    H                    H    握手   H
        |              |                    |           |
例：H－C－(手)   (手)－C－H  ──→  H－C－(握手)－C－H
        |              |                    |           |
        H              H                    H           H
```

```
                H           H              H      H                  H  H
                |           |              |      |                  |  |
メチル＋メチル  H－C－  ＋  －C－H  ──→  H－C－  －C－H  ──→  H－C－C－H   エタン
                |           |              |      |                  |  |
                H           H              H      H                  H  H
              (CH3－  ＋  －CH3)                               (CH3 － CH3)   C2H6
```

```
                H                   H
                |                   |
メチル＋－Cl    H－C－  ＋  －Cl  ──→  H－C－Cl
                |                   |
                H                   H
              (CH3－  ＋  －Cl)   (CH3－Cl＝CH3Cl)        クロロメタン
              (R－        －Cl)    (R－Cl＝RCl)         (ハロアルカンの一種)
```

```
                H  H                       H  H
                |  |                       |  |
エチル＋－OH    H－C－C－  ＋  －O－H  ──→  H－C－C－O－H
                |  |                       |  |
                H  H                       H  H
              (C2H5－         －OH)   (C2H5－OH＝C2H5OH)   エタノール
              (R－            －OH)    (R－OH＝ROH)      (アルコールの一種)
```

```
                H  H  H                    H  H  H
                |  |  |                    |  |  |
プロピル＋－H   H－C－C－C－  ＋  －H  ──→  H－C－C－C－H
                |  |  |                    |  |  |
                H  H  H                    H  H  H          プロパン
              (C3H7－          －H)   (C3H7－H＝C3H8)   (CnH2n+1－H＝CnH2n+2)
              (R－             －H)    (R－H＝RH)        (アルカンの一種)
```

このようにCの手が1個余った（他と手をつなぎたがっている）かたまり，メチル基CH_3–，エチル基C_2H_5–，C_3H_7–，…をまとめて**アルキル基**という一般名でよび，**R–**で表す（アルカンC_nH_{2n+2}をR–Hと略記すると，アルカンからHを1個取って手が1本空いているもの，R–＝C_nH_{2n+1}–をアルキル基という（メチル，エチル，…）．**基とは**"ひとかたまり・グループ・**分子をつくる部品**"のこと）．

重要！　R–とはCH_3–，C_2H_5–，…，すなわち…–C–のことである．Rが何かわからないまま学習している者がいる！　これではその先が理解できるはずがない!!!　R＝アルキル基＝alkyl group.

◀化学の基礎 7▶　有機化合物命名法の基本・数詞とアルキル基

複雑な生体有機化合物を理解するためには，表 1-7，1-8 の**化合物命名法の基本**と，p. 60〜61 の**官能基**と **13 種類の有機化合物群**を知っておく必要がある．

表 1-7　数詞：ギリシャ語を用いる（**太字は記憶せよ，命名法の基本！**）

数	よみ	覚え方・例
1	モノ	mono　モノレール（1 本レールで走る），モノローグ[1]，AMP[2]
2	ジ	ダイアローグ（ジは横文字で書くとディ di　対話という意），ADP[3]
3	トリ	トライアングル（トリは横文字で書くと tri　トライとも発音する．三角形のこと，転じて三角形の楽器），ATP[4]
4	テトラ	tetra　テトラパック（牛乳の四面体のパック・三角牛乳），テトラポット（海岸端にある四つ足の消波ブロック）
5	ペンタ	penta　ペンタゴン（五角形，米国国防総省のこと．上空から見ると五角形の大ビルディングである）
6	ヘキサ	hexa　ヘキサゴン（六角形）
7	ヘプタ	hepta
8	オクタ	octa　オクトパス（タコの足は 8 本），オクトーバー（10 月．昔の暦では 8 月を表す言葉）[5]
9	ノナ	nona（ラテン語）　ノベンバー（11 月．もともとは 9 月を表す言葉）
10	デカ	deca　ディセンバー（12 月．もともとは 10 月を表す言葉），デケイド decade[6]
15	ペンタデカ	（5＋10）
20	（エ）イコサ	（e）icosa　栄養学の栄子さ（ん）は 20 歳，EPA（IPA）[7]
22	ドコサ	docosa　あんたがたドコサ肥後さ（童歌），DHA[8]

表 1-8　アルキル基（alkyl）の名称：一般式 $C_nH_{2n+1}-$[9]（**太字は要記憶！**）

示性式	アルキル基名称[10]	略号[11]	−ane ⟶ −yl
CH_3-，$-CH_3$	メチル基	Me−	methane ⟶ methyl[12]
C_2H_5-（CH_3CH_2-），$-C_2H_5$	エチル基	Et−	ethane ⟶ ethyl
C_3H_7-（$CH_3CH_2CH_2-$），$-C_3H_7$	プロピル基	Pr−	propane ⟶ propyl
C_4H_9-（$CH_3CH_2CH_2CH_2-$），$-C_4H_9$	ブチル基	Bu−	butane ⟶ butyl[13]
$C_5H_{11}-$，$-C_5H_{11}$	ペンチル基[14]		
$C_6H_{13}-$，$-C_6H_{13}$	ヘキシル基		
$C_7H_{15}-$，$-C_7H_{15}$	ヘプチル基		
$C_8H_{17}-$，$-C_8H_{17}$	オクチル基		
$C_9H_{19}-$，$-C_9H_{19}$	ノニル基		
$C_{10}H_{21}-$，$-C_{10}H_{21}$	デシル基		

1）ひとり言，独白．

2）アデノシンモノリン酸（アデノシン一リン酸）．

3）アデノシンジリン酸（アデノシン二リン酸）．

4）アデノシントリリン酸（アデノシン三リン酸）．生命活動エネルギーのもと（p. 95 参照）．

5）ユリウス暦を定めたユリウス・カエサル（シーザー）が 7 月に Juli，その養子のオクタウィアヌス（アウグストゥス：帝政ローマ初代皇帝）が 8 月に自称 August を割り込ませたため，2 ヵ月ずれた．

6）10 年間という意味．デシ（1/10 を表す接頭語，デシリットル），デカは刑事さん（品の悪い言葉）？

7）（エ）イコサペンタエン酸（C_{20}，$n-3$ 系不飽和脂肪酸，二重結合 5 個）．p. 74 も参照．

8）ドコサヘキサエン酸（$n-3$ 系，二重結合 6 個）．

9）アルカンから H を一つ取り，C の手が 1 本余った状態．分子をつくる部品．

10）チル・ピル・シル・ニルと英語発音が少し変わるがすべて -yl である．

11）Me, Et, Pr, Bu は，methane, ethane, ……の頭の 2 字を取ったもの．

12）これを一つだけ覚えれば他は予想できる．

13）バター butter 由来の言葉．ブタン酸はバターの酸という意味で，日本語では酪（農の）酸という．

14）アミル基ともいう．デンプン amylum 由来の言葉 ⇔ アミラーゼ．

問題 1-29　$H-O-H$, $\begin{array}{c} H-N-H \\ | \\ H \end{array}$, $\begin{array}{c} H \\ | \\ H-C-H \\ | \\ H \end{array}$ はそれぞれ何という化合物か.

それぞれの示性式・分子式を書いたうえで，これらのものが何かを判断せよ*.

* われわれは構造式ではなく，示性式で頭の中に記憶しているために，構造式から示性式が書けないと，構造式で示したものが何かすぐにはわからない破目になる.

アルキル基の示性式による表し方（最重要！）：

$$\begin{array}{c} \ \ H\ \ H\ \ H\ \ H\ \ H \\ \ \ |\ \ \ |\ \ \ |\ \ \ |\ \ \ | \\ H-C-C-C-C-C- \\ \ \ |\ \ \ |\ \ \ |\ \ \ |\ \ \ | \\ \ \ H\ \ H\ \ H\ \ H\ \ H \end{array}$$

いわば油

$\longrightarrow$ ① $CH_3-CH_2-CH_2-CH_2-CH_2-$

$\longrightarrow$ ② $CH_3CH_2CH_2CH_2CH_2-$ $\longrightarrow$ ③ $CH_3(CH_2)_4-$

$\longrightarrow$ ④ $C_5H_{11}-$ $\longrightarrow$ $(C_nH_{2n+1}-)$ $\longrightarrow$ ⑤ $R-$ で表す

こう書けるか？

このようにR−で表す

油であることを示している

R−は… −C−のこと

アルキル基の構造式は，上記のように ① 分子の骨格原子（この場合 C）を1個ごとに CH_3-, -CH_2-とまとめる，② 結合の手（価標）-を省いて示す，③ -C-C-でつながったメチレン基（-CH_2-）をまとめて示す，④ アルキル基の C と H をすべてまとめて C_nH_{2n+1}-と表す，⑤ これを R- で示す（これがアルキル基の示性式の一般形. **R-** は油のアルカンから H を引き抜いたものなので，やはり油の性質をもつ）.

問題 1-30

(1) $\begin{array}{c} \ \ H\ \ H\ \ H \\ \ \ |\ \ \ |\ \ \ | \\ H-C-C-C-Cl \\ \ \ |\ \ \ |\ \ \ | \\ \ \ H\ \ H\ \ H \end{array}$　(2) $\begin{array}{c} \ \ H\ \ H\ \ H\ \ H \\ \ \ |\ \ \ |\ \ \ |\ \ \ | \\ H-C-C-C-C-N-H \\ \ \ |\ \ \ |\ \ \ |\ \ \ |\ \ \ | \\ \ \ H\ \ H\ \ H\ \ H\ \ H \end{array}$　(3) $\begin{array}{c} \ \ H\ \ H\ \ H\ \ \ \ \ \ H\ \ H \\ \ \ |\ \ \ |\ \ \ |\ \ \ \ \ \ \ |\ \ \ | \\ H-C-C-C-N-C-C-H \\ \ \ |\ \ \ |\ \ \ |\ \ \ |\ \ \ |\ \ \ | \\ \ \ H\ \ H\ \ H\ \ H\ \ H\ \ H \end{array}$

について上記 ①, ②, ④, ⑤と同様の示性式を示せ.

問題 1-31　$\begin{array}{c} \ \ H\ \ H\ \ \ \ \ \ \ \ H \\ \ \ |\ \ \ |\ \ \ \ \ \ \ \ \ | \\ H-C-C-O-C-H \\ \ \ |\ \ \ |\ \ \ \ \ \ \ \ \ | \\ \ \ H\ \ H\ \ \ \ \ \ \ \ H \end{array}$ を示性式で示し，さらにアルキル基（R-, R′-）を用いて表せ.

問題 1-32　**（最重要！　命名法の基本，まとめ問題）**

(1) C_nH_{2n+2} の一般名を何というか. また，身近な具体例を示せ.

(2) 1, 2, 3, 4, 5, 6 の数詞を何というか.

(3) 炭素数が 1〜6 のアルカンの名称とそれぞれの分子式を示せ.

(4) アルキル基とは何か. また，その略号をどのように表すか.

(5) C_1〜C_4 のアルキル基の名称と化学式，略号を示せ.

答 1-29　水(H-O-H ⟶ H_2O)：水素原子 2 個と酸素原子 1 個からなる物質

アンモニア(H−N−H ⟶ NH_3)：窒素 1 と水素 3 からなる物質
（N の下に H）

メタン(H−C−H ⟶ CH_4)：炭素 1 と水素 4 からなる物質
（C の上下に H）

答 1-30

(1) ① CH_3-CH_2-CH_2-Cl ⟶ ② $CH_3CH_2CH_2$-Cl ⟶ ④ C_3H_7-Cl ⟶ ⑤ R-Cl

(2) ① CH_3-CH_2-CH_2-CH_2-NH_2 ⟶ ② $CH_3CH_2CH_2CH_2$-NH_2 ⟶
④ C_4H_9-NH_2 ⟶ ⑤ R-NH_2

(3) ① CH_3-CH_2-CH_2-NH-CH_2-CH_3 ⟶ ② $CH_3CH_2CH_2$-NH-CH_2CH_3 ⟶
④ C_3H_7-NH-C_2H_5[1] ⟶ ⑤ R-NH-R′(RNHR′)[2]

1)　これをさらにまとめて C_5H_{12}-NH とは書かない！これでは別物になってしまう．N の手の数も 2 となる．

答 1-31　CH_3-CH_2-O-CH_3 ⟶ CH_3CH_2-O-CH_3

これは CH_3CH_2- と -CH_3 とを -O- で橋かけしたもの．

-O- の左右を C, H についてまとめて記すと ⟶ C_2H_5-O-CH_3 ⟶ $C_2H_5OCH_3$ となるので，⟶ R-O-R′ ⟶ ROR′[2](ここでは R = エチル基，R′ = メチル基)．

R-O-R′ とは …-C-O-C-… のことであり[2]，両方の C を O で橋かけしたものである．これを**エーテル**という(p. 53)．

2)　$CH_3CH_2CH_2$…- と，C_nH_{2n+1}- とが同じであることがわからない！R- の意味が本当にはつかめていない！…C- を R- に置き換えて考えると，ずっとわかりやすくなる！

アルキル基 R- を用いた示性式(一般式)の表し方：

① 問題 1-31 の C-C-O-C のような場合，O の左と右の -C-C-… 結合はそれぞれ別々にまとめて C_2H_5-，CH_3- のように書く(これがアルキル基 R-)．

② 一般に，…C-O-C… のように C の間に O や N などの別の原子が入ったら，そこで機械的に切り，その左右の …C- と -C… をそれぞれ別にまとめて C_nH_{2n+1}-，$C_{n'}H_{2n'+1}$- のように書く．これを R-，R′- と記して化合物を表現する(C の数が違う -C-C-… があったら，これを R′- と記す[3])(問題 1-30(3) もこの例である．C のつながりは N の所で切れているので RNHR′)．

③ 答 1-31 の例では C_2H_5-O-CH_3 ⟶ R-O-R′ となる．**C_2H_5-O-CH_3 をさらにまとめて C_3H_8O とは書かない**．これでは，示性式ではなく，分子式となってしまい，アルコール C_3H_7OH とエーテル $C_2H_5OCH_3$ の区別がつかない．

3)　R′ の ′ は炭素数が R と異なることを意味する．炭素数が同一なら，たとえば，R-O-R と表す．

答 1-32

(1) アルカン，メタン，ガソリン・石油，ろうそく[4]．

(2) モノ，ジ，トリ，テトラ，ペンタ，ヘキサ(表 1-7 参照)．

(3) メタン CH_4，エタン C_2H_6，プロパン C_3H_8，ブタン C_4H_{10}，ペンタン C_5H_{12}，ヘキサン C_6H_{14}(表 1-6 参照)．

(4) アルカン C_nH_{2n+2} から H を 1 個取り外したもの C_nH_{2n+1}-，分子をつくる部品．略号は R-，R と書く．

(5) メチル CH_3-，Me，エチル C_2H_5-，Et，プロピル C_3H_7-，Pr，ブチル C_4H_9-，Bu(表 1-8 を参照)．

4)　安価なろうそくはパラフィン(アルカン)からできている．高価なろうそくは木ろうから取ったろう(高級アルコールの脂肪酸エステル)からできている．

1.5.5　分岐炭化水素とその命名法(重要！)

今までの–C–C–C…–C–の形をした直鎖状炭化水素に対して，

```
－C－C－C…－C－
     |
     C
```

のような化合物を分岐(枝分かれした)炭化水素とよぶ．

ここでは，分岐炭化水素の例として，ペンタン(C_5H_{12})，–C–C–C–C–C– の構造異性体を取り上げ，まずは“構造式の書き方”，次に“命名の手順”を示そう．

構造異性体の書き方(見つけ方)：ペンタン C_5H_{12} の構造異性体について考える

① 分子骨格のCの数が最長のものからCの数を順に1個ずつ減らしたもの(C_5H_{12} の場合 5, 4, 3)の構造を順序よく考える．

② C_5，Cが5個の直鎖状のものは –C–C–C–C–C– しかない．以下はすべて C_5 の直鎖構造である(p. 34 の“構造異性体の見分け方”参照)．

```
                          |                     |
                         -C-                   -C-
   |  |  |  |             |  |  |     |  |  |   |  |
 -C-C-C-C-              -C-C-C-    -C-C-C-    -C-C-
  |  |  |  |             |  |  |     |  |  |   |  |  |
          -C-                -C-   -C-  -C-      -C-C-
           |                  |     |    |        |  |
```

③ Cの数が1個少ない C_4 では，–C¹–C²–C³–C⁴– の直鎖構造に–Cを1個つけ加える．1,4番目のCに5個目のCを結合したものは，鎖が一つ伸びて C_5 となり不適切(②参照)．したがって，2か3に–C(メチル基，$-CH_3$)をつけると，

```
[I]  -C-C-C-C-
        |
        C
```

以下は[I]と同一構造である(p. 34 の“構造異性体の見分け方”参照)[1]．

```
     C                            C
     |                            |
 -C-C-C-C-     -C-C-C-C-     -C-C-C-C-
                    |
                    C
```

④ 分子骨格のCの数が2個少ない C_3 は，–C¹–C²–C³– の骨格に–C(メチル基)を2個，または–C–C(エチル基)を1個つけ加える．③と同様の議論で骨格の両端の1,3番目の位置のCに結合したものは不適切．したがって，2の位置に–C(メチル基)を2個つけると，

```
[II]     |
        -C-
      |  |  |
     -C-C-C-
      |  |  |
        -C-
         |
```

–C–C–C– の2の位置に –C–C(エチル基)をつけると

```
-C-C-C-
    |
    C
    |
    C
```

となるが，この構造の最長炭素鎖は C_4 であり(一筆書きしてみよ)，③と同一構造である．

1) 構造式を前後(縦)左右(横)に180°回転すると同じであることがわかる．

以上，ペンタン C_5H_{12} には直鎖のもの以外に，［I］,［II］の構造異性体が存在する．次に，ペンタン（C_5H_{12}）の構造異性体［I］を例に，命名の手順を示そう．

命名の手順：

① 構造式を書き，構造式内の-C-C-炭素鎖のつながりをすべて一筆書きで書けるだけ書いてみる（下図矢印）．この一筆書きの中で一番長い炭素の鎖を分子骨格とし，それに対応するアルカンの名前をつける．

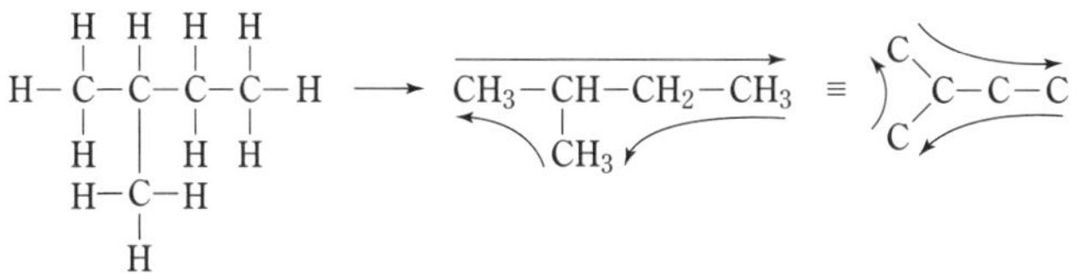

```
    H  H  H  H
    |  |  |  |
 H—C—C—C—C—H  ⟶  CH3—CH—CH2—CH3  ≡   C
    |  |  |  |              |               \
    H  |  H  H             CH3               C—C—C
  H—C—H                                     /
       |                                    C
       H
```

⟶ この場合はCが4個つながった鎖（上右図矢印，2組ある）が一番長い．つまり，分子骨格は C_4．よって，これは“ブタン”と命名する．

② ①の分子骨格の炭素鎖に下図のように左端と右端から番号をつける[2]．

```
—C¹—C²—C³—C⁴—        —C⁴—C³—C²—C¹—
     |                      |
     C                      C
```

③ 分岐した所の炭素の番号を読み取る．左・右からつけた2組の番号で小さい数値を優先する．

⟶ この場合は，左から読むと2，右から読むと3である（上図）．よって，分岐の場所は（ブタンの）“2”番目のCの場所である．いったん読む方向を決めたら，分子中のほかの炭素の番号も同じ方向で読み取る（答1-33の④参照）．

④ 分岐グループ（基）の名前（部品名）をつける．

⟶ この場合は，枝分かれ（部品）はCが1個なので部品名の“メチル基”．

⑤ 分岐した部分で同じグループ（基）が2個以上あれば接頭語ジ（2個），トリ（3個），テトラ（4個）などの数詞で表す．③の炭素の位置を示す番号はグループの数だけ必要である（次ページの構造異性体［II］の命名，答1-33 ③，④ 参照）．

⟶ この場合は，メチル基は1個．接頭語“モノ”は省略する．したがって“2-メチル”．

⑥ 以上，2の位置の炭素にメチル基がついたブタンなので“2-メチルブタン”．この化合物の分子骨組は名称の一番後ろにあるブタン，その2番目の炭素にメチル基がついていることを名称の頭部分2-メチルで示している．

2）後で学ぶ官能基をもった化合物の場合，官能基がついた炭素を1番目として番号づけをする場合がある．

次に，構造異性体[Ⅱ]について，[Ⅰ]と同様に“命名の手順”に従って命名してみよう．

［Ⅱ］

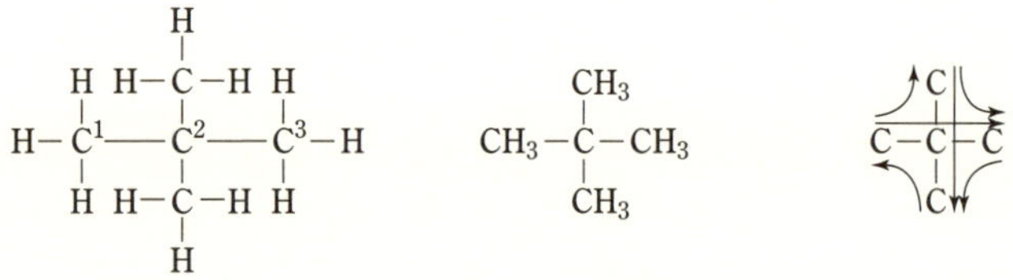

```
            H
            |
    H   H—C—H   H
    |       |       |
H—C¹——C²——C³—H
    |       |       |
    H   H—C—H   H
            |
            H
```

$$CH_3-\underset{CH_3}{\overset{CH_3}{C}}-CH_3$$

```
     C
     |
C—C—C
     |
     C
```

① 炭素の1番長い鎖はCが3個なので(上図矢印)“プロパン”．

②, ③ “2”の位置のCが2カ所枝分かれしている．

④ 枝分かれしてくっついているものは，Cが1個のCH_3- なのでメチル基．

⑤ そのメチル基が同じ2番目の炭素に2個(ジ)あるので“2,2-ジメチル”．

⑥ 以上，2番目の位置のCに2個(＝ジ)のメチル基がついたプロパンなので“2-メチル-2-メチルプロパン”，略記すると(それが約束)“2,2-ジメチルプロパン”．

注意！　ジメチル(分岐したメチル基が2個)なので，そのメチル基をつける場所(炭素番号)も2カ所示すことが必要．すなわち，2-ジメチルではなく**2,2-**ジメチルとするべきである．2-メチル-3-メチルブタンは2,3-**ジメチル**ブタンと表記される．置換基の数だけ，その置換基が結合している炭素の番号をつける必要がある．2個のメチル基を合わせてエチルとはしないこと．また，炭素の位置の2と，メチル基2個を意味するジを混同しないこと．

問題 1-33　ヘキサンの異性体の構造式を書き，命名せよ(ヘキサンほか4種類)．

ヒント：直鎖(骨組み)の炭素数を1個ずつ減らしていく．C_6の直鎖，C_5の骨組み$+C_1$，C_4の骨組み$+2C_1(C_2)$，C_3+3C_1(これは実は存在しないことを確かめよ)．

問題 1-34　$CH_3CH(CH_3)CH(C_2H_5)CH_2CH_2CH_3$の構造式を書き，命名せよ．

ヒント：示性式中に(　)で示す部分が含まれるときは，通常この部分は置換基なので，まず，この(　)部分を除いて構造式を書き，その後で(　)の中身を構造式につけ足すと良い．

問題 1-35　以下の化合物(名称不適切)の構造式を書き，正しく命名せよ．

① 1,1-ジメチルプロパン，② 1,3-ジメチルプロパン，③ 2,3-ジメチルプロパン

ヒント：一筆書きの一番長い炭素鎖長に合わせて命名する．置換基の位置は小さい数字を優先する．

答 1-33

```
① C−C−C−C−C          ② C−C−C−C−C
     |                      |
     C                      C
  2-メチルペンタン         3-メチルペンタン

     C
     |
③ C−C−C−C            ④ C−C−C−C     ⎛    C    ⎞
     |                     | |       ⎜    |    ⎟
     C                     C C       ⎜C−C−C−C ⎟
                                     ⎜  |      ⎟
                                     ⎝  C      ⎠
  2,2-ジメチルブタン[1)]       2,3-ジメチルブタン[1,2)]
```

答 1-34

```
C−C−C−C−C−C        ⎛C−C−C−C−C−C⎞
  |  |              ⎜  |  |       ⎟
  C  C−C            ⎜  C  C       ⎟
                    ⎜     |       ⎟
                    ⎝     C       ⎠
```

2-メチル-3-エチルヘキサン(2, 3-メチルエチルとはいわない．置換基が異なる場合，その位置を示す数値は置換基ごとに別々に表す)

答 1-35

```
   C
   |
① C−C−C        ② C−C−C        ③ C−C−C
   |               |   |            |  |
   C               C   C            C  C
 2-メチルブタン      ペンタン         2-メチルブタン
```

1.5.6　脂環式飽和炭化水素・シクロアルカンと芳香族炭化水素

さまざまな有機化合物の基本(炭素)骨格となる炭化水素は，① **飽和炭化水素**と**不飽和炭化水素**，② **鎖式**(鎖状)**炭化水素**[3)]と**環式**(環状)**炭化水素**，さらに，環式炭化水素は**脂環式炭化水素**[4)]と**芳香族炭化水素**に大別される[5)]．芳香族炭化水素は，**ベンゼン**[6)]を代表とする二重結合をもつ環状不飽和炭化水素の一群であるが，鎖式不飽和炭化水素アルケン(二重結合あり)やアルキン(三重結合あり)とは異なった性質・反応性を示す(p. 190)．アルカンなどと同様に，いわば**油の一種**であり，水に溶けにくい．芳香族は，有機化合物の中で，独自の化合物群を形成している．

環状の飽和炭化水素を脂環式飽和炭化水素[4)]・**シクロアルカン**[7)]といい，代表例は**シクロヘキサン** C_6H_{12} である．直鎖状の飽和炭化水素ヘキサン C_6H_{14}(直鎖)，芳香族炭化水素**ベンゼン** C_6H_6(芳香族)との構造の違いを，下図および分子模型で確認せよ．

```
    H H H H H H
    | | | | | |
  H−C−C−C−C−C−C−H
    | | | | | |
    H H H H H H
```

ヘキサン C_6H_{14}　　シクロヘキサン C_6H_{12}(次ページも参照)　　ベンゼン C_6H_6

1)　置換基の数だけ炭素の番号をつける．メチル基が2個だから，2,2-ジメチル(p. 47 の手順⑤を参照)．

2)　炭素の番号は一方向のみでつけ，右からと左からを混ぜこぜにしない(p. 47 の手順③ではメチル基が左から2番目と3番目の炭素についている．つまり，2,3-ジメチル．ここで，3番目の炭素は右から読めば2番目なので，命名は"小さい番号優先"だからといって，2,2-ジメチルとしてはならない)．

3)　中性脂肪を構成する脂肪酸の炭素鎖と同じなので，脂肪族炭化水素ともいう．

4)　脂環式とは脂肪族環式という意味．脂肪族炭化水素が環になったものとみなせるのでこの名称がある．

5)
① 飽和炭化水素アルカン
　不飽和炭化水素
　　アルケン(二重結合)
　　ポリエン
　　アルキン(三重結合)
　　芳香族炭化水素
② 鎖式炭化水素
　環式炭化水素
　　脂環式炭化水素
　　　飽和炭化水素
　　　不飽和炭化水素
　　芳香族炭化水素

6)　ベンゼン C_6H_6：無色，揮発性の液体．沸点 80℃．各種の有機化合物の合成原料．

7)　シクロ cyclo とは輪，環状という意味であり(自転車は bicycle，2輪車)，シクロヘキサンは環になったヘキサン(C_6)という意味．

デモ実験：ヘキサン，シクロヘキサン，ベンゼンの分子模型(自分でつくってみよ)．

1.5.7　化学構造式の略記法(線描構造式)

上記のヘキサン，シクロヘキサン，ベンゼンはしばしば次のように略記される．

ヘキサン C_6H_{14}　　シクロヘキサン C_6H_{12}　　ベンゼン C_6H_6(p. 49, 57)

シクロヘキサンの非平面環構造(**シクロヘキサン環**，次ページの図)に対してベンゼンの平面正六角形の環構造を**ベンゼン環**と称する．構造式を略記するには，通常の構造式から C, H 原子と C–H 結合を省略し，C–C 結合のみを実線 – で表す．したがって，

① 折れ線の折れ曲がった所，および線の端には C 原子がある(図(a))．

(a)

② C の原子価は 4(手が 4 本)だから，線描構造式で線が折れ曲がっていれば，そこには記入されていない 2 本の C–H 結合があり(図(b))，3 本の線が集まっていれば C–H 結合が 1 本(図(c))，線の端には C–H 結合 3 本があることになる．

(b)　　(c)

③ 鎖式炭化水素(アルカン)の略式の構造式は上のヘキサンの例で示したように，分子模型(実際の分子)の形状に合わせて，直線ではなく，ジグザグ線で書き表す(直線ではどこに炭素があるかわからない)(図(d))．

(d)

この問題は p. 63〜65 の複雑な化合物の見方を学習する基礎として重要である．

問題 1-36

(1) 飽和炭化水素 C_5H_{12} の可能な構造式(構造異性体 3 種類)を通常の書き方，略式の線描の両方で書け．

(2) C_4H_8 の可能な構造式(構造異性体 6 種類)をすべて，通常の書き方，略式の線描で書け．

問題 1-37　以下の線描構造式から，H をつけた正式の構造式を書け．

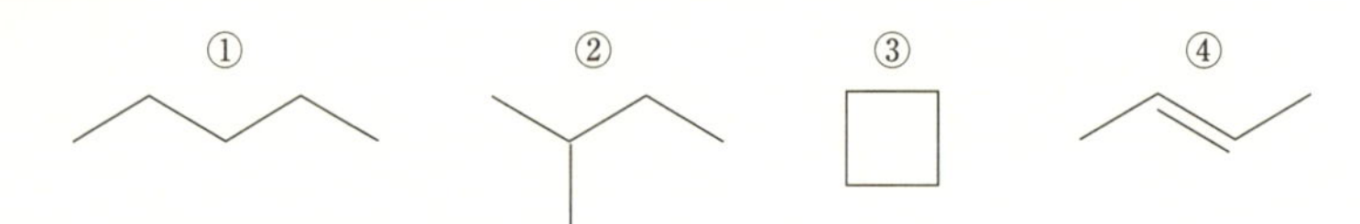

配座異性体とその略記法

シクロヘキサン C_6H_{12} のいす形立体配座(左下図)．シクロヘキサンのいす形はグルコース(ブドウ糖)の環状構造(**ピラノース環**)と同一であり，食品学，生化学で学ぶ**グルコース**の α, β 異性体の構造(p. 77)を正しく理解するにはこのいす形構造を理解する必要がある(分子模型で確認)．

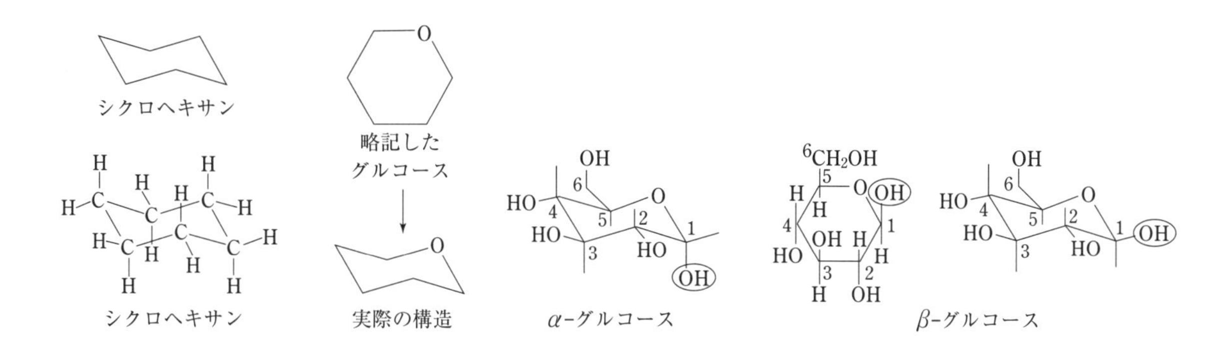

答 1-36

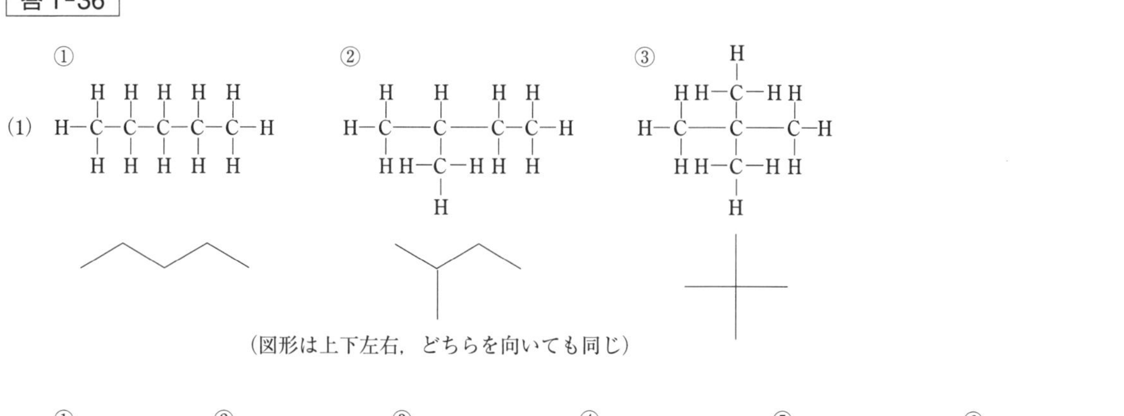

(図形は上下左右，どちらを向いても同じ)

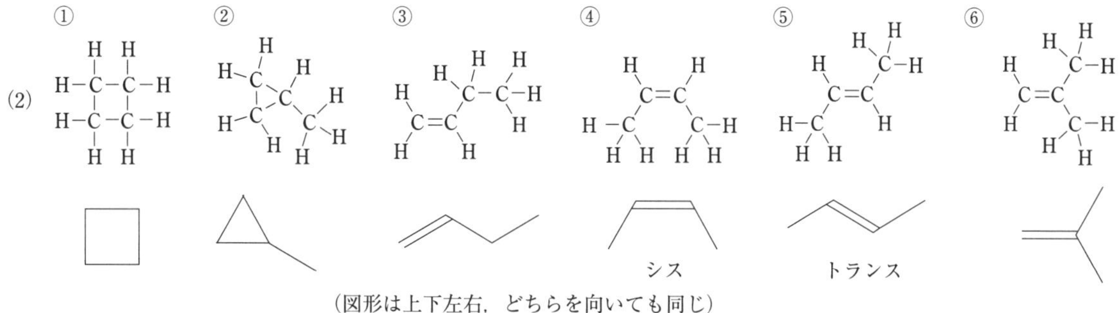

(図形は上下左右，どちらを向いても同じ)

答 1-37

① ② ③ ④

1.5.8　13種類の有機化合物群

デモ実験：それぞれの化合物グループの分子模型と化合物・薬品の体験.

有機化合物は数千万種も存在するが，それらを共通の性質や反応性を示す化合物群(グループ)に分類するとたかだか十数種類でしかない．生化学・食品学・栄養学・その他の授業を学ぶ際には，これらの化学式・構造式・名称が頻出する．専門を学ぶ基礎として，生物系の読者にとっても13種類の化合物群と官能基(名称・構造式の一般式)を頭に入れることが生命や食品の科学を学ぶうえで必須であり，授業を理解する鍵である．

(1) アルカン[1]

脂肪族飽和炭化水素 C_nH_{2n+2}，R-H，**メタン** CH_4(天然ガス・都市ガス，地球温暖化ガス，おならの成分)が代表例．**エタン** C_2H_6，**プロパン** C_3H_8(ガス)，**ブタン** C_4H_{10}(ガスライターやカセットガスコンロのガス)，**ペンタン** C_5H_{12}，**ヘキサン** C_6H_{14}．ガソリンは C_5～C_{12}，石油は C_{11}～C_{18} のアルカンの混合物であり，水に溶けない(疎水性，アルカンは油，水より軽い)．燃えるが他の反応性は低い(変化しにくい)．p. 40も参照．

```
    H           H  H          H  H  H          H  H  H  H
    |           |  |          |  |  |          |  |  |  |
 H—C—H      H—C—C—H      H—C—C—C—H      H—C—C—C—C—H
    |           |  |          |  |  |          |  |  |  |
    H           H  H          H  H  H          H  H  H  H
  メタン       エタン        プロパン          ブタン
```

1)　アルカン
C_1 メタン
C_2 エタン
C_3 プロパン
C_4 ブタン
C_5 ペンタン
C_6 ヘキサン

(2) ハロアルカン

油であるアルカンの親戚(性質はアルカンに類似，ただし水より重たい)で，アルカン C_nH_{2n+2} のH原子のいくつかを原子価＝1のハロゲン元素X(F, Cl, Br, I)で置き換えたもの**R-X**である．代表例は三置換体の**トリクロロメタン** $CHCl_3$(慣用名：**クロロホルム**)．クロロホルムに代表される**トリハロメタン**[2]は水道水中に微量含まれ，催奇性・発がん性を疑われている(環境汚染，食品衛生)．

```
    H             H             Cl                     Cl
    |             |             |                      |
 H—C—Cl       H—C—Cl       H—C—Cl (CHCl3)        Cl—C—Cl
    |             |             |                      |
    H             Cl            Cl                     Cl
クロロメタン  ジクロロメタン  トリクロロメタン      テトラクロロメタン
                              (クロロホルム)
```

2)　トリハロメタン
(言葉の意味を考えよ)
$CHCl_3$
$CHCl_2Br$
$CHClBr_2$
$CHBr_3$(ブロモホルム)
を総称していう．

(3) アミン

アンモニア NH_3 の親戚(アンモニアに似た性質，刺激臭がある，水溶液は**塩基性**・アルカリ性)である．アミンとはamm(onium)-ineアンモニアに似た(もの)の意である．アンモニア NH_3 のHの1～3個をC(アルキル基R-)に置換したもの **R-NH₂, RR′NH, RR′R″N** を**第一級～第三級アミン**という[3,4]．また，$-NH_2$ を**アミノ基**という．**メチルアミン** CH_3NH_2(目を刺激するツンとくる生ゴミや魚の腐敗臭)，**トリメチルアミン** $(CH_3)_3N$(魚の青臭さのもと，しめサバは酢酸で中和し除臭)などがある．

以下，アミノ基をもつアミンの一種：アドレナリン(エピネフリン．副腎髄質ホルモンの一種，p. 64)，ドーパミン(脳内情報伝達物質，p. 57)，ニコチン(植物アルカ

3)　第一級，第二級，第三級アミンの一般式，RNH_2, RR′NH, RR′R″N
(Nに手を3本出して構造式を書いてみよ)

```
H—N—H,  R—N—H
   |        |
   H        H

R—N—H,  R—N—R″
   |        |
   R′       R′
```

4)　第二級アミンは亜硝酸と反応してニトロソアミン(発がん物質)を生じる．
RR′NH + HNO_2
⟶ RR′N-NO + H_2O

ロイド，下図），カフェイン（アルカロイド，p. 64），セサミン（ゴマ成分）．

第四級アンモニウムイオン：逆性せっけん（p. 140），レシチン・ホスファチジルコリン（p. 73）．

アミノ酸　アミンの一種であり，一つの分子中に**アミノ基**（$-NH_2$）と**カルボキシ基**（$-COOH$）を併せもつものをいう．うま味調味料（グルタミン酸ナトリウム）はアミノ酸の一種．タンパク質は多数のα-アミノ酸が結合したものである（p. 66〜71）．

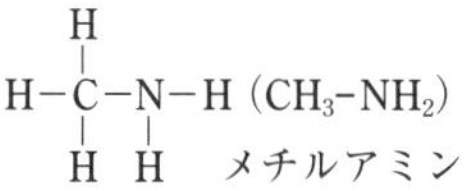

$H-\underset{H}{\overset{H}{C}}-\underset{H}{N}-H$（$CH_3-NH_2$）	$H_3C-\overset{CH_3}{N}-CH_3$（$(CH_3)_3N$）	（ピリジン環–ピロリジン環 $N-CH_3$）	$R-\underset{NH_2}{\overset{H}{C}}-COOH$
メチルアミン	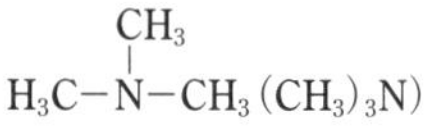 トリメチルアミン	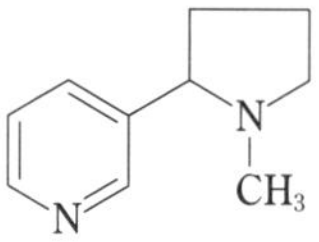 ニコチン	α-アミノ酸

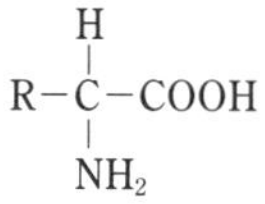

(4) アルコール

水の親戚である．**水・アルコール・エーテル**（油の親戚）とセットで覚える．アルコールとは水（H_2O）H-O-H の2個のHの一つをC（つまりR，アルキル基，油）で置き換えたもの，**R-OH**（ROH）となる．よって，アルコールは水の親戚である（水の性質のもと-OHを一つ残している）．別の考え方は，アルカン C_nH_{2n+2}（R-H，油）の-Hを-OH（**ヒドロキシ基**，水酸基）で置き換えたもの，$C_nH_{2n+1}OH$ である．アルカン R-H は油なので，R-OH は油の親戚でもある．よって C_1〜C_3 は水によく溶けるが，Rが大きくなるにつれ溶けにくくなる．

世間でアルコールといえば酒を指すように，代表的物質は酒の成分の**エタノール**[5] C_2H_5OH である．エタノール，2-プロパノール（イソプロピルアルコール）[6]は消毒薬としても利用される（紙手拭など）．メタノール CH_3OH は有毒物質である[7]．三大栄養素の一つである糖やビタミンC（アスコルビン酸，p. 27）はOH基を2個以上もつ多価アルコールの一種である．代表的脂質・中性脂肪の構成要素**グリセリン**（**グリセロール**，1,2,3-プロパントリオール）はOH基3個の三価アルコールである．体内，食品中には-OH基をもつさまざまな物質が存在して役割を果たしている[8]．

グリセリン　油脂のけん化・石鹸製造の副生物で，保湿剤として化粧水に含まれる．生体膜を構成するリン脂質（p. 73, 75）や中性脂肪トリグリセリド（トリアシルグリセロール，p. 74）はグリセリンの脂肪酸（長鎖カルボン酸）エステルである．

CH_3OH[5]	C_2H_5OH（CH_3CH_2OH）	C_3H_7OH（$CH_3CH_2CH_2OH$）	$\underset{OH}{CH_2}-\underset{OH}{CH}-\underset{OH}{CH_2}$
メタノール	エタノール	1-プロパノール	グリセリン（グリセロール）

(5) エーテル

水と他人，アルカンの親戚である（アルカンに似た性質：沸点が低く，引火性が高い，油に溶け，水に溶けにくい）．エーテルとは，ギリシャ語で燃える性質をもった物質の意である．水分子 H-O-H の二つの水素原子を2個ともにC（R, R′）に置き換えたものがエーテル C-O-C，**R-O-R′** である．Rはアルキル基（アルカン）であるから，いわば油である．したがって，水 H-O-H の半分が油になったアルコール R-O-H に対して，エーテル R-O-R′ は両方とも油になったものと考えてよい．エーテル R-O-R′ は水のもとである-OHをもっておらず水の性質を残していない，**油の親戚**[9]．

5）命名法：メタノール，エタノール，プロパノール，…はそれぞれCの数が1個，2個，3個，…（メタン，エタン，プロパン，…）のアルコール，メタン・オール，エタン・オール，プロパン・オールという意味（p. 62）．

6）$CH_3-\underset{OH}{CH}-CH_3$

7）少量で失明，死に至る．メタノール，エタノールは第一級アルコール，2-プロパノールは第二級アルコールである．

第一級，第二級，第三級アルコールの一般式：

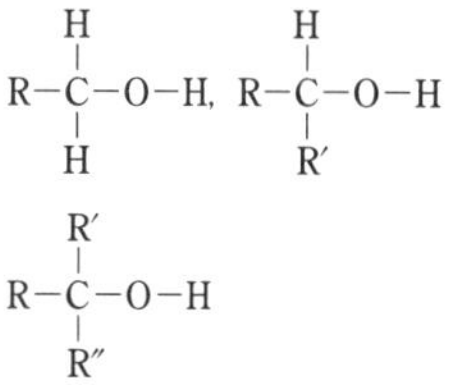

$R-\underset{H}{\overset{H}{C}}-O-H$，$R-\underset{R'}{\overset{H}{C}}-O-H$

$R-\underset{R''}{\overset{R'}{C}}-O-H$

8）ほかに，乳酸，クエン酸，リンゴ酸（p. 55）など．

9）アイスクリームの天ぷら（シューアイスを天ぷらにしたもの）をイメージするとよい．つまり，エーテルは，まわりは油，中央の酸素原子は非共有電子対で水分子の水素原子と水素結合できるので，水に少し溶ける．

麻酔作用がある．

ジエチルエーテル C_2H_5-O-C_2H_5（CH_3CH_2-O-CH_2CH_3）が代表例．**C-O-C をエーテル結合**という．ジメチルエーテル（dimethyl ether：DME）CH_3OCH_3 はスプレー缶に利用される．チロキシン（甲状腺ホルモン，p. 28，63），トコフェロール（ビタミン E，p. 27，64），環状構造の糖や *O*-グリコシド（p. 77）はエーテルの一種である．

(6) アルデヒド[1]

アシル基 R-CO- に H がついたものである．**RCHO**（R-COH と書いてもよいはずであるが，OH をヒドロキシ基と混同しやすいので通常 R-CHO，チョー飲みすぎて悪酔い，と書く）．R-CHO の **-CHO をアルデヒド基**という．

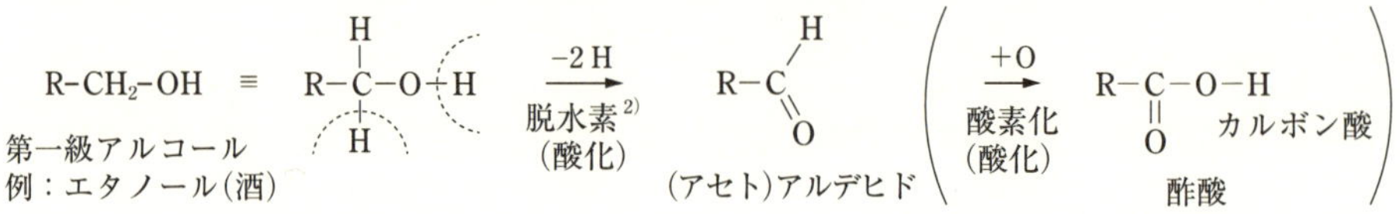

R-CH_2-OH ≡ R-C(H)(H)-O-H —(−2 H, 脱水素[2]（酸化）)→ R-C(H)=O —(+O, 酸素化（酸化）)→ R-C(=O)-O-H カルボン酸

第一級アルコール 例：エタノール（酒）　（アセト）アルデヒド　酢酸

アルデヒドは（第一級）アルコールを脱水素（＝酸化）[2]したもの alcohol dehydrogenatum という意味に由来している．代表例の**ホルムアルデヒド（メタナール）**は，食品衛生・環境衛生で必ず学ぶ重要物質である．煙中に含まれており食品の燻製に利用される．シックハウス症候群の原因物質の一つである．殺菌・消毒・防腐剤のホルマリンはホルムアルデヒド（気体）の水溶液である．

H-C(=O)-H（HCHO）　ホルムアルデヒド，メタナール[3]

CH_3-C(=O)-H（CH_3CHO）　アセトアルデヒド，エタナール[3]

(7) ケトン

アシル基 R-CO- にアルキル基 R′ がついたもの，**RCOR′，R-CO-R′，RR′CO**．**C-CO-C をケトン基**という．

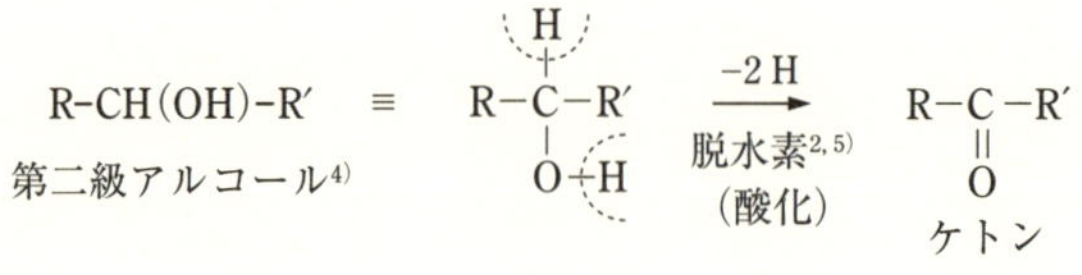

R-CH(OH)-R′ ≡ R-C(H)(O-H)-R′ —(−2 H, 脱水素[2,5]（酸化）)→ R-C(=O)-R′

第二級アルコール[4]　ケトン

代表例は**アセトン（(2)-プロパノン）**である．ケトンという名称は，もっとも簡単なケトンであるアセトンがケトンに変じて化合物群名となったものである（(a)cetone ⟶ ketone）．アセトンは実験室の代表的有機溶媒の一つ，代謝障害が起こったときに生じる生成物であり，重度の糖尿病ではアセトンが大量につくられ，尿や呼気中に現れる．

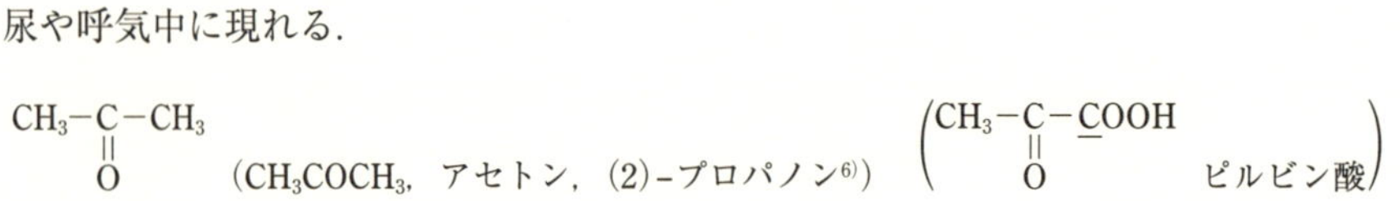

CH_3-C(=O)-CH_3（CH_3COCH_3，アセトン，(2)-プロパノン[6]）

（CH_3-C(=O)-COOH　ピルビン酸）

アルデヒドとケトンとは，互いにカルボニル基（-CO-）に由来する似た性質をもっている（p. 192）．両者はいわば親戚であり，反応性が高い（さまざまな反応を起こす）．

1）(6) **アルデヒド**，(7) **ケトン**，(8) **カルボン酸**，(9) **エステル**，(10) **アミド**はいずれもアシル基 R-CO-（-CO- はカルボニル基）をもっている．これらの五つは，この順にセットで覚えること．

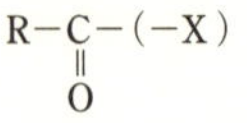

R-C(=O)-(-X)

(-X)	グループ名
-H	アルデヒド
-C (R)	ケトン
-O-H	カルボン酸
-O-C (R)	エステル
$-NH_2$	アミド
(-N(H)-R′，-N(R′)-R″)	

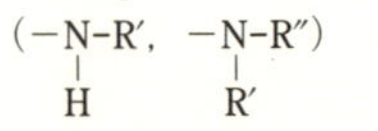

2）電気陰性度が大きい酸素原子の影響を受けた H が 2 個取れる．

3）命名法：メタナール，エタナールはそれぞれ C が 1 個，2 個（メタン，エタン）のアルデヒド，メタン・アール，エタン・アールという意味（p. 62 参照）．

4）2-プロパノール（イソプロピルアルコール）など．p. 35，53 注 6）を参照．

5）アルデヒドと同じ反応，したがってケトンはアルデヒドの親戚．

6）命名法：プロパノンとは C が 3 個（プロパン）のケトン，プロパン・オンという意味．2-ペンタノンとは，ペンタンの 2 番目の炭素が CO のケトンという意味（p. 62 参照）．

アルデヒドとケトンを総称して**カルボニル化合物**という．

カルボニル化合物は生化学，栄養学，食品学を学ぶうえでもっとも重要な化合物群の一つである．糖質やアミノ酸が体内で代謝される過程で生じる中間体，**ピルビン酸**（化学式は上記，2-オキソプロパン酸，p. 125）などの2-オキソ酸（α-ケト酸）や，β-ヒドロキシ酪酸[7)]・アセト酢酸[8)]・アセトンを意味する**アセトン体**や**ケトン体**なる言葉は生化学・栄養学で必ず学ぶ．われわれが生きるために必要なエネルギー源である**糖**（三大栄養素の一つ）は，アルデヒド・ケトンの一種（**アルドース**・アルデヒド糖，**ケトース**・ケトン糖，p. 76）である．

アルデヒド・ケトンには香りのもととして香水・人工香料に用いられるものが多い．香料バニラの成分バニリン，アーモンドのベンズアルデヒド，レモンのシトラール，シナモンのシンナムアルデヒド，α-リノレン酸 より生じる緑の香り成分の一つである青葉アルデヒドなどである．食品の変敗臭（p. 131）の成分もアルデヒドである．ジャスミンの *cis*-ジャスモン，樟脳（しょうのう）（防虫防臭剤他）・カンファー（カンフル）はケトンである．

(8) カルボン酸

アシル基 RCO-にOHがついたもの．R-CO-OH＝-C-CO-OH＝**RCOOH**．RCOOHの**-COOH**を**カルボキシ(ル)基**という．カルボキシとはカルボニル・ヒドロキシ carbonyl-hydroxy，カルボニル基とヒドロキシ基を併せもったものという意味であり[9)]，カルボン酸とはカルボキシ基をもった酸のことである．カルボン酸は刺激臭をもつ代表的な有機酸であり，酸であるからその**水溶液は酸性**を示し，なめると酸っぱい．酸っぱい酸のもとはH^+．したがって酸には必ずHがある．**−COOHは有機酸のもと**．

アルデヒドが酸化されるとカルボン酸となる[10)]．生化学・食品学・栄養学で学ぶ酸は，ほとんどがカルボン酸である．代表例は**酢酸**（食酢の酸，食酢の主成分）である．

$$CH_3-\underset{\underset{O}{\|}}{C}-O-H$$

（CH_3COOH，酢酸（acetic acid），エタン酸[11)]）

生化学・食品学・栄養学で学ぶカルボン酸

① 通常の**カルボン酸**：酢酸（食酢の酸），酪酸（ブタン酸・バター butter の脂肪成分の酸の意）など．
② -COOH基を2個もつ**ジカルボン酸**：シュウ酸，マロン酸，コハク酸，グルタール酸．
③ OH基をもった**ヒドロキシ酸**：**乳酸**（p. 126），リンゴ酸（p. 127），酒石酸（ワイン），クエン酸（p. 127，柑橘類の酸）など．
④ **2-オキソ酸（α-ケト酸）**：ピルビン酸（生化学の解糖系の生成物，p. 54，125）
⑤ **アミノ酸**（アミノ基をもつ酸，通常はアミノカルボン酸）：一分子中にアミノ基（$-NH_2$ アミンのもと）とカルボキシ基（-COOH カルボン酸のもと）をもつ．
⑥ **脂肪酸**：中性脂肪（グリセリンエステル）の成分のカルボン酸のこと．主として長鎖（アルキル基R-のCの数が12以上）のカルボン酸のことをいう．中鎖脂肪酸（C_8-C_{10}，ヤシ油に含まれる），短鎖脂肪酸（C_4-C_6，乳脂肪に含まれる）もある．
⑦ **多価不飽和脂肪酸**：リノール酸（18：2）[12)]，リノレン酸（18：3）[13)]，アラキドン酸（20：4），（エ）イコサペンタエン酸（EPA・IPA，20：5），ドコサヘキサエン酸（DHA，22：6）．
⑧ **せっけん**：$C_{17}H_{35}COO^-Na^+$などの長鎖カルボン酸の塩（界面活性剤，p. 104）．

7) β-ヒドロキシ酪酸
$CH_3-CH(OH)-CH_2COOH$
（酪酸＝ブタン酸）

8) アセト酢酸
$CH_3-C(=O)-CH_2COOH$
（CH_3CO-をアセチル基という）

9) −C(=O)−OH：ヒドロキシ基（OH），カルボニル基（C=O），カルボキシ基（全体）

10) 前ページのアルデヒドの生成反応を参照のこと．

11) 命名法：エタン酸，プロパン酸，…とはCが2個，3個，…（エタン，プロパン，…）のカルボン酸という意味（p. 62参照）．-COOHのCも炭素の数に入れる．

12) 炭素数18で二重結合が二つあるものという意．**シス・トランス異性体**（p. 60，194）があるが，天然のものはシス体．

13) ステキな俺の絞りの・ノレン（ステアリン酸（18：0），オレイン酸（18：1，*n*-9），リノール酸（18：2，*n*-6），α-リノレン酸（18：3，*n*-3））*n*-3系，*n*-6系とは，炭素鎖数*n*のカルボン酸の，-COOHのCから数えて*n*-3，*n*-6番目の炭素（炭素鎖先端の3個目，6個目の炭素，ω-3，ω-6）に1個目の二重結合があるものという意味．リノール酸，アラキドン酸は*n*-6系，α-リノレン酸，EPA，DHAは*n*-3系の多価不飽和脂肪酸であり，これらは必須脂肪酸である（p. 74））．

(9) エステル

アシル基 RCO–に OR′ がついたもの **R–CO–OR′**，**RCOOR′** である．**–CO–O–**，**C–CO–O–C** を**エステル結合**という．エステルとは，有機酸または無機酸とアルコールが脱水縮合して生成する化合物の総称である（反応式は p. 74，133 を参照のこと）．

カルボン酸エステル RCOOR′ は，花や果物の香り・芳香で代表される香気をもつ中性物質であり，水にはあまり溶けない．代表的なエステルは酢酸 CH_3COOH とエタノール C_2H_5OH からできた**酢酸エチル** $CH_3COOC_2H_5$（酒の吟醸香・芳香）．カルボン酸とエステルの構造式はよく似ており，エステル RCOOR′ では酢酸エチルのように，外見上カルボン酸 RCOOH の H がアルコール由来の R′ に変わっただけであるが（$CH_3COOH \longrightarrow CH_3COOC_2H_5$ など），その性質は大いに異なる[1]．

油（oil）・脂（fat）・からだの皮下脂肪である**中性脂肪**（**トリグリセリド・トリアシルグリセロール**）も，脂肪酸とよばれる炭素数が大きい長鎖カルボン酸 3 分子と三価アルコールの**グリセリン**とのトリエステルである（p. 133）．ろうや**コレステロールエステル**（p. 75），細胞膜を構成する**リン脂質**もエステルである．神経伝達物質**アセチルコリン**（p. 157）はコリン $HO–CH_2CH_2–N(CH_3)_3{}^+$ の酢酸エステルである[2]．

また，からだの中ではさまざまな**リン酸エステル**（p. 74）が重要な役割を果たしている．遺伝子の本体 DNA（p. 168）や類縁体 RNA，さまざまな生体反応のエネルギー源である ATP（p. 95），糖代謝の中間体であるグルコース–6–リン酸，フルクトース–1,6–二リン酸などは，リン酸エステルである．

```
CH3−C−O−CH2CH3
     ‖
     O
```
（$CH_3COOC_2H_5$, $C_2H_5OCOCH_3$[3]，酢酸エチル，エタン酸エチル）

(10) アミド

アミドとはカルボン酸 RCOOH とアンモニア，アミン（$R′NH_2$，R′R″NH）が脱水縮合したもの，アシル基 R–CO–に $–NH_2$，–NR′R″ が結合したもの，**$R–CO–NH_2$**，**R–CO–NR′R″** である（反応式は p. 132）．−CO−N< 結合を**アミド結合**という．

タンパク質は，アミノ酸分子のカルボキシ基–COOH と別のアミノ酸分子のアミノ基–NH_2 とが脱水縮合したポリアミドである．これをとくに**ポリペプチド**とよび，アミノ酸同士のアミド結合–CONH–（–CO–NH–）を**ペプチド結合**とよぶ（p. 68, 133）．

```
−C−N−        CH3−C−N−CH3
 ‖  |             ‖  |
 O  H             O  H
```
（*N*–メチルアセトアミド[4]，*N*–メチルエタンアミド[5]）

(11) アルケン

脂肪族不飽和炭化水素・鎖式不飽和炭化水素（エチレン系炭化水素）C_nH_{2n}．**二重結合** >C=C< を一つもつ脂肪族炭化水素で，付加反応を起こしやすい（二重結合の特徴は p. 190，例は p. 131〜132）．代表例は**エテン** C_2H_4（$H_2C=CH_2$）[6]．慣用名は**エチレン**（次ページ）．エチレンはさまざまな化学合成品の原料として用いられる．家庭用の容器や袋に使われている**ポリエチレン**とは，エチレンの**二重結合**が開いてたくさん（ポリ）つながったもの，ポリマー・高分子である．

ニンジン（carrot）の橙色のもとであるカロテン（carrotene）は，分子内に二重結合を

1）酸の化学式中には酸っぱいもとの H^+ となる H 原子が必ずある！ RCOOR′ と RCOOH を混同する人がいる！

2）また，市販飲料水の容器に利用されるペット（PET）ボトルの原料である PET とは，ポリエチレンテレフタレート（エステルの一種）の略称．衣料素材のポリエステルと同じ．

3）構造式を書いてみよ．“カルボニル CO はヒトの顔”（p. 31 参照）．

4）CH_3–CO–を**アセチル基**という（**アセト**…とも呼称）．酢酸 acetic acid（アセティックアシッド）由来の言葉．アセチル基はアシル基 R–CO–の代表例であり，生化学，食品学に頻出する．

5）*N*–メチルエタン酸アミドの意．“酸”を省略するのが命名法の約束．

6）エテンとは C が 2 個のエタンが二重結合になったという意味（命名法：元のアルカンの語尾をエン -ene としてアルケンを表す．エタン ethane ⟶ エテン ethene）．

11 個もったアルケンの親戚**ポリエン**[7]そのものであるし，**ビタミン A**（**レチノール**，p. 27）はこれが半分に切れて末端がアルコールになった（ノール，-ol）二重結合を 5 個もった物質である．また，トマトの色素**リコペン**（-ene）は**カロテノイド**の一種である．

家庭で用いる食用油（植物油・中性脂肪）は，不飽和脂肪酸 R-COOH（R がアルケン・ポリエン）のエステルである．魚油に多く含まれる，からだに良く，頭が良くなる？DHA（右図，p. 55）や EPA（IPA，p. 74）は分子中に二重結合を数個もつ $n-3$ 系の多価不飽和脂肪酸である．アルケンにはシス・トランス異性体（p. 194）が存在する．天然の油脂はシス形である[8]．アルケン，ポリエンの**付加反応**：植物油への水素添加・硬化油[8]，水分子の付加（TCA 回路）（p. 126〜127）[9]．

7）二重結合が二つ以上あるものをポリエンという．ポリとは，“たくさん”という意味．

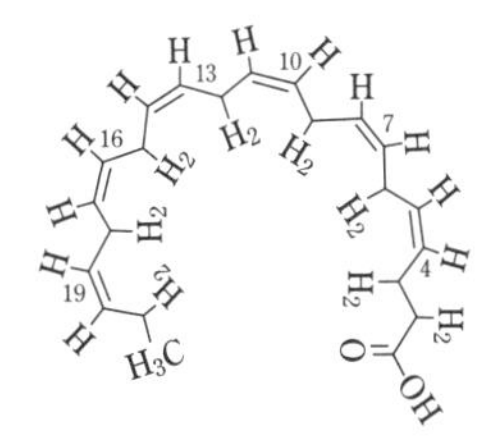

ドコサヘキサエン酸（DHA）
（二重結合はすべてシス形）

8）マーガリンやショートニングなどの硬化油製造時に生じるトランス脂肪酸は心臓病やがんの一因とされている．

9）食品学分野における油脂の不飽和度の尺度であるヨウ素価（乾性油，半乾性油，不乾性油の区別）も付加反応を利用した方法である．

$$\mathrm{H_2C{=}CH_2}$$
（$CH_2=CH_2$，C_2H_4，エチレン，エテン）

アルキン　C_nH_{2n-2}．**三重結合** $-C\equiv C-$ を一つもつ脂肪族炭化水素で**付加反応**を起こしやすい．代表例は**エチン** C_2H_2（$H-C\equiv C-H$）．慣用名は**アセチレン** acetylene.

（12）芳香族炭化水素

代表例は**ベンゼン** C_6H_6（p. 49）である．石炭の乾留[10]，石油の接触改質・熱分解で得られる．C_6H_5-（$\phi-$，Ph- と略記）を**フェニル基**という．フェニル phenyl とはベンゼン誘導体を意味する（例：フェニルアラニン（芳香族アミノ酸，下図））．

芳香族炭化水素とその誘導体からは，アセチルサリチル酸（風邪薬，下図），サリチル酸メチル（湿布薬，下図）などの医薬品，合成染料，合成樹脂（ポリスチレン，スチレン $C_6H_5-CH=CH_2$），合成ゴム，洗剤，爆薬の原料など数多くの有機化合物がつくられている[11]．また，生体内では芳香族アミノ酸から生じた甲状腺ホルモンのチロキシン（p. 63）や副腎髄質ホルモンのアドレナリン（エピネフリン，p. 64），脳内情報伝達物質ドーパミン（下図）などのさまざまな芳香族化合物が重要な役割を果している．

10）空気を遮断して過熱分解し（木炭やコークスの製造方法），揮発分を冷却回収する操作．

$C_6H_5-CH_2-CH(NH_2)-COOH$　フェニルアラニン

$CH_3-CO-O-C_6H_4-COOH$　アセチルサリチル酸

$HO-C_6H_4-C(=O)-OCH_3$　サリチル酸メチル

$(HO)_2C_6H_3-CH_2-CH_2-NH_2$　ドーパミン

（13）フェノール類

フェノール（フェニル・オール，次ページ），C_6H_5-OH，C_6H_5OH，Ph-OH，PhOH，ϕ-OH（すべて同じ意味）は，フェノール類の代表物質．芳香族化合物の一種であるが，からだとの健康の科学にとって重要なので，ここでは一つのグループとして扱った．フェノールは-OH 基（ヒドロキシ基）をもつが，アルコールとは異なった性質をもち，アルコールとは別のグループとして扱う．すなわち，ベンゼン環に**-OH 基**をもっているものはアルコールとはいわない．

殺菌・防腐剤（燻製），クレゾール（次ページ），フェノール樹脂，サリチル酸，染料などの原料物質．水に少し溶け，弱い酸性を示す．アルカリと塩をつくる（ナトリウムフェノキシド C_6H_5ONa）．塩化鉄（Ⅲ）により特有の紫色の呈色反応を示す．（12）項

11）アニリン $C_6H_5-NH_2$（染料・香料・医薬などの原料），安息香酸 C_6H_5COOH（防腐剤・食品添加物・化粧品），トルエン $C_6H_5CH_3$（火薬・医薬・合成繊維などの原料，溶剤，シックハウス症候群の原因物質の一つ）．

で述べた**チロキシン**(p. 63)とその原料のアミノ酸**チロシン**および**アドレナリン**，**ドーパミン**もフェノールの一種(後二者は二価フェノール・カテコール)である[1)].

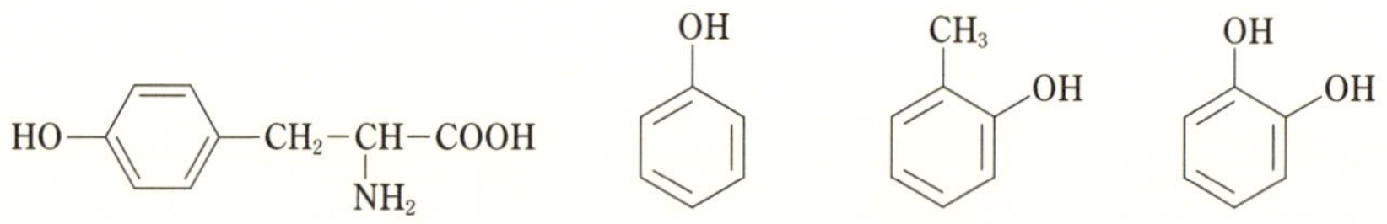

HO—C₆H₄—CH_2—CH(NH_2)—COOH
チロシン　フェノール　クレゾール　カテコール

ポリフェノールとは複数のフェノール性 -OH 基をもつ植物成分の総称である．その代表的一群が**フラボノイド**であり，お茶のカテキン(下図)，赤ワイン，ブルーベリーなどのアントシアニン(下図)，タマネギのルチン，大豆のイソフラボンなどはからだに良いと考えられている．そのほか**コーヒーの**クロロゲン酸[2)]など，ポリフェノール類には老化・がん・生活習慣病などの原因となる活性酸素を無毒化する抗酸化作用[3)]，突然変異・奇形を防ぐ抗変異原性作用，さまざまな生理作用があることが最近，提案されている[4)]．ポリフェノールのほか，β-カロテン，リコペン，セサミン，アリシン，カプサイシンなどの**ファイトケミカル**(植物がつくった化学物質)は健康維持に有用な第三の微量栄養素として栄養学・健康科学・食品科学分野で注目されている[4)].

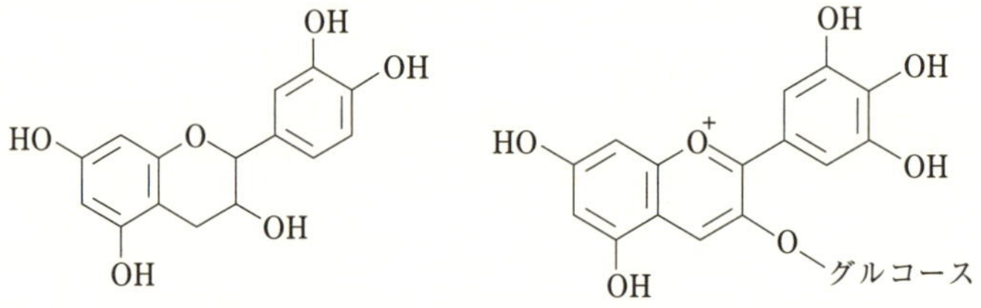

カテキン　アントシアニン

1) 三価のフェノール，1,2,3-トリヒドロキシベンゼン $C_6H_3(OH)_3$ をピロガロールという(植物界に広く存在する渋味物質タンニンの主成分．タンニンは鉄(Ⅲ)と不溶性の物質をつくり，鉄の吸収を阻害する).

2) リンゴ，ゴボウなどの褐変の原因は，クロロゲン酸などのポリフェノールがポリフェノールオキシダーゼで酸化されるために起こる.

3) ポリフェノール自身は活性酸素により酸化される．脱水素されキノン(p. 84)を生じる.

4) これらの健康情報のいくつかは現時点では必ずしも十分に証明されているわけではないようである.

生体分子としての脂肪族炭化水素と芳香族炭化水素

アルカン，アルケンそのものは生体分子としては存在しないが，中性脂肪(p. 74)，リン脂質(p. 73，75)や脂肪酸の主要部分である炭素鎖部分 R- は鎖状炭化水素アルカン，アルケン・ポリエンと同一である．脂環式炭化水素・シクロアルカンを部分構造にもつものには，胆汁酸(p. 64)やコレステロール(p. 75)などのステロール類やビタミンDなどがあり，芳香族炭化水素の誘導体には，前述のトリプトファン，フェニルアラニン，チロシンなどの芳香族アミノ酸(p. 29，57，58，裏表紙裏)，ドーパミン，アドレナリン(エピネフリン，p. 64)などの二価フェノールのカテコール類がある.

問題 1-38　以下の有機化合物のグループ名(13 種類のどれか)，規則名(化合物主鎖の炭素数で命名)を述べよ[5)]．必要なら構造式を書いて考えよ.

(1) ① C_4H_{10}，② C_6H_{14}
(2) ① $CHCl_3$，② $C_2H_4Cl_2$(二つの異性体がある)
(3) ① CH_3OH，② C_2H_5OH，③ C_3H_7OH(二つの異性体がある)
(4) $CH_2(OH)CH(OH)CH_2(OH)$
(5) ① CH_3OCH_3，② $CH_3OC_3H_7$，③ $C_2H_5OC_2H_5$
(6) ① CH_3NH_2，② $(C_2H_5)(CH_3)NH$，③ $(C_2H_5)_3N$

5) (5)，(6)のグループの化合物名は IUPAC 基官能命名法(メチル，エチル，…＋グループ名)，他のグループの化合物名は IUPAC 置換命名法(化合物主鎖の炭素数で命名：メタン，エタンなど)に基づく.

ヒント(考え方の例)：必要なら構造式を書いて考えよ．CH_3Cl は，グループ名がハロアルカン，化合物名が(モノ，ただしこれは省略)クロロメタン．【グループ名】CH_3Cl は CH_3–Cl，CH_3–はメチル，これはアルキル基の一種ゆえ R–と書ける．したがって，CH_3–Cl は R–Cl (RCl)＝R–X (RX)．よって CH_3Cl は R–X(RX)，ハロアルカンとなる．【化合物名】CH_3Cl は C が 1 個だからメタン，メタン CH_4 の H の一つが Cl(クロロ)に置き換わったものなので，(モノ)クロロメタンとなる[6]．

6) 分子構造・化合物名・命名法の基本・骨組み(主体)はアルカン，部品・枝葉(飾り・修飾語)がアルキル基・官能基である．飾りが化合物の性質や反応性を決める．表 1-9 参照．

問題 1-39　以下の有機化合物のグループ名(13 種類のどれか)，規則名(化合物主鎖の炭素数で命名)を述べよ．必要なら構造式を書いて考えよ．

(1) ① CH_3CHO，② HCHO

(2) ① $(CH_3)_2CO$，② CH_3COCH_3，③ $C_2H_5COC_3H_7$

(3) ① CH_3COOH，② HCOOH，③ C_3H_7COOH,

(4) ① $CH_3COOC_2H_5$，② $CH_3COOC_4H_9$，③ $C_2H_5COOC_3H_7$,

(5) ① $HCONH_2$，② $CH_3CONHCH_3$，③ $HCON(CH_3)_2$

(6) ① C_6H_6，② C_6H_5–NH_2，③ C_6H_5–OH

問題 1-40　アルデヒド，ケトン，カルボン酸，エステル，アミドの生成反応について具体的化合物を用いて説明せよ．

答 1-38　(1) アルカン：① ブタン，② ヘキサン

(2) ハロアルカン：① トリクロロメタン，② ジクロロエタン(1,1–ジクロロエタン，1,2–ジクロロエタンの二つの異性体がある)

(3) アルコール：① メタノール，② エタノール，③ プロパノール(1–プロパノール，2–プロパノールの二つの異性体がある)

(4) 多価アルコール：1,2,3–プロパントリオール

(5) エーテル：① (IUPAC 基官能命名法)ジメチルエーテル，② メチルプロピルエーテル，③ ジエチルエーテル

(6) アミン：① (IUPAC 基官能命名法)メチルアミン，② *N*–メチルエチルアミン[7](エチルメチルアミン)，③ トリエチルアミン

7) *N*–メチルとは，分岐炭化水素における炭素の番号，2,2–ジメチルブタンなどの命名法に準じ，N 原子にメチル基が結合したものという意味である．

答 1-39　(1) アルデヒド：① エタナール，② メタナール

(2) ケトン：① プロパノン，② プロパノン，③ 3–ヘキサノン

(3) カルボン酸：① エタン酸，② メタン酸，③ ブタン酸,

(4) エステル：① エタン酸エチル，② エタン酸ブチル，③ プロパン酸プロピル

(5) アミド[8]：① メタンアミド，② *N*–メチルエタンアミド，③ *N,N*–ジメチルメタンアミド

(6) 芳香族：① ベンゼン，② アミノベンゼン(アニリン)，③ ヒドロキシベンゼン(フェノール，本来は芳香族に属するが，本書では，特別に“フェノール類”として 13 種類目に分類した)．

8) アミドの規則名では，
メタン酸 ⟶ メタン
エタン酸 ⟶ エタン
のように“酸”が省略されている．

答 1-40　アルデヒド，ケトン，カルボン酸の生成反応（アルコールの酸化反応）は p. 54～55，エステル，アミドの生成反応(カルボン酸とアルコール，アミンとの脱水縮合反応)は p. 68，74，77 の下と注 14)を参照のこと．

1.5.9　13種類の有機化合物群の名称とその一般式，代表的化合物（◀化学の基礎8▶）

問題1-41　(1) 13種類の化合物について，名称と一般式(示性式，構造式の両方)，官能基の化学式と名称，代表的化合物名(慣用名，規則名)を述べよ(答は表1-9)．

表1-9中の化合物の構造式：

```
   H         Cl        H            H  H                H  H     H  H                   H
   |         |         |            |  |                |  |     |  |                   |
 H-C-H     H-C-Cl    H-C-N-H      H-C-C-O-H          H-C-C-O-C-C-H      H-C-H     H-C-C-H
   |         |         | |          |  |                |  |     |  |         ||        | ||
   H         Cl        H H          H  H                H  H     H  H         O         H O
```

表1-9　13種類の有機化合物群の名称とその一般式，代表的化合物

化合物グループ名	一般式	構造式	官能基[*1]・名称・性質	代表的化合物名
① アルカン (油)	R-H	R-H	R-　アルキル基[*1](油の性質)	メタン，エタン プロパン，ブタン
② ハロアルカン (ハロゲン元素)	R-X	R-X	-X　ハロゲン元素	クロロホルム (トリハロメタンの一種)
③ アミン **(アンモニアの親戚)**	$R-NH_2$	R−N−H 　 | 　 H	$-NH_2$　アミノ基[*1](アンモニアの性質)	メチルアミン トリメチルアミン
④ アルコール・ 多価アルコール **(水の親戚)**	R-OH	R-O-H	-OH　ヒドロキシ基[*1](水の性質)	エタノール (エチルアルコール) メタノール，2-プロパノール，グリセリン
⑤ エーテル (水と他人)	R-O-R′	R-O-R′	C-O-C　エーテル結合	ジエチルエーテル
⑥ アルデヒド (アルコールから脱水素)	R-CHO	R−C−H 　 ‖ 　 O	−C−C−H　アルデヒド基 　　 ‖ 　　 O	ホルムアルデヒド (アセトアルデヒド)
⑦ ケトン (アルデヒドの親戚)	R-CO-R′ RR′CO	R−C−R′ 　 ‖ 　 O	−C−C−C−　ケトン基 　　 ‖ 　　 O C-CO-C	アセトン
⑧ カルボン酸 (食酢の成分)	R-COOH	R−C−O−H 　 ‖ 　 O	-COOH　カルボキシ基[*1](酸のもと)	酢酸
⑨ エステル (果物香，中性脂肪)	R-CO-O-R′ R′-O-CO-R	R−C−O−R′ 　 ‖ 　 O	−C−C−O−C−　エステル結合 　　 ‖ 　　 O -COO-	酢酸エチル
⑩ アミド (タンパク質結合の一般名)	$R-CONH_2$ R-CONHR′ R-CONR′R″	R−C−N−R′ 　 ‖　| 　 O　H	C−C−N−C　アミド結合 　 ‖　| 　 O　H -CONH-　−CO−N<	アセトアミド ペプチド (タンパク質)
⑪ アルケン(二重結合) アルキン(三重結合)	>C=C< -C≡C-	シス・トランス異性体	二重結合 三重結合	エチレン アセチレン
⑫ 芳香族 (アルカンと別の油)	C_6H_6	Ar-H	C_6H_5-　フェニル基 Ar-　アリール基，芳香環	ベンゼン
⑬ フェノール (芳香族とアルコールの親戚)	C_6H_5OH	Ar-OH	-OH　ヒドロキシ基	フェノール カテコール

[*1] **基とは分子をつくる部品・原子団・グループ**．有機化合物の分子構造中にあって同一化合物群に共通に含まれ，かつ同一化合物群に共通な性質や反応性の要因となる原子団または結合形式．

(2) 13種類の化合物群の代表的分子の名称(慣用名と規則的名称)と示性式，性質，所在について述べよ(答は表1-9)．

表1-9　つづき

IUPAC名(規則的名称)	示性式	性質・利用・所在(命名法・語尾)
メタン，エタン プロパン，ブタン	CH_4，C_2H_6 C_3H_8，C_4H_{10}	メタン～ブタンは気体，油(燃料)，低反応性，疎水性(水に溶けない)，水より軽い
トリクロロメタン	$CHCl_3$	麻酔作用，トリハロメタンの代表例・催奇性，アルカン(油)の親戚，水より重い
メチルアミン トリメチルアミン	CH_3-NH_2 $(CH_3)_3N$	**アンモニアの親戚**，腐敗臭，**塩基性**，(アミノ酸)，命名法：…アミン[*2]
エタノール(-ol オール) メタノール 1,2,3-プロパントリオール (グリセリン，グリセロール)	C_2H_5OH CH_3OH	**水の親戚**，芳香，消毒剤，酒の主成分(酒精)， 有毒(木精，木を乾留すると得られる)，命名法：…-ol オール[*3]， 化粧水，中性脂肪の構成要素
ジエチルエーテル (エトキシエタン)	$C_2H_5OC_2H_5$	水と他人，油の親戚，麻酔作用，引火性，命名法：…エーテル[*4]
メタナール(-al アール) (エタナール)	HCHO (CH_3CHO)	水溶液はホルマリン・シックハウス症候群の原因物質の一つ，刺激臭，反応性高(殺菌作用，還元力)，酒の悪酔，命名法：…-al アール[*5]
(2-)プロパノン(-one オン) (糖のケトース)	CH_3COCH_3 $(CH_3)_2CO$	アルデヒドの親戚，高反応性(>C=O)は極性・高反応性)，からだの異常代謝物(飢餓・糖尿病)，命名法：…-one オン[*6]
エタン酸(-酸)	CH_3COOH	刺激臭，**酸性**(酸っぱい)，食酢の主成分(脂肪酸・中性脂肪成分)，**-COOHは酸のもと**，命名法：…酸[*7]
エタン酸エチル	$CH_3COOC_2H_5$	芳香(酒の吟醸香，果物の香り)，中性脂肪，水に溶けにくい
エタンアミド	CH_3CONH_2	アミノ酸よりなるアミドはペプチド，ペプチド結合，ポリペプチド(=タンパク質)
エテン(-ene エン) (エチン，-yne イン)	$CH_2=CH_2$，C_2H_4 ($H-C\equiv C-H$，C_2H_2)	付加反応を起こす(ヨウ素価，水素添加)，カロテン，DHA，命名法：…-ene エン[*8]
ベンゼン	C_6H_6	油(フェノール，アニリン)
フェノール・ヒドロキシベンゼン カテコール	C_6H_5OH $C_6H_4(OH)_2$	(お茶などの)ポリフェノール，抗酸化作用，殺菌作用

[*2] …アミン，p.52，62参照．[*3] …オール，p.53，62参照．[*4] …エーテル，p.53，62参照．
[*5] …アール，p.54，62参照．[*6] …オン，p.54，62参照．[*7] …酸，p.55，62参照．[*8] …エン，p.56，63参照．

1.5.10 有機化合物の命名法のまとめ（重要！）

問題 1-42　(1) 下表左列の化学式で示した化合物の名称を述べよ.
(2) 右列の化合物名から，その物質の示性式を示せ.

（答は(1) 右列の化合物名，(2) 左列の化学式）

化合物グループ名・化学式	命名法	化合物名
アルカン ① C_5H_{12} ② $C_{10}H_{22}$	C_1～C_4 のアルカンの名称は要記憶(p. 41). C_5 以降は数詞＋語尾 -ane	① C_5：penta-ane ペンタ-アン → pentane ペンタン ② C_{10}：deca-ane デカ-アン → decane デカン -C-C-C-C-C-C-C-C-C-C-
ハロアルカン ① $CHCl_3$ ② CHF_2Cl ③ $CHCl_2CHClCH_3$	同種類のハロゲン元素数＋**ハロゲン**形容詞形＋炭素数の**アルカン**名	① トリクロロメタン（慣用名：**クロロホルム**） ② クロロジフルオロメタン（アルファベット順） ③ 1,1,2-トリクロロプロパン
アミン(RNH_2, RR′NH, RR′R″N) ① CH_3NH_2 ② $(C_2H_5)_2NH$ ③ $C_2H_5-N(C_2H_5)-H$ ④ $CH_3-N(CH_3)-CH_3$ ⑤ $(CH_3)_3N$ ⑥ $(C_2H_5)_2(CH_3)N$	IUPAC 基官能命名法：同種類のアルキル基数の数詞＋**アルキル基**の種類名＋**アミン**(IUPAC 置換命名法：アルカン＋アミン)	① **メチルアミン**（メタンアミン） ② ジエチルアミン ③ ジエチルアミン ④ **トリメチルアミン** ⑤ トリメチルアミン ⑥ *N, N*-ジエチルメチルアミン・ジエチルメチルアミン(*N*-エチル-*N*-メチルエタンアミン) （アルキル基はアルファベット順に並べる）
アルコール(ROH) ① CH_3OH, CH_3-OH ② C_2H_5OH, C_2H_5-OH ③ $CH_3CH(OH)CH_3$ ④ $CH_3CH_2CH_2-OH$	炭素数に対応する**アルカン**名の語尾 -ane の -e を取って，アルコール alcohol の語尾 -ol(**オール**)をつける. (alkane → alkanol)	① C_1 のメタンに -OH がついて(アルコ)オールに変わったもの，methane-ol メタン-オール → methanol **メタノール**. ② C_2：ethane-ol エタン-オール → ethanol **エタノール**. ③ 2-**プロパノール**（イソプロピルアルコール）. ④ 1-プロパノール．オール（ノール）なら-OH 化合物である. 例：セタノール（リンス成分），レチノール（ビタミン A）.
エーテル(ROR′) ① $C_2H_5OC_2H_5$ ② $C_2H_5OCH_3$	基官能命名法：同一アルキル基数の数詞＋アルキル基名＋**エーテル**，(置換命名法：アルコキシアルカン)	① **ジエチルエーテル**（エトキシエタン：ethyl-oxy- → ethoxy） ② エチルメチルエーテル（アルファベット順）（メトキシエタン：methyl-oxy- → methoxy）
アルデヒド(RCHO, $R-C(=O)-H$) ① HCHO, $H-C(=O)-H$ ② CH_3CHO, $CH_3-C(=O)-H$	炭素数に対応する**アルカン**名の語尾 -ane（アン）の e を取って，アルデヒド aldehyde の語頭 -al(**アール**)をつける.	① HCHO は C_1 だから methane-al メタン-アル（デヒド）→ methanal **メタナール**（慣用名**ホルムアルデヒド**） ② C_2 だから ethane-al エタン-アル（デヒド）→ ethanal **エタナール**（慣用名：**アセト**アルデヒド）．**アール**（ナール）という語尾ならアルデヒド -CHO の仲間である. 例：レチナール（視物質，ビタミン A が変化した ⇔ レチノール）
ケトン (RCOR′, RR′CO, $R-C(=O)-R'$) ① CH_3COCH_3, $CH_3-C(=O)-CH_3$ ② $CH_3COCH_2COCH_2CH_3$ $CH_3-C(=O)-CH_2-C(=O)-CH_2CH_3$	炭素数に対応する**アルカン**名の語尾の e を取って，ケトン ketone の語尾 -one(**オン**)をつける(置換命名法：オキソアルカン).	① C_3 だから propane-one プロパン-(ケト)オン → propanone **プロパノン**（2-オキソプロパン，慣用名：**アセトン**） ② C_6 で -CO- が 2 個あるから hexane-di-one → hexanedione ヘキサン-ジ-オン，2,4-ヘキサンジオン（2,4-ジオキソヘキサン）．**オン**（トン・ノン・ロン）という語尾ならケトン RCOR′ の仲間である. 例：2-ヘキサノン，3-ヘキサノン，アルドステロン（副腎皮質ホルモン），テストステロン（男性ホルモン）
カルボン酸(RCOOH) ① HCOOH, $H-C(=O)-O-H$ ② CH_3COOH	炭素数に対応する**アルカン**名に**酸**（アルカンの語尾の e を取って -oic acid）.	① C_1 だからメタン酸（methanoic acid，ギ酸） ② C_2 で**エタン酸**（ethanoic acid，酢酸） 例：レチノイン酸（ビタミン A が変化したもの ⇔ レチナール ⇔ レチノール）　※ COOH の C も炭素の数に入れる.

表つづき

化合物グループ名・化学式	命名法	化合物名
エステル(RCOOR′) ① $CH_3COOC_2H_5$ ② $CH_3CH_2OCOCH_3$ ③ $C_2H_5COOCH_3$	原料の**酸**の名称＋原料のアルコールの**アルキル基名**	① **エタン酸エチル**(酢酸エチル，酢酸＋エタノール) ② エタン酸エチル($C_2H_5OCOCH_3 \equiv CH_3COOC_2H_5$) ③ プロパン酸メチル(プロパン酸＋メタノール)
アミド(RCONHR) ① CH_3CONH_2 ② $CH_3-C(=O)-N(H)-CH_3$ ③ $HCON(CH_3)_2$	酸の規則名エタン酸から酸を削除してエタンアミド(アシル基名＋アミド)	① エタンアミド(アセトアミド，酢酸＋アンモニア) ② *N*-メチルエタン(アセト)アミド(酢酸＋メチルアミン) ③ *N,N*-ジメチルメタン(ホルム)アミド(ギ酸＋ジメチルアミン)
アルケン，ポリエン (脂肪族不飽和炭化水素) ① $CH_2=CH_2$ ② $CH_3-CH=CH-CH_3$ ③ 4,7,10,13,16,19-DHA シスとトランス，*all-cis*	炭素数に対応する**アルカン**名の語尾 -ane(アン)を，アルケン alkene の語尾の -ene(**エン**)に変えたもの．	① エテン ethene(慣用名：エチレン ethylene)． ② C_4 だからブタン buthane → 2-ブテン buthene．**エン**(テン)という言葉が名前にあれば二重結合をもったもの． 例：カロテン carrotene(ニンジンの色素)，リコペン(トマトの色素) ③ ドコサヘキサ**エン**酸(魚油の成分 DHA，全シス体)．

問題 1-43　次のアルデヒド，ケトン，カルボン酸，エステル，アミドの慣用名と IUPAC 名(化合物主鎖の炭素数で表した規則的命名法)を述べよ(答は p. 65)．

① HCHO　$H-C(=O)-H$
② CH_3CHO　$CH_3-C(=O)-H$
③ $(CH_3)_2CO$　$CH_3-C(=O)-CH_3$
④ HCOOH　$H-C(=O)-O-H$
⑤ CH_3COOH　$CH_3-C(=O)-O-H$
⑥ $CH_3COOC_2H_5$　$CH_3-C(=O)-O-C_2H_5$
⑦ $CH_3CONHCH_3$　$CH_3-C(=O)-N(H)-CH_3$

1.5.11　複雑な化合物をどのように理解するか[1]

問題 1-44　チロキシン(甲状腺ホルモン)に含まれる官能基，化合物群名を述べよ．

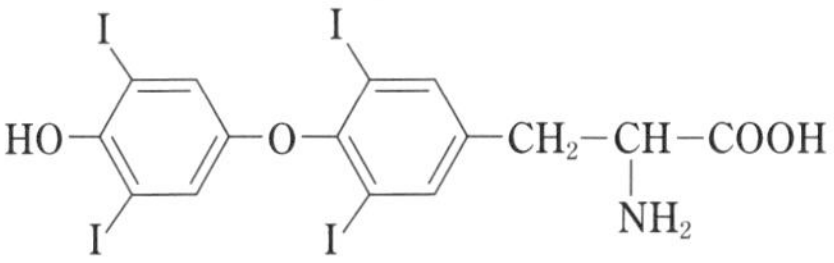

HO-(ジヨードフェニル)-O-(ジヨードフェニル)-$CH_2-CH(NH_2)-COOH$

答 1-44

フェノール	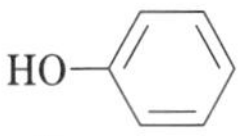 HO-(ベンゼン環)	ベンゼン環(芳香族)に-OH(ヒドロキシ基)がついたもの．
エーテル	−O−	C-O-C(エーテル結合)であり，R-O-R′とみなせる．
カルボン酸	$-CH_2-COOH$	R-COOH(カルボキシ基 -COOH)
アミン	$-CH(NH_2)-$	$R-NH_2$(アミノ基)．アミノ基とカルボキシ基とが共存するのでアミノ酸の一種(フェニルアラニン由来の物質)．
ハロゲン化アリール(芳香族)	-C-I	C-X　ベンゼン環にハロゲン元素が結合したもの． R-X (ハロアルカン・ハロゲン化アルキル)の親戚．

1)　**複雑な化合物**の構造式から，その中に含まれる**化合物群名**を示すには，次のやり方を行うとよい．
① 線描構造式では，省略された C 原子をまず書き込んでから，以下を考える．
② ベンゼン環があれば芳香族炭化水素．
③ ②のベンゼン環に-OH が結合していればフェノール(アルコールではない)．
④ ベンゼン以外の C=C 結合があればアルケン．
⑤ 構造式中の C，H 以外の元素(O，N，など)に着目し，その元素が 13 種類のどれにあたるか判断する．
-O-の左右に C があるか，H があるか．C を R に置き換えてグループ名を考える．アルコール，エーテル，(カルボン酸，エステル)のいずれか．
>C=O があれば 5 種類のカルボニル化合物，アルデヒド，ケトン，カルボン酸，エステル，アミドのいずれか．-CO-の両端にどの元素が結合しているかを見て判断する．C は R に置き換えて考える．
N 原子の左右上(下)に何が結合しているか見る．CO ならアミド，C か H ならアミン．C は R に置き換えて考える．

問題 1-45　以下の分子中に含まれる 13 種類の化合物群名をすべて述べよ．

①　アドレナリン（副腎髄質ホルモン）

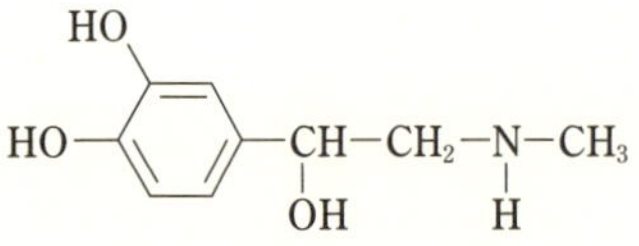

②　カフェイン

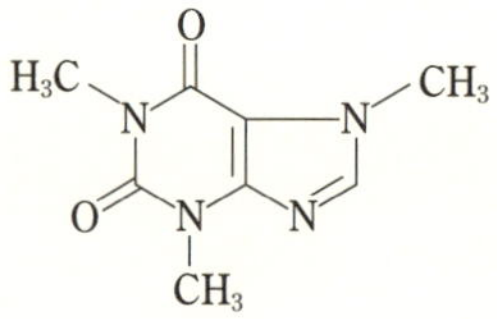

③　コール酸（胆汁酸）

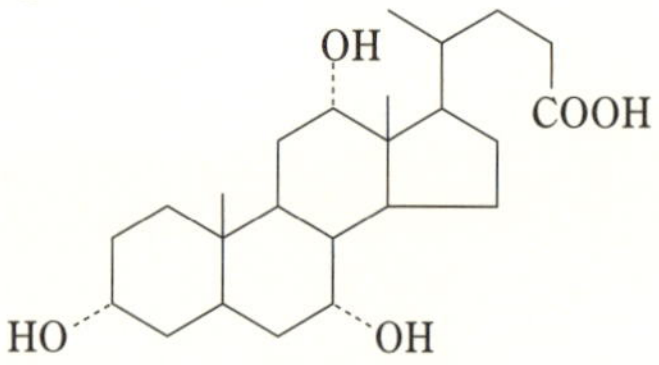

④　ビタミン E（トコフェロール）

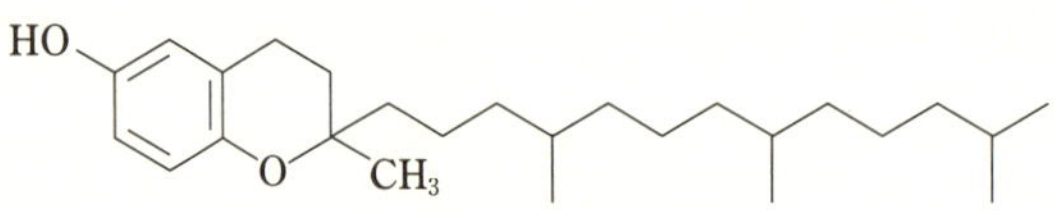

⑤　フラバノノール（フラボノイドの一種）

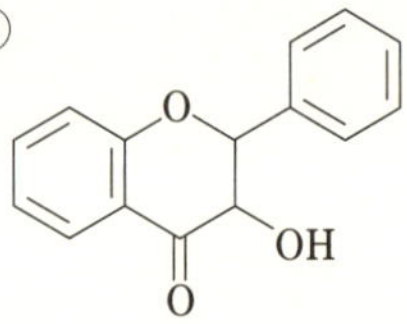

問題 1-46　以下のステロイドホルモン（p. 157）に含まれる 13 種類の化合物群名をすべて述べよ．③のアルコールは第何級か．図中の六員環 A～C はそれぞれ何か．

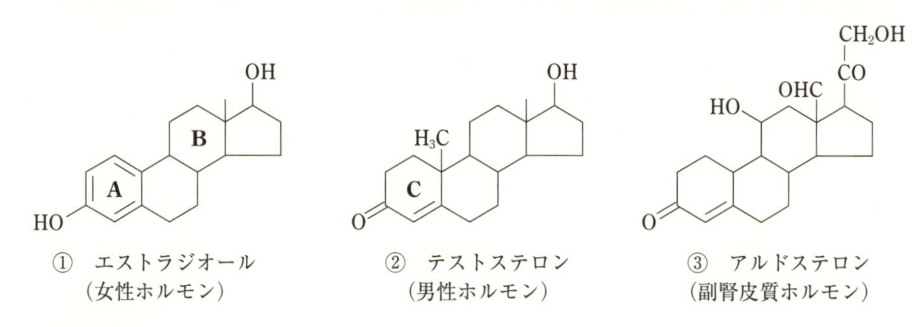

①　エストラジオール（女性ホルモン）　②　テストステロン（男性ホルモン）　③　アルドステロン（副腎皮質ホルモン）

問題 1-47　問題 1-46 の③の構造式を C，H を省略しないで書いてみよ．

問題 1-48　以下の化合物に含まれるすべての官能基，化合物群名を述べよ．

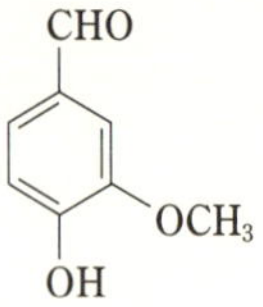

①　バニリン（バニラ香）

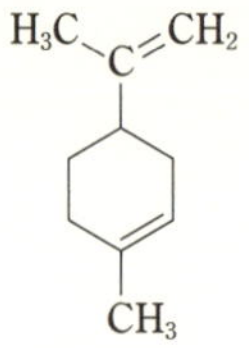

②　リモネン（レモン皮）

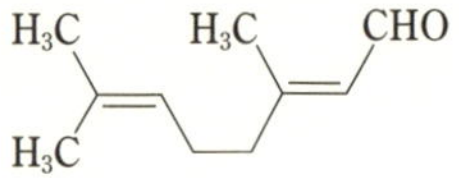

③　α-シトラール

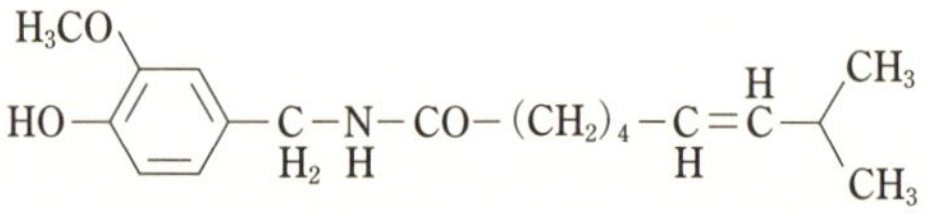

④　カプサイシン（トウガラシの辛み）

※　からだの学習で必ず学ぶことになる p. 66～79 の基本的な化合物群について概観することにより，現在学習中，または 1 年後期以降に学習する生化学，栄養学，衛生学，食品学などの専門・専門基礎科目の学習に役立てよう．

答 1-43　以下は最初が慣用名，後が IUPAC 名である．

① ホルムアルデヒド・メタナール　② アセトアルデヒド・エタナール
③ アセトン・プロパノン　④ ギ酸・メタン酸
⑤ 酢酸・エタン酸　⑥ 酢酸エチル・エタン酸エチル
⑦ *N*–メチルアセトアミド・*N*–メチルエタンアミド

答 1-45

① フェノール(カテコール)，(第二級)アルコール，(第二級)アミン
② (第三級)アミン × 2，イミン(−N=C<)，カルボニル基，アミド
③ シクロアルカン(シクロヘキサン，シクロペンタン)，(第二級)アルコール，カルボン酸
④ フェノール，エーテル，アルカン(長鎖アルキル基)
⑤ 芳香族炭化水素，ケトン，(第二級)アルコール，エーテル

答 1-46

① フェノール，A：ベンゼン環，B：シクロヘキサン環，シクロペンタン，(第二級)アルコール
② ケトン，シクロアルケン(シクロヘキセン)またはアルケン，シクロヘキサン，シクロペンタン，(第二級)アルコール
③ ケトン × 2 個，シクロアルケン(シクロヘキセン)またはアルケン，シクロヘキサン，シクロペンタン，(第一級)アルコール，(第二級)アルコール，アルデヒド

答 1-47

答 1-48

① フェノール，アルデヒド，エーテル
② アルケン，シクロアルケン(シクロヘキセン)[1)]
③ アルケン(アルカジエン)，アルデヒド[1)]
④ フェノール，エーテル，アミド，アルケン

1)　②, ③はテルペノイドの一種(イソプレン骨格 × 2)．
イソプレン：
$CH_2{=}C(CH_3){-}CH{=}CH_2$

まとめ問題　6　以下の語句を説明せよ．分子式・構造式・示性式も書け：

・原子価，C・H・O・N の原子価，共有結合．
・水・アンモニア・メタン・酸素分子・窒素分子，二酸化炭素，エタン，エチレン，アセチレン，シクロヘキサン，ベンゼン，エタノール，ジメチルエーテル，酢酸．
・数詞 1〜10，アルカン(C_1〜C_6)，アルキル基(C_1〜C_4)，13 種類の化合物群の名称と一般式，ヒドロキシ基，アミノ基，エーテル結合，カルボニル基，アルデヒド基，ケトン基，カルボキシ基，エステル結合，アミド結合，フェニル基．
・アルコール，エーテル，カルボン酸，油，飽和炭化水素・アルカンとその一般式，不飽和炭化水素・アルケンとアルキン，脂肪族炭化水素と芳香族炭化水素
・グルコース(ブドウ糖)と α・β，構造式の略記法(短縮構造式)，α–アミノ酸，ペプチド結合，中性脂肪，ホスファチジルコリン(レシチン)．

(答は本文参照)

1.6　タンパク質・アミノ酸，脂質，糖質：からだの構成成分

1.6.1　生体内の分子 -1：タンパク質と筋肉・酵素

有機化合物であるタンパク質はC，H，O，N，(S)の元素よりできており，筋肉(図1-20)，臓器(p. 122)，酵素(p. 149)，ペプチドホルモン(p. 157)などを構成する．筋肉は動物の運動を司る組織であり，多量の収縮性タンパク質アクチンとミオシンを含む．この筋肉収縮にはCa^{2+}の存在が必須である．哺乳動物では**横紋筋**(骨格筋，随意運動を行う**随意筋**)と**平滑筋**(内臓や血管などの壁をなす**不随意筋**)に大別される．

タンパク質は蛋白(卵の白身という意味)に代表される物質であり，多数の*α*-**アミノ酸**同士がアミド結合・**ペプチド結合**した**ポリペプチド**である(ポリ ＝ たくさん・ポリマー・生体高分子)．アミノ酸 → ペプチド(**ペプチド結合**，-CONH-) → ポリペプチド＝タンパク質・アミノ酸ポリマー．

アミノ酸とは，**アミン** $\mathbf{R\text{-}NH_2}$(アンモニアの親戚であり，塩基性・アルカリ性を示す)の**アミノ基** $\mathbf{-NH_2}$と，**カルボン酸** R-COOH の**カルボキシ基** **-COOH**(酸性を示す)を同一分子中にもつもの．*α*-アミノ酸とは，カルボキシ基が結合した*α*炭素にアミノ基が結合したもの．タンパク質を構成するアミノ酸はすべて*α*-アミノ酸であり，20種類存在する．このうち，健康維持のために摂取する必要がある**必須アミノ酸**は9種類である(問題1-49)．

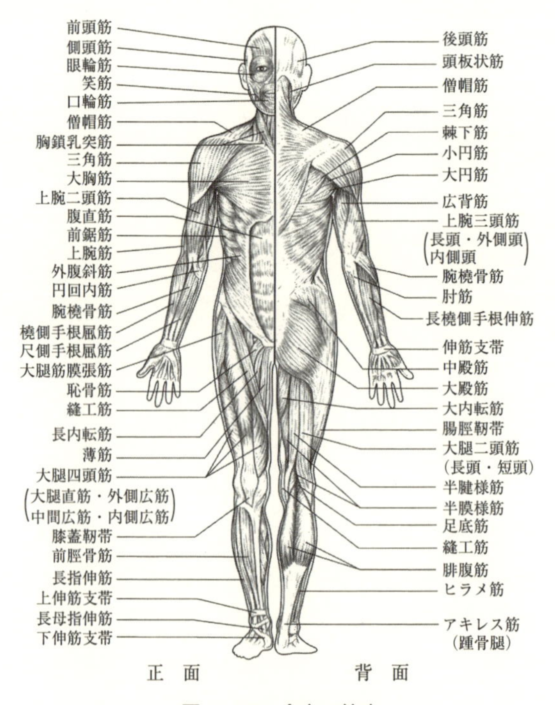

図1-20　全身の筋肉
［田村照子ほか 著，"衣環境の科学"，建帛社(2004)，p. 52］

問題 1-49

(1) α-アミノ酸の一般式・構造式を書け．

(2) 代表的アミノ酸名を3種類述べよ．

(3) 必須アミノ酸9種類の名称を述べよ(語呂合わせの覚え方も述べよ)[1,2]．

(4) タンパク質を構成する20種類のアミノ酸の構造式を調べて書け(裏表紙裏)．これらを酸性・塩基性・中性・芳香族・含硫・分岐鎖・ヒドロキシアミノ酸・アミド・その他に分類せよ[3]．

(5) アミノ酸のさまざまなpHにおける存在様式(双性イオンなど)と，等電点の意味について説明せよ．

(6) アミノ酸の光学異性体について説明せよ．その意義についても説明せよ．

1) アミノ酸価(アミノ酸スコア)とは何か，食品学の書籍で調べてみよ．

2) アルギニンは，幼児期には体内での合成量が充分ではない，準必須アミノ酸である(システイン，チロシンもこれに準じる)．

3) アミノ酸代謝に関係した糖原性，ケト原性の分類についてはp. 129参照．

答 1-49

(1) α-アミノ酸：α 炭素にアミノ基が結合したアミノカルボン酸．　　α，β，γ，δ 炭素：……C-C-C-C-COOH（δ γ β α）

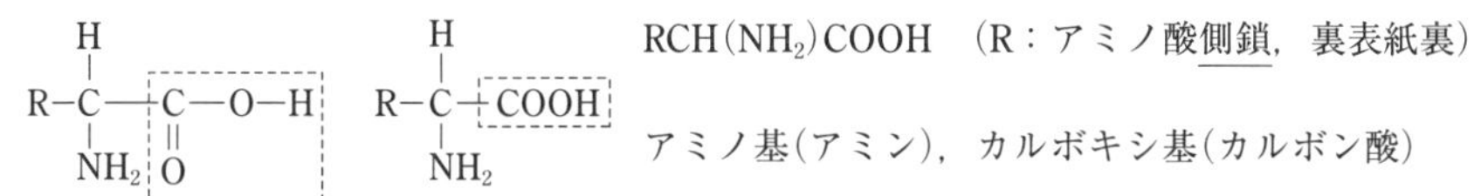

RCH(NH_2)COOH　(R：アミノ酸側鎖，裏表紙裏)

アミノ基(アミン)，カルボキシ基(カルボン酸)

(2) アミノ酸：グリシン(側鎖R＝H-，もっとも簡単なアミノ酸，抑制的神経伝達物質)，アラニン(R＝CH_3-，肝機能検査のALT(GPT)はアラニン関連の酵素活性検査)，グルタミン酸(R＝$HOOCCH_2CH_2$-，酸性アミノ酸，興奮性神経伝達物質，昆布のうま味・調味料はL-グルタミン酸ナトリウム)．

(3) (アルギニン：準必須アミノ酸[2])，メチオニン，フェニルアラニン，リシン，トリプトファン，トレオニン[4]，ロイシン，イソロイシン，バリン，ヒスチジン．雨降り・トトロ威張る日；雨降り・ひと色バト(雨の日に，白一色のハトが飛んでいる)．

(4) 以下のアミノ酸の分子構造式(示性式)は裏表紙裏の表を参照のこと．

酸性アミノ酸[5]：グルタミン酸，アスパラギン酸．

塩基性アミノ酸[6]：リシン，アルギニン，ヒスチジン(＞NH)．

中性アミノ酸：酸性アミノ酸，塩基性アミノ酸以外の以下のすべて．

芳香族アミノ酸：フェニルアラニン，チロシン，トリプトファン．

含硫アミノ酸[7]：メチオニン(メチルチオ CH_3-S-)，システイン(-CH_2SH)．

分岐鎖アミノ酸(側鎖のアルキル基が分岐)：バリン，ロイシン，イソロイシン．

ヒドロキシアミノ酸(-OHをもつ)：セリン(-CH_2OH)，トレオニン．

酸性アミノ酸のアミド(-$CONH_2$)：グルタミン，アスパラギン．

その他：グリシン，アラニン，プロリン(イミノ酸：イミノ基＞NHをもつ)．

(親水性アミノ酸は甘味，疎水性アミノ酸は苦味，親水性・疎水性はp. 107参照)

(5) アミノ酸は通常，答(1)のように書くが，実際には下記の形で存在する[8,9]．

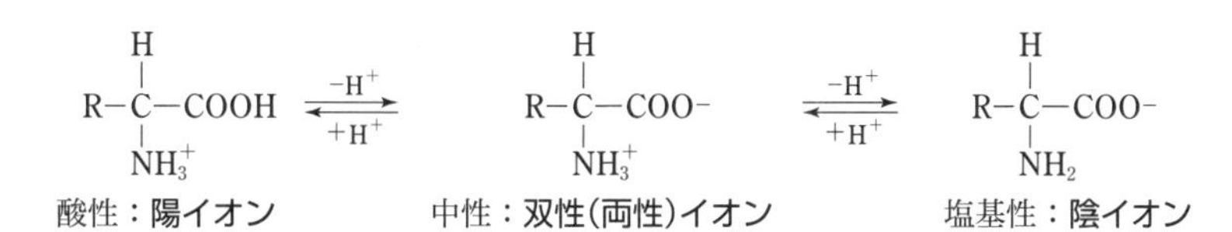

(6) グリシン以外は α 炭素が不斉炭素であり，光学異性体(D，L)をもつ[10]．

4) スレオニンともいう．

5) アミノ酸の側鎖Rにもカルボキシ基-COOHがあるもの．アスパラギン酸はアスパラガス由来のアミノ酸である．

6) 側鎖Rにもアミノ-NH_2，またはイミノ基＞N-Hがあるもの．

7) 硫黄(いおう)Sを含むアミノ酸．

8) アミノ酸のイオン形についてはp. 190を参照．

9) **等電点**：そのアミノ酸全体としての正電荷と負電荷の量，つまり，陽イオン濃度と陰イオン濃度が等しくなるpH．等電点では溶解度が最小となる(タンパク質の**等電点沈殿**)，電気泳動の方向が等電点を境にして低pH側と高pH側で異なる(p. 190参照)．

10) 不斉炭素，光学異性体についてはp. 195参照．

問題 1-50

(1) ペプチド結合の一般式を書け．

(2) アラニン Ala(R ＝ CH_3)とグリシン Gly(R ＝ H)の両方からできるジペプチド(2種類)，トリペプチド(6種類)の構造式を書け(ペプチド結合のでき方)．

答 1-50

(1) ペプチド結合の一般式は R−C(=O)−N(−H)−R′，-CONH-．

```
R−C−N−R′
  ‖  |
  O  H
```

カルボン酸(RCOOH)とアミン(アンモニアの親戚，RNH_2)が脱水縮合して(両者から-OH と-H，つまり水分子が取れて，全体が縮んで合体して)生じた共有結合を**アミド結合**といい，とくにアミノ酸同士の -COOH と $-NH_2$ とのアミド結合を**ペプチド結合**という．

```
     H                     H                     H
     |                     |                     |
H−N−C−C┼O−H + H┼N−C−C┼O−H + H┼N−C−C−O−H 1)
  |  |  ‖    脱水     |  |  ‖    脱水     |  |  ‖
  H  R  O            H  R′ O            H  R″ O
```

(カルボン酸の有機反応では R-CO-OH のアシル基の所 R-CO-で結合が切れ，アルコール，アミンでは H-O-R，H-NRR′ の H の所で切れる[2]．H-C-の H の所ではめったに切れない[2])

```
       H         H         H
       |         |         |
→ H−N−C−(C−N)−C−(C−N)−C−C−O−H   + 2H2O
    |  |  ‖  |   |  ‖  |   |  ‖      (脱水縮合反応)
    H  R (O  H)  R′(O  H)  R″ O
```

(2) ジペプチド：次の2種類が存在する(示性式を示す．構造式を書いてみよ)．

(アミノ末端・N 末端)……(カルボキシ末端・C 末端)

Ala-Gly(AG[3])　H_2N-CH(CH_3)**-CO-NH-**CH_2-COOH[4]　➡ ∝∝[4] (AG)

Gly-Ala(GA)　H_2N-CH_2**-CO-NH-**CH(CH_3)-COOH[4]　➡ ∝∝ (GA)

トリペプチド：次の6種類が存在する(練習に，示性式・構造式を書いてみよ)．

Ala-Ala-Gly(AAG)　H_2N-CH(CH_3)**-CO-NH-**CH(CH_3)**-CO-NH-**CH_2-COOH,

Ala-Gly-Ala(AGA)，GAA，AGG，GAG，GGA　➡ ∝∝∝[4] (AAG)，∝∝∝，…

1) アミノ酸の R-をアミノ酸側鎖という．ペプチドでは R をアミノ酸残基という．

2) H−O，H−N，H−C の結合は結合原子間の電気陰性度の差が大きい H−O，H−N で切れやすく，差が小さい H−C では切れにくい．

3) A，G は Ala，Gly の一字略号(裏表紙裏)．

4) アミノ酸分子の右側，左側のどちらで手をつなぐか．洗濯ばさみ(∝)をつなぐイメージ．

問題 1-51

(1) タンパク質の役割について述べよ．

(2) タンパク質の構造について説明せよ．① 一次構造とは何か，② 高次構造(二次構造，三次構造，四次構造)とは何か，説明せよ．③ これらの構造を形成する結合力・相互作用についても述べよ．④ 四次構造の例を三つあげよ．

答 1-51

(1) 筋肉，臓器などのからだ，酵素，ペプチドホルモンなどをつくる．

(2) **タンパク質の構造(一次構造と高次構造)**

① **一次構造**：アミノ酸の一次元配列のこと．多数のアミノ酸が**ペプチド結合**(**共有結合**)した**ポリペプチド**＝タンパク質は，直線にすると1本の長い鎖となる．その両端を**アミノ末端(N末端)**，**カルボキシ末端(C末端)**という．このタンパク質ポリペプチド鎖を構成するアミノ酸の順序を示したもの・アミノ酸配列を一次構造という．

② **高次構造**：この長い糸状の高分子を，どうしたら小さい細胞の中にしまい込むことができるだろうか．その仕組みが二次構造，三次構造である．

・**二次構造**：**分子内の水素結合**(図1-22参照)により，タンパク質鎖内に生じた**α-ヘリックス**(**α-herix**，らせんの上下間の水素結合，図1-21(a))と**β-シート**(**β-sheet**，折れ曲がったポリペプチド鎖の隣同士の水素結合，図1-21(b))が二次構造である．

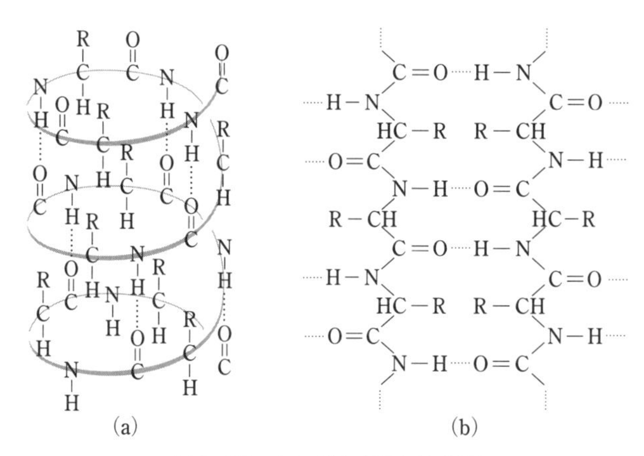

図1-21　タンパク質の二次構造
(a) α-ヘリックス構造(皮膚のケラチン)　(b) β-シート構造(絹のフィブロイン)

・**三次構造**：タンパク質ペプチド鎖は，いわば1本の長い糸のようなものである．これが鎖内の異なる場所間で**イオン結合**(**静電的相互作用**，p. 193)[5]，**水素結合**(p. 106, 191)，**ジスルフィド(S-S)結合**(共有結合の一種，下述)，**疎水性相互作用**(p. 107, 193)などを多重に行うことにより(図1-22)，二次構造を含むタンパク質全体が折りたたまれて，糸くず玉のようなコンパクトな三次元の立体構造(三次構造)をとっている(図1-23)．ただし，このペプチド鎖の糸くず玉は不規則ではなく，異なったタンパク質ごとに，定まった構造を自動的につくっている．人類は現在，タンパク質の一次構造から，この三次構造をほぼ予測できる．

5)　“ゼロからはじめる化学”(丸善)，p. 94, 98 参照．

ジスルフィド結合(S−S結合)

システイン −S−H[6] + H−S− システイン $\underset{+2\mathrm{H}(還元)}{\overset{-2\mathrm{H}(酸化)}{\rightleftarrows}}$ システイン −S−S− システイン

(−SH：チオール)　　　　　　　　　　(シスチン)

6)　システインの構造は裏表紙の表を参照．髪，爪のタンパク質・ケラチンはS-S結合を多く含むため硬い．美容室のパーマネントではS-S結合の切断(還元)，生成(酸化)を行う．

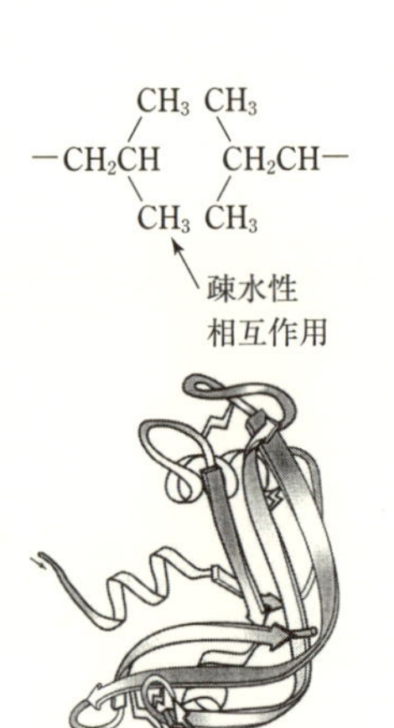

疎水性相互作用, α-ヘリックスとβ-シートの表示記号, タンパク質の三次構造の例

[J. McMurry ほか著, 菅原二三男 監訳, "第4版(原書7版) マクマリー生物有機化学[生化学編]", 丸善出版(2014), p. 22, 28]

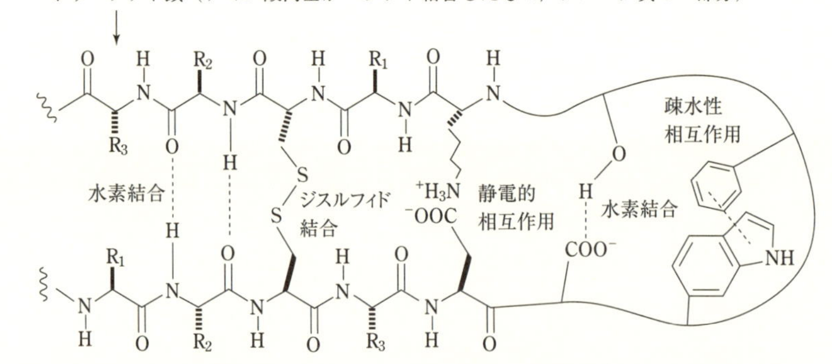

図 1-22　タンパク質分子内で働く "分子間" 相互作用(タンパク質の三次構造を形成)

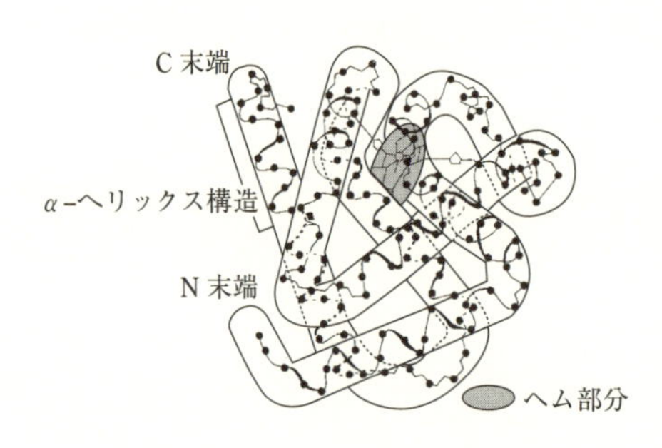

図 1-23　ミオグロビン
三次構造の代表例．筋肉中に存在する，ヘモグロビンのサブユニットに類似したタンパク質．筋肉中で酸素を貯蔵する．

・**四次構造**：このほかに，**四次構造**といわれるものがある．それは，タンパク質ペプチド鎖(1本の高分子・サブユニット)の複数個が三次構造と同様な力により，特定の空間的配置で集合した構造である．**ヘモグロビン**(α_1, α_2, β_1, β_2 の4本の鎖が集合，図 1-24(a)，p120)，インスリン(2本のタンパク質鎖がS-S結合でつながっている，図 1-24(b)，p158，159)，コラーゲン[1)](3本のペプチド鎖がS-S結合と水素結合でらせん状に組み合わさっている)などがその例である．このような複数のタンパク質の単位が，主として弱い力である非共有結合で集合することで，特別の生物学的機能(例：p. 120，ヘムの酸素脱着機能)を発揮できる．生物はこのような見事な仕組みをつくり上げている．

1)　膠原質(こうげんしつ)．動物の皮革，腱，軟骨などを構成する硬タンパク質の一種．温水で処理すると溶けてゼラチンとなる．膠(にかわ)の成分．膠質(こうしつ)とはコロイドのこと(p. 140 注1) 参照)．

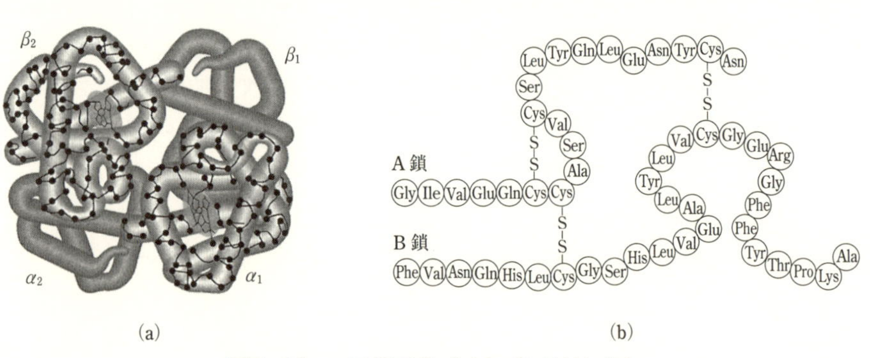

図 1-24　ヘモグロビン(a)とインスリン(b)

③ 結合力・相互作用[2]：一次構造は共有結合(ペプチド結合)に基づく，二次構造は水素結合，三次構造は水素結合，ジスルフィド結合(S–S 結合，共有結合)，静電的相互作用(イオン結合，クーロン力)，疎水性相互作用に基づく，四次構造は三次構造を形成する上記四つの相互作用のいずれか,またはいくつかが同時に働くことにより形成される.

④ 四次構造をもつタンパク質：ヘモグロビン，インスリン，コラーゲンなど多数.

2) 【付録 2】7.2，7.3 節参照.

タンパク質の変性とは何か

加熱，凍結，乾燥，攪拌や酸，塩基，重金属などにより，タンパク質の高次構造が壊れることである．結果として，タンパク質の性質が変化する，沈殿やゲル化[3]が起こる，酵素(p. 122，149)が活性を失う(失活).

タンパク質の変性を利用した食品は，卵白の加熱による凝固，かまぼこ(魚肉タンパク質)，ヨーグルト(牛乳タンパク質・カゼイン)，チーズ(牛乳タンパク質)，豆腐(大豆タンパク質)などがある.

3) ゲルとは，ゾル(コロイド溶液のこと)が流動性を失い，多少の弾性と硬さをもってゼリー状に固化したもの．寒天，ゼラチン，豆腐，コンニャクなど.

1.6.2 生体内の分子–2：脂質と細胞膜

体の組織は後述の体内の臓器を含めて，すべて細胞からできている(多細胞生物).

問題 1-52 **細胞の構成**：下図は動物と植物の細胞である．① 細胞膜とは何か，② 図中に記入された各器官について説明せよ.

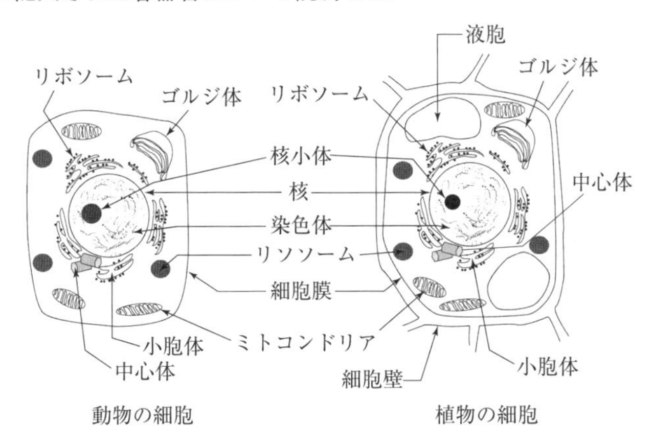

4) 水の力(疎水性相互作用，p. 107，193)で集合している.

5) 以下の注 6)の後半も参照.

6) **液晶**：分子が結晶のように，比較的規則的に配列した液体であり，温度により構造変化する．コレステロールは，この液晶が結晶化により流動性を失うのを防ぐ役割もある.

答 1-52 ① **細胞膜**は，外界と生命体・細胞との境界である．水に溶けてばらばらになる分子が，境界膜になれるはずがない．境界膜の条件は，分子が共有結合ではない弱い(疎水性)相互作用で集まって水に溶けない(1 個ずつばらばらにならない)柔軟性のある膜となることができること，それでいて膜の中に水を溜めることができ，膜自体が外の水にも溶ける(親水性の)必要がある．その条件を満たす素材が**リン脂質**(グリセリンと脂肪酸，リン酸のエステル(p. 73))である．リン脂質は上下から疎水基を内，親水基を外に向けて集合し，2 分子からなる境界膜をつくる(2 分子膜，図 1-25)．水に溶けない油だからこそ，ばらばらにならないで[4]境界膜になれる．**細胞膜**はこの**リン脂質**を主とし，膜の脆弱さを補強する役割の，いわば鉄筋コンクリートの鉄筋に対応する**コレステロール**(p. 75)[5]，膜タンパク質，膜糖タンパク質を含む集合体，一種の液晶[6]である．物質を選択的に透過する[7]．また，免疫現象や組織構築上重要な働きをする.

7) O_2 や CO_2 は膜を自由に透過できるが，水溶性物質の膜(油の層！)透過には，膜に埋め込まれたチャネルタンパク質(チャネルとは海峡・経路のこと，特定のイオンのみを通すイオンチャネルなど，p. 154)やトランスポータータンパク質(輸送担体)やイオンポンプ(p. 139 注 11))とよばれるタンパク質が必要であり，さまざまな物質の透過を制御している．前二者は受動輸送(促進拡散)，後者は能動輸送である(p. 139).

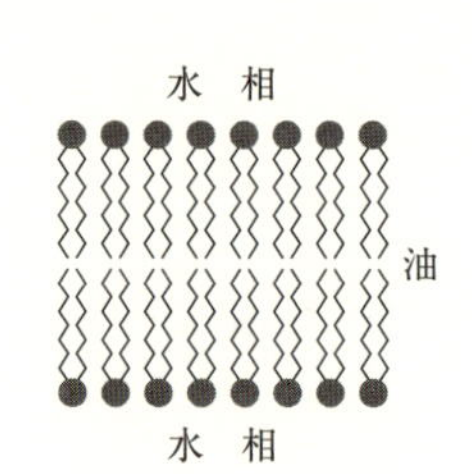

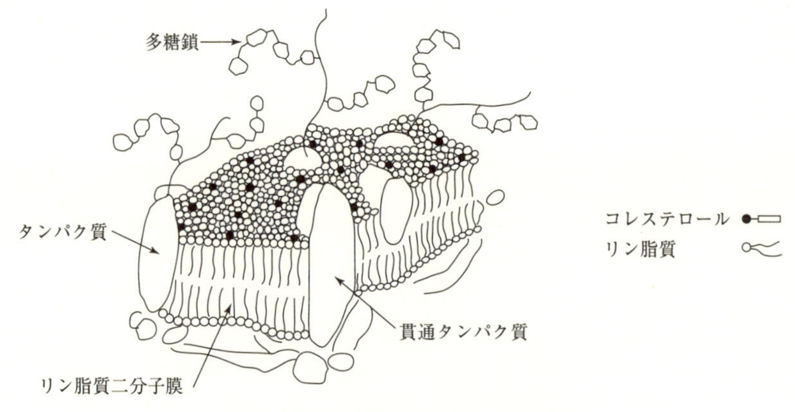

図 1-25　細胞膜(二分子膜)の模式図

1)　細胞質(細胞膜内の核を除いた部分)の小器官．これらの小器官の間を埋める液相を細胞質基質(細胞質ゾル，サイトゾル)という．水 85%，さまざまな酵素，タンパク質，RNA，無機塩類などを含む．pH 6.8．ゾルゲル転移性をもつ．

2)　生体膜はもっていない．だるま状の大小2個のサブユニットからなり，小ユニットで暗号解読，大ユニットでペプチド結合反応を行う．

② **細胞内の器官**(細胞は各器官が役割を有機的に分担するコンビナートである)[1)]

- **核**(細胞核)：真核生物の細胞中にある球形小体．二重の核膜に包まれ，内部に DNA を含む．
- **核小体**：細胞の核内にある比較的大形の粒状体．ふつう1個あり，リボソーム RNA (rRNA)を含む．
- **染色体**：核が分裂するときに見えてくる糸状の構造体．DNA(陰イオン)とヒストンなどの塩基性タンパク質(陽イオン)が主成分である(p. 166, 169)．
- **リボソーム**：細胞質中に浮遊，または小胞体，核膜と結合して存在する小顆粒．リボソーム RNA (rRNA) とタンパク質の複合体．タンパク質の生合成のうち，翻訳が行われる(p. 171)[2)]．
- **小胞体**：一重の生体膜でできた袋状，膜状の構造．リボソームが付着した粗面小胞体でタンパク質，滑面小胞体でステロイドを合成する(p. 74)．
- **ゴルジ体**：一重の生体膜でできた，数層の扁平な袋状構造と周囲の球状小胞．神経・分泌腺細胞などに多く，タンパク質に糖鎖を結合したり分泌顆粒を形成する(p. 171)．
- **ミトコンドリア**：細胞小器官の一つ．内部にクリステとよぶ棚状構造(内膜のひだ)があり，独自の DNA をもち，自己増殖する．呼吸に関係する酵素を含み，細胞のエネルギー産生の場(クエン酸回路，電子伝達系，β 酸化，p. 126〜130)．糸粒体．

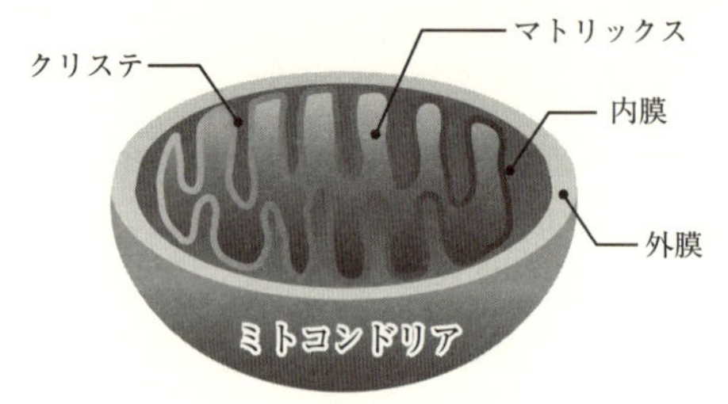

図 1-27　ミトコンドリアの構造
マトリックスとは内膜に囲まれた内側(腔所)のことである．クリステ(陵)とは内膜が内側(マトリックス側)に向って陥入した平板状の構造のことをいう．

- **リソソーム**：一重の生体膜でできた小胞．加水分解酵素をもち，食作用(p. 161)で取り込んだものや老廃物の細胞内消化を行う．
- **中心体**：核の近くにあり，細胞分裂の際に分裂装置を形成する．
- **液　胞**：一重の生体膜よりなる．植物細胞の原形質内にあり，細胞の大部分を占める．内部に各種の糖類・色素・有機酸などが溶存している．代謝産物の貯蔵・分解などを行う．

問題 1-53　細胞膜の主構成物である**リン脂質**の一つ**ホスファチジルコリン**(レシチン)[3]は，次のグリセリン(グリセロール)，脂肪酸，コリン，リン酸を原料として，これらが**エステル結合**することによりつくられた分子である．

(1) リン脂質とは何か．(2) 構造式を書き，(3) エステル結合のでき方を説明せよ．

・**グリセリン**　CH_2OH–$CHOH$–CH_2OH ≡ HO–CH(CH_2OH)$_2$ ≡ HO–CH_2–CH(OH)–CH_2–OH　アルコールの一種(三価アルコール)

・**脂肪酸**　RCOOH = HOOC-R = HO–C(=O)–R　　HO–C(=O)–CH_2CH_2 ⋯ CH_2CH_3
長鎖カルボン酸のこと

・**コリン**(*N*,*N*,*N*-トリメチルエタノールアミン)　　HO-CH_2-CH_2-$N^+(CH_3)_3$
アルコールの一種，第四級アルキルアンモニウムイオン[4]でもある．　↑
アンモニウムイオンの-H を-CH_3 に変換
(エタノールアミン HO-CH_2-CH_2-NH_2，そのアンモニウムイオン型　↑
HO-CH_2-CH_2-NH_3^+)
(エタノール C_2H_5-OH = HO-C_2H_5 = HO-CH_2-CH_3 = HO-CH_2-CH_2-H) ↗

・**リン酸**　H_3PO_4　H–O–P(=O)(OH)–O–H　三価のオキソ酸

答 1-53

(1) **リン脂質**：リン酸を含んだ複合脂質[5]

(2) **ホスファチジルコリン**(レシチン：卵黄レシチン，大豆レシチン)[6]の構造式

CH_3CH_2 ⋯ CH_2CH_2- CO–O–**CH_2**
CH_3CH_2 ⋯ CH_2CH_2- CO–O–**CH**
CH_2–O–P(=O)($O^{\ominus}$)–O–CH_2CH_2–$N^{\oplus}(CH_3)_3$

長鎖部分：脂肪酸のアシル基[7]，太字部分：グリセリン，-P-の部分：リン酸，-O-C-C-$N^+(CH_3)_3$ の部分：コリン[8]．

2本の長鎖部分のつながりは，脂肪酸とグリセリンのエステル結合 RCOOR′ (C-CO-O-C)，リン酸基の左側はグリセリンとリン酸のエステル結合 C-O-P，右側はコリンとリン酸のエステル結合 P-O-C である(次ページ)[9]．

(3) **エステル結合**：有機酸(カルボン酸 RCOOH)や無機酸(リン酸，硝酸など)とアルコールが反応し，脱水縮合して(水が取れ，二つの分子がつながり)エステル**RCO-OR′**を生じる．このエステル化反応でできる結合 C-**CO-O**-C を**エステル結合**という(p. 56, 74)．

3) リン脂質は**両親媒性物質**(**界面活性剤**)である(p. 104)．マヨネーズをつくるのに卵の黄身を用いる理由．

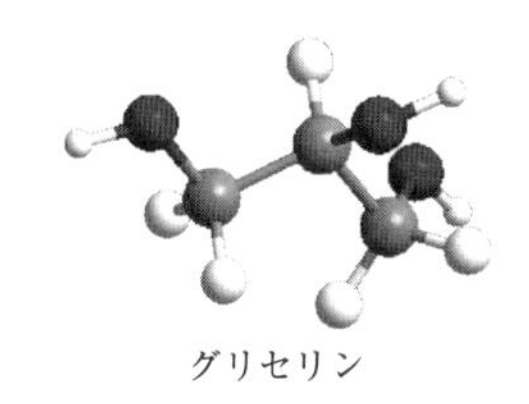
グリセリン

4) 配位結合したアンモニウムイオン NH_4^+ (p. 189)の H をアルキル基に置き換えた R_4N^+，RR'_3N^+．

5) 複合脂質とは窒素やリンを含む複雑な脂質のこと．

6) ホスファチジルコリンの分子構造図．

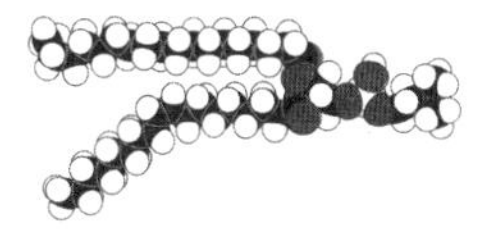

略記すると
⋯–CO–O–┐
⋯–CO–O–┤
└O–P(=O)($O^{\ominus}$)–O–⋯$N^{\oplus}$–

デモ実験：分子模型を示す．

7) グリセリンの2の位置は不飽和脂肪酸のアシル基．

8) コリンをエタノールアミン-O-C-C-NH_3^+に変えたものが**ホスファチジルエタノールアミン**(ケファリン)である．

9) 細胞膜を構成するリン脂質の親水基部分がなぜ双性イオン(−〜〜+)となっているかは p. 75 注 11)を参照のこと．

カルボン酸 RCOOH＋アルコール R′-OH の反応 ⟶ **カルボン酸エステル**生成：(中性脂肪，グリセロリン脂質，コレステロールエステル，アセチルコリンなど多数)

$$R-\underset{\underset{O}{\|}}{C}-O-H + H-O-R' \xrightarrow{\text{脱水縮合}} R-\underset{\underset{O}{\|}}{C}-O-R' + H_2O$$

リン酸 H_3PO_4＋アルコール・糖 R′-OH の反応 ⟶ **リン酸エステル**生成：(リン脂質，DNA，ATP，代謝中間体)

$$H-O-\overset{\overset{O}{\|}}{\underset{\underset{OH}{|}}{P}}-O-H + H-O-R' \xrightarrow{\text{脱水縮合}} H-O-\overset{\overset{O}{\|}}{\underset{\underset{OH}{|}}{P}}-O-R' + H_2O$$

問題 1-54　(1) 中性脂肪の構造と役割について説明せよ．(2) 中性脂肪の構造式を書け．

答 1-54　(1) **中性脂肪**：(1,2,3-)**トリアシルグリセロール**(**トリグリセリド**)・グリセリン(三価アルコール)と脂肪酸が**エステル結合**した単純脂質の一つである(でき方は p. 133)．生命活動のエネルギー源，飢餓時の貯蔵エネルギー源，体温の断熱保温・物理的衝撃の緩衝剤となる．植物では種子に多く(油・液体：不飽和脂肪酸多)，動物では皮下・腹壁に多く存在する(脂・固体：飽和脂肪酸が主)．

(2) **中性脂肪**[1]の構造式：((1,2,3-)トリアシルグリセロール)

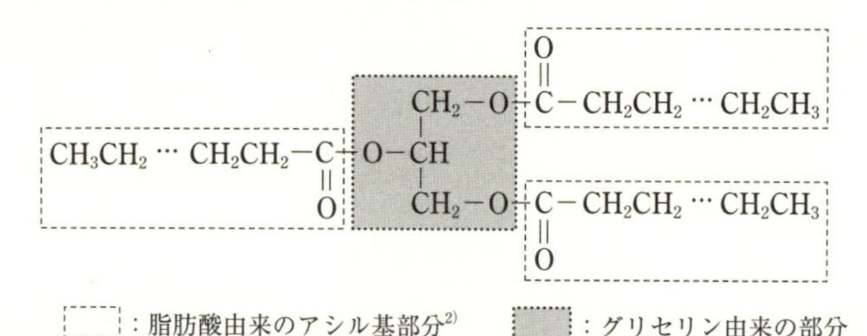

[点線枠]：脂肪酸由来のアシル基部分[2]　[灰色枠]：グリセリン由来の部分

・**グリセリン**(p. 73)　$HO-CH_2-CH(OH)-CH_2-OH$

・**脂肪酸**　(RCOOH = HO-CO-R，長鎖カルボン酸のこと)

$$\equiv HO-\overset{\overset{O}{\|}}{C}-CH_2CH_2\cdots CH_2CH_3$$

必須脂肪酸[3]：リノール酸(18：2，$n-6$ 系)[4] ⟶ γ-リノレン酸(18：3，$n-6$) ⟶ アラキドン酸(20:4，$n-6$)[5]．　α-リノレン酸(18:3，$n-3$ 系) ⟶ EPA(IPA，20：5，$n-3$；血小板凝集抑制作用) ⟶ DHA(22：6，$n-3$；血栓・動脈硬化防止)．

問題 1-55　(1) コレステロールの役割を述べよ[6]．(2) コレステロール，コレステロールエステルの構造式を書け．

答 1-55　(1) コレステロールの役割：神経，脳脊髄などに多い．生体膜の重要成分(細胞膜を堅くする，いわば鉄筋コンクリートの鉄筋．細胞膜の結晶化防止，流動性を保つ)，性ホルモン，副腎皮質ホルモン(ステロイド[7]ホルモン，p. 28, 158, 159)，胆汁酸塩(p. 64)の原料である．血管沈着により動脈硬化を起こす．コレステロールの分子構造はシクロアルカン[8]を骨格としている．OH 基があるのでアルコールの一種である[9]．

---

1) 中性脂肪の分子構造．

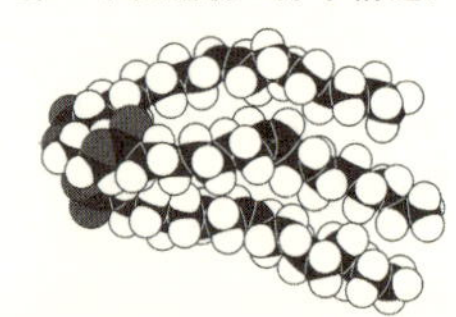

略記すると，

```
┌O－CO…
├O－CO…
└O－CO…
```

または，

```
         ┌O－CO…
…OC－O─┤
         └O－CO…
```

2) アシル基の意味！ R-COOH の R-CO-，-CO-R 部分．酸のことをアシッド，その部品 R-CO- をアシル基という(メタン→メチル基と類似)．

3) 生体内で合成できない，もしくは合成量が不十分なので食事として取り込むべき脂肪酸．

4) 18：2とは，不飽和脂肪酸の炭素数 C が 18 個：二重結合が 2 個の意．n-6 は二重結合の位置を示す．n=18 なら 18−6=12 の炭素が二重結合となる．

5) γ-リノレン酸より生成．エイコサノイド*の原料．
　* 生理活性な C_{20} 化合物群．例：プロスタグランジン(血圧調製，炎症，胃液分泌，子宮収縮，血液凝固)．

6) 卵黄にはなぜコレステロールが多いか考えよ．

7) ステロイド：分子中にステロイド核[10]をもつ有機化合物群．ステロール(コレステロール，エルゴステロール，シトステロール)：胆汁酸塩，性ホルモン，副腎皮質ホルモンなど．

8) ベンゼン環 C_6H_6 ではない！ シクロヘキサン，シクロヘキセン(アルケン)，シクロペンタン．

9) だから名称が…ロール(オール)．

(2) **コレステロール**(合成は p. 131)とコレステロールエステルの構造式：

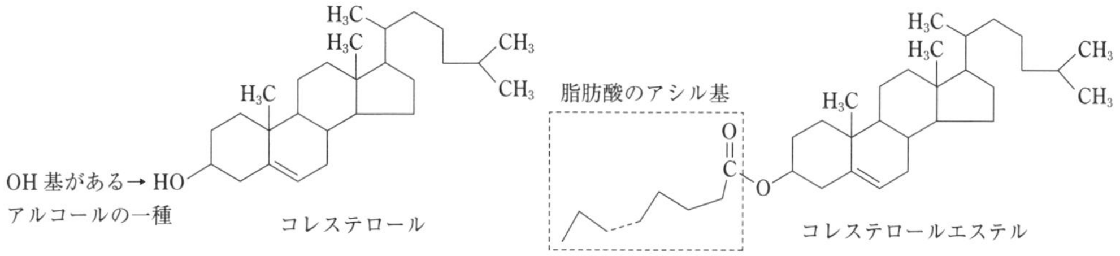

H₃C
H₃C
CH₃
CH₃
H₃C
OH 基がある→ HO
アルコールの一種
コレステロール
脂肪酸のアシル基
O
C
O
H₃C
H₃C
CH₃
CH₃
H₃C
コレステロールエステル

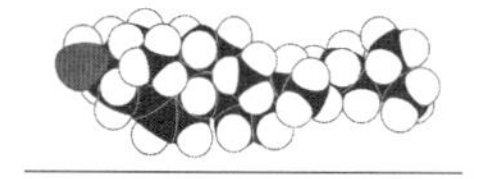

問題 1-56 脂質を分類せよ．

答 1-56 (コレステロール以外は脂肪酸が**エステル結合・アミド結合**したもの)

(1) **単純脂質**：脂肪酸のエステル C, H, O よりなる．

① **中性脂肪**：トリアシルグリセロール(トリグリセリド)脂肪酸とグリセリン．

② **ろう**：脂肪酸と高級(長鎖)アルコールのエステル(～CO-O～)．

③ **コレステロールエステル**：シクロアルカン・アルケン[8](上図)．

(2) (**誘導脂質**：コレステロールなど，単純脂質，複合脂質の分解物，不けん化物．)

(3) **複合脂質**：C，H，O に加えて N や P などを含んだ複雑な脂質．リン脂質，糖脂質，その他がある．

① **リン脂質**

・**グリセロリン脂質**：グリセリンと脂肪酸・リン酸とのエステル(細胞膜主要成分)(レシチン ＝ ホスファチジルコリン(p. 73)など)[11]．

・**スフィンゴリン脂質**：スフィンゴシン(C_{18}：1,3-dihydroxy-2-amino-4-octadecene)と脂肪酸のアミド(セラミド，小脳 cell…のアミド)で，かつリン酸とのエステル．神経細胞膜の主要成分．**スフィンゴミエリン**(ミエリン：髄鞘(p. 152)の成分)ほか．

② **糖脂質・グリセロ糖脂質**

・**スフィンゴ糖脂質**：**ガラクト**セレブロシドなど(cellebellum 小脳，スフィンゴリン脂質の，リン酸エステルの代わりに**ガラクトース**のグリコシド結合(p. 77)をもつ)[11]．

デモ実験：コレステロールの分子模型．

10) ステロイド核：

R
18
17
12
13
11
16
19
C
D
1
9
10
2
14
15
8
A
B
3
7
5
4
6

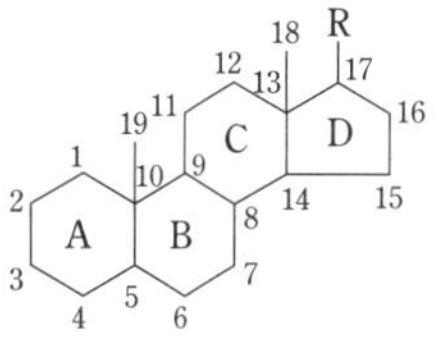

11) 膜成分のレシチンの親水性部分が，全体として±で無電荷であること・双性イオン(対イオンなし)の意義．① 膜の構成要素として親水基が必要，② イオン性の場合，脂質親水部間の静電反発を抑える必要がある，③ 膜周りの溶液中のイオンの影響を受けにくい(せっけんイオンのように硬水中で沈殿することがない)．糖脂質も同様．

問題 1-57

(1) グリセリン，脂肪酸(2 分子)，コリン，リン酸[12]をエステル結合させてホスファチジルコリンの構造式を書け(答は p. 73)．

(2) スフィンゴシン[12]，脂肪酸 1 分子，コリン，リン酸をもとにスフィンゴミエリンの構造式を書け(ヒント：セラミドとは？)．(答は(1)とほぼ同じ，$-NH_2$ を脂肪酸のアミド，1-の-OH をリン酸エステル，リン酸とコリンのエステルとする)

12)

CH₂−CH−CH₂
OH OH OH
R-COOH
HO−CH₂CH₂−N⊕(CH₃)₃
O
H−O−P−O−H
O
H
NH₂
CH₂−CH−CH−OH
OH CH=CH
C₁₃H₂₇

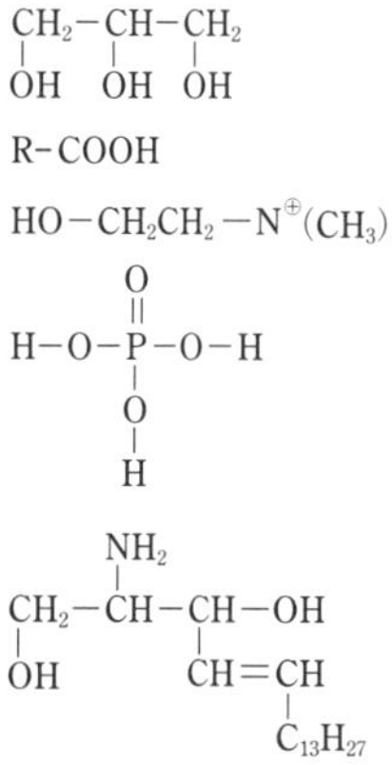

1.6.3 生体内の分子-3：糖質・生命活動のエネルギー源

米・麦など穀類の主成分・動物の栄養源であるデンプンは，C，H，O からなる代表的な糖・**グルコース**(**ブドウ糖**)が多数つながったもの(高分子)である．**グルコース**，**フルクトース**(**果糖**)，**スクロース**(**ショ糖**)は食品中の代表的な甘味成分である．

問題 1-58　糖とは何か．一般式(分子式)を示し，なぜ炭水化物というのか説明せよ．からだの中での役割は何か(実際の構造式がイメージできるようになること)．

答 1-58　**糖**とは<u>アルデヒド基</u>，または<u>ケトン基</u>(p. 54, 62)をもった<u>多価アルコール</u>(OH 基を 2 個以上もつもの)のこと[1]で，生物の構成物質・生命活動のエネルギー源として重要である[2]．代表例は六炭糖 $C_6H_{12}O_6$．

糖質を炭水化物という理由は，六炭糖 $C_6H_{12}O_6 \equiv (\underset{\text{炭}}{C}\cdot(\underset{\text{水化物}}{H_2O}))_6$　一般に，$\underset{\text{炭}}{C_m}(\underset{\text{水化物}}{H_2O})_n$ と，化学式を式の形の上で C と H_2O に変形できるから．ただし，糖は決して炭素原子と水分子からできているわけではない．一方，糖が酸化されれば，二酸化炭素 CO_2 と水 H_2O になる：

$$C_6H_{12}O_6 + 6\,O_2 = (C\cdot(H_2O))_6 + 6\,O_2 \longrightarrow 6\,CO_2 + 6\,H_2O$$

問題 1-59　アルドース，ケトースとは何か．また，その代表例の名称と<u>分子構造</u>を鎖状構造式(フィッシャーの投影式)と環状構造式(パッカード式・実際の構造に対応とハースの投影式の 2 通り)で示せ．

答 1-59　**糖の種類と構造**：糖には**アルドース**(アルデヒド糖)と**ケトース**(ケトン糖)があり，その代表例はそれぞれ**グルコース**(**ブドウ糖**)と**フルクトース**(**果糖**)である．それぞれ，<u>鎖状構造</u>(グルコースでは 0.003%)と<u>環状構造</u>(〜100%)の 2 通りの構造をとる[3]．

糖はアルデヒド・ケトン[4]の性質をもつため，その多くが<u>還元性</u>をもち(**還元糖**，自身は酸化される)[5]，また<u>アミノカルボニル反応</u>(p. 133)を起こす(食品の褐変や生体タンパク質の糖化：糖尿病の指標の赤血球 HbA1c など)[6]．

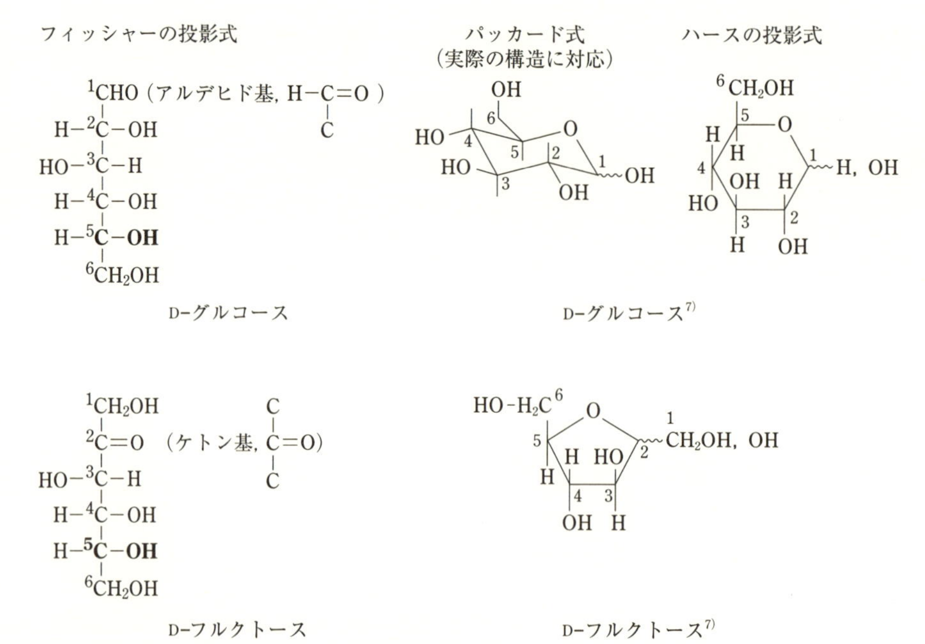

1) したがって，もっとも簡単なアルデヒド糖・アルドースは，三単糖の**グリセルアルデヒド**(p. 125)．
$CH_2(OH)-CH(OH)-C(=O)-H$
ケトン糖・ケトースは **1,3-ジヒドロキシアセトン**．
$CH_2(OH)-C(=O)-CH_2(OH)$

2) 糖質の生体内における役割(エネルギー源)と，糖である必然性：① 酸化されやすい，② 水溶性，③ 蓄積・高分子化が容易．

3) 直鎖と環状構造の変換の原理は p. 133 参照．
六員環構造をピラノース，五員環構造をフラノースという．ピラン，フラン．

4) ケトンは還元性ではないが，ケトースでは CO 基隣の C_1-OH がエンジオール HC(OH)=CH(OH)− を経てアルドースに変化できるので還元性を示す．

5) 糖の酸化還元については p. 131 参照のこと．還元糖の検出にはフェーリング反応($Cu^{2+} \longrightarrow Cu_2O$(赤色沈殿生成))，銀鏡反応($Ag^+ \longrightarrow Ag$(銀の析出・銀鏡の生成))が用いられる．

6) ヘモグロビンの β 鎖の N 末端にグルコースが非酵素的に結合したもの．

7) 糖の構造式で，α-アノマー，β-アノマー(次ページで説明)の区別をしない(α と β の両方が存在する)ときには，C と OH 間の結合を 〰 で表す．

デモ実験：グルコースの分子模型と異性体．

問題 1-60 **アノマー**とは何か[8]．グルコースとフルクトースについて，その分子構造を示せ(パッカード式とハースの投影式)．

答 1-60

グルコースの α, β-アノマーとその構造：

パッカード式(実際の構造に対応)　ハースの投影式　パッカード式[9](実際の構造に対応)　ハースの投影式[9]

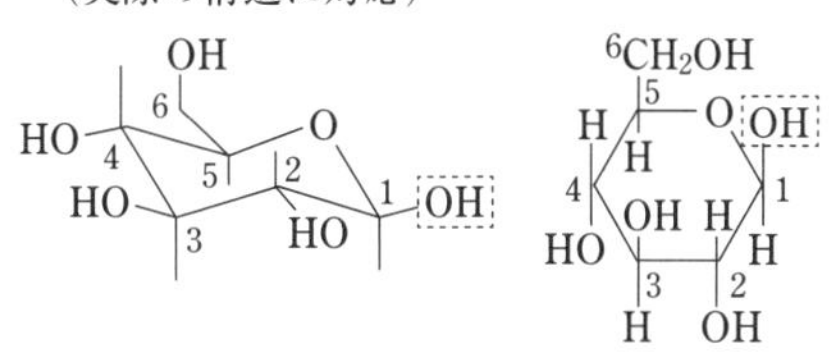

α-D-グルコース(存在比 38%)
(α は C_1-OH が下向き(C_6と反対向き)，立っているので不安定[10])

β-D-グルコース(存在比 62%)
(β は C_1-OHが(横)上向き(C_6と同じ向き)，寝ているので安定)

フルクトースの α, β-アノマーとその構造：

α-はC_2-OH が下向き(C_6 と反対向き)，β-は上向き(C_6 と同じ向き)．

α-D-フルクトース

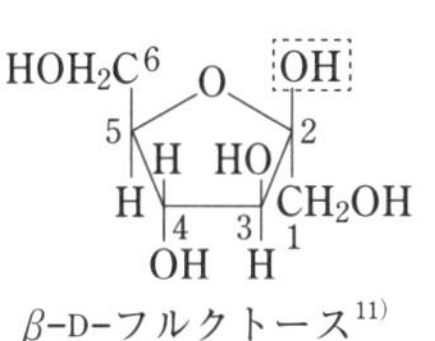

β-D-フルクトース[11]

問題 1-61 **グリコシド結合**とはどのような結合か．また，その例も述べよ．

答 1-61 **グリコシド結合**：アルデヒドやケトンのカルボニル基由来の反応活性な**グリコシル OH**(グルコースでは C_1-OH，フルクトースでは C_2-OH)と，糖のアルコール性 OH (C_4-OH や C_6-OH など)やアルコール R-OH の-H が取れて(脱水縮合して)つながったものを *O*-**グリコシド結合**(p. 78)という．単糖[12]同士が**グリコシド結合**[13]して二糖，少糖，多糖類を生じる．

グリコシル OH と N-H 結合の-H が取れて(脱水縮合して)つながったものを *N*-**グリコシド結合**という．ATP や DNA の核酸塩基とリボースの結合など(p. 95，168)．

O-**グリコシド結合**：$>C_1$-O-H + H-O-C$<$ ⟶ $>C_1$-O-C$<$ + H_2O

(対比せよ[14])：エステル結合　R-CO-OH + H-O-R′ ⟶ R-CO-O-R′ + H_2O)

N-**グリコシド結合**：$>C_1$-O-H + H-N$<$ ⟶ C_1-N$<$ + H_2O

(対比せよ[14])：アミド・ペプチド結合　R-CO-OH + H-N(H)-R ⟶ R-CO-NH-R′ + H_2O)

8) なぜアノマーを生じるかは p. 132 参照.

9) パッカード式では，β-異性体の C_1-OH のように，環の赤道(横)方向を向いた OH 基が，ハース式では完全に上向き，または下向き(パッカード式の軸(縦)方向)で示されている．

10) 軸方向の原子間立体反発が環の平面方向より大きいため α が β より不安定．

11) β では C_2-OH と C_3-OH が同じ上方向を向いており，味蕾の甘味を感じる部分とより強く相互作用するため，ヒトは α に比べ β で甘味を強く感じる．冷やした梨がおいしい理由は，低温で α に比べ β の比率が増すためである．

12) 単糖とは加水分解してもそれ以上簡単な糖にならない糖類．糖質の基本単位．2 個の単糖がグリコシド結合したものを二糖，2〜約 10 個が結合したものを少糖(オリゴ糖)，多数結合したものを多糖とよぶ．

13) **α(1→4)グリコシド結合**：α-グルコースの C_1-OH と別のグルコースの C_4-OH(アルコール性 OH)とが結合したものなど．
α(1→6)グリコシド結合：α-グルコースの C_1-OH と別のグルコースの C_6-OH (アルコール性 OH)とが結合したものなど．β-グルコースの結合を **β(1→4)結合**，**β(1→6)結合**という．

14) エステル結合，アミド結合におけるカルボン酸の COOH の-OH 部分とグリコシル-OH とが同じ働きをしている．その反応相手は必ずH-ORかH-NRR′，電気陰性度の大きい O や N に結合した H が取れて H_2O を生じる．H-C 結合はめったには切れない．

問題 1-62

(1) 単糖類のうち，三炭糖，五炭糖，六炭糖[1]の代表的糖の 2，1，4 種類について，(a) アルドース，(b) ケトースの区別と名称を述べよ．

(2) 二糖類 4 種類について，名称，構成単糖の名称とつながり方，還元性の有無を述べよ．

(3) 多糖類[2]であるデンプンとセルロースの結合様式と構造の違いを述べよ．

答 1-62

(1) **三炭糖**：(a) グリセルアルデヒド，(b) ジヒドロキシアセトン（両者の構造（p. 76 注 1）とグルコースの解糖系（p. 125）との関係を理解しておくこと）．

五炭糖：(a) リボース（p. 95，リボ核酸 RNA の R はリボースのこと）．

六炭糖：(a) グルコース，マンノース[3]，ガラクトース[3]など．(b) フルクトースなど．

(2) 二糖類[4]：スクロース・ショ糖（グルコース，フルクトース：($\alpha 1 \rightarrow \beta 2$)，**非還元糖**．マルトース・麦芽糖（グルコース，グルコース：$\alpha(1 \rightarrow 4)$，還元糖．ラクトース・乳糖（ガラクトース，グルコース：$\beta(1 \rightarrow 4)$），還元糖．トレハロース（グルコース，グルコース：$\alpha(1 \rightarrow 1)$），非還元糖．つまり，グリコシル-OH（還元性，アルデヒド基がカルボキシ基に酸化される）をもつ単糖類と少糖類が**還元糖**である．糖の酸化還元は p. 131 参照．

(3) デンプン[5]は，α-グルコースが，C_1–OH[6]で，隣のグルコースの C_4–OH[7]と α(1 → 4) 結合したものであり，糖分子の環状部分は表表表…と，すべて同じ向きをとる（下図）．分子鎖は湾曲し（下図），グルコース鎖はらせん構造をとる（図 1-27）．

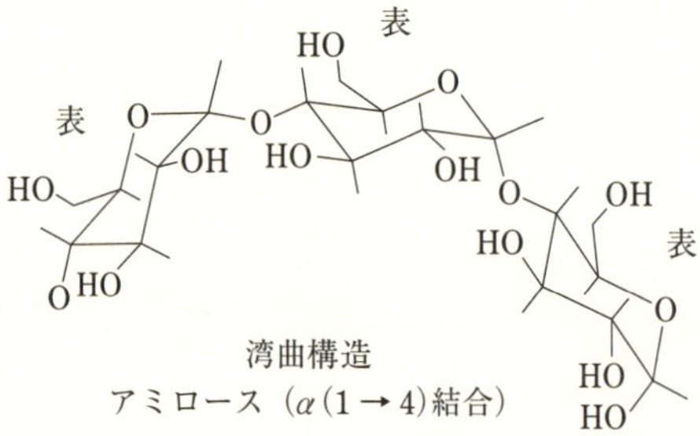

湾曲構造
アミロース（$\alpha(1 \rightarrow 4)$結合）

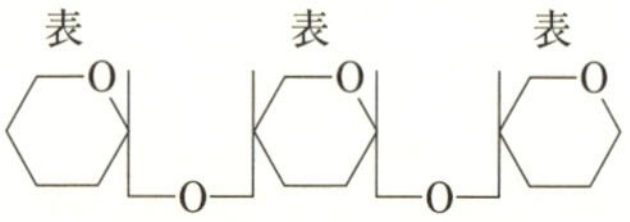

$\alpha(1 \rightarrow 4)$結合（ハース式表示）

セルロース[5]は β-グルコースが $\beta(1 \rightarrow 4)$結合したものであり，糖分子の環状部分は表裏，表裏，…と交互に逆向きの構造をとり，グルコース鎖は直線構造となる（下図）．

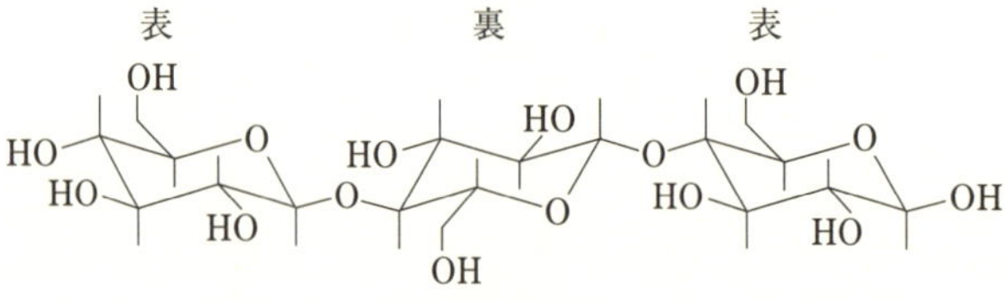

直線構造
セルロース（$\beta(1 \rightarrow 4)$結合）

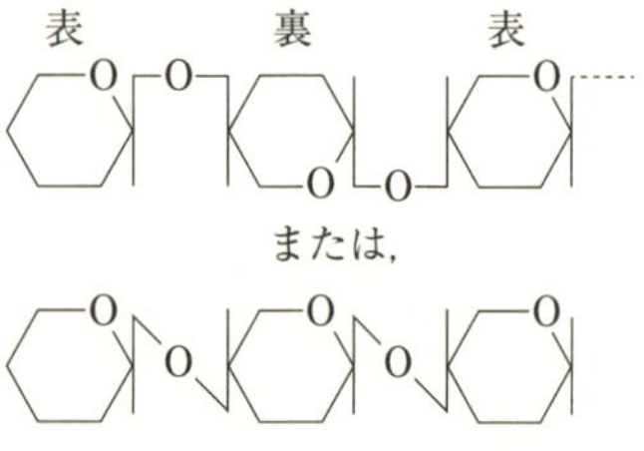

または，

$\beta(1 \rightarrow 4)$結合（ハース式表示）

1) 糖の構成炭素数により，三炭糖（トリオース），四炭糖（テトロース），五炭糖（ペントース），六炭糖（ヘキソース），七炭糖（ヘプトース）とよぶ．

2) p. 77 注12) 参照．

3) マンノース（コンニャクマンナンの成分）はグルコースの C_2-OH が上向き（軸方向）となったもの，ガラクトースは C_4-OH が上向きとなったもの．

4) 二糖類を構成する単糖の一つは，つねに一番安定な糖のグルコースである．

5) グルコースポリマー，高分子（分子が多数結合したもの）．ポリとはたくさん（多数，複数）という意味．

6) グリコシル OH

7) アルコール性 OH

デンプンとセルロースの違い

われわれが触って，ながめて違いがわかるセルロース・繊維とデンプン・粒の巨視的構造は，前述のように，ミクロな分子レベルでのグルコースの結合様式のわずかな違い・C_1 に結合した-OH 基が下向きか(α-)，横上向きか(β-)によって異なる．つまり，直線状の高分子(繊維・セルロース)となるか，らせん状の高分子(粒子・デンプン)となるかは，グルコースという小分子中に分子構造としてプログラミングされた結果なのである．21 世紀の化学の潮流である超分子化学は，小分子にいわばプログラミングして，小分子を自動的に複数〜多数集合(自己集合)させ，機能をもった新しい規則的な分子集合体・組織体をつくり上げる試みであるが，自然界はこれを容易に行っている(デンプンとセルロース，ツユクサの青色色素・西陣織の下絵に利用など)．

もち米とうるち米の粘り気の違い

うるち米に比べてもち米の粘り気が大きい理由は，そのデンプンの組成の違いによっている．うるち米は 83%が**アミロペクチン**(α(1→6)結合を含む，枝分かれらせん，図 1-27(b)，17%が**アミロース**[8](α(1→4)結合，1 本らせん，図 1-27(a))，もち米はアミロペクチンが 100%である．枝分かれの高分子が互いに絡み合いやすいことは，容易にイメージできる．この高分子鎖間の絡み合いが粘り気のもとである．ペクチンとは“粘り気のもの”という意味である．両者の水への溶解性も異なり，アミロースが溶けやすい(可溶性デンプン)．また，ヨウ素デンプン反応の色も異なる[9]．

8) アミロース：ラテン語でデンプンを意味する amylum の語尾を-ose として，糖の高分子であることを示している．

9) アミロースは青色，アミロペクチンは赤紫色を呈する．

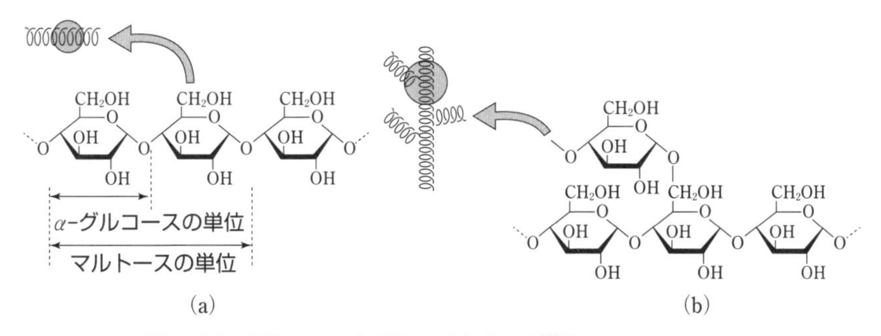

図 1-27 アミロースとアミロペクチンの構造
(a) アミロースの構造 (b) アミロペクチンの構造

まとめ問題 7 以下の語句を説明せよ：

細胞膜，ミトコンドリア，リボソーム，必須アミノ酸，ペプチド結合のでき方，タンパク質の一〜四次構造，アルドース，ケトース，*O*-グリコシド結合・*N*-グリコシド結合のでき方，α(1→4)結合，α(1→6)結合，β(1→4)結合，β(1→6)結合((α1→β2)結合，α(1→1)結合)，必須脂肪酸，エステル結合のでき方，リン脂質とその種類．

以下の化合物の構造式を書け：

α-アミノ酸，アラニン，グルタミン酸，アスパラギン酸，グルコース，フルクトース，グリセリン，中性脂肪，レシチン，コレステロール．

＊**神経系の分子**，**ホルモン分子**については，p. 119〜124 に記載．
＊**核酸**(DNA，RNA)については，p. 167 に記載．

2章　なぜ食べるのか：理由・その2　代謝・異化 酸化還元と食物の熱量・エネルギー

われわれが生きていくためには，からだをつくり，つくり変えるだけでなく，生命活動のためのエネルギーを生み出すことも必要である．この生きるためのエネルギーはどのようにして生み出されるのだろうか．食物(しょくもつ)がエネルギーのもとであることは誰もが知っていよう．では，食物成分の何からどのようにしてエネルギーが取り出されるのだろうか．

2.1　なぜ，食べても，食べた物の重さだけ体重が増えないのか

エネルギーが食物からどのように取り出されるかに答えるための準備として，まず次のことを考えてみよう．ヒトが毎日食べる量は1年間では膨大になるのに，なぜ体重は食べただけ増えないのだろうか．増えないからには食べた物(の重さ)はどこかに行ったはずである．では，どこに消えたのだろうか．糞便になったのだろうか．糞便は小腸で消化吸収できなかった食物の残りかすと，これを大腸で食べて生きている腸内細菌の菌体[1)]である．

では，食物はエネルギーになったのだろうか．とんでもない！ 食べた物・重さがエネルギーに変わるわけではない．食べた物の重さがすべてエネルギーになったとしたら大変である．仮に，筆者の体重70 kgがすべてエネルギーになれば，琵琶湖の水の全部が沸騰することになる！ じつは，質量がエネルギーに変換されるのは原子核反応だけである．原子爆弾・水素爆弾では質量 m がエネルギー E に変換されるために($E=mc^2$(c は光速))少量で膨大なエネルギーを生じ，それに基づくとてつもなく大きな破壊力を生む．広島の原爆では0.68 gのウラン ^{235}U，長崎の爆原では1.0 gのプルトニウム ^{239}Pu の質量がエネルギーに変換されただけである($1.0\ g \fallingdotseq 2 \times 10^{10}\ kcal$＝200億kcal，84 T(テラ，$10^{12}$)J(図2-1)！

このように，食物の重さがエネルギーに変換されているわけでは決してない．食物成分の重さは，呼吸で取り入れた酸素の重さも含めて考えれば，食べたときと消化・吸収・代謝した後で変わらない．これを**質量保存の法則(質量不変の法則)**[2)]という．

(a)

(b)

図2-1　広島(a)と長崎(b)の写真
［(a)識別コード：RA-142，林 重男 撮影，広島平和記念資料館提供，(b)Wikimedia Commons より］

1)　糞便は，なんと乾燥重量の1/3〜1/2が菌体である．ヒトの細胞数60兆個に対し，腸内細菌は100兆個も生存している．この大腸菌がヒトの健康に果たす大きな役割が明らかになりつつある．

2)　**質量保存の法則**：質量不変の法則ともいう．1774年・フランスのラボアジェが見出した．化学反応の前後で質量は変化しない．化学反応で出入りするエネルギーの大きさでは，質量は変化しない．身近なエネルギーは姿がない・実質的に重さが無視できる！

食物の重さがエネルギーに変わったのでなければ，食べた重さはどこにいったのだろうか．体重が増えないならば，食べた重さは体外に吐き出しているはずである．この重さのゆくえを考えるために，われわれが生きるための絶対条件である呼吸[3]とは何かについて考えてみよう．

2.2 呼吸とは何か，なぜ呼吸するのか

呼吸[3]とは外部から酸素 O_2 を取り入れ，二酸化炭素 CO_2 を外界に吐き出すための筋肉運動である．では，われわれは何のために吸気で O_2 を取り入れているのだろうか．また，呼気中の CO_2 はどこからやって来たのだろうか．じつは，われわれはからだの中に取り込んだ食物の酸化を行う（燃やす）ために O_2 を取り込んでおり，呼気中の CO_2 はこの食物の酸化生成物である（図 2-2）．たとえば，食べた物が消化されて生じたグルコースは，からだの中で酸化されて気体の CO_2 と水 H_2O になる．

$$C_6H_{12}O_6 + 6\,O_2 \longrightarrow 6\,CO_2 + 6\,H_2O$$

ここで，いくつかの具体的な燃焼・酸化反応について検討してみよう．

デモ実験：食べた物の“重さ”のゆくえ（反応式の書き方は p. 85 参照）

・マグネシウム Mg を燃やす

$2\,Mg + O_2 \longrightarrow 2\,MgO$ +（熱・光エネルギー） ⟶ 重量はどのように変化したか?
酸素　酸化マグネシウム

・鉄 Fe も燃える！

$3\,Fe + 2\,O_2 \longrightarrow Fe_3O_4$ ⟶ 重量はどのように変化したか?
鉄粉　酸素　四酸化三鉄[4]

Mg も Fe も酸化されて酸素がくっついた分，生成物である酸化物の重さは重くなった．
⟶ 食物も酸化されるので，食べた重さ以上に体重は増加している？

・紙・有機物（CHO 化合物：米粉，グルコース（ブドウ糖），角砂糖，沪紙）を燃やす[5]

$C_6H_{12}O_6 + 6\,O_2 \longrightarrow 6\,CO_2 + 6\,H_2O$ +（熱・光エネルギー）⟶ 重量はどのように変化したか？ ⟶ 燃えた後は何も残らない！（燃えてなくなった？）
グルコース　酸素　二酸化炭素　水

代謝（異化）も燃焼と同じ酸化反応である．つまり，食物の代謝生成物は気体の CO_2，H_2O であり，呼吸で体外に放出され，飛散するので，食べても体重は増えない！

好気性生物が酸化反応を行うには酸素が必要である．ダイエットで“脂肪を燃やす”とよく表現するが，エネルギー代謝，つまり，代謝の**異化**はいわば燃焼反応（**酸化反応**）である．食物のほとんどは糖質，脂質，タンパク質などの有機物であり，炭素 C と水素 H からなる糖質と脂質は，体細胞中で酸化されて（いわば燃えて）CO_2 と H_2O に変換されるとともに[6]，生きるための**エネルギー**が取り出される．この異化の過程で生じた CO_2 を呼吸で吐き出しているわけである．このとき，質量保存の法則より，糖質と脂質では，（食物 + O_2）の重さ =（CO_2 + H_2O）の重さ，が成り立っている．

3）**呼吸**：生物が酸化還元反応によってエネルギーを獲得する化学反応過程の総称である．外呼吸とは肺によるガス（気体）交換のこと，内呼吸とは生物の組織や細胞が O_2 を取り入れて酸化還元反応を行い，エネルギーを獲得することである．無気呼吸（O_2 を必要としない発酵など）も含む．

図 2-2　呼吸と異化

4）Fe_3O_4 四酸化三鉄は酸化二鉄（Ⅲ）鉄（Ⅱ），酸化鉄（Ⅲ）Fe_2O_3 と酸化鉄（Ⅱ）FeO が一体化したものであり，磁性酸化鉄ともいう．天然に磁鉄鉱として産出する．

5）“火山”のデモ実験を観察する．グリセリン（$C_3H_8O_3$）1 g を過マンガン酸カリウム（$KMnO_4$，酸化剤）の粉 3 g の山の頂（くぼみ）に垂らすと，火山の噴火様の激しい反応が観察される．生成物は CO_2 と H_2O，たんなる燃焼である．燃焼エネルギーのすごさが実感できる．

6）ただし，CO_2 の O は呼吸の O_2 由来ではない．p. 127 の TCA 回路に続く電子伝達系の最終段階で生じる H_2O の O が呼吸で得た O_2 である．

2.3　なぜ水を飲むのか，なぜ排尿するのか：からだの中での水の役割—— 運搬と排泄

われわれはなぜ水を飲み，また，なぜ排尿する必要があるのだろうか．われわれは食物中のタンパク質の**窒素 N** を**尿素** $CO(NH_2)_2$(尿のもと！)に変換し，水に溶かして尿として体外に排泄するために，つねに水を補給する必要がある(**不可避尿**)[1]．つまり，尿素を排泄するために排尿し，排尿するために水を飲んでいる．

食物を構成する炭素 C は二酸化炭素 CO_2(気体)，水素は水 H_2O(水蒸気)として呼気とともに体外へ排出できるが，タンパク質の N はからだの中(体温下)では窒素酸化物 NO(気体)には変換できず[2]，アンモニウムイオン NH_4^+(アンモニア NH_3)に変換される．NH_4^+ はからだに毒性を示す(脳神経系に影響する)ので，肝臓で尿素(H_2N-CO-NH_2)に変換され無毒化されて尿中に排泄される．また，代謝産物であるほかの窒素化合物やミネラル(無機陽イオン，陰イオン)なども気体にはできないので，水に溶かして老廃物として排泄する必要がある[3](p. 139)．

1)　生きるために排泄する必要がある最低限の尿量(400〜500 mL/d)．

2)　車のエンジン中では，ガソリンを燃やすために吸い込まれた空気中の窒素分子は，酸素と反応し窒素酸化物・環境汚染物質を生じる(光化学スモッグ，酸性雨などの一因)．家庭の瞬間湯沸かし器，ガスレンジなどでも窒素酸化物を生じる．$N_2 + O_2 \longrightarrow 2\,NO$，$2\,NO + O_2 \longrightarrow 2\,NO_2$

3)　腎臓の機能不全で老廃物の排泄ができないと尿毒症になる．この場合，老廃物を除去するためには血液透析(人工透析)を行う必要がある(p. 141)．

a.　代謝産物・老廃物の排泄(尿素ほかの窒素化合物，ミネラル)

・アミノ酸(**アミノ基**(**-NH_2**)) ⟶ NH_3，NH_4^+ ⟶ $CO(NH_2)_2$ ⟶ 尿中に排泄
(尿素の生成：$CO_2 + 2\,NH_3 \longrightarrow CO(NH_2)_2 + H_2O$，老廃物の CO_2 を利用した反応である！　正確には尿素回路(オルニチン回路)により生成される，p. 130)
・核酸塩基(プリン体) ⟶ **尿酸**(痛風の原因物質) ⟶ 尿中に排泄
・クレアチンリン酸(筋肉)[4] ⟶ クレアチニン[5] ⟶ 尿中に排泄
・ミネラル ⟶ K^+ などを尿中に排泄(Na^+ は一部が再吸収される，p. 141)

4)　筋肉のエネルギー源．クレアチンと ATP の反応で生じる．筋肉運動の際に分解して大量のエネルギーを放出する．

5)　クレアチンリン酸の分解生成物．筋肉内で非酵素的につくられ，尿中に排泄される(筋肉量に比例)．クレアチニン排泄量を血漿濃度で除して得られるクレアチニンクリアランス(浄化率・排泄能)は，腎臓の糸球体により沪過される血漿量を推定する指標として，腎機能評価に用いられる．

からだの中の水の役割

生きるために水が必要な理由は，老廃物の運搬・排泄のほかにもいろいろある．
水の性質と，からだにおける役割：
・さまざまな物質をよく溶かす(溶解性大，p. 106，107)．
　⟶ 物質(栄養素，老廃物)の溶解・運搬と排泄(老廃物とは何か ⟶ 窒素化合物)．
　⟶ 生体内反応の場となる(細胞質中の解糖系など)．
・蒸発熱が大きい[6](p. 91，192)．
　⟶ 発汗による熱の放散を利用して体温維持に役立っている．
・比熱が大きい(暖まりにくく冷めにくい，p. 192)[6]．
　⟶ ヒトの体重の 60％は水であり，体温維持が容易(恒温動物と変温動物)．
・水分子自体が加水分解反応の試薬として作用する．
　エステル(中性脂肪など)の加水分解　R-CO-O-R′ + H_2O ⟶ R-COOH + R′-OH
　リン酸エステル(ATP など)の加水分解 R-O-PO_3^{2-} + H_2O ⟶ R-OH + HPO_4^{2-}
　ペプチド(タンパク質)の加水分解　R-CO-NH-R′ + H_2O ⟶ R-COOH + R′-NH_2
　デンプンなど(グリコシド結合)の加水分解　R-O-R′ + H_2O ⟶ R-OH + R′ -OH
・タンパク質の構造維持[7]．
・細胞膜の形成・構造維持[8]．

6)　水素結合の分子間力による．

7)　タンパク質の水和による構造安定化と疎水性相互作用(p. 107)による三次構造の形成(p. 69)．

8)　水が関与する疎水性相互作用(p. 107)に基づく．

b. 食べる・飲む理由と，食べても体重が増えない理由のまとめ：酸化還元[9]と熱量

われわれが食べる理由は，① からだをつくるため，② 生きるためのエネルギーを食物から得るためである．これを(物質)代謝という．物質代謝には同化作用と異化作用がある．**同化**とは，食物成分を材料として**還元**反応によりからだの構成成分をつくり(合成)，古いものと置き換えることである．**異化**とは分解反応，つまり，摂取した食物や体成分である複雑な有機物(C，H，O，N の化合物)を**酸化**反応(O と化合，つまり，燃焼反応と等価，p. 81)により CO_2 と H_2O(代謝水)などの小分子に分解し，その過程で，生きるために必要なエネルギーを食物から取り出し利用することである．それゆえ，ダイエットで“脂肪を燃やす”などと表現するわけである．食べ物はからだの中で消化・吸収されて，最終的には CO_2，H_2O，$CO(NH_2)_2$ などに分解(酸化，異化)され，肺・皮膚からの呼吸，および尿として，体外に排泄される．だから，われわれは毎日適量の食べ物を摂取しても，食べた分だけの体重は増えない(**質量保存の法則**：食物の重さ ＋ O_2 の重さ ＝ CO_2 の重さ ＋ H_2O の重さ ＋ $CO(NH_2)_2$ の重さ)(p. 81，図 2-2 参照，中学で学んだ内容である！)．

◀化学の基礎 9▶ **酸化還元の定義**

問題 2-1 酸化還元の三つの定義について，例をあげて説明せよ．

答 2-1 **酸化還元には三つの定義**がある．

	酸化	還元	例(矢印方向が酸化，逆方向が還元)
定義 1．酸素原子を	受取る(付加)	失う(脱離)	$Fe+O_2 \longrightarrow FeO, Fe_2O_3$　$FeO \longrightarrow Fe_2O_3{=}FeO_{1.5}$ $C+O_2 \longrightarrow CO_2$　$CH_3CHO \longrightarrow CH_3COOH$ アセトアルデヒド　酢酸
定義 2．電子を	失う[10]	受取る	$Fe \longrightarrow Fe^{2+} \longrightarrow Fe^{3+}$[11]

(酸化還元の一般化された定義)

鉄は 26 番元素なので，Fe，Fe^{2+}，Fe^{3+} の原子核の陽子数とその周りの電子数は以下のようになる．

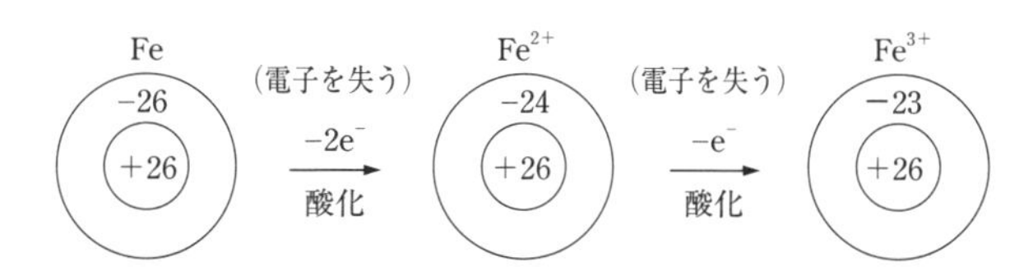

定義 3．水素原子 H を　失う[12]　受取る

$CH_3CH_2OH \longrightarrow CH_3CHO$
エタノール　−2H　アセトアルデヒド(p. 132)

$CH_3CH(OH)COOH \longrightarrow CH_3COCOOH$
乳酸　−2 H　ピルビン酸(p. 125)

(定義 1 も定義 3 も本質的には定義 2 と同じ，電子を失う・受け取る，を意味する[12])

(4．酸化数[13]の増大，減少 ⟶ これは，電子を失う・電子を受け取る，の別表現である)

酸化剤と還元剤　酸化剤とは相手を酸化し自身は還元される(電子を受け取る)もの，還元剤とは相手を還元し，自身は酸化される(電子を失う)ものである．

9) “酸化”とは，そもそも“酸素化”からきた言葉であり，ある物質が酸素と化合・結合したとき，その物質は酸化されたという．還元は，酸化されたものが酸素を失い“もとに還る”というのが原義．酸化と還元は同時に起こる．お金のやり取りと同じである．

10) たとえば，金属の鉄 Fe が酸素化され酸化鉄(Ⅱ) FeO となると，酸素原子 O は電気陰性度が大きいので，FeO の中で Fe から電子を奪って，O^{2-} となっている．一方，FeO の中の Fe は Fe^{2+} と電子を 2 個失った状態である．一般に，ある元素の原子に酸素が付加することはその元素から電子が奪われることと等価．したがって，“酸化 ＝電子を失う”．

11) 小腸から鉄が吸収される際には，Fe^{3+} は還元剤のビタミン C で還元されて Fe^{2+} として吸収される．

異化では食物を構成する分子が捨てた(酸化で生じた)電子 e^- を呼吸で得た酸素が受け取っている(電子伝達系，3 章)．

12) H は電気陰性度が小さいので，ある元素の原子に H が付加すると，H の電子は相手原子に奪われる．つまり，その原子は“還元”されたことになる(H の付加 ＝ 水素原子核ごとの電子の付加，$H = H^+ + e^-$)．H が脱離するとき，H はこの電子ごと脱離するので，“水素原子の脱離(H^+ の脱離ではない！) ＝ 電子を失う ＝ 酸化”されたことになる．

13) **酸化数**：分子やイオンの状態での原子の電子数が原子の状態に比べてどれだけ増減しているか(酸化状態)示す尺度．酸化数の求め方は，次ページの注 1)参照．

・**酸化剤**（一部は殺菌，漂白剤などに利用）：O_2 ガス，オゾン O_3，過酸化水素 H_2O_2，次亜塩素酸 HClO，次亜塩素酸ナトリウム NaClO（台所塩素系漂白・殺菌剤），塩素ガス Cl_2，ヨウ素 I_2（＋KI），過マンガン酸カリウム $KMnO_4$（MnO_4^-），二クロム酸カリウム $K_2Cr_2O_7$（$Cr_2O_7^{2-}$），硝酸 HNO_3，熱濃硫酸，二酸化マンガン MnO_2 など（以下の反応式の学習は省いてもよい）．

$O_2 + 4H^+ + 4e^- \longrightarrow 2H_2O$（酸化数[1] O：0 → −2）

$O_3 + 2H^+ + 2e^- \longrightarrow O_2 + H_2O$（酸化数 O：0 → −2）

$H_2O_2 + 2H^+ + 2e^- \longrightarrow 2H_2O$，$H_2O_2 + 2e^- \longrightarrow 2OH^-$（酸化数 O：−1 → −2）[2]

$HClO + H^+ + 2e^- \longrightarrow Cl^- + H_2O$（酸化数 Cl：＋1 → −1）

$Cl_2 + 2e^- \longrightarrow 2Cl^-$（酸化数 0 → −1）[3]，$I_2 + 2e^- \longrightarrow 2I^-$（酸化数 0 → −1）

$MnO_4^- + 8H^+ + 5e^- \longrightarrow Mn^{2+} + 4H_2O$（酸化数 Mn：＋7 → ＋2）

$Cr_2O_7^{2-} + 14H^+ + 6e^- \longrightarrow 2Cr^{3+} + 7H_2O$（酸化数 Cr：＋6 → ＋3）[4]

$HNO_3 + H^+ + e^- \longrightarrow NO_2 + H_2O$（濃硝酸），$HNO_3 + 3H^+ + 3e^- \longrightarrow NO + 2H_2O$（希硝酸）

・**還元剤**（一部は酸化防止，漂白などに利用）：水素ガス H_2，硫化水素 H_2S，二酸化硫黄 SO_2（亜硫酸ガス），亜硫酸ナトリウム Na_2SO_3（SO_3^{2-}），金属 Na，金属 Zn，硫酸鉄(II) $FeSO_4$（Fe^{2+}），塩化スズ(II)（Sn^{2+}），ヨウ化カリウム KI（ヨウ化物イオン I^-），シュウ酸 $(COOH)_2$，アスコルビン酸（ビタミンC），システイン（チオール基(-SH)をもつアミノ酸，酸化されるとシスチン-S-S-），ポリフェノールなど（以下の反応式の学習は省いてもよい）．

$H_2 \longrightarrow 2H^+ + 2e^-$（酸化数 0 → ＋1）

$H_2S \longrightarrow S + 2H^+ + 2e^-$（酸化数 S：−2 → 0）

$SO_2 + 2H_2O \longrightarrow SO_4^{2-} + 4H^+ + 2e^-$（酸化数＋4 → ＋6）

$SO_3^{2-} + H_2O \longrightarrow SO_4^{2-} + 2H^+ + 2e^-$（酸化数 S：＋4 → ＋6）[5]

$Na \longrightarrow Na^+ + e^-$（酸化数 0 → ＋1），$Zn \longrightarrow Zn^{2+} + 2e^-$（酸化数 0 → ＋2）

$Fe^{2+} \longrightarrow Fe^{3+} + e^-$（酸化数＋2 → ＋3），$Sn^{2+} \longrightarrow Sn^{4+} + 2e^-$（酸化数＋2 → ＋4）

$2I^- \longrightarrow I_2 + 2e^-$（酸化数−1 → 0）

$(COOH)_2 \longrightarrow 2CO_2 + 2H(2H^+ + 2e^-)$（酸化数 C：＋3 → ＋4）

アスコルビン酸 → デヒドロアスコルビン酸 ＋ $2H^+ + 2e^-$（酸化数 C：＋1 → ＋2）[6]

2システイン $-CH_2-SH$ → シスチン $-H_2C-S-S-CH_2-$ ＋ $2H^+ + 2e^-$（酸化数 S：−1 → 0）

ポリフェノール → キノン＋ $2H^+ + 2e^-$（酸化数 C：＋1 → ＋2）[7]

2.4　化学反応と反応熱・熱化学方程式：食物の熱量は食物の燃焼熱

一般に，物質が燃える（酸化される）と，その際に**燃焼熱**（酸化反応の**反応熱**）が発生する．われわれが台所で調理するときにはガスを燃やして煮炊きする．これは台所のガス，つまりメタン CH_4 が燃えるときに発生する燃焼熱を利用したものである．この反応は，$CH_4 + 2O_2 \longrightarrow CO_2 + 2H_2O$ と表すことができる．この反応の反応熱は，反応式中の H_2O が水蒸気の場合には 804 kJ/mol なので，メタンの燃焼の反応式をこの反応熱込みで表すと，次式のように書くことができる．

$$CH_4 + 2O_2 = CO_2 + 2H_2O + 804\ kJ$$

このように，反応熱を含めて反応式とし，反応式の左右を等号"＝"でつないだものを**熱化学方程式**という[8]．

メタンの燃焼熱は，生成物の H_2O が水蒸気の場合 804 kJ/mol であるが，液体の水の場合には 892 kJ/mol となる（値はいずれも実験値）．つまり，反応熱は生成する物

1）酸化数の決め方：
1. 単体の酸化数＝0
2. 化学式中の O＝−2，H＝＋1（例外あり）
3. 単原子イオンの酸化数＝イオンの価数，Na^+＝＋1，Cl^-＝−1
4. 化合物中の酸化数の総和＝0
5. 多原子イオン中の原子の酸化数の総和＝多原子イオンの価数

2）H_2O_2 が還元剤として作用する場合もある．
$H_2O_2 \longrightarrow O_2 + 2H^+ + 2e^-$
（酸化数 O：−1 → 0）

3）Cl の酸化還元が同時に進行する場合もある．
$Cl_2 + H_2O \longrightarrow HClO + HCl$
（酸化数 Cl：0 → −1，＋1）

4）六価クロム（有害物質）には二クロム酸カリウム $K_2Cr_2O_7$ のほかにクロム酸カリウム K_2CrO_4 もある．

5）SO_2 が酸化剤として作用する場合もある．
$SO_2 + 4H^+ + 4e^- \longrightarrow S + 2H_2O$
（酸化数 S：＋4 → ＋0）

6）$-C(OH)=C(OH)- \longrightarrow -C(=O)-C(=O)-$ （−2H）
（脱水素−2H は−2($H^+ + e^-$) と等価である．p.83 の注12）も参照）

7）カテコール（OH, OH）$\xrightarrow{-2H}$ o-キノン（O, O）

8）反応式の左側と右側のエネルギーが等しいので，左右を"＝"でつないでいる．J（ジュール）はエネルギーの単位（p.94）．

質の状態（三態：気体・液体・固体，p. 91）により異なる．そこで，熱化学方程式中の物質にはその状態を示す記号，**気体**は g（gas），**液体**は l（liquid），**固体**は s（solid），**水に溶**けていれば aq（aqueous：水溶液の）を付記するのが約束である．したがって，メタンの燃焼反応の熱化学方程式は次式となる．

$$CH_4(g) + 2\,O_2(g) = CO_2(g) + 2\,H_2O(g) + 804\ \mathrm{kJ},$$

または，$CH_4(g) + 2\,O_2(g) = CO_2(g) + 2\,H_2O(l) + 892\ \mathrm{kJ}$[9]

化学反応では，一般に反応の進行に伴って熱が出入りする．これを**反応熱**という．反応熱が正の場合を**発熱反応**（反応の進行に伴い熱を発生する），反応熱が負の場合を**吸熱反応**（反応の進行に伴い熱を吸収する）という．上述のメタンの燃焼のように，身の周りで観察される反応の多くは発熱反応である．

物質が，その構成元素の単体（1 種類の元素からなる純物質）から生じるときに発生する熱を**生成熱**という．液体の水の生成熱は 286 kJ/mol である．したがって，水の生成反応（水素と酸素から液体の水ができる）の熱化学方程式は次のようになる（生成熱を表す反応式では，生成する物質の係数を 1 とするのが約束である．係数 1 は省略）．

$$H_2 + 1/2\,O_2 = H_2O(l) + 286\ \mathrm{kJ}\ (H_2O(g)\text{では}\ 242\ \mathrm{kJ})$$

栄養学では，デンプンなどの糖質の熱量は 4.0 kcal/（1 g の糖質）として計算する[10]．

問題 2-2　グルコース（糖質）1 g あたりの燃焼熱（熱量，エネルギー kcal）を求めよ．

グルコース（分子量180）の燃焼（酸化反応）の熱化学方程式は，次式で表される．

$$C_6H_{12}O_6 + 6\,O_2 = 6\,CO_2 + 6\,H_2O(l) + 2800\ \mathrm{kJ}\ (\text{実験値})\qquad (1\,\mathrm{cal} \fallingdotseq 4.2\,\mathrm{J})$$

◀化学の基礎 10▶　反応式の書き方（$2\,H_2 + O_2 \longrightarrow 2\,H_2O$ を例とした係数の求め方）

水素が酸素と反応して水を生成する反応は，$2\,H_2 + O_2 \longrightarrow 2\,H_2O$ と表される．化学式の前の数値・係数は，反応にあずかる物質の粒子数を示しており，通常，この**係数は整数**とし，**係数 1 は省略**する（$2\,H_2 + 1\,O_2 \rightarrow 2\,H_2O$ とは書かない）．このように**反応物の化学式を左辺**，**生成物の化学式を右辺**に記し，矢印（→）でつないだものを（**化学**）**反応式**という．反応式 $2\,H_2 + O_2 \longrightarrow 2\,H_2O$ は，H_2 ガスと O_2 ガスから水ができることだけでなく，水素 2 分子と酸素 1 分子から水 2 分子を生じることをも示している．

化学反応では物質間で原子の組換えが起こるので，反応の進行により物質は別の物質へと変化するが，原子そのものは不変である．したがって，**反応物**中の各元素の**原子数は生成物中の原子数と等しい**必要がある．たとえば $2\,H_2 + O_2 \longrightarrow 2\,H_2O$ なる反応では，水素分子と酸素分子は水分子へと変化するが，反応の前後で水素原子は水素原子のまま，酸素原子は酸素原子のままである．左辺の水素原子 H の数は $2\,H_2$，つまり H_2 が 2 分子，H_2 とは H 原子 2 個が手をつないだものだから，$2 \times 2 = 4$ 個で H 原子は計 4 個，右辺は $2\,H_2O$ だから H 原子は 4 個である．同様に，酸素原子 O の数は左で O_2，右で $2\,H_2O$ と，ともに 2 個である[11]．

反応式の係数は，反応の前後，反応式の左辺と右辺で各元素の原子数は等しいという原則に基づいて求める（反応式の右と左で原子数が一致するように係数を定める）[12]．

答 2-2　$2800\ \mathrm{kJ/mol} = 2800\ \mathrm{kJ/mol} \times 1\ \mathrm{cal}/4.2\ \mathrm{J} \fallingdotseq 670\ \mathrm{kcal/mol}$

$= 670\ \mathrm{kcal}/(180\ \mathrm{g}\ \text{グルコース}) = 3.7\ \mathrm{cal}/(1\ \mathrm{g}\ \text{グルコース})$

この値は，栄養学で学ぶ糖質の熱量 4.0 kcal/g より少し小さめであることがわかる．

9)　液体では，気体が液体になる際に放出される熱量＝凝縮熱（水では，液化することで分子間に水素結合ができることによる安定化エネルギー）の分だけ大きくなる．

10)　反応熱は J（ジュール）で示す約束であるが，日本では，食物の熱量は cal（カロリー）で表す習慣である（1 cal ≒ 4.2 J）．

11)　O_2 とは O 原子 2 個が手をつないだもの，$2\,H_2O$ とは H_2O が 2 分子，つまり $2\,H_2O_1$ のこと．O_1 が 2 個だから O の原子数は 2 個．$2\,H_2O_1$ の O_1 の "1" は，H_2O のように，通常は省略して記載しない．

12)　●：H，○：O
$2\,H_2 + O_2 \longrightarrow 2\,H_2O$
●●／●● ＋○○ ⟶ ●○●／●○●
（4 H，2 O ⟶ 4 H，2 O）

問題 2-3　エタン(C_2H_6)を燃やす(酸素と化合させる)と，二酸化炭素と水が生成する．次の反応の反応式を書け．

$$(\quad)C_2H_6 + (\quad)O_2 \longrightarrow (\quad)CO_2 + (\quad)H_2O$$

答 2-3　反応式中の化合物で数がいちばん多い元素に着目し，その化合物の係数を1として順次，係数を決めていく[1]．C_2H_6 のHの数が6でいちばん大きいので C_2H_6 の係数を1とする[$1\,C_2H_6 + (\quad)O_2 \longrightarrow (\quad)CO_2 + (\quad)H_2O$]．左辺と右辺のCを比較すると CO_2 の係数は2，Hを比較すると H_2O の係数は3 [$1\,C_2H_6 + (\quad)O_2 \longrightarrow 2\,CO_2 + 3\,H_2O$]．右辺のOの数は，$2\,CO_2$ より $2 \times O_2 = 2 \times 2\,O = 4\,O$，$3\,H_2O$ より $3 \times O_1 = 3\,O$，Oは合計 $4 + 3 = 7$ 個だから，左辺の O_2(Oが2個)の係数は3.5 [$1\,C_2H_6 + 3.5\,O_2 \longrightarrow 2\,CO_2 + 3\,H_2O$]．係数は通常は整数とするのが約束なので，全体を2倍する．

$$2\,C_2H_6 + 7\,O_2 \longrightarrow 4\,CO_2 + 6\,H_2O$$

1) 反応式中の各化学式の係数を未知数として，反応式の両辺の各原子数が等しくなるように連立方程式を立てて係数を求める方法(未定係数法)があるが，この方法は下手をすると方程式を解くところ，算数，で混乱しかねない．$KMnO_4$ と $5(COOH)_2$ の反応のような酸化還元の反応式を書く場合は，やり取りする電子数をもとに考えるとよい．

問題 2-4　ブタン(C_4H_{10})を燃やすと，二酸化炭素と水が生成する．反応式を示せ．

反応熱とは何か

一般に，どのような反応でも，反応の進行に伴い熱が出入りするが，**なぜ熱が出入りする**のだろうか．それは，反応する前の系(反応系，グルコースと酸素 O_2)と反応した後の系(生成系，CO_2 と H_2O)で，含まれる熱エネルギーが異なるためである．その差が反応の際に現れるのである．このことについて，反応系，生成系の熱エネルギーをコップの中の水にたとえて説明しよう．熱エネルギーという水が，反応系というコップに満杯に入っているとする．この水を，別の新しい小さめのコップに移せば，新しいコップ(生成系)に入りきれなかった水が外にあふれ出る．このあふれ出る水に対応するものが，反応の際に生じる反応熱である．つまり，反応系(グルコースと O_2)と生成系(CO_2 と H_2O)は，それぞれ固有の熱エネルギーを保持している．この熱エネルギーを**熱含量**(その系に含まれている熱の量，エンタルピー)[2]という．この熱含量の**差**が**反応熱**である．

例：H_2 ガスの燃焼反応(水の生成反応)

$$H_2 + 1/2\,O_2 \longrightarrow H_2O$$

について，反応系と生成系の熱含量(熱エネルギー)の関係，反応熱とこれらの熱含量との関係を図示すると(図2-3；縦軸に熱含量，横軸を時間軸として反応系，生成系をとる)，反応系の熱含量(エンタルピー) H_1 が生成系の熱含量 H_2 より大きい場合は，その差分 ΔH(エンタルピー変化 $\Delta H = H_2 - H_1$[3] < 0)が反応熱 Q(> 0，発熱)として放出される($Q = -\Delta H$)．これが発熱反応である．反応系と生成系の熱含量の大きさが逆なら吸熱反応となる($\Delta H > 0$，$Q < 0$)．

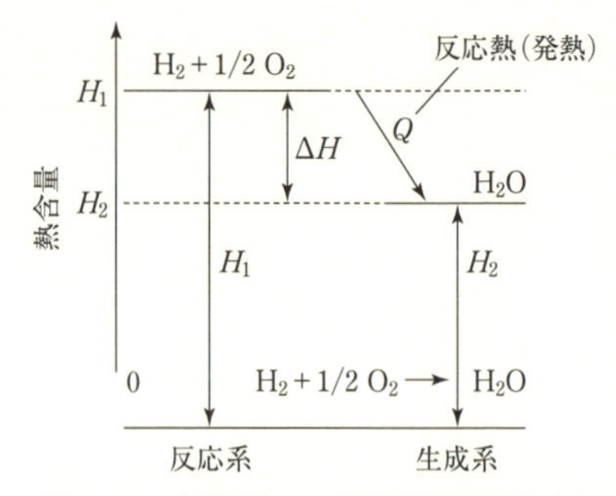

図 2-3　水素ガスの燃焼反応における反応系と生成系の熱含量の関係

2) **エンタルピー**：ギリシャ語で熱(heat)という意．

3) われわれは通常，変化量を(終点-始点)で定義する．たとえば，東京-大阪間の距離は，東京を基点0，大阪560 kmとすれば，東京-大阪間＝(大阪) 560 km－(東京)0 km＝560 km　また，かかった時間＝到着時刻－出発時刻

答 2-4　$2\,C_4H_{10} + 13\,O_2 \longrightarrow 8\,CO_2 + 10\,H_2O$

2.5 ヘスの法則（総熱量保存則）：食物の燃焼熱から，体内における食物代謝の熱量計算ができる理由，熱量計算の原理

栄養学では人のエネルギー摂取量を食物の熱量から計算するが，食物の熱量はどのようにして求めるのだろうか．この食物の熱量は，図 2-4 のボンブ熱量計中で，食物を実際に燃やして生じた燃焼熱をもとにして算出する．では，この燃焼熱から本当にエネルギー摂取量が求められるのだろうか．以下で検討してみよう（食物の体内における代謝時の熱量＝エネルギー消費量の求め方は p. 89 で説明する）．

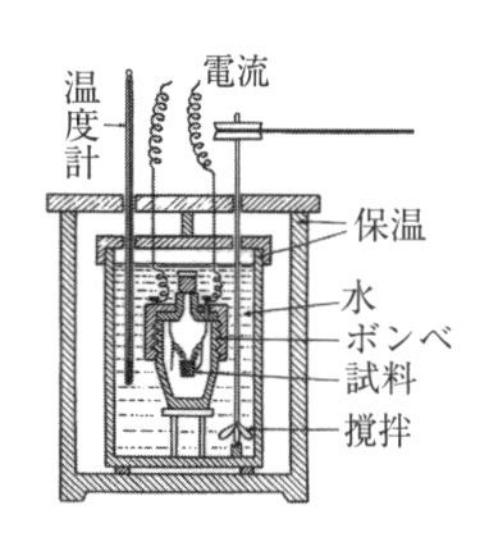

図 2-4　ボンブ熱量計
［宇野 芳ほか 著，“一般化学”，東京書籍（1986）］

からだの中で食物が CO_2 と H_2O になる反応は，酸化反応ではあっても，食物に火をつけて直接燃やす燃焼反応とは異なる．では，実際にボンブ熱量計で燃やして得た食物の熱量が，からだの中で代謝される際に出されるエネルギーと同じと考えてよいのだろうか．実は，基本的には，そのように考えてよい．一般の化学反応の反応熱は，図 2-5 のように“反応の始点と終点が定まれば，総熱量はその経路によらず一定”である．

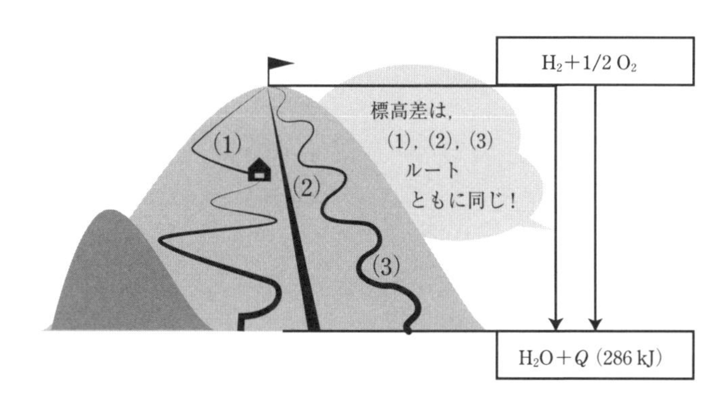

図 2-5　反応熱と反応経路の関係

“反応の最初の状態（出発物質，山頂）と最後の状態（生成物質，ふもと）が同じなら，途中の反応がどうであれ（経路(1)，(2)，(3)のどの経路を通っても）生成する反応熱の総和・総熱量（標高差，熱含量差）は一定（同じ）”“反応が一段階で進もうが（燃焼），多段階に分かれて進もうが（体内における代謝，異化），反応熱の総和は同じである”．この関係はスイス生まれのロシアの化学者ヘスにより，初めて実験的に確認・提案されたので，**ヘスの法則（総熱量保存の法則，総熱量不変の法則）**とよばれている．食物を燃やして CO_2，H_2O としても，食物が代謝によって生化学的に最終的に CO_2 と H_2O となっても，ヘスの法則が成り立っているので，生じる熱量は同じになる．実は，ヘスの法則から熱含量の概念が生まれた，つまり，図 2-3，2-5 の表し方が可能となったのである．

化学反応式と呼吸商(RQ)[1]

ダイエットでは“運動をして脂肪を燃やす”と表現する．このように，食物は代謝(異化)によりからだの中で燃えて(酸化されて)いる．われわれのからだの中で，今，何が燃えているかは，吸気中の酸素量 O_2 と呼気中の二酸化炭素量 CO_2 を測定すれば知ることができる．その理由は，下記の化学反応式で示されるように，燃焼するときの O_2 と CO_2 のモル比が栄養素の種類によって異なるからである．このモル比 CO_2/O_2 を**呼吸商**(RQ)という．

グルコース(糖)

$$C_6H_{12}O_6 + 6\,O_2 \longrightarrow 6\,CO_2 + 6\,H_2O$$

$$呼吸商 = \frac{6\,CO_2}{6\,O_2} = 1.0$$

トリステアリルグリセロール[2](中性脂肪，脂質)

$$C_{57}H_{110}O_6 + 81.5\,O_2 \longrightarrow 57\,CO_2 + 55\,H_2O$$

$$呼吸商 = \frac{57\,CO_2}{81.5\,O_2} = 0.699 \fallingdotseq 0.7$$

アルブミン(血液・卵，タンパク質)

$$C_{72}H_{112}N_{18}O_{22}S + 77\,O_2 \longrightarrow 63\,CO_2 + 37\,H_2O + 9\,CO(NH_2)_2 + H_2SO_4$$

$$呼吸商 = \frac{63\,CO_2}{77\,O_2} = 0.818 \fallingdotseq 0.8$$

1)　商とは割り算した数値のこと．RQ は respiratory quotient の略号である．

2)　ステアリン酸 $C_{17}H_{35}COOH$ の3分子と，グリセリン $CH_2(OH)CH(OH)CH_2OH$ の1分子が，エステル結合したもの．

問題 2-5　CH_4 の燃焼反応，$CH_4 + 2\,O_2 \longrightarrow CO_2 + 2\,H_2O + 890\,kJ$ について，図 2-3 にならって熱含量と反応熱との関係を図示せよ．

問題 2-6　ヘスの法則(反応経路が異なっても，最初と最後が同じなら反応熱は同じ)の例として，炭素の不完全燃焼による一酸化炭素の生成反応の反応熱，
$C(s) + 1/2\,O_2(g) \longrightarrow CO(g) + x\,kJ$，の x を求めよ．
ただし，炭(炭素)の燃焼熱は，$C(s) + O_2(g) \longrightarrow CO_2(g) + 393\,kJ$，一酸化炭素の燃焼熱は，$CO(g) + 1/2\,O_2(g) \longrightarrow CO_2(g) + 283\,kJ$ である．

答 2-5

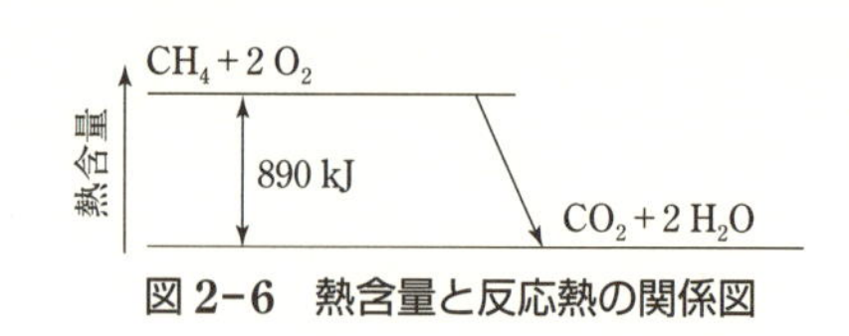

図 2-6　熱含量と反応熱の関係図

答 2-6　図 2-7 を描くことにより，$x = 393 - 283 = 110\,kJ$ が得られる[3]．

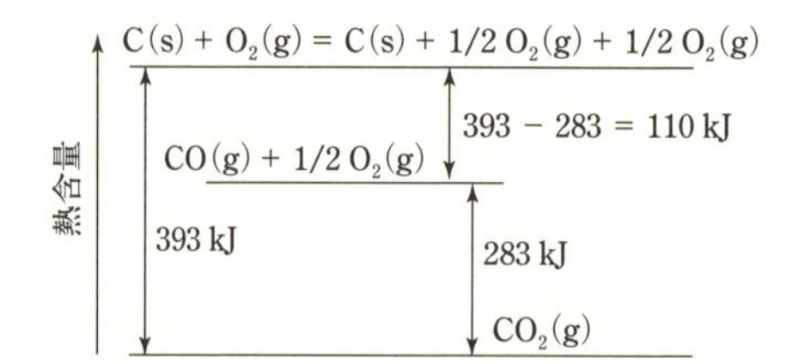

図 2-7　炭素，一酸化炭素の燃焼，一酸化炭素の生成における反応熱と熱含量の相関図

3)　反応式同士を足し引きするやり方もあるが，この図の考え方は，意味が分かっていて求めるやり方なので，より科学的である．

ヒトの安静時エネルギー代謝量(cal/d)

間接法でこの値を求めるには，呼吸でからだの中に取り入れた酸素の量，安静時呼気量・吸気量をもとに，体内で食べたものが酸化される(いわば燃える)ときの反応熱を計算する(p. 117，問題3-9；O_2 の 1 L = 4.83 kcal として計算)．タンパク質，糖質，脂質の燃焼比を求めるために[4)]，この計算で用いられる呼吸商(RQ)は，呼吸商 = 呼気中 CO_2/吸気中 O_2 で定義され，その値は，糖質 1.0，脂質 0.7，タンパク質 0.8 である．

4)　尿中窒素量からタンパク質量を計算し，呼吸商 RQ から糖質と脂質の量を求めることにより代謝量が計算できる．

物理的燃焼値と生理的燃焼値

問題 2-7　食物の熱量(エネルギー)計算のもとである，ボンブ熱量計で測定される燃焼熱(**物理的燃焼値**，食物を完全燃焼させたときの値)と，代謝で得られる反応熱(**生理的燃焼値**)は本当にまったく同一なのだろうか．また糖質，脂質，タンパク質では，それぞれ 1 g あたりの燃焼熱と代謝の反応熱は同じなのだろうか，違うのだろうか．また，それはなぜか．

答 2-7　違う．タンパク質中の窒素原子は体内では燃やす(NO に酸化する)ことができず，尿素 $CO(NH_2)_2$ として尿中に排泄されるので，タンパク質のからだの中における燃焼熱は物理的燃焼値より 1.3 kcal/g だけ小さくなる(**ルブネル係数**)．また，食べ物の消化吸収率は 100% ではなく，糖質，脂質，タンパク質でそれぞれ 97，95，92%（実験値）である．そこで，糖質，脂質，タンパク質の実際の熱量，**生理的燃焼値**は，物理的燃焼値から排泄尿素と吸収率を補正して，それぞれ **4.0**，**9.0**，**4.0 kcal/g** となる(**アトウォーター係数**)．脂質の熱量(エネルギー)がいちばん大きいのは，定性的には分子中の燃える部分(C，H)が分子中に占める割合がほかより大きいからである[5)]．

5)　分子中に占める C，H の割合
- グルコース(ブドウ糖) $C_6H_{12}/C_6H_{12}O_6 = 84/180 = 0.47$
- 中性脂肪(トリステアリルグリセロール) $C_{57}H_{110}/C_{57}H_{110}O_6 = 794/890 = 0.89$
- タンパク質(アルブミン) $C_{63}H_{76}/C_{72}H_{112}O_{22}N_{18}S = 832/1612 = 0.52$

2.6　反応熱の実体は何か：反応熱と結合エネルギー

われわれが生きるためのエネルギーは，食物から得ている．食物からのエネルギーは食物の**化学エネルギー**であると表現される．食物の化学エネルギーとはいったい何だろうか．それは，**燃焼熱**で近似できる燃焼の自由エネルギー変化 ΔG(後述)である．では，燃焼熱 = 反応系と生成系の熱含量差(図 2-3)のもととなる熱含量の実体は何なのだろうか．それは，反応系と生成系の**化学結合エネルギーの差**である．つまり，**食物の熱量(エネルギー)のもと**は，食物を構成する分子と燃焼に用いた酸素分子の化学結合エネルギー(分子内の原子同士の結合のエネルギー)と，燃焼生成物(異化の産物)である二酸化炭素 CO_2 と水 H_2O 分子内の原子同士の結合エネルギーの差であり，われわれはこの結合エネルギーの差を食物の熱量(エネルギー)として体内で利用しているわけである．われわれが生きるために利用している食物の化学エネルギーとは，実は，この熱量で近似できる食物の酸化反応の自由エネルギー変化 ΔG である．

a.　燃焼熱の実体：化学エネルギー ≒ 化学結合エネルギーの差

水の生成反応の熱化学方程式は，$H_2 + 1/2\ O_2 = H_2O(g) + 242\ kJ$ と表される．こ

1)　熱含量：含まれている熱の量という意.

の反応熱242 kJは生成系と反応系の熱含量[1]差である．この**反応熱 ＝ 熱含量差**は，上述のように**"反応系と生成系との化学結合エネルギーの差"**である．原子が次のように化学結合という手(ꝏꝏばね)でつながっているのが分子である．

H–H　＋1/2 O＝O ⟶ H–O–H(g)　＋242 kJ

HꝏꝏH＋1/2 OꝏꝏO ⟶ 2 OꝏꝏH(H–O–H)＋242 kJ(結合エネルギー差)

原子の状態より分子のほうが安定なので，原子から分子を生じることになる．結合エネルギーとは．原子間の結合形成による安定化エネルギーのことである．H_2 ＋ 1/2 O_2 ⟶ H_2O(g)の反応が起きるのは，反応系H_2と1/2 O_2のHꝏꝏH，1/2 × OꝏꝏOの結合エネルギーより，生成系H_2Oの2 × OꝏꝏHの結合エネルギーが大きい，つまり，H_2とO_2の状態でいるよりH_2O(g)となるほうが，242 kJ/molだけ安定化しているからである[2]．H_2Oとなることにより，反応系は242 kJ/molだけを得する(安定化する)．次の問題でこの議論をまとめて図示する．

2)　水生成の反応熱(水素の燃焼熱)＝2 ×(O-H結合エネルギー) −1 ×(H-H結合エネルギー) −1/2 ×(O-O結合エネルギー)＝242 kJ/molと表される.

問題2-8　2 H＋OからH_2Oができる反応，2 H＋O ⟶ H_2Oについて，表2-1の結合エネルギーの値をもとに，熱含量と安定化エネルギー(結合エネルギー)の関係，およびH_2の燃焼(水の生成反応)，H_2 ＋ 1/2 O_2 ⟶ H_2O(g)の反応熱との関係を図示せよ．

表2-1　結合エネルギー(kJ/mol，反応熱から求めた実験値)

H-H　436	N-H　391	C=O　804
O-H　463	O=O　490	C-C　348
C-H　413	C-O　352	C=C　607

答2-8

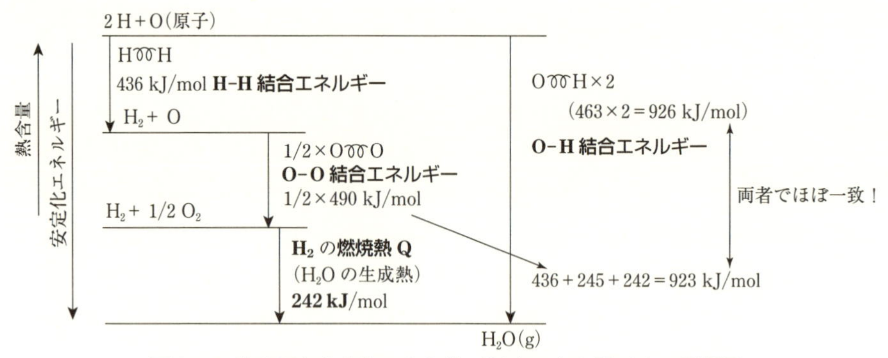

図2-8　熱含量と安定化エネルギー(結合エネルギー)との関係図

図2-8の縦軸は**熱含量**(含まれている熱の量)であるが，軸を逆方向にとれば熱含量は**安定化エネルギー**としての意味をもつ．原子が結合すると**結合エネルギー**の分だけ安定化するので，表2-1の値を用いて図2-8を描くことができる．この図に，図2-6，2-7のように，反応熱を組み込むと，H-H ＋ 1/2 O ＝ O ＋ 反応熱(436＋ 245 ＋ 242 ＝ 923) ≒ 2 O-H(926 kJ/mol)となり，反応熱が反応系と生成系の結合エネルギー差であることがわかる(図2-9も参照)．

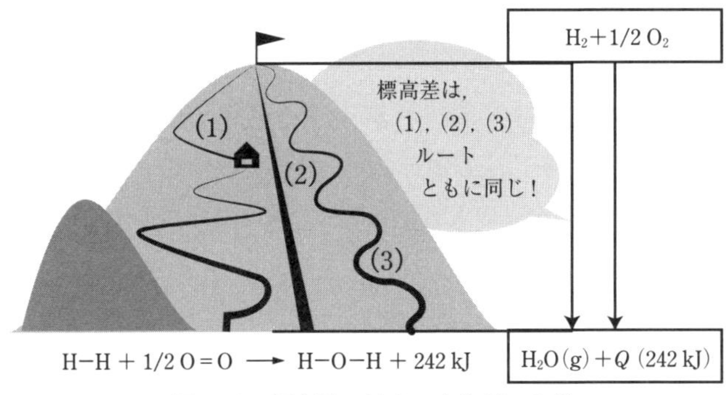

図 2-9　反応熱＝結合エネルギーの差

b.　物質の三態と液体の蒸発熱・凝縮熱，固体の凝固熱・融解熱，昇華熱

液体の水が 100℃以上で**水蒸気**，0℃以下で**氷**となるように，物質は温度や圧力の変化に応じ**気体・液体・固体**の**三態**をとる．気体では，個々の分子は広い空間を絶えず激しく動き回っている(図 2-10(a))．この状態では分子同士の距離が大きいので，分子間相互作用(分子同士の引力)は小さい．液体でも個々の粒子は活発に動き回っているが，分子間距離が小さいので相互作用は大きい(図(b))．温度が上昇し沸点となり，液体中の分子がこの分子間力に打ち勝つエネルギーをもつと，分子は液体から飛び出し気体となる．これを**蒸発**，逆を**凝縮**という(図(d))．固体では，隣接粒子同士の相互作用により粒子は自由に動けない(図(c))．温度が上昇し**融点**となり，熱エネルギーが周りとの引力に打ち勝つと固体は**融解**し液体となる．その逆を**凝固**という．また，固気変化を**昇華**という(図(d))[3]．

3)　氷は昇華しやすく(製氷皿の氷は長期間放置で量が減る)，昇華熱も大きいので，真空下(p. 118 注 1))，水溶液や含水物を凍らせたまま乾燥することができる(凍結乾燥・フリーズドライ)．生体試料の乾燥やインスタントコーヒー，即席めんなどの製造に利用されている．

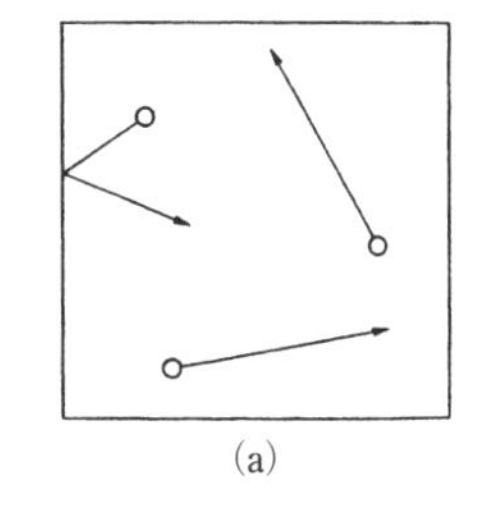
(a)

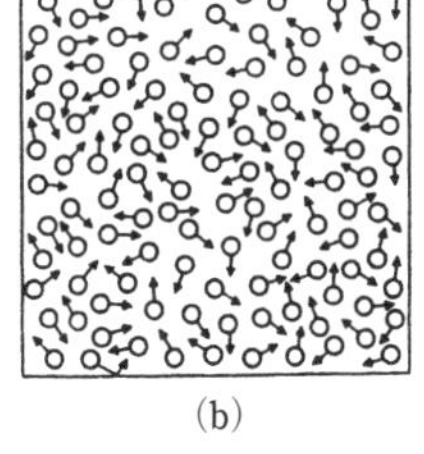
(b)

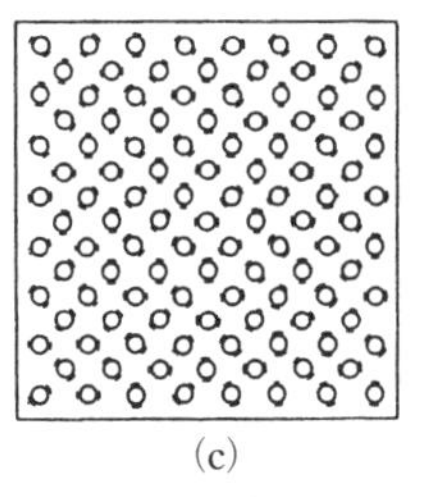
(c)

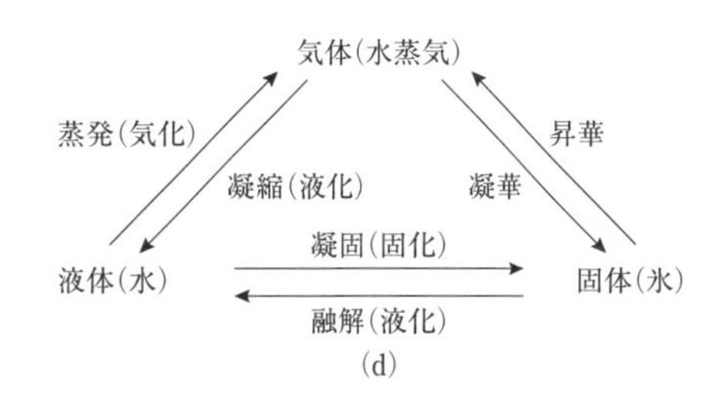

(d)

図 2-10　物質の三態とその相互変化
(a)気体　(b)液体　(c)固体　(d)物質の三態の相互変化

図 2-11 は−20℃の H_2O を 120℃まで加熱したときの H_2O の温度と加熱時間との関係を示したものである．

(1) 図中の A，B，C，D，E の領域における H_2O の存在状態は，A：氷(固体)，B：氷と水，C：水(液体)，D：水と水蒸気，E：水蒸気(気体)である．

(2) a，b，c，d での H_2O の状態は，a：0℃の氷のみ，b：0℃の水のみ，c：100℃の水のみ，d：100℃の水蒸気のみ，a：**融点**，c：**沸点**という．

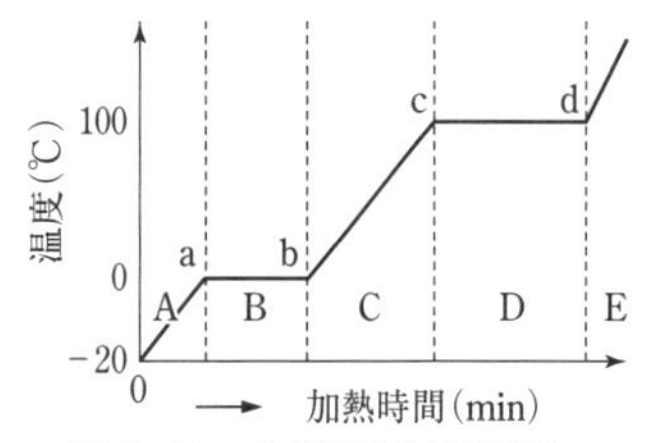

図 2-11　水の三態の温度変化

(3) B，D の領域で温度が一定な理由は，B：**融解**，D：**蒸発**であり，加えられた熱が状態変化のためにだけ費やされ，温度上昇に用いられないためである．気体･液体･固体の**状態変化**に伴い，発熱や吸熱(ここでは吸熱)が観察される．

(4) a～b，c～d の間で H_2O に加えられた熱量(熱エネルギー)は融解，蒸発に費やされるので，それぞれ**融解熱**，**蒸発熱**[4]という．

4)　**融解熱**，**蒸発熱**のように物質が融解したり蒸発したりするときに，状態変化のためにだけ費やされて，温度上昇にあずからない熱を**潜熱**(かくれひそんだ熱)という．

問題 2-9　氷は加熱すると，氷・$H_2O(s)$ ⟶ 液体の水・$H_2O(l)$ ⟶ 水蒸気・$H_2O(g)$，と状態が変化する．

(1) 三つの状態はいずれも H_2O 分子であり，化学変化，結合変化は起こらないのに，状態が異なるとなぜ熱が出入りするのか．熱の出入りのもとは何か．

(2) 氷，水，水蒸気の熱含量の大小関係を下図に示せ(a と b の一方を c と，e と f の一方を d とつなぎ，正しい関係図とせよ)．

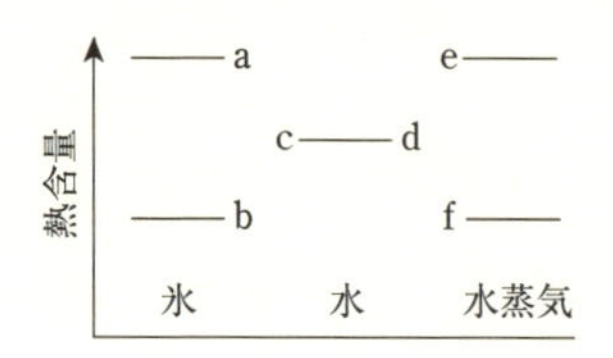

答 2-9　(1) 状態により熱含量が異なるため．状態変化に伴い出入りする熱・潜熱は，隣接分子間に結合力(**分子間力**)が働いており，その力が状態間で異なることを示している．分子間力 = 分子間の"結合"エネルギーが大きいほど系は安定化し，熱含量は小さくなる．

(2) b と c，d と e をつなぐ．熱含量は，氷＜水＜水蒸気(このことは，熱を加えることにより氷 → 水 → 水蒸気となることから理解できよう)．

まとめ問題　8　以下の語句を説明せよ：

物質の三態，蒸発，凝縮，沸騰，沸点，融解，融点，凝固，凝固点，昇華，蒸発熱，凝縮熱，融解熱，凝固熱，昇華熱，潜熱．

2.7　エネルギー保存則とエネルギーの相互変換

2.7.1　エネルギー保存則と熱の仕事当量(熱エネルギー，物理的仕事，運動エネルギーの相互変換)

ヘスの法則から，体内での食物の代謝(酸化)エネルギーと食品を燃やした(酸化した)燃焼熱は，等しいと考えてよいことがわかった．では，われわれの生きるためのエネルギーは，本当にすべて食物から供給されているのだろうか．われわれが外界からからだに取り込んでいるエネルギー(のもと)は食物だけである．**エネルギー保存則**(後述)はつねに成立しているので，生きるための全エネルギー・1日のエネルギー所要量は食物から得られた全エネルギー(≒ 食品の燃焼熱)に等しいといえる．

エネルギーとは，物理学的な仕事(物体に力を加えて，その向きに物体を動かすこと)を成し得る諸量の総称である．もともとは力学的仕事を成し得る能力の意味だったが，その後，力学的エネルギー，位置エネルギーだけでなく，熱エネルギー，電気エネルギー，光エネルギー(電磁気)，化学エネルギーおよび質量は，すべてエネルギーの一形態であることがわかった．これらの形態間でエネルギーの総量は，つねに一定である，つまりエネルギー保存則が成り立つ．力学的仕事が熱エネルギーに変換される際にも，エネルギーは保存される(ジュール熱，p. 94)．図 2-12 のジェットコースターは位置エネルギーと運動エネルギーの相互変換と保存の好例である．

ジェットコースターの運動

ジェットコースターは，位置エネルギーと運動エネルギーが移り変わることによって動いている．ジェットコースターがレールを下がり始めると，位置エネルギーは小さくなる．一方，速さはしだいに速くなるので，運動エネルギーは大きくなる．このとき，位置エネルギーは運動エネルギーに変換されている．

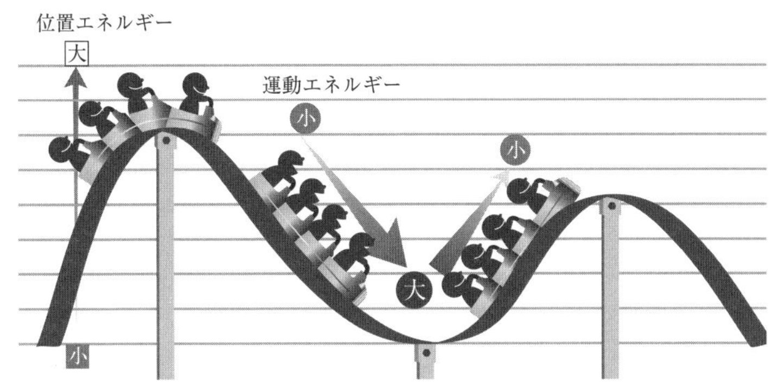

図 2-12 位置エネルギーと運動エネルギーの相互変換と保存

エネルギー保存則とは，“外部からの影響を受けない系(孤立系)では，その内部でいかなる物理的，化学的変化が起こっても，全体としてのエネルギーは不変”というもの．1840 年代，ヘルムホルツ，マイヤー，ジュールにより見出された．

からだを動かす力学的仕事(J)と反応熱・食物の熱量(cal)との間には，**1 cal ≒ 4.2 J** なる関係がある．これを**熱の仕事当量**という．一般に，自然界や人間世界では，これらのエネルギーはさまざまな形に相互変換されている(図 2-13)．

地球全体としてみれば，われわれは太陽光エネルギーを生きるための全エネルギー[1]として利用している．われわれのからだは地球の構成物質からできており，母なる地球の賜物，われわれの生命活動のエネルギーは太陽の賜物である[2]．

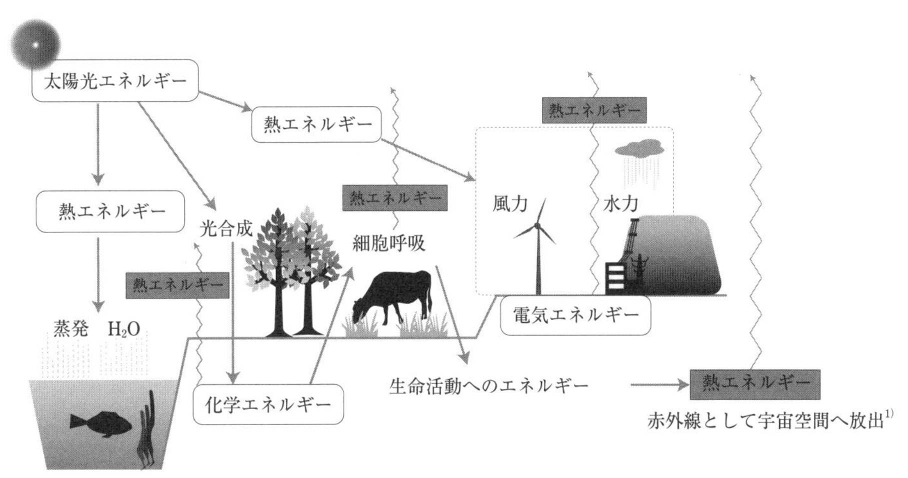

図 2-13 自然界におけるエネルギーの相互変換

1) 地熱エネルギーと原子力エネルギー以外のすべて．地球が受け取った太陽光エネルギーは，最終的にはすべて熱エネルギーに変換されて，赤外線として宇宙空間へ放出される．だから地球の平均気温は一定に保たれている．地球温暖化は，温暖化ガスがこの赤外線を吸収して放出を妨げるからである．われわれの体温が一定である理由も，食物のエネルギーが最終的にはすべて熱エネルギーとして体外に放出されているからである(p. 97 注 5) 参照)．

2) 深海底には熱水噴出孔があり，その周りには太陽のエネルギーなしで生きている生物群がいる．

1)　カロリーの定義は多様であるため，カロリーからジュールへの変換率(熱の仕事当量)には種々のJの値があるが，日本では1 cal = 4.186 05 J を用いている．国際単位系 SI では，この不定性のため，熱量の単位としてカロリーを廃止して，ジュールを採用している．したがって，"熱の仕事当量"という語は廃語となった．栄養学の世界でもジュールが主流だが，米国，日本などはカロリーを用いている(ジュールと併用)．

2) 重力の加速度=9.8 m/s^2．これを"重"と表記することがある．p. 114 注2)も参照のこと．

デモ実験：小さい魔法瓶に水を100 mLほど入れ，数百回，激しく振る．振る前後の水の温度を比較してみよ．

カロリーとジュール ― 熱エネルギーの単位とその等価性

われわれは食物の燃焼熱cal(熱量，熱エネルギー)を生きるための仕事(エネルギー)Jとして用いている(食物のエネルギー≒生きるエネルギー)．ではカロリー calとは何だろうか．ジュールJとは何だろうか．これらは熱量(熱エネルギー)の単位である．**1カロリー** calとは1 gの水の温度を(1気圧下で14.5℃から15.5℃に)1℃上昇させるのに必要な熱量の単位である．国際的にはエネルギーの国際単位**ジュールJ**で表す[1]．Jはもともと力学的仕事(エネルギー)の単位として定義されたものである．1 J = 1 N(ニュートン)·m = (1 kg × 1 m/s^2) × 1 m ≒ (0.1 kg × 9.8 m/s^2)[2] × 1 m = (0.1 kg・重) × 1 m. 1 J ≒ 0.1 kgの重さの物を地球の重力 G (9.8 m/s^2 の加速度)に逆らって1 m運ぶ(1 m持ち上げる)のに要する仕事量である．

カロリーとジュールの換算(熱の仕事当量)[1]：**1 cal ≒ 4.2 J** の関係がある．この値は図2-14のジュールの実験により得られた．地上で1 kgの重さの物体を垂直に100 m持ち上げるのに要する仕事量(エネルギー)は，1 kg重 × 100 m = 1 kg × 9.8 m/s^2 × 100 m = 980(kg·m/s^2)·m = 980 N·m = 980 J．この仕事量を熱量に換算すると，980 J ÷ 4.2 J/cal = 233 cal．つまり，この仕事量はコップ1杯の水(180 mL = 180 g)を1.3℃上昇させるのに必要な熱量と等しいことになる(180 g × 1.3 cal/g = 234 cal)．1日に摂取するエネルギー2000 kcal/d ≒ 80 kgの水を25℃上昇させるのに必要な熱量に等しく，2000 kcal/d ≒ 8400 kJ/d ≒ 80 kgの荷物を垂直に10 700 m持ち上げるのに要する仕事量に等しくなる．では，熱とは何だろうか．熱の実体は原子，分子の運動エネルギーである．高温・高熱であるということは原子・分子が激しく運動していることを意味する(このことを理解するためには気体分子運動論なる学問を学ぶ必要がある)．

熱と仕事との関係 ― ジュールの実験とジュール熱

冬に寒くて手がかじかんだときに，手のひらをこすり合わせて，摩擦熱で手を温めることや，昔の人が木をこすり合わせて摩擦熱で火を起こしたことからわかるように，力学的仕事(J = 力N × 距離m)を熱(cal)に変えることができる．

英国人のジュールは図2-14の装置で液体中の羽根車をおもりの降下によって回転させ，そのときの摩擦によって生じる熱量を液体の温度上昇から求め，おもりの位置変化から求めた仕事(量)と比較して，仕事と熱の関係，熱の仕事当量(1 cal ≒ 4.2 J)を得た．

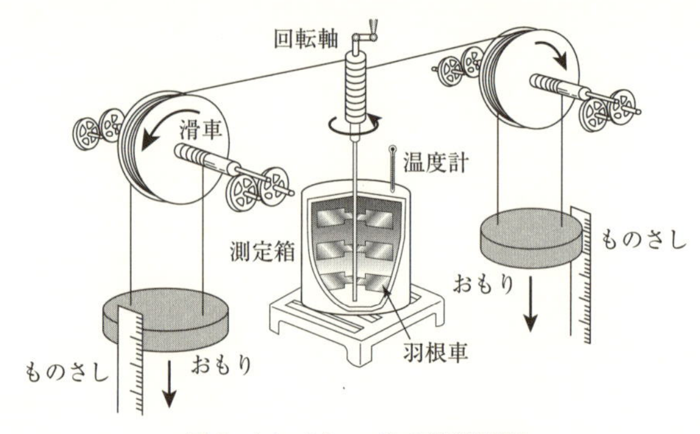

図2-14　ジュールの実験装置

2.7.2　生命活動のエネルギー

a.　ATP とエネルギー

人間のような従属栄養生物では，食物の代謝(異化反応)，たとえば，グルコースの酸化反応 $C_6H_{12}O_6 + 6\,O_2 \longrightarrow 6\,CO_2 + 6\,H_2O$ で放出されるエネルギーを用いて，図 2-15 のように，ADP(アデノシン二リン酸)と無機リン酸(P_i)から ATP(adenosine triphosphate，アデノシン三リン酸)を合成している[3]．つまり，食物中の有機分子の燃焼前後の自由エネルギー変化 ΔG(後述)＝食物の化学エネルギー(≒ 燃焼熱 ＝ 結合エネルギーの差)を ATP の化学エネルギーに変換している．呼吸とは，このように，食物を代謝(酸化)して ATP を産生する過程である．

3)　グルコース 1 分子から，解糖系，TCA 回路，電子伝達系で計 30 分子の ATP が合成される(p. 125〜129)．

ATP はさまざまな生命活動のエネルギーとして利用されるエネルギー源・エネルギーの一時的貯蔵物質であり，いわば自動車のガソリンに対応する[4]．ATP の加水分解，$ATP + H_2O \longrightarrow ADP + P_i$ で生み出される化学エネルギー(自由エネルギー変化 ΔG)を，生命はさまざまな形で利用して，生きるための同化や筋肉運動，細胞内外への物質の輸送(p. 96, 139〜141)などを行っている(図 2-16)．

4)　ATP はエネルギー通貨とよばれる．

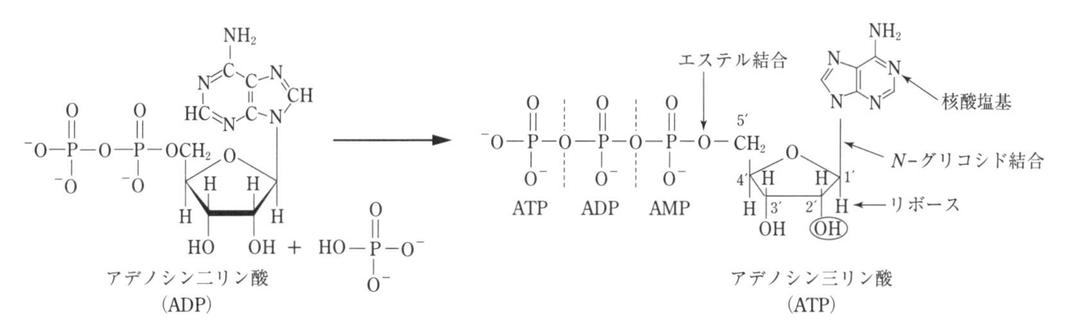

図 2-15　化学エネルギー貯蔵物質 ATP の構造と生成反応

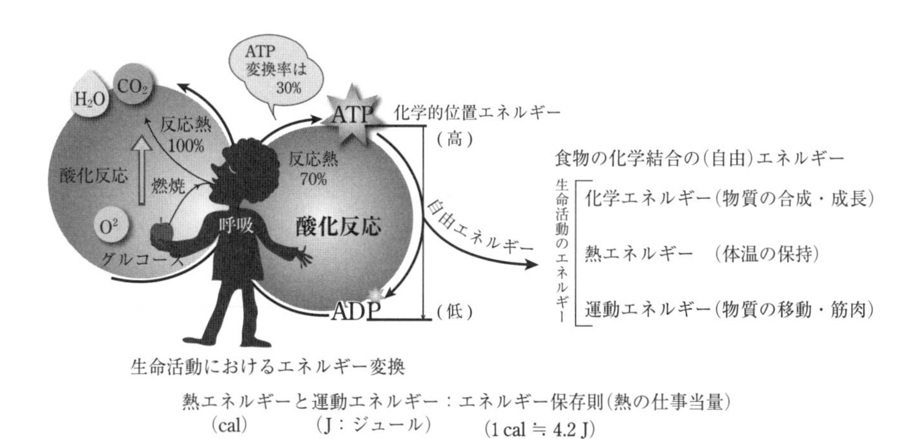

図 2-16　グルコースの代謝(異化)による ATP 産生と生命活動エネルギーへの変換

b.　自由エネルギーとは何か

食物の酸化反応からどれだけのエネルギーが得られ，そのうちどれだけが ATP へと変換されて，日常活動のエネルギーとして利用されるのだろうか．このことに答えるためには，**反応熱** Q(反応の**熱含量変化**，**エンタルピー変化** ΔH)だけではなく，**自**

由エネルギー G と，化学反応に伴う**自由エネルギー変化 ΔG** について学ぶ必要がある．自由エネルギー G とは，一定温度の下，可逆的な変化で，ある系から力学的仕事として取りだすことができる（利用することができる）エネルギー ＝ **“化学的” 位置エネルギー**のことである．石が上から下に落ちる，水が高い所から低い所へと流れるのは，高い所が低い所より位置エネルギーが大きいからである．化学反応においても反応は，“化学的” 位置エネルギー（自由エネルギー）が高いほうから低いほうに（全体が安定化するように）進む．反応前後の自由エネルギー差を**自由エネルギー変化 ΔG** という．

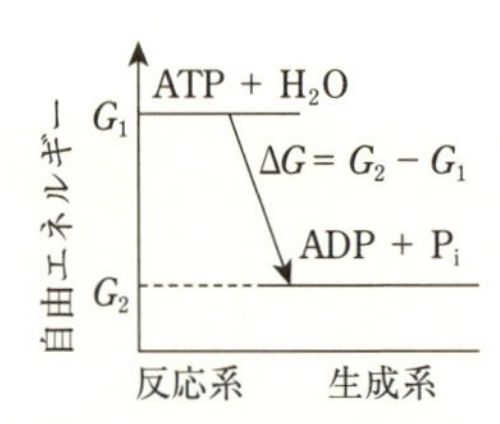

図 2-17　ATP の加水分解に伴う自由エネルギー変化

c.　ATP と自由エネルギー

ATP は高エネルギー物質であり，高エネルギーリン酸結合をもつ・生体中におけるエネルギーを必要とするさまざまな反応（自発的には起こらない反応，$\Delta G>0$）を進めるためのエネルギー源である．

ATP 分子中のリン酸結合（P～P）は高エネルギー結合であるといわれるが，ATP の加水分解反応 ATP + H_2O ⟶ ADP + P_i の反応熱は，$Q = -24.3$ kJ/mol（吸熱反応！ $\Delta H = +24.3$ kJ/mol>0）となり，ATP の加水分解反応の反応熱 Q は大きくない（負の値！ グルコースの燃焼熱 Q は 2800 kJ/mol，発熱反応，Q は大きな正の値）．では，なぜ ATP が高エネルギー物質といわれ，からだにとってのいわばガソリン（エネルギー源）となれるのだろうか．ここでいう “ATP が高エネルギー化合物，P～P が高エネルギー結合” とは，加水分解によって自由エネルギー ΔG をたくさん放出する，加水分解反応の**自由エネルギー変化**が大きい（$\Delta G \ll 0$[1]）という意味である．縦軸を自由エネルギー G ＝化学的位置エネルギーとした図 2-17 だと，水溶液中における（ATP + 水）の自由エネルギー G_1 は，（ADP + リン酸 P_i）の自由エネルギー G_2 よりもかなり大きい（$\Delta G^{\circ\prime,2)} = G_2^{\circ} - G_1^{\circ\prime} = -30.5$ kJ/mol）．

ATP の化学的位置エネルギーが ADP の化学的位置エネルギーより大きいのだから，水が位置エネルギーの大きい高い所から低い所へ流れるように，この加水分解反応も化学的位置エネルギーが高いほう（ATP＋水）から低いほう（ADP + P_i）へ変化する．この反応は自発的に起こる．このときに放出される自由エネルギーが，自由エネルギー変化 ΔG である（$\Delta G = G_2 - G_1$）（p. 86 の注 3）参照）．以上より，$\Delta G<0$（$G_2>G_1$）のときに，反応は（G の高い方から低いほうへと）自発的に進むことが理解できよう．

d.　ATP 利用の仕組み

代謝反応系の一つである解糖系（p. 125）では，グルコース G のリン酸化（グルコース-6-リン酸：G-6-Ⓟの合成）が必要だが，G + P_i（無機リン酸）⟶ G-6-Ⓟ + H_2O の反応は，$\Delta G^{\circ\prime} = +13.8$ kJ/mol > 0 と図 2-17 の生成系の位置エネルギーが大きいので，反応は右方向（G の低いほうから高いほう）には進まない（自発的には起こらない）．一方，ATP + H_2O ⟶ ADP + P_i では，$\Delta G^{\circ\prime} = -30.5$ kJ < 0，図 2-17 で生成系の化学的位置エネルギーが小さいので，反応は右方向に進む．そこで，この二つの反応を足し合わせると，G + P_i + ATP + H_2O ⟶ G-6-Ⓟ + H_2O + ADP + P_i（$\Delta G^{\circ\prime} = +13.8-30.5 = -16.7$ kJ/mol < 0）この式を整頓すると，G + ATP ⟶ G-6-Ⓟ+ ADP,

1)　**$\Delta G=\Delta H-T\Delta S$** の関係がある．ATP の加水分解反応の ΔH は正の値（吸熱反応，反応熱 Q<0）であるが，反応のエントロピー変化 ΔS（p. 97）が大きな正の値をとるために（$\Delta S \gg 0$），$\Delta G<0$（$G_1>G_2$），となる．つまり，化学的位置エネルギーが高いほうから低いほうに変化するので，ATP の加水分解反応は自発的に起こる．

2)　熱力学に基づけば，A+B ⇄ C+D なる反応の自由エネルギー変化 ΔG は，
$$\Delta G=\Delta G^{\circ}+2.303\,RT \times \log\left(\frac{[C][D]}{[A][B]}\right)$$
ここで，ΔG° は標準自由エネルギー変化で，濃度（活動度）[A]＝[B]＝[C]＝[D]＝1 mol/L のときの値，気体定数 R=8.31 J/K·mol，T は絶対温度 p. 116）である．したがって，ΔG は反応物と生成物の濃度によって異なる．pH 7 の値を $\Delta G^{\circ\prime}$ と表す．

なお，平衡状態（p. 136）では $\Delta G=0$（図 2-17 で $G_1=G_2$，化学的位置エネルギーが同じだから，反応の駆動力=0，反応は見かけ上，左右のどちらにも進まない）．よって，
$$\Delta G^{\circ}=-2.303\,RT \times \log\left(\frac{[C]_{\infty}[D]_{\infty}}{[A]_{\infty}[B]_{\infty}}\right) = -2.303\,RT \times \log K$$
となる（$[A]_{\infty}$ などは時間無限大の濃度，は平衡状態であることを示す．K は平衡定数，p. 136）．

$\Delta G^{\circ\prime} = -16.7$ kJ/mol < 0 となり，この二つの反応を組み合わせた反応では生成系のほうの化学的位置エネルギーが小さいので，反応は右方向（G の高いほうから低いほう）に進むことになる．このように自発的には進行しない G + P_i ⟶ G-6-Ⓟ + H_2O という反応（$\Delta G > 0$）を，ATP の加水分解反応のエネルギー（自由エネルギー変化 $\Delta G < 0$）を用いて進めることができる．ATP の加水分解反応と共役させる・組み合わせることにより，全体としての $\Delta G < 0$ として反応を進行させるわけである．

生命活動におけるエネルギー変換

化学的位置エネルギー＝**自由エネルギー変化 ΔG** は，熱力学なる学問に基づき，$\boldsymbol{\Delta G = \Delta H - T\Delta S}$ と表される．ΔH はエンタルピー変化（＝－反応熱 Q），T は絶対温度（p. 116），ΔS は**エントロピー変化**（エントロピー S は**乱雑さの尺度**）である．生化学では自由エネルギー変化 $\Delta G < 0$ の反応を**発エルゴン反応**（$\Delta H < 0$ の発熱反応に対応，自発的に進行する反応，化学的位置エネルギーが大きい状態（上）から小さい状態（下）への反応），$\Delta G > 0$ を**吸エルゴン反応**（自発的には進行しない反応）とよぶ．エントロピーは学問のみならず現代社会を考え分析するうえでも大変重要な概念である．“エントロピーについて学ぶことは人生においてシェイクスピアを読むことと同じだけの意味がある”とは英国の数学者・哲学者バートランド・ラッセル（ノーベル文学賞受賞）の言葉であるが，ここでは取り上げない[3]．

食物エネルギーの ATP への変換率は標準状態で 32%，物理的条件では 50% 以上（p. 128），残りは熱エネルギーとなる（体温維持と放熱：東アジア人が西洋人に比べて少食で，冷房に弱い・冷え性など耐寒性が低い理由は，氷河期の長い飢餓の歴史の中で，からだが食物のエネルギーを ATP に変えること（共役）を優先し，熱として失いにくく（**脱共役しにくく**）したことによる[4]）．人間は発熱体であり放熱が必要である[5]．子供が高体温なのは，新陳代謝が活発に起こっている，つまり反応がたくさん起こっているから，その分，反応熱がたくさん出るためである[6]．

生命体は秩序だった組織でありエントロピー（乱雑さ）が低い状態である．エントロピーは増大する（秩序が崩れて構成物がばらばらになる・乱雑さが増す）のが自然の法則であり（熱力学の第二法則），生命はこれと矛盾するように見えるが，このエントロピー増大（＝死）を避けるための不断の努力が“食べる”ことである．食物の自由エネルギー（エンタルピー変化 ΔH，反応熱＝化学結合エネルギーがそのほとんどを占める[7]）を取り込んで，自然に増えるエントロピーを減らしている，つまり，ΔG を使ってからだをいつもつくり変えている．このことと，ヒトがその反応熱（発熱）を体外に放散することによりエントロピー（$\Delta S = \Delta Q$（熱量）$/T$）を外に捨てていることは熱力学的には等価である．

まとめ問題　9　以下の語句を説明せよ：

異化，酸化還元の定義，なぜ食べる必要があるのか（理由二つ），呼吸，質量保存則，なぜ水を飲むのか，尿素，不可避尿，食べてもなぜ体重が増えないのか，食物の化学エネルギーとは，反応熱，熱化学方程式，熱含量，エンタルピー，ヘスの法則，（呼吸商），物理的燃焼値と生理的燃焼値（ルブネル係数・アトウォター係数），結合エネルギー，エネルギー保存則，cal，J，熱の仕事当量，自由エネルギー（発エルゴン反応・吸エルゴン反応，エントロピー），ATP 利用の仕組み，体温のもとは何か．

3)　コップの水に墨汁を 1 滴たらすと，じきに墨汁は拡散し，コップ全体に均一に拡がる．これはエントロピー（乱雑さ）が増大する，自然に起こる変化（反応）である．つまり，反応熱 $Q = -\Delta H = 0$ でも，$\Delta G = \Delta H - T\Delta S = -T\Delta S < 0$．すなわち，エントロピーが増大すれば $\Delta G < 0$ となり，その変化（拡散）は自発的に進行する．拡散はエントロピー駆動の変化である．

4)　電子伝達系（p. 127，129）の ATP 合成過程で，脱共役タンパク質が働くと（p. 143 注 3）），食物の酸化で得たエネルギーを熱に変えてしまう．脱共役タンパク質は褐色脂肪組織（熱産生）に多い．

5)　ヒトは約 100 W の発熱体である．1 日に 2000 kcal の熱量を食物から取り込んでいるということは，同じだけの熱量を毎日体外に放出していることを意味する（p. 93 注 1））．ATP に蓄えられた化学エネルギーも最終的には熱エネルギーとなる（エネルギー保存則）．
2000 kcal/mol × 4.2 J/cal ÷ (24 h × 60 m/h × 60 s/m) = 0.097 kJ/s = 97 J/s = 97 W

6)　たとえば，幼児期の各組織の正常な発育にとって，甲状腺ホルモンは不可欠である．チロキシンは物質代謝を盛んにし，熱産生を亢進する（p. 159）．

7)　グルコースの燃焼熱は 2800 kJ/mol（$\Delta H = -2800$），$\Delta G = -2880$ kJ/mol．燃焼熱が自由エネルギー変化より約 3% 小さい．

3章　消化・吸収・運搬・代謝：からだの中の酸と塩基，水と油，気体，代謝反応

3.1　からだの中の酸と塩基，中和反応

3.1.1　からだの中の酸：胃はなぜ酸性か

胃液は酸性である（pH 1.0〜2.0，4.1 節参照）．胃液中の酸・胃酸は，強酸の塩酸 HCl である．胃液はなぜ強酸性でなければならないのだろうか．その理由は四つある．① タンパク質の消化に先立ち，結合組織と筋線維を分解する，② タンパク質は高次構造[1]（p. 69）をもつために糖質や脂質に比べて消化されにくいので，強酸性条件下でタンパク質を変性させ[1]て（p. 71）加水分解（消化）を行う必要がある（この酸性下で酵素のペプシンが働く），③ 鉄 Fe，カルシウム Ca を溶解し，吸収促進する，④ 胃液の酸性は，口から体内に入ってきたものを殺菌するのに役立っている[2]からである．

では，胃液中の塩酸はからだの中でどのようにしてできるのだろうか．食物が酸化されて（燃えて）二酸化炭素 CO_2（炭酸ガス）が生じるのはすでに学んだ．細胞内で生じた CO_2 は液に溶けた状態で組織液とリンパ液を経由して血液中を通り，肺胞の毛細血管を通して（図 3-29 参照）肺から外界へ吐き出されている．この CO_2 は老廃物なのだろうか．とんでもない．CO_2 はからだの中でさまざまな役割を果たしている！ その一つが，胃酸（塩酸 HCl）をつくりだすことである[3]．

CO_2 は水分子と反応し，炭酸 H_2CO_3 を生じる（$CO_2 + H_2O \rightleftarrows H_2CO_3$）[4]．炭酸は弱酸だが，水素イオン H^+ を放出する（$H_2CO_3 \rightleftarrows \underline{H^+} + \underline{HCO_3^-}$）[5]．胃壁細胞は，こ

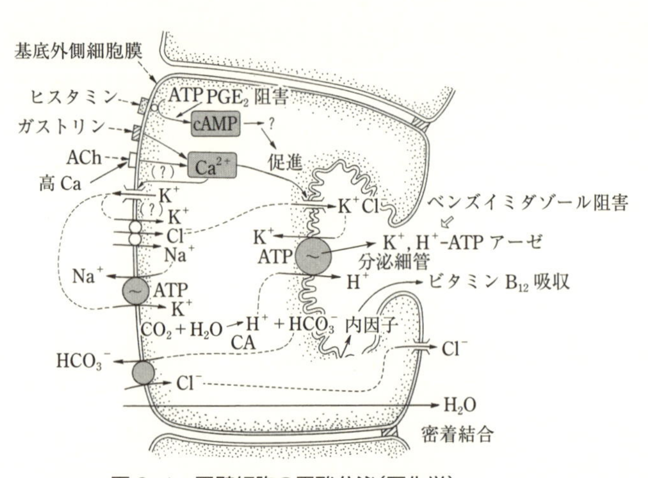

図 3-1　胃壁細胞の胃酸分泌（医化学）

［香川靖雄，野澤義則著，“図説 医化学 第 3 版”，南山堂（1995），p. 253；内科 **73**（1994）］

1）**高次構造**は，ヒトにたとえると，からだを丸めて，他からの攻撃に弱い顔やお腹を内側に向けて保護している状態であり，**変性させる**とは，守っていた顔と腹を外にむき出して無防備の状態にすることに対応する．強酸性下では高次構造を形成する力の一つであるアミノ酸残基間のイオン結合 $-COO^- \cdots {}^+H_3N-$ は，$-COOH\ {}^+H_3N-$ となって働かなくなり，$-COO^- \cdots$ H-O-タイプの水素結合の力も弱まる．

2）多くの生物は pH 3 以下の酸性条件では生育できない（p. 135）．一方，殺菌作用をもつ強酸性の胃の中に胃がんのもととなるピロリ菌が巣食っていることが，明らかになった．

3）ほかには血液の pH 一定化（4.1 節），尿素の製造（p. 82，130），脂肪酸の合成（p. 130），糖新生（p. 129），核酸塩基（ピリミジン塩基）の合成がある．

4）この反応は炭酸脱水酵素（carbonic anhydrase：CA）により触媒作用を受けている（p. 149）．なお，式中の $\rightleftarrows$ は，反応が両方向に進行する（左から右に行ったものが，またすぐに逆戻りする）という意味である．

5）炭酸は不安定であり，厳密には $CO_2 + H_2O \rightleftarrows (H_2CO_3) \rightleftarrows H^+ + HCO_3^-$ となり，H_2CO_3 分子は水溶液中にわずかしか存在しない．

のH^+を能動輸送(p. 139)により胃中に放出し(H^+/K^+，図3-1)，また，食事で体内に取り込んだ食塩NaCl成分の塩化物イオンCl^-を細胞内に取り込み，その代わりにHCO_3^-を吐き出す．そして取り込んだCl^-を胃の中へ放出する(図3-1)．つまり，胃の中では，$H^+ + Cl^- \longrightarrow HCl$として塩酸が合成される．強酸であるHClは，水溶液中ではH^+とCl^-に分かれたままなので，胃壁細胞がH^+とCl^-を胃中に放出したということは，HClを放出した(塩酸が合成された)ことになる．

デモ実験：話に答える水

純水＋少量のNaOH＋フェノールフタレイン[6](塩基性(アルカリ性)，液色はピンク色)

この溶液に息を吹き込むと，どのような変化が観察されるか．また，それはなぜか．

NaOH水溶液(アルカリ性)＋息 ⟶ ピンク色消失(無色となる：pH 8未満)

$CO_2 + H_2O \longrightarrow H_2CO_3$(炭酸の生成)

$NaOH + H_2CO_3 \longrightarrow NaHCO_3 + H_2O$(NaOHが炭酸で中和される[7])

6) フェノールフタレインは酸性・中性で無色，pH 8.2〜10でピンク・赤色に変色する．

7) $NaHCO_3$水溶液はpH＞8であるが，中和後，さらに過剰のH_2CO_3が加わることで炭酸緩衝液(p. 137)となるので，pH＜8となり，無色となる．

ここで，酸とは何か，強酸・弱酸とはどのような酸かについて復習しよう．酸とは水に溶けて酸性のもとのH^+を生じ，塩基と反応して塩と水を生じる物質である．

強酸とは**塩酸HCl**，**硫酸H_2SO_4**，**硝酸HNO_3**のように，水溶液中で酸分子のほぼすべてが電離するもののことである．たとえば，最初にHCl分子が100個あるとすると，HCl分子は水に溶けた瞬間に100個とも，$HCl \longrightarrow H^+ + Cl^-$と解離し，ばらばらになり，100個の$H^+$と100個の$Cl^-$になる[8]．酸性のもと・酸っぱいもとの$H^+$が多数生じたのだから，水溶液は強酸性を示し，なめればたいへん酸っぱい．

弱酸とは**酢酸**，**炭酸**などのように，ごく一部の酸分子しか解離しないもののことである．最初に酢酸分子**CH_3COOH**が100個あったとすると，CH_3COOH分子は水に溶けた瞬間に1〜2個しか解離しない(ばらばらにならない)，$CH_3COOH \rightleftharpoons H^+ + CH_3COO^-$．時間が経っても大部分は$CH_3COOH$のままで，1〜2個の$H^+$しか生じない[8]．したがって，水溶液は弱酸性であり，なめてもあまり酸っぱくない．

8) 強酸(強電解質)と弱酸(弱電解質)のモデル図

H^+ Cl^- H^+ Cl^-
H^+ Cl^- H^+ Cl^- H^+
H^+ Cl^- H^+ Cl^-
H^+ Cl^- H^+ Cl^- H^+

(すべてイオン)
強酸，強電解質

CH_3COOH CH_3COOH
CH_3COOH CH_3COOH
CH_3COO^- CH_3COOH
CH_3COOH H^+

(イオンは少量)
弱酸，弱電解質

デモ実験：酸とは何か，酸性とはいかなる性質かを五感で知る・学ぶ

A：塩酸HCl(胃酸)
B：酢酸CH_3COOH(食酢の酸)
C：クエン酸(レモンなどの柑橘類の酸，梅干しの酸)
D：アスコルビン酸(ビタミンC)
E：炭酸H_2CO_3(炭酸飲料)
F：リン酸H_3PO_4(リン酸の塩であるリン酸カルシウムは骨や歯の成分)
G：シュウ酸$H_2C_2O_4$(野菜中のあくの成分，イオンとしてほうれん草などに含有)

それぞれ，ごくわずかだけ手につけて，なめて，酸っぱさを比較してみよう[9]！

9) ヒトの生き物としての理解・認識の仕方の基本は五感・直感で理屈抜きに理解することである．それを前提にして，頭による理解がある．高校・大学の教科書には触感，味覚を使って薬品の性質を理解することを禁じている．薬品には危険物・毒物も多いので，むやみに触ったり，なめたりしてはいけないが，**安全性を確保したうえで**，五感のすべてを使って体験することは，ものごとの本質的理解にとって必須である．学ぶ心の前提である好奇心を生む機会でもある．

CO_2と酸性雨，炭酸飲料

純水は中性だが，雨水は中性ではない．雨水には空気中のCO_2が溶け込んでいるために，それから生じた炭酸により，実は，弱酸性(pH 5.6)を示す．したがって，環境科学の分野でいう酸性雨とは，pHが5.6以下の雨のことを指す．炭酸飲料とは，さまざまな呈味物質が含まれた二酸化炭素CO_2(炭酸ガス)の水溶液のことである．

問題 3-1 代表的な無機酸である塩酸，硫酸，硝酸，炭酸，リン酸と代表的な有機酸である酢酸について，化学式，強酸，弱酸の区別，酸の価数[1]を示せ．

答 3-1

塩　酸 **HCl**(強酸，1価)　食塩 NaCl の酸(塩化水素酸)[2]
硫　酸 **H_2SO_4**(強酸，2価)　硫黄 S の酸
硝　酸 **HNO_3**(強酸，1価)　硝石 KNO_3 の酸[3]
炭　酸 **H_2CO_3**(弱酸，2価)　炭素 C の酸
リン酸 **H_3PO_4**(中程度の酸，3価)　リン P の酸
酢　酸 **CH_3COOH**(弱酸，1価)　食酢の酸．無機酸の H は，すべて H^+ として解離できるが，有機酸・カルボン酸では **-COOH(有機酸のもと)** の H のみが H^+ となる[4]．

オキソ酸[5]：炭酸，硝酸，リン酸，硫酸は，表 3-1 に示すように非金属元素 C，N，P，S の酸化物(酸性酸化物)と水分子が反応して生じる．これをオキソ酸という．塩酸 HCl は，ハロゲン化水素酸の一種である塩化水素 HCl の水溶液である．

表 3-1 非金属元素 C，N，P，S とそのオキソ酸の生成

元素	族	酸化数*1	酸化物*2	オキソ酸の生成反応	オキソ酸
C	14 族	+4 →	CO_2	$CO_2 + H_2O \longrightarrow H_2CO_3$	炭酸 H_2CO_3
N	15 族	+5 →	N_2O_5	$N_2O_5 + H_2O \longrightarrow H_2N_2O_6$ (2 HNO_3)	硝酸 HNO_3
P	15 族	+5 →	P_2O_5	$P_2O_5 + H_2O \longrightarrow H_2P_2O_6$ (2 HPO_3)[6]	(メタリン酸)
				$HPO_3 + H_2O \longrightarrow H_3PO_4$	リン酸 H_3PO_4
S	16 族	+6 →	SO_3	$SO_3 + H_2O \longrightarrow H_2SO_4$	硫酸 H_2SO_4

*1 この酸化数は“族番号−10”で示される最高酸化数のこと．元素の原子が，最外殻の電子(p. 186)をすべて失ったとしたときに生じる(仮想的な)陽イオンの価数を最高酸化数という．O の酸化数＝−2 は約束と考えよ．
*2 酸化物の化学式は，元素の最高酸化数と O 原子の酸化数−2 から，交差法(p. 23)で求める．たとえば，C は+4，O は−2 だから，C_2O_4，2 で割り切れるので，2 で割って CO_2，P は+5，O は−2 だから，P_2O_5 となる．

問題 3-2 炭酸，リン酸，硫酸，硝酸，酢酸について，酸の価数と化学式，酸の一段ごとの解離反応式を示せ．また，生じる多原子イオンの化学式と名称も示せ．

◀化学の基礎 11▶ 酸の種類と価数，酸の解離と多原子イオン[7]

答 3-2

炭酸：2価の酸
$H_2CO_3 \rightleftarrows H^+ + \mathbf{HCO_3^-}$　**炭酸水素イオン**(重炭酸イオン)
$HCO_3^- \rightleftarrows H^+ + CO_3^{2-}$　炭酸イオン
($H_2CO_3 \longrightarrow 2H^+ + CO_3^{2-}$)

リン酸：3価の酸
$H_3PO_4 \rightleftarrows H^+ + \mathbf{H_2PO_4^-}$　**リン酸二水素イオン**
$H_2PO_4^- \rightleftarrows H^+ + \mathbf{HPO_4^{2-}}$　**リン酸水素イオン**
($H_3PO_4 \longrightarrow 2H^+ + HPO_4^{2-}$)
$HPO_4^{2-} \rightleftarrows H^+ + PO_4^{3-}$　リン酸イオン
($H_3PO_4 \longrightarrow 3H^+ + PO_4^{3-}$)

硫酸：2価の酸
$H_2SO_4 \longrightarrow H^+ + HSO_4^-$　硫酸水素イオン
$HSO_4^- \longrightarrow H^+ + SO_4^{2-}$　硫酸イオン
($H_2SO_4 \longrightarrow 2H^+ + SO_4^{2-}$)

硝酸：1価の酸
$HNO_3 \longrightarrow H^+ + NO_3^-$　硝酸イオン

1) 酸が放出できる H^+ の数を，その酸の**価数**という．

2) $NaCl + H_2SO_4 \longrightarrow HCl + NaHSO_4$

3) $KNO_3 + H_2SO_4 \longrightarrow HNO_3 + KHSO_4$

4) CH_3- の H は H^+ にはならない．C-H 結合は，極性が小さいので(p. 77 注 14)，191)，簡単には切れない．

5) 酸素酸，オキシ酸ともいう．オキソ(oxo)，オキシ(oxy)は酸素 oxygen を意味する．酸性酸化物から生じた O 原子を含む酸．

6) HPO_3 はメタリン酸，$P_2O_5 + 2H_2O \longrightarrow H_4P_2O_7$ はピロリン酸，H_3PO_4 はオルトリン酸という．オルトリン酸を通常はたんに“リン酸”という．

7) 多原子イオンはもとの酸の化学式中から H^+ が一つずつ取れることで生じる．化学式中に残る H の数が，
0 個：…**酸イオン**，
1 個：…**酸水素イオン**，
2 個：…**酸二水素イオン**．
逆に，…酸イオンの化学式には 0 個，…水素イオンの化学式には 1 個，…酸二水素イオンの化学式には 2 個の H が存在する．
H 原子が H^+ として取れる際には電子を残していくので(下図)，これらのイオンの負電荷は，もとの酸から H^+ が取れた数と等しい：$H_2SO_4 \longrightarrow 2H^+ + SO_4^{2-}$ など．

酢酸：1価の酸　$CH_3COOH \longrightarrow H^+ + CH_3COO^-$　酢酸イオン
（塩酸（ハロゲン化水素酸）：1価の酸　$HCl \longrightarrow H^+ + Cl^-$　塩化物イオン）

（参考）：オキソ酸，H_2CO_3，H_3PO_4，H_2SO_4 の分子構造は次の通りである．

```
      O              O                O
      ||             ||               ||
H−O−C−O−H    H−O−P−O−H      H−O−S−O−H
                     |                ||
                     O                O
                     |
                     H
```

3.1.2 からだの中の塩基：小腸・大腸はなぜ塩基性（アルカリ性[8]）か

塩基とは，**水酸化ナトリウム NaOH** や**アンモニア NH_3** のように，酸と反応して塩をつくる物質（塩のもと）のことである．これらは水に溶けて塩基性（アルカリ性．ぬるぬるする，苦味がある）のもとである**水酸化物イオン OH^-** を生じる．

水酸化アルカリ（強塩基）：金属元素の酸化物（塩基性酸化物）と水分子とが反応して生じる化合物を水酸化アルカリという．**NaOH** のほか，KOH，$Ca(OH)_2$，$Ba(OH)_2$ などがある．$NaOH \longrightarrow Na^+ + OH^-$（塩基性，アルカリ性のもと）．

表 3-2　金属元素 Na，Ca とその水酸化アルカリの生成

元素	族	酸化数	酸化物[9]	水酸化アルカリ生成反応	水酸化アルカリ（金属水酸化物）[10]
Na	1族	+1	Na_2O	$Na_2O + H_2O \longrightarrow 2\,NaOH$	水酸化ナトリウム NaOH
Ca	2族	+2	CaO	$CaO + H_2O \longrightarrow Ca(OH)_2$	水酸化カルシウム $Ca(OH)_2$

アンモニア NH_3：アミンも含めて，水酸化アルカリとは別種の**弱塩基**である．

問題 3-3　NH_3 の水溶液が塩基性を示す理由を，反応式を用いて説明せよ．

答 3-3　$NH_3 + H_2O \rightleftarrows NH_4^+ + OH^-$（塩基性のもと）[11]

小腸・大腸は弱塩基性である．酸性の胃液を小腸で弱塩基性にするには，胃液の酸をまず中和する必要がある．中和とは，酸性のもとの H^+ と塩基性のもとの OH^- が反応して，酸と塩基由来の H^+ と OH^- がすべて水分子になること（$H^+ + OH^- \longrightarrow H_2O$）である．その結果，酸と塩基はともにその特性を失い，対応する塩を生じる．

中和反応は上述のようにヒトの中でも起きている．そのほか，身の周りにもさまざまな中和反応の例がある[12]．

胃酸は，十二指腸で分泌される膵液や小腸で分泌される腸液に含まれる炭酸水素ナトリウム $NaHCO_3$（**重曹・重炭酸ソーダ・重炭酸ナトリウム**）で中和されており，$NaHCO_3$ と胃液の塩酸 HCl の中和反応は，次式で示される．

$$NaHCO_3 + HCl \longrightarrow (NaCl + H_2CO_3) \longrightarrow NaCl + H_2O + CO_2 \quad \text{（炭酸は不安定）}$$

8）水に溶けやすい塩基をアルカリ，その水溶液が示す性質をアルカリ性という．

9）Na^+，O は O^{2-} だから，酸化物は交差法より Na_2O．Ca^{2+}，O は O^{2-} だから，酸化物は，全体を電荷 0 とするには単純に CaO．

10）NaOH の塩基としての価数は，$NaOH \longrightarrow Na^+ + OH^-$ と NaOH の 1 個から OH^- は 1 個しか生じないので 1 価，$Ca(OH)_2$ は，$Ca(OH)_2 \longrightarrow Ca^{2+} + 2\,OH^-$ と OH^- を 2 個生じるので 2 価．

11）NH_4^+ をアンモニウムイオンという．なぜこのような反応が起きるかは p. 189 を参照．

12）せっけんで肌を洗った後（皮膚は弱アルカリ性），化粧水（弱酸性，ホウ酸，クエン酸）をつけるのも，皮膚表面を中和後，弱酸性にしている．その他，火山性の酸性河川水や工場排水の中和などがある．

※ $NaHCO_3$ は塩だが，これを塩基といってよいのだろうか．ブレンステッド-ローリーの定義では，HCO_3^- は塩基である[1]．HCO_3^- を H_2CO_3 の**共役塩基**という．HCO_3^- は，$HCO_3^- + H_2O \longrightarrow H_2CO_3 + OH^-$ と，そのごく一部が水と反応するので，その水溶液は弱塩基性となる．これを**塩**($NaHCO_3$)**の加水分解**[2]という．HCO_3^- は血液中の**緩衝塩基**として重要である（血液中の酸と反応し，pHを一定に保つ：$HCO_3^- + H^+ \longrightarrow H_2CO_3 \longrightarrow H_2O + CO_2$）．

小腸で分泌される $NaHCO_3$ により胃酸が中和された後は，小腸内は弱塩基性となる．小腸の管腔内で働くタンパク質，脂質の消化酵素の**最適 pH**(p. 135)は8前後であり，この条件下では，脂質はより乳化(p. 105)されやすくなり，酵素による消化速度は増大する．また，消化(加水分解)されて生じた脂肪酸も中和されて脂肪酸イオンとなるので，消化液に溶けやすくなり，吸収されやすくなる[3]．

デモ実験：重曹の水溶液から，塩基と塩基性(アルカリ性)を五感で知る

・重曹の粉を手につけてなめる，味見する．
・純水に重曹の粉を溶かす．液を手につけてぬめりを感じる[4]．
・万能pH試験紙でpHを調べる(弱塩基性(弱アルカリ性))．
・重曹と塩酸の中和反応を観察し，中和液を手につける．生じた塩を味見する．

では，膵液・腸液中の $NaHCO_3$ はどこからやってきたのだろうか．それは，胃液のHClと同じく，“老廃物”の CO_2 と食物から摂取した食塩NaClからつくり出されている．つまり，

$$CO_2 + H_2O \longrightarrow (H_2CO_3) \longrightarrow H^+ + \underline{HCO_3^-},\quad NaCl \longrightarrow \underline{Na^+} + Cl^-$$

$$\underline{HCO_3^-} + \underline{Na^+} \longrightarrow \underline{NaHCO_3}$$（CO_2 由来の HCO_3^- と食塩由来の Na^+ から生じたもの）

このように，胃液の塩酸と膵液・腸液中の $NaHCO_3$ はともに，NaClと CO_2（食物の燃えカス・老廃物）を原料にして生み出されている．からだの仕組みがいかに合理的かが理解できよう．

1）**ブレンステッド-ローリーの定義**：H^+ を出すのが酸，H^+ を受け取るのが塩基である．

2）弱酸(酸性のもとの H^+ をわずかしか放出しない酸)とは，もともとわずかしかイオンになりたがらない性質のものである．この弱酸分子が，NaOHなどの強塩基により，無理やり全部イオンにさせられてしまった(中和反応で H^+ をはぎ取られてしまった)のが弱酸の塩である．したがって，塩の中の弱酸イオンは，水に溶けると，水分子から H^+ をもらってもとの酸分子にもどろうとする傾向がある．これが**塩の加水分解反応**である．

3）塩酸が炭酸水素ナトリウムで中和される理由には，からだにとって必要な Cl^-(NaCl)を回収すること，浸透圧を下げることもあると考えられる．

4）ぬめる理由はアルカリが皮膚を腐食するからである．アルカリは細胞の防御膜をつくっている脂肪(エステル)を塩基加水分解(けん化)して，その膜を破壊する性質がある．NaOHを苛性ソーダともいうが，苛性とは，皮膚その他の動物組織を腐食させる性質という意味である．

5）生じた塩が加水分解するために中和液は必ずしも中性にはならない．

中和と中和反応式

酸っぱいもとの H^+ とぬるぬるのもとの OH^- が反応して，水分子 H_2O に変化するのが酸と塩基の中和だから，中和した溶液はもとの酸の性質も，もとの塩基の性質も示さない[5]．中和の基本式は，$H^+ + OH^- \longrightarrow H_2O$ だから，中和反応式では，酸から生じる H^+ と塩基から生じる OH^- の数が合致するように酸と塩基の係数を決める．また生じる塩の化学式は陽イオンと陰イオンの電荷が等しくなるように定める．たとえば，炭酸と水酸化ナトリウムの中和反応式は，

$$\underline{H_2CO_3} + \underline{2}\,Na\underline{OH} \longrightarrow Na_2CO_3 + 2\,H_2O$$

（反応式の書き方：左辺の原子数と右辺の同じ種類の原子数を一致させる(p. 85)）

次図はHClと H_2CO_3 についての解離反応・中和反応(H^+ と OH^- の数を合わせる)のイメージ図である．

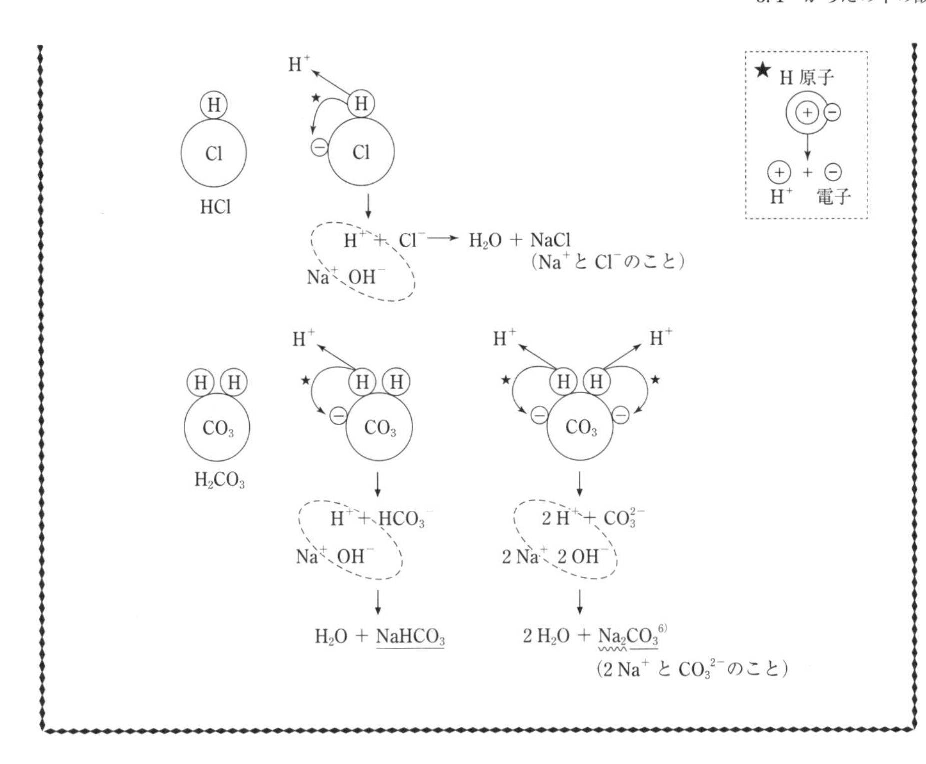

6) 2 $NaCO_3$ と書けば，$NaCO_3$ が 2 個という意味になる．Na が 2 個の場合，化学式中では 2 Na ではなく，Na_2 と右下に小文字でその原子の個数を表す約束である．Na_2CO_3，$AlCl_3$，$Al_2(SO_4)_3$（分子の H_2O，NH_3，CH_4 の考え方と同じ）．

問題 3-4 (1) 塩酸，(2) 硫酸，(3) リン酸と NaOH との中和反応式を書け．

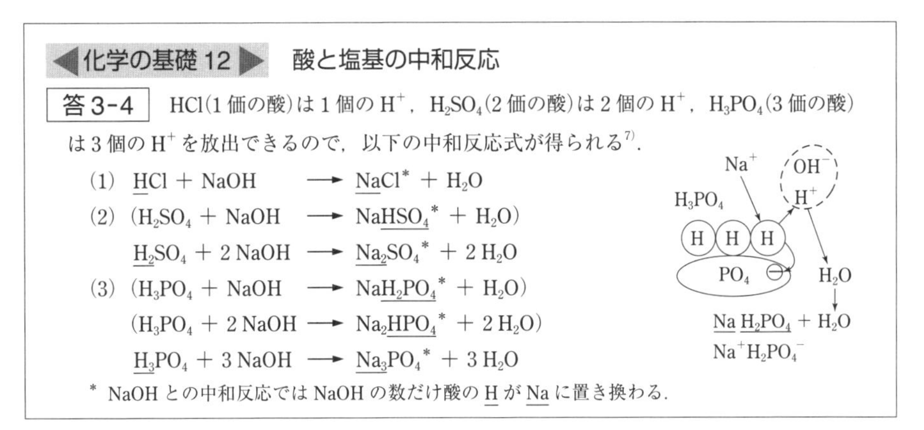

◀化学の基礎 12▶ 酸と塩基の中和反応

答 3-4 HCl（1 価の酸）は 1 個の H^+，H_2SO_4（2 価の酸）は 2 個の H^+，H_3PO_4（3 価の酸）は 3 個の H^+ を放出できるので，以下の中和反応式が得られる[7]．

(1) $HCl + NaOH \longrightarrow NaCl^* + H_2O$
(2) ($H_2SO_4 + NaOH \longrightarrow NaHSO_4{}^* + H_2O$)
$H_2SO_4 + 2\,NaOH \longrightarrow Na_2SO_4{}^* + 2\,H_2O$
(3) ($H_3PO_4 + NaOH \longrightarrow NaH_2PO_4{}^* + H_2O$)
($H_3PO_4 + 2\,NaOH \longrightarrow Na_2HPO_4{}^* + 2\,H_2O$)
$H_3PO_4 + 3\,NaOH \longrightarrow Na_3PO_4{}^* + 3\,H_2O$

* NaOH との中和反応では NaOH の数だけ酸の H が Na に置き換わる．

7) NaOH の数だけ酸分子中の H が H^+ として取れ，塩基が中和される：
$H^+ + OH^- \longrightarrow H_2O$
もとの酸から H が H^+ として取れた数だけ，多原子イオンに負電荷が残る：
$H_2SO_4 \longrightarrow 2\,H^+ + SO_4{}^{2-}$
この負電荷は NaOH の Na^+ の正電荷により中和される．したがって，Na 塩の化学式には H が H^+ として取れた数だけ Na がある．Na_2SO_4，Na_2HPO_4 など（$2NaHPO_4$，HPO_4Na_2，HPO_42Na などとは書かない）．

まとめ問題 10 以下の化合物，イオンの化学式を示せ．また，語句を説明せよ：

塩酸，硫酸，硝酸，炭酸，リン酸，酢酸，カルボン酸（一般式），炭酸水素イオン（重炭酸イオン），リン酸二水素イオン，リン酸水素イオン，硫酸イオン，炭酸イオン，リン酸イオン，水酸化ナトリウム，炭酸水素ナトリウム，アンモニア，アンモニウムイオン，強酸，弱酸，ブレンステッド酸・塩基の定義，酸・塩基の価数，塩の加水分解，中和反応・中和反応式．

3.2 からだの中の水と油：溶液と溶質の性質

油という言葉から，われわれは石油やガソリンなどの炭素と水素のみからなる**脂肪族炭化水素**(飽和炭化水素アルカンやアルケン)や**ベンゼン**などの**芳香族炭化水素**をイメージするかもしれないが，そもそも油は植物油，魚油といった液体の**中性脂肪**(不飽和脂肪酸からなるグリセリンエステル，トリアシルグリセロール＝トリグリセリド(p. 74))のことである．油脂の脂(獣脂)とは，固体の中性脂肪(主として**飽和脂肪酸**からなるグリセリンエステル)のこと．**エステル**や**エーテル**なども油の親戚である．油・油脂の特徴は，燃えることと水に溶けにくいことである("水と油"の関係)．以下に示すように，水と油はからだの中で，互いに大きな役割を果たしている．

デモ実験：時計皿についたワセリン(固体の油)を水で洗い流す．洗い流せなければ**洗剤**の原液を垂らして，指先でワセリンと洗剤を混ぜ(**乳化**させ)，水で洗い流す．

3.2.1 水に溶けない脂質・油脂はどのようにして消化・吸収されるのだろうか

三大栄養素である糖質，脂質，タンパク質のうち，脂質だけは水に溶けない．一方，消化を助ける酵素はタンパク質の一種であり，水にしか溶けない．水にしか溶けない脂肪の消化酵素リパーゼが水に溶けない脂肪を小腸で消化するには，油を水に溶かす必要がある．

では，水に溶けない油・脂質を水に溶かすにはどうしたらよいだろうか．それには，手についた油を水で洗い落とす際にどうするかを考えてみればわかる．われわれは油を洗い落とすのに，せっけん(洗剤)を用いる．では，せっけんを用いるとなぜ油が洗い落とせるのだろうか．この答えを考える前にまず，せっけんとは何かを復習しよう．

せっけんとは脂肪酸(炭素原子がたくさんつながった長鎖の**カルボン酸**)の**ナトリウム塩**($C_nH_{2n+1}COONa$, RCOONa)，またはカリウム塩などのことである．中性脂肪を**けん化**(アルカリで加水分解)すると得られる(p. 133)．せっけんは**界面活性剤**の一種である．せっけん分子は図3-2のような構造をしている．せっけん分子を"―○"と略記すると，"―"がアルキル基R-(C_nH_{2n+1}-，疎水基)で，"○"がカルボキシ基 $-COO^-$，親水基である[1]．

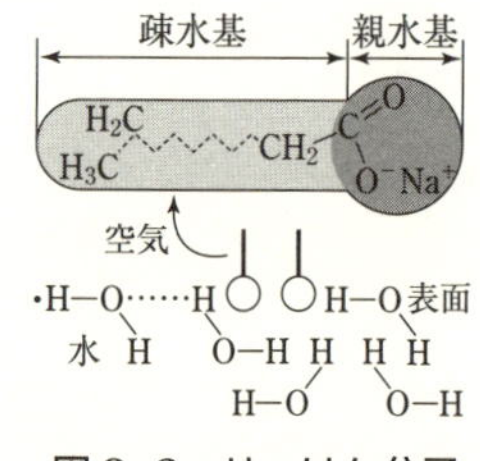

図3-2　せっけん分子

界面活性剤[2]とは分子中に**親水基**(水と仲がよく，水に溶けやすい部分，カルボキシ基など)と，**疎水基**(水と仲が悪く，水になじまない，水に溶けにくい部分，アルキル基やベンゼン環などのCとHだけからなるもの)を併せもつ，水にも油にも親和性を示す**両親媒性物質**である．界面活性剤は水の**表面張力**を小さくするなど，表面，界面の性質を著しく変える性質をもつ．表面張力とは，すべての液体がもっている表面積を小さくしようとする性質であり，表面積が小さいほど液体は安定である[3]．したがって，表面張力が大きい液体は，表面積が大きくなってしまう多数の小さい粒[4]にはなりにくく，1個の大きい液滴・粒になって表面積を小さくしようとする．一方，表面張力が小さくなる界面活性剤の水溶液では，表面張力の小さい油と一緒に，小さい粒同士で混ざり合うことができる．つまり，水と油は容易に乳化される．

1)　**逆性せっけん**：第四級アルキルアンモニウム塩 $C_nH_{2n+1}-N^+(CH_3)_3 \cdot Br^-$ のように陽イオン性の親水基をもつものをいう．逆性せっけんは陰イオンであるタンパク質と結合してタンパク質を変性させるので，殺菌作用がある．殺菌作用，消毒剤(塩化ベンザルコニウムなど)，繊維の柔軟剤．

2)　表面張力を下げる物質．洗剤のほか起泡剤，乳化剤，浸透剤，湿潤剤，分散剤，懸濁剤，可溶化剤，帯電防止剤など，食品工業を含め，用途は非常に広い．

3)　"生命科学・食品学・栄養学を学ぶための有機化学 基礎の基礎"(丸善)，p. 128 参照．

4)　10 mm 角の1個のサイコロを，1 mm 角に小さく切り刻むことを考える．サイコロを二次元のモデルで示すと，下図のようになる．小さい粒に分かれるほど表面(境界面，境界線)が大幅に増大することは明白である．

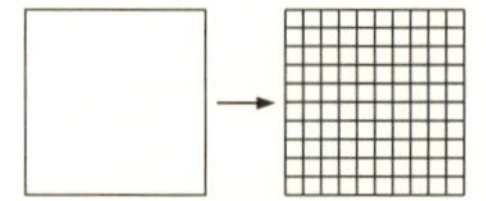

二次元で示した境界線の長さは，
10 mm×4：1 mm×4×100＝1：10

乳化と乳濁液(エマルション)

界面活性剤によって水の表面張力が小さくなったとはいえ，水に溶けない油がなぜ小さい粒になって水に溶ける(分散する)のだろうか．油汚れがついた衣服をせっけん水に浸すと，油の表面にせっけん分子が疎水基を油側，親水基を水側に向けて油の表面に吸着される(湿潤作用)．その結果，図 3-3 のように油が油滴として布の面より離れ水に溶解する．これがさらに進むと，せっけん分子で取り囲まれた油滴がたくさん生じ(分散し)溶液全体が牛乳のように白濁する(右記デモ実験)．この現象を**乳化**[5]という．せっけん分子には，このように油を水に溶かす(分散・乳化させる)働きがある．これが手についた油をせっけんで洗い流すことができる理由である．

5) フライパンの油を洗うときに，洗剤を加えて混ぜると白く濁る．これが乳化の例である．

デモ実験：試験管中のヘキサン/水(2 層に分離)＋洗剤，試験管を振る(乳化)．

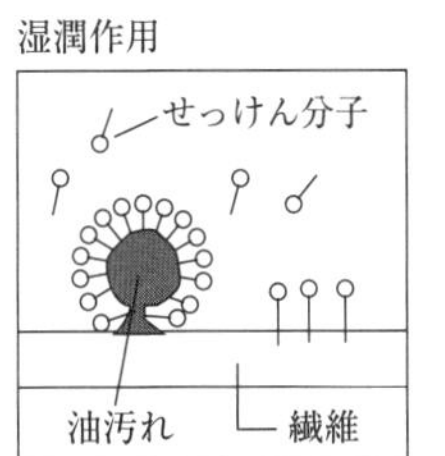

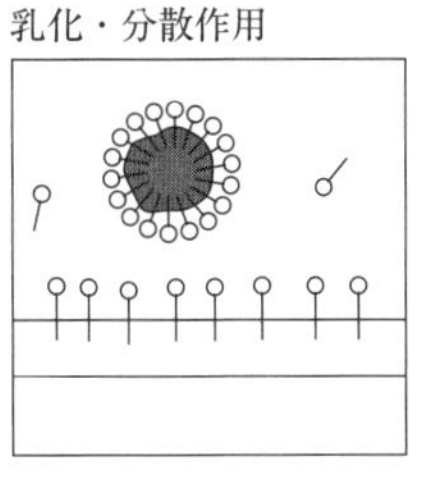

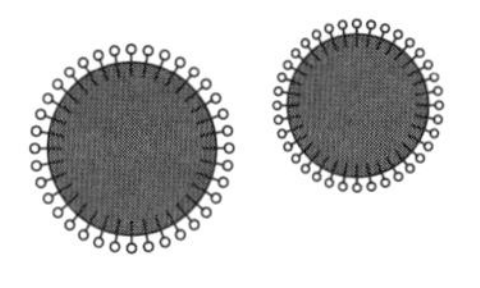

図 3-3 乳化の過程

一般に，液体状の微粒子が，この微粒子を溶かさない別の液体中に分散して乳状をなすものを**乳濁液**(**エマルション**)という．また**乳化**とは，乳濁液に界面活性剤を加えてかき混ぜ，安定に保つ操作，**乳化剤**とは乳濁液製造を容易にし安定に保つ作用をもつ物質・界面活性剤のことである．乳化剤はマヨネーズやケーキのスポンジのきめを細かくする(小さな空気泡をつくる)ためにも使われている．なお，ココア，みそ汁などのように固体の微粒子が液体中に分散したものを**懸濁液**(**サスペンション**)という．

小腸内の油は，からだの中のせっけん(界面活性剤)，**胆汁酸塩**の作用で**乳化**され，水・腸液に溶ける．胆汁酸は肝臓でコレステロールから合成され[6]，胆汁の貯蔵庫である胆嚢から小腸上部の十二指腸へ分泌される[7]．つまり，水に溶けない油である中性脂肪は，小腸で胆汁酸塩(下図)により乳化されて微粒子となり，消化酵素・リパーゼ[8]の作用で消化(加水分解)される．

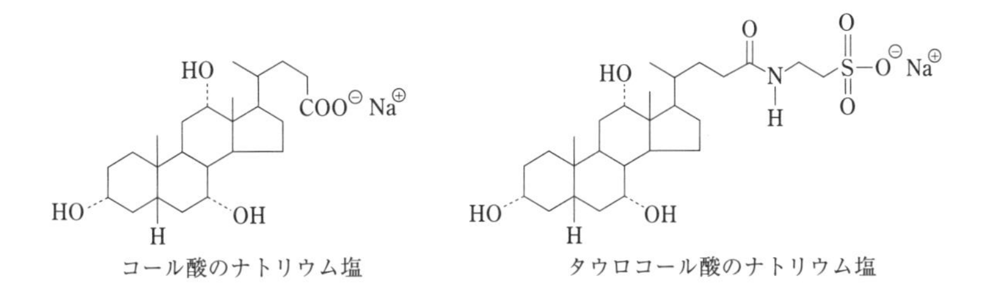

コール酸のナトリウム塩　　タウロコール酸のナトリウム塩

デモ実験：手につけたマヨネーズを水道水で洗ってみる

マヨネーズはせっけんを使わずに洗い流せるだろうか．→ マヨネーズは水に溶けるので，せっけんを使わなくても水で洗い流すことができる(o/w エマルション，後述)．

6) 胆汁酸(bile acid)には，一次胆汁酸のコール酸，ケノデオキシコール酸(C_{12} の OH がない p. 75 注 10))と腸内細菌により生じた二次胆汁酸のデオキシコール酸，リトコール酸(ともに C_7 の OH がない)の 4 種類がある．これらは肝臓でグリシンやタウリンとアミド結合(**抱合**，p. 124)しグリココール酸，タウロコール酸などとなる．胆汁中ではその Na，K 塩(胆汁酸塩)として存在する．胆汁酸は腸肝循環により，再利用されている．

7) この過程は，からだの中の余分なコレステロールを排泄する経路を兼ねている．生体のこの合理性！

8) リパーゼ(lipase)の lip-，lipo- は，脂肪のという意味である．

マヨネーズは，食酢（酢酸水溶液）と水に溶けない油を，乳化剤（界面活性剤）の性質をもつ卵黄の成分（レシチン・リン脂質，p. 73）で乳化した**水中油滴型**（**o/w**：oil in water）の乳濁液（**エマルション**）なので，せっけんを使わなくても水に溶ける．エマルションには，油が水中に分散している水中油滴型（o/w）と，バター，マーガリン，チョコレートなどの**油中水滴型**（**w/o**，water in oil）エマルションがある．

デモ実験：油脂の消化モデル実験―せっけん（洗剤）の役割

- マーガリンを溶かした石油，1 mL ＋ $KMnO_4$ 水溶液
- マーガリンを溶かした石油，1 mL ＋ $KMnO_4$ 水溶液 ＋ 洗剤 5 滴，振とう

｝色変化観察[1]

1)　マーガリンの成分（二重結合をもつ不飽和脂肪酸からなる油脂）と過マンガン酸カリウム $KMnO_4$ が反応し，$KMnO_4$ の赤紫色から二酸化マンガン MnO_2 の褐色に変化する．

デモ実験：洗剤の有無による色変化の差はなぜ生じるか考えてみよう．

3.2.2　親水性と疎水性，疎水性相互作用

a.　水の性質と親水性

親水性とは水と親密（仲がよい），水によく溶ける，**水溶性**という意味である．仲がよいとは，水とその分子が分子レベルで相互作用（分子間相互作用）している（弱く手をつないでいるということである）．その理由は，水分子と親水性物質がともに**極性**があるからである．極性とは，一つの分子が（+δ　δ−）のように[2]，部分的に少しだけ＋と−の電荷を帯びている状態のことである．

2)　ギリシャ文字の δ（デルタ）はしばしば“少し”という意味に用いられる．英語の d に対応する．

水分子の O-H 結合は極性が大きく（$^{\delta+}$H-O$^{\delta-}$ と，大きく分極[3]），また酸素原子上に 2 組の**非共有電子対**（p. 189）がある（図 3-4(a)）．このため，水分子は正四面体頂点方向（メタン分子 CH_4 の四つの H の方向）に 4 本の**水素結合**をつくるので，氷や液体の水は水素結合による三次元の網目構造をしている（図 3-4(b)）．

3)　分極：分子中の結合した二つの原子の片方が少しだけ正電荷を帯び，もう一方が（正電荷と同じ大きさの）負電荷を帯びること．正・負，二つの極に分かれるという意味（p. 191）．

水分子は極性が大きいため，イオンや極性物質（親水性物質）をよく溶かす．イオンはその周りに水分子を引きつけた水和構造をとっている（**イオンの水和**，図 3-4(c)）．親水性物質は**水素結合**や**双極子相互作用**（図 3-4(d)，p. 193）するため，水に溶ける．

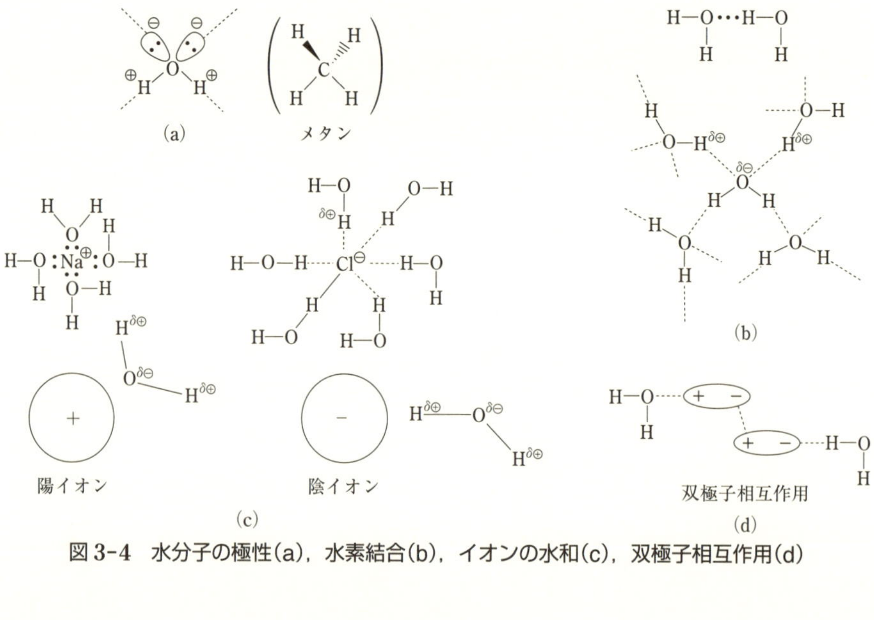

図 3-4　水分子の極性(a)，水素結合(b)，イオンの水和(c)，双極子相互作用(d)

溶液の性質・物質の溶解度：溶媒に対する物質の溶解度は，溶媒と物質の組合せによりさまざまである．すでに述べたように，油の水に対する溶解度は小さく（“水と油”，p. 41，49，52，104），食塩や砂糖が水によく溶けることは誰もが知っていよう．しかし，いかなる物質も，溶解度には限界（**飽和量**）がある[4]．この溶液を**飽和溶液**という（図3-5）．一般に溶解度は，温度上昇とともに大きくなる[5]．図3-6にいくつかの塩の溶解度の温度変化を示す．

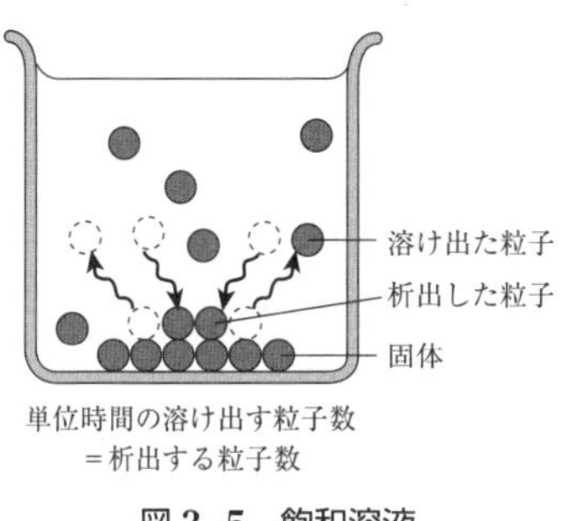

図3-5　飽和溶液

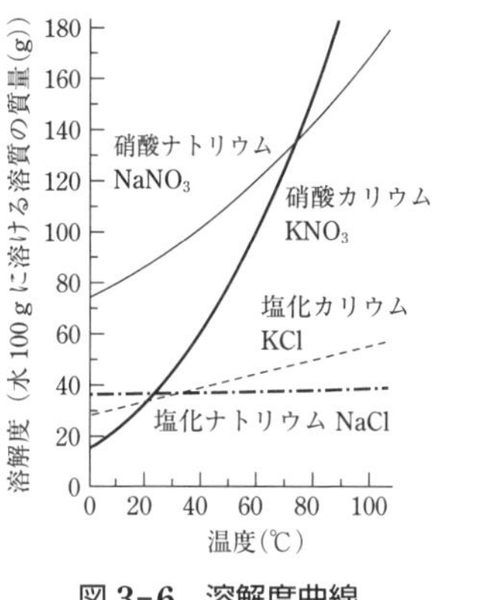

図3-6　溶解度曲線

4）難溶性塩の溶解度は平衡定数の一種である溶解度積で表すことができる．p. 136 注2)参照．

5）例外もある．また，気体の溶解度は温度上昇に伴って低下する．

b. 親水性物質と疎水性物質

物質は，水に対する親和性の違いをもとに，親水性と疎水性に分類できる．**親水性**とは水に溶けやすく油に溶けにくい性質，**疎水性**（水と疎遠な性質）とは水に溶けにくく油に溶けやすい性質のことである（“水と油”の関係）．そのような性質をもつ物質を，それぞれ親水性物質，疎水性物質という．親水性と**水溶性**，疎水性と**親油性**，**脂溶性**はそれぞれ同じ意味である．**親水基**，**疎水基**（**親油基**）とは，分子中に存在する基（原子団，グループ）で親水性，疎水性を示すもののことである（親水基：$-OH$, $-NH_2$, $-COOH$, $-CHO$, $-CO-$, $-CONH-$；[6] 疎水基：$R-(C_nH_{2n+1}-)$, C_6H_5-(⌬—)）．したがって，R–X（X：ハロゲン元素），R–O–R′，R–COOR′は疎水性である[7]．

ビタミンは脂溶性ビタミンと水溶性ビタミンに大別される．脂溶性ビタミンは，食品からビタミンをジエチルエーテル $C_2H_5OC_2H_5$，酢酸エチル $CH_3COOC_2H_5$，クロロホルム $CHCl_3$ 層などに抽出する（取り出す）ことができ，調理の際に食用油中に溶け出てくる性質をもつが，脂溶性の真の意味は，細胞膜などのからだの中の油の部分に存在し，役割を果たしているということである．たとえば，ビタミンEは油である細胞膜中に溶けて，膜成分のリン脂質中のアシル基の二重結合部分が，活性酸素で酸化されないようにしている[8]．一方，水溶性のビタミンB類は，**補酵素**として**細胞内液**（**細胞質基質**，サイトゾル）やミトコンドリアのマトリックス（溶液）中で起こるさまざまな生化学反応（解糖系，TCA回路など，p. 125, 127）の酵素の働きを助けている．図3-7に中性脂肪，リン脂質，コレステロール，コレステロールエステル，ビタミンA，D，E，Kの親水性部分（灰色，それ以外は疎水性部分）を示す[9]．

6）これらはすべて極性をもつ．p. 191, 192 参照．

7）R–O–R，R–CO–O–R′はRを分子の両側にもつために疎水性となる．
親水性物質：短鎖の次の化合物グループ：アルコール，アミン，アルデヒド，ケトン，カルボン酸，アミド．
疎水性物質：アルカン，ハロアルカン，エーテル，エステル，アルケン，芳香族炭化水素．

8）溶血防止作用．リン脂質はアシル基が酸化されると親水性になり，疎水性相互作用（後述）で集合している赤血球の細胞膜が破れてしまう．

9）ホルモンにも親水性と疎水性のものがある（p. 157～158）．

c. 疎水性水和と疎水性相互作用[10]

水分子は互いに強く水素結合するので，水と相互作用しにくい疎水性物質は強固な水素結合の籠の中に閉じ込められてしまう．これを**疎水性水和**という．複数の疎水性

10）疎水性相互作用はタンパク質の高次構造の形成（p. 69），後述のせっけん分子（界面活性剤分子）のミセル形成や，リン脂質による細胞膜形成に大きな役割を果たしている．

［中性脂肪］

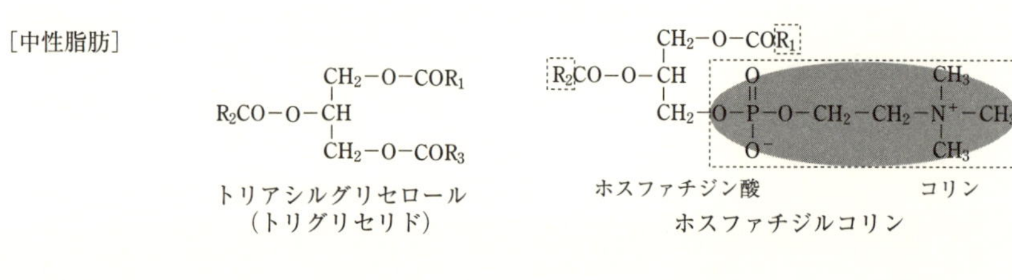

［コレステロール］

H_3C　H_3C　H_3C　CH_3　CH_3　HO
コレステロール

脂肪酸のアシル基
O
H_3C　H_3C　H_3C　CH_3　CH_3　O
コレステロールエステル

［ビタミンA[1]］

CH_3　CH_3　CH_3　CH_3　CH_2OH　CH_3
レチノール
CH_3　CHO
レチナール
CH_3　COOH
レチノイン酸

［ビタミンD[2]］

R　8　7　6　19　CH_2　5　10　4　3　2　1　HO

$R=-CH(CH_3)(CH_2)_3CH(CH_3)-CH_3$
コレカルシフェロール（D_3）
$R=-CH(CH_3)CH=CHCH(CH_3)-CH(CH_3)-CH_3$
エルゴカルシフェロール（D_2）

［ビタミンE[3]］

HO　R_1　R_2　R_3　O　CH_3　CH_3　CH_3　CH_3
トコフェロール

R_1	R_2	$R_3=CH_3$
CH_3	CH_3	α-トコフェロール
CH_3	H	β-トコフェロール
H	CH_3	γ-トコフェロール
H	H	δ-トコフェロール

［ビタミンK_1[4]］

O　1　2　CH_3　3　4　O　CH_3　CH_3　CH_3　CH_3
フィロキノン

［ビタミンK_2[4]］

O　CH_3　O　CH_3　n
メナキノン-n, $n=6, 7, 9$

図 3-7　疎水性物質の分子構造と，各分子の親水基（灰色の部分），疎水基（灰色以外）
脂溶性ビタミン（ビタミンA，D，E，K）は細胞膜，脂肪組織，リポタンパク質中など，からだの中の油の中に存在する．

1）　ビタミンA：視物質，欠乏症は夜盲症，眼球などの乾燥症，皮膚・粘膜の乾燥・角化．分子構造は全トランス形，光を受けて分子中の1カ所がシス形に異性化．

2）　ビタミンD：カルシウム・リンの吸収促進・代謝，欠乏症はくる病）．

3）　ビタミンE：抗酸化作用，細胞膜保護，溶血防止．

4）　ビタミンK_1，K_2：血液凝固，骨形成．
〈産生場〉
　ビタミンK_1：緑色野菜．
　ビタミンK_2：腸内細菌や納豆菌．

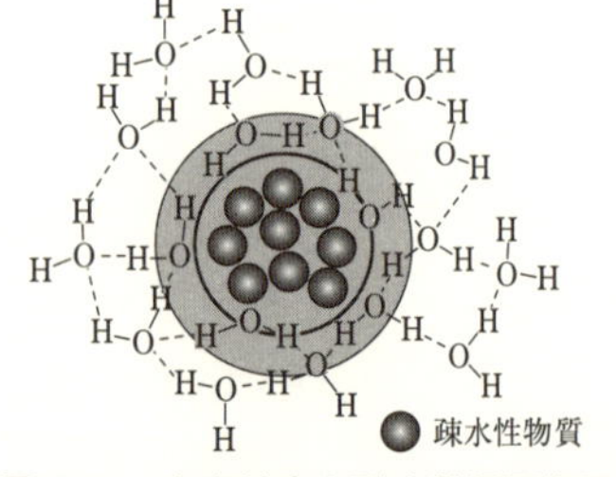

図 3-8　水素結合と疎水性相互作用

の基や分子がある場合には，これらは一緒に水からはじき出され，同じ籠の中に閉じ込められる．疎水基同士が接触するので，これらの間には引力がはたらいているようにみえるが，疎水基間に結合があるわけではない．疎水性基や分子が水溶液中で会合するこの現象を**疎水性相互作用**（図 3-8，p. 70）という．

3.2.3　せっけん(界面活性剤)の性質：短鎖・中鎖・長鎖脂肪酸と臨界ミセル濃度(cmc)，クラフト点

a.　せっけんの溶解様式

せっけん分子は以下の①～③の3種類の様式で水に溶解する．

① せっけんの濃度が低いときは，エタノール(アルコール)，砂糖のような分子や食塩のNa^+，Cl^-などのイオンと同様に，1個ずつばらばらになって溶解する(単分散溶解 ＝ 単分子の形で溶解する，図3-9①)．

② ①と同時に，せっけん分子は水の表面(気液界面)へ吸着され，疎水基を空気のほうに向けて並ぶ(図3-9②，表面吸着)．これは，せっけん分子の疎水基が水と仲が悪いために，水から逃れようとするからである．このことが，せっけん水の表面張力が小さくなる原因である．せっけん分子は，表面に並ぶことにより表面の水分子間の水素結合を切断する．その結果，表面張力(p. 104)が小さくなる[5]．したがって，溶液の表面張力は，せっけんの濃度の増大に伴い，大きく減少する(図3-10)．

③ せっけん濃度が高くなり，そのせっけん固有のある濃度cmc(臨界ミセル濃度)以上になると，表面張力の減少は止まり一定値となる(図3-10)．これは，②の表面吸着量，したがって，せっけん分子と平衡にある溶液中の単分子・モノマー濃度がcmc以上では増大しないこと・一定であることを意味する．一方，せっけんの溶解度はこの時点で急激に増大する(図3-11)．このことは，cmcでせっけん分子がモノマーとは異なる形で溶け始めたことも意味する．つまり，多数のせっけん分子が疎水基を内側，親水基を外側(水側)に向けて集合した形で溶け始めたものである．この集合体を**ミセル会合体・ミセル**[6](**ミセルコロイド**：会合コロイドの一種[7])という(図3-12)．このミセルをつくり始める濃度を**臨界ミセル濃度**(critical micelle concentration：**cmc**)という．つまり，せっけん分子は**cmc**以上の濃度ではミセル会合体として溶解する．したがって，cmc以上の濃度ではせっけんの溶解度は急激に増大する．

cmcはせっけんの種類によって異なっている．一般に，疎水性が大きい物質ほど水に溶けにくいことから推測できるように，せっけんのcmcは炭素鎖長の増大(疎水性の増大)に伴って減少する(図3-13，表3-3)．

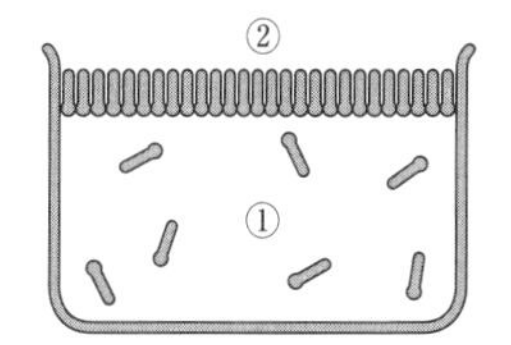

図3-9　せっけんの水への溶解

5)　“生命科学・食品学・栄養学を学ぶための有機化学 基礎の基礎”(丸善)，p. 128参照．

6)　分子間力(p. 192)による多数の分子の集合体を一般にミセルとよぶ．界面活性剤ミセル(この大きさが後述のコロイド粒子の大きさに相当する)のほか，セルロースなどの繊維組織の基本構成単位もミセルという．ミセルが集まった微繊維を経て1本の繊維となる．

7)　コロイドについてはp. 140注1)を参照．

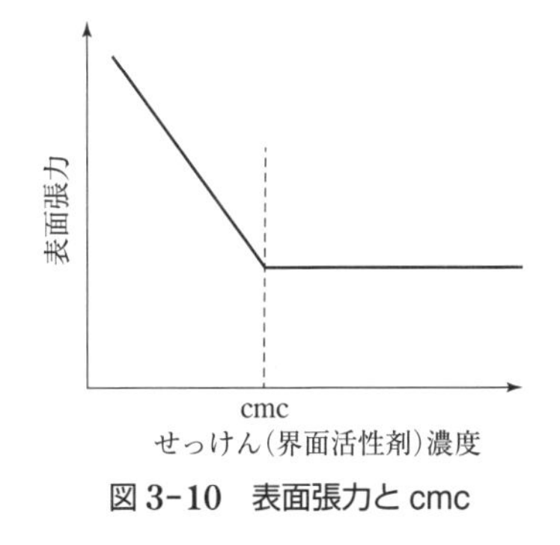

図3-10　表面張力とcmc

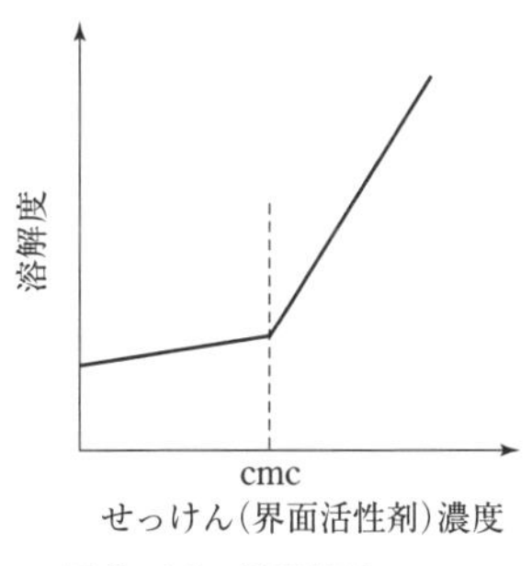

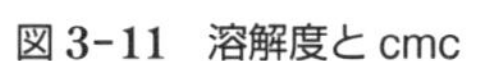

図3-11　溶解度とcmc

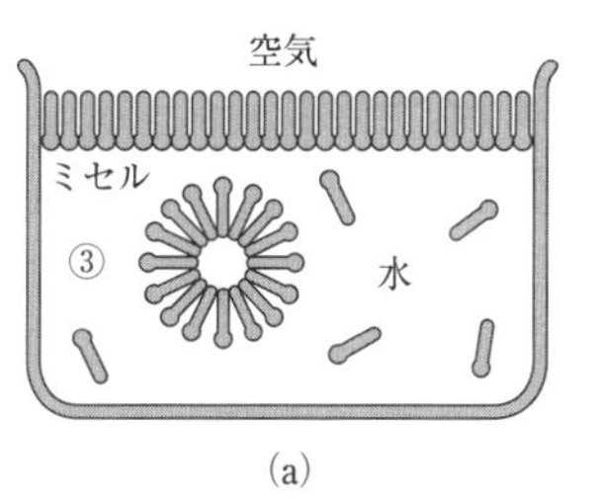

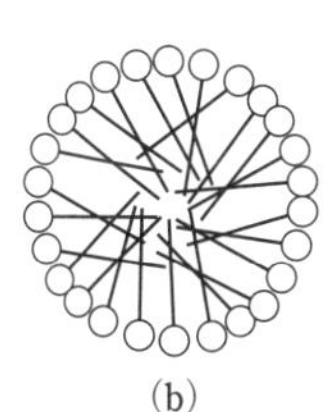

図3-12　せっけん分子の溶解形態
(a)せっけん水の分子　(b)会合コロイド(ミセル)

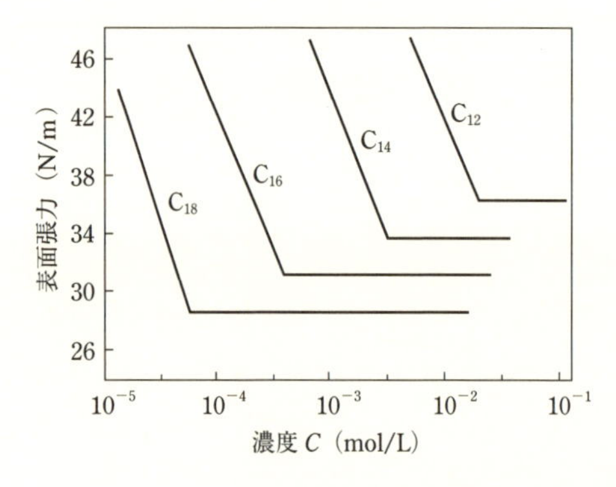

図 3-13　$C_nH_{2n+1}COONa$ 水溶液の表面張力
［中垣正幸 著，"表面状態とコロイド状態 現代物理化学講座 9"，東京化学同人(1968)，p. 109］

表 3-3　飽和脂肪酸の Na 塩の cmc とクラフト点

飽和脂肪酸の Na 塩(せっけん)	炭素数	cmc(mol/L)	クラフト点(℃)
ブタン酸(酪酸)	C_4	—[1]	—
ヘキサン酸(カプロン酸)	C_6	—[1]	—
オクタン酸(カプリル酸)	C_8	0.40	20
デカン酸(カプリン酸)	C_{10}	0.10	30
ドデカン酸(ラウリン酸)	C_{12}	0.028	43.8
テトラデカン酸(ミリスチン酸)	C_{14}	0.0072	53.8
ヘキサデカン酸(パルミチン酸)	C_{16}	0.0019	62.4
オクタデカン酸(ステアリン酸)	C_{18}	0.000 45	69.4

1)　短鎖脂肪酸であるブタン酸，ヘキサン酸はミセルを形成しない．

b.　クラフト点

せっけん($RCOO^-Na^+$)のようなイオン性界面活性剤の溶解度は，ある温度以上で急激に上昇する(図 3-14)．この温度をクラフト点という．クラフト点以下の温度ではミセルをつくらないので，溶解度は小さいままである(クラフト点で溶解度は cmc に等しくなる)．クラフト点は炭素鎖長の増大に伴って上昇する(表 3-3，図 3-15)．つまり，長鎖のせっけんほど，高い温度にならないとミセルをつくらず溶解度も小さ

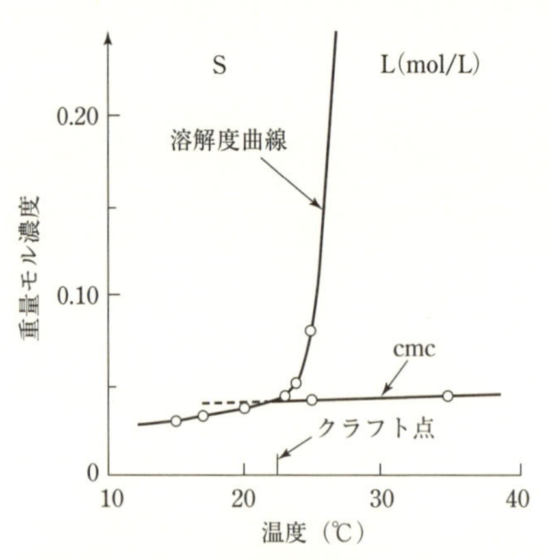

図 3-14　デシルスルホン酸ナトリウムの水への溶解度の温度変化とクラフト点の関係
［篠田耕三 著，"改訂増補 溶液と溶解度"，丸善(1974)，p. 189 より改変］

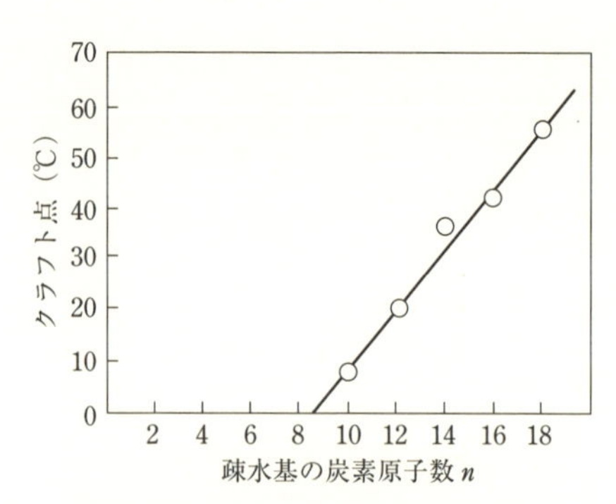

図 3-15　アルキル硫酸ナトリウムのクラフト点

いままである．このことが，中性脂肪が小腸で消化吸収され，肝臓まで運搬される際の挙動が，中性脂肪の構成脂肪酸の種類(炭素数)によって異なる理由である(p. 112)．

c. ミセルへの可溶化

せっけん・界面活性剤が存在すると，水に溶けにくいものが溶けるようになる場合がある．これをミセル溶液への可溶化という．可溶化とは，水に溶けにくい物質が界面活性剤の作用で(乳化ではなく)溶液としてミセル溶液中に溶け込む現象である．可溶化様式は図 3-16 の 3 種類がある．(a) 油分子や疎水性物質がミセルの疎水性部分に溶解する，(b) 両親媒性物質が混合ミセルを形成する(後述の油脂の消化後の小腸管腔から小腸壁までの運搬における長鎖脂肪酸イオンと胆汁酸イオンの場合)，(c) イオン性物質がミセル表面の親水性部分に溶解する．なお，ミセルへの油分子の溶解(a)は，溶液として溶けている分子レベルのミクロな現象，乳濁液としての油の水への溶解は，油滴まわりに界面活性剤が吸着して溶液中に分散しているマクロな現象であり，両者はまったく別物である．

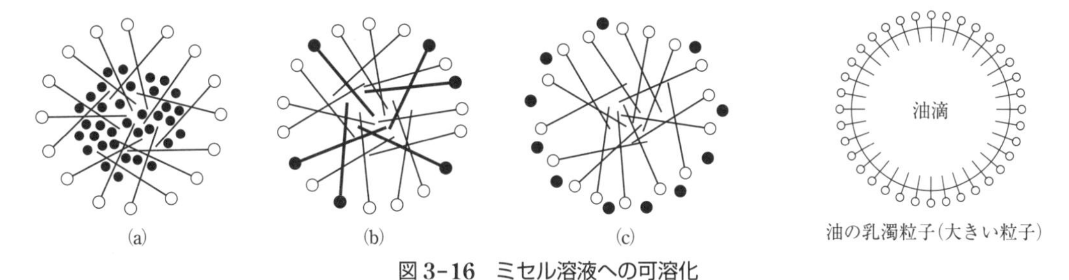

図 3-16　ミセル溶液への可溶化
［(a)～(c)：中垣正之 著，"表面状態とコロイド状態　現代物理化学講座 9"，東京化学同人(1968)，p. 280］

3.2.4　水に溶けない脂質は体内でどのように運搬されているか

小腸で胆汁酸塩により乳化された油脂は，リパーゼで消化(加水分解)され，脂肪酸イオンと 2-モノアシルグリセロール(モノグリセリド)になる．ここで，短・中・長鎖脂肪酸は，炭素鎖長の違いによる疎水性とクラフト点の違いで，水に対する溶解度が異なるので，小腸細胞への吸収のされ方も次のように異なっている．短鎖脂肪酸イオンはそのまま水に溶けて吸収されるが，中鎖は自己集合してミセルとなり小腸管腔から小腸壁まで運搬され細胞内に吸収される．長鎖は水にわずかしか溶けないし，クラフト点が体温より高いためミセルもつくらないので，胆汁酸塩と一緒に混合ミセル(図 3-16(b))を形成し水に溶けて，細胞膜の所まで運ばれて，そこで脂肪酸イオンのみが細胞内に吸収される(表 3-4)(脂質の乳化(p. 105)と脂肪酸イオンのミセル溶解は違う！)．また，肝臓までの運搬のされ方も異なっている(表 3-4)．

脂溶性ビタミンとコレステロールも水に溶けにくいので長鎖脂肪酸と同じ仕組みで吸収・運搬される．つまり，胆汁酸塩の作用により混合ミセルとして可溶化・吸収され，リポタンパク質の一つである**キロミクロン**(カイロミクロン，後述)により小腸上皮細胞からリンパ管・血管経由で肝臓まで運ばれる(p. 18)．

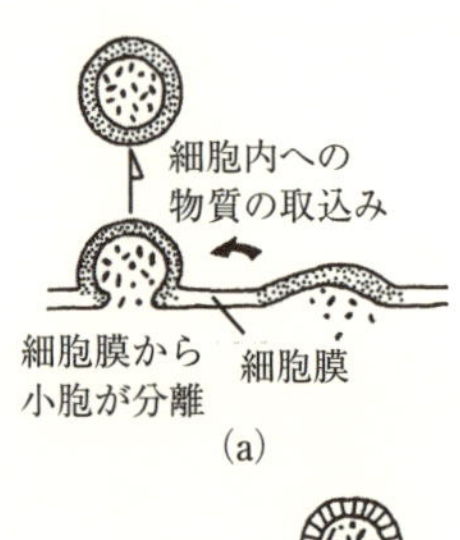

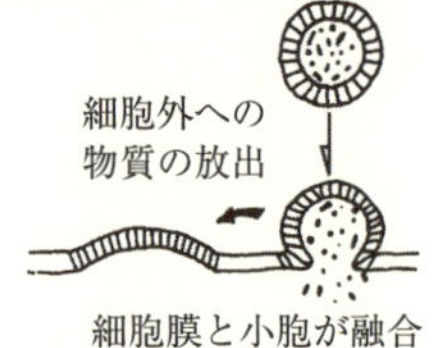

図 3-17　エンドサイトーシス(a)とエキソサイトーシス(b)

［O. Lippold ほか 著，入來正躬ほか 訳，"生理学 初めて学ぶ人のために"，総合医学社(1995)，p. 9］

1)　アポ apo は"欠如した"，ホロ holo は"完全な"という意味の接頭語である．リポタンパク質＝アポリポタンパク質＋補因子の脂質成分(lipid)，ホロタンパク質＝アポタンパク質＋補因子(例：ヘモグロビン＝グロビンタンパク質＋ヘム鉄)，ホロ酵素＝アポ酵素＋補因子(金属イオンや補酵素など)．

2)　密度は，タンパク質＞コレステロール＞中性脂肪である．このことから，キロミクロンが中性脂肪の運搬役，VLDL が中性脂肪とコレステロール，LDL がコレステロールの運搬役，HDL がコレステロールの回収役であることが推定できよう．

コレステロールの過剰はからだに良くないので，LDL を"悪玉コレステロール"，HDL を"善玉コレステロール"と俗称するが，LDL の絶対量よりも，LDL/HDL の量比がより重要である．つまり，LDL 濃度が高くても HDL 濃度も高ければ健康にとって問題はない．

表 3-4　脂肪酸の鎖長による吸収・運搬形態の違いと cmc，クラフト点との関係

脂肪酸	cmc（モノマーの溶解度）	クラフト点（ミセル形成温度）	腸管腔から腸膜上皮細胞への移動と吸収形態	小腸上皮細胞から肝臓への運搬され方
短鎖	大	ミセル形成しない	モノマー1個1個のまま	モノマーのまま直接門脈(図 1-15)に入る
中鎖(C_8-C_{10})	中	低(37℃未満)単独でミセル形成可．したがって溶解度大	中鎖脂肪酸単独でミセルコロイド形成，細胞膜の所でミセル解体，拡散吸収	細胞内から血液中に運ばれ，ミセルコロイドの形で直接に肝門脈(静脈)から肝臓(肝門)へ至る
長鎖(C_{12} 以上)	小	高(37℃以上)低温では単独でミセル形成不可．したがって全体としての溶解度小	**胆汁酸塩**と混合ミセルコロイドを形成，細胞膜の所で混合ミセル解体・脂肪のみが拡散吸収．胆汁酸は小腸下部の回腸で吸収される(**腸肝循環**)	トリアシルグリセロール再合成，キロミクロン(リポタンパク質)としてエキソサイトーシス*でリンパ管・**胸管**から左鎖骨下静脈へ入る(図 1-16)
コレステロールエステル	小		長鎖脂肪酸と同様	長鎖脂肪酸と同様
リン脂質	小		長鎖脂肪酸と同様	長鎖脂肪酸と同様

*　エキソサイトーシスとは，細胞内で合成された物質が分泌顆粒として細胞内から細胞外へ放出される現象(図 3-17(b))．細胞内のキロミクロンの場合は，細胞膜の所まで運ばれたキロミクロンが細胞膜に取り込まれ，膜と融合する形で細胞膜を通過し，細胞外へ放出される．

水に溶けない脂質(中性脂肪，リン脂質，コレステロール)が肝臓から血液中を組織の毛細血管まで運ばれる際には，以下の各種類の**リポタンパク質**(複合タンパク質の一つ，**アポリポタンパク質**[1](アポ A-I，A-II，B，C-I，C-II，C-III，D，E)と脂質との複合体，図 3-18)として運ばれる．

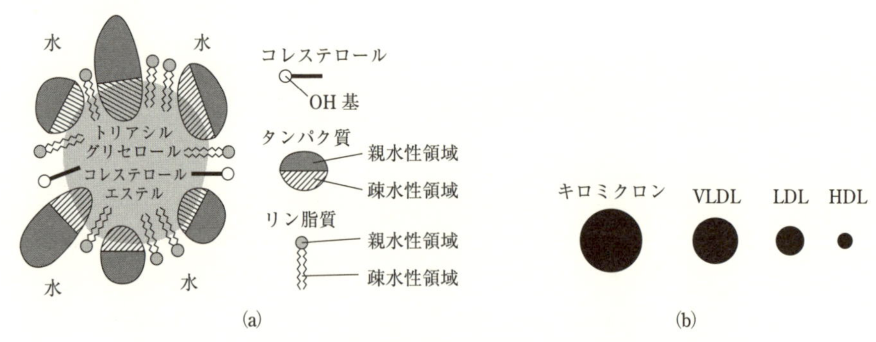

図 3-18　リポタンパク質の模式図(a)とそれぞれの相対的大きさ(b)

［(a) 林　淳三 監修，"生化学"，建帛社(2003)，p. 25 より改変］

・**キロミクロン**(chylomicron，カイロミクロン)：chyle とは乳白色をした小腸リンパ液の乳糜（にゅうび）のこと．リポタンパク質中で密度[2]が最も小さく，粒子が最も大きい(アポリポタンパク質は A-I，B，C-II，E)．小腸上皮細胞で合成され，消化吸収された食餌性の主として中性脂肪を，小腸リンパ管，胸管から左鎖骨下静脈を経由して，肝臓，脂肪組織や他の末梢組織へ運搬する．

・超低密度リポタンパク質 **VLDL**(very low density(密度) lipoprotein)：アポリポタンパク質は B と C 群，E．肝臓で合成され，肝臓で合成された中性脂肪とコレステロールを，肝臓から筋肉，脂肪組織へ運搬する．

・低密度リポタンパク質 **LDL**(low density lipoprotein)：アポリポタンパク質は B，コレステロールを末梢組織へ運搬する．

・高密度リポタンパク質 **HDL**(high density lipoprotein)：アポリポタンパク質は A 群，C 群，E．コレステロールを末梢組織から回収し，肝臓へ運搬する．

・脂肪組織から放出された脂肪酸や疎水性物質の一部は，血中タンパク質のアルブミンによって運ばれる[3)].

脂質をリポタンパク質に載せるときは，コレステロールを酵素 **LCAT**[4)] の作用で，無極性のコレステロールエステル(p. 75)とする．無極性の中性脂肪はそのままで載るが，中性脂肪を降ろすときは，酵素 **LPL**[5)] の作用で加水分解されて，わずかに極性のある脂肪酸として，毛細血管から脂肪組織の組織液に放出される．LDL のコレステロールは末梢組織細胞膜上の LDL 受容体(レセプター)経由で細胞内に取り込まれ，LDL はリソソームで分解される．なお，リポタンパク質中のアポタンパク質 A-1 は LCAT 活性，C-II は LPL 活性に関与，B と E は LDL 受容体と親和性がある．

3)　タンパク質の疎水性部分に取り込まれて運搬される．

4)　LCAT：レシチンコレステロールアシルトランスフェラーゼ(レシチンから β 位(2-位)のアシル基 RCO- を切り取り，コレステロールに移しコレステロールエステルとする酵素，HDL でコレステロールを運搬する際に働く)．

5)　キロミクロンも VLDL も末梢毛細血管のリポタンパク質リパーゼ LPL(リポタンパク質中の中性脂肪を加水分解し脂肪酸とする酵素)の作用で中性脂肪を減らし，キロミクロンはキロミクロンレムナント(死骸という意)，VLDL は LDL (VLDL レムナント)となる．

からだとせっけんの関係のまとめ

・からだの中には“**せっけん(胆汁酸塩)**”があり，その乳化作用(o/w エマルション生成[6)])とミセル形成能により，水に溶けない油脂・脂質の消化と吸収を助けている．

・ヒトを含めたすべての生物は細胞からできているが，この細胞の中と外を区別する境界膜である**細胞膜**(生体膜，図 1-24 参照)はおもに“**せっけん**”の仲間のレシチン(卵の黄身の成分，リン脂質ホスファチジルコリン(p. 73))からできている．この細胞膜成分は，水に溶けない油の部分をもつからこそ，境界膜として用いることができる．この油部分を水に溶かすために，親水基をつけてリン脂質の二重層膜として膜の内と外で水に接している[7)](図 3-19)．このように，からだ・生命は，水に溶けやすい物質と溶けにくい物質・水と油を上手に使い分けて利用している．

6)　o/w(oil in water)，水中油滴型のエマルション(乳濁液)．マヨネーズと同じ．

7)　細胞膜成分として，生物が親水基に＋－を同時にもつリン脂質，無電荷の糖脂質を利用しているには理由がある(p. 75)．

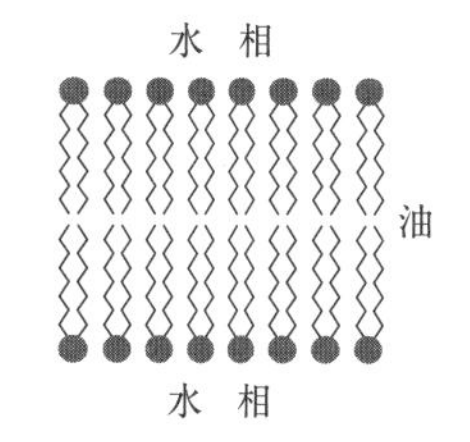

図 3-19　リン脂質分子でできた二重層膜(二分子膜)断面の模式図

まとめ問題　11　以下の語句を説明せよ：

水と油，せっけん，逆性せっけん，界面活性剤，表面張力，両親媒性，乳化，乳濁液(o/w 型，w/o 型エマルション)，懸濁液(サスペンション)，胆汁酸塩，極性，親水性と疎水性，親水基と疎水基，疎水性相互作用，ミセルコロイド，臨界ミセル濃度(cmc)，クラフト点，脂質の吸収・運搬の仕組みと脂肪酸鎖長，リポタンパク質．

3.3　酸素と二酸化炭素の交換と輸送：呼吸の仕組み

われわれは食べた物を酸化(異化，p. 4, 81)するために，酸素 O_2 を外気から肺に取り込み，これを血液により肺胞の毛細血管から組織細胞に輸送する．これと逆の経路で，食物の酸化生成物である二酸化炭素 CO_2 を組織細胞から体外に排出する．これらのガス交換(呼吸[8)])と輸送の仕組みは，潜水病，高山病と，高山病に対する耐性，胎児の呼吸(母親の血液からなぜ酸素を受け取れるのか)などとも密接にかかわっている．

8)　呼吸とは，広義には，生物が酸化還元によってエネルギーを獲得する化学反応過程の総称である．

3.3.1　圧力とは

肺による呼吸と，肺胞・体組織における血液を介したガス交換には，気体の**圧力と気体の法則**が深くかかわっている．したがって，呼吸・ガス交換の仕組みを理解するためには，気体の性質について理解する必要がある．まず，圧力，気体の法則と呼吸の仕組みについて学び，最後にからだの中でのガス交換の仕組みについて学ぼう．

デモ実験：不思議！“逆さにしたコップの中の水を紙で支える”(図 3-20)

どのくらいの高さ(何 cm・何 m)までの水柱を支えることができるだろうか．また，水銀柱なら何 cm 支えることができるだろうか(水銀の密度は 13.6 g/cm^3 である)．

紙が支えることができる水柱の高さは 1034 cm = 10.34 m ！ 水銀柱なら 76.0 cm (760 mmHg)である(図 3-21，トリチェリの実験[1])．コップの中の水が流れ落ちないのは，コップの下の紙を大気の圧力(大気圧)が下から押し支えているからである(**大気圧 = 1 気圧(1 atm) = 760 mmHg/cm^2 = 76.0 cm × 13.6 g/cm^3 = 1033.6 g/cm^2 ≒ 1034 cmH$_2$O/cm^2**(水の密度 = 1.0 g/cm^3))．

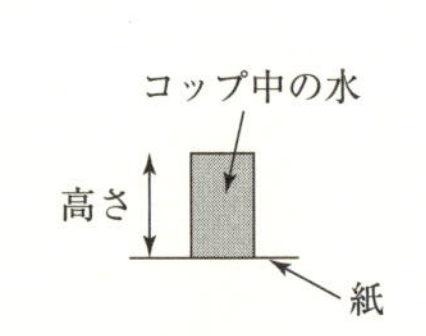

図 3-20　水が入ったコップを逆さにした模式図

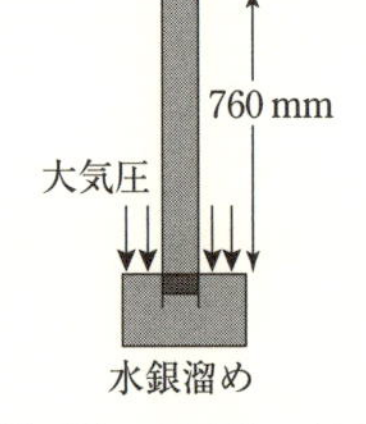

図 3-21　トリチェリの実験

圧力とは，垂直に押さえつける力のこと．単位面積に働く**力**でその大きさを表す[2]．圧力の単位パスカル Pa は，1 Pa = 1 N(ニュートン)/m^2 = 1(kg·m/s^2)/m^2(1 m^2 あたり 1 N の力が加わっている状態)である．すると，1 気圧(1 atm)は次のようになる．

$$
\begin{aligned}
1\text{ 気圧} &= 760\ \text{mmHg/cm}^2 = 1033.6\ \text{g/cm}^2 \fallingdotseq 1034\ \text{cmH}_2\text{O/cm}^2 \\
&= 76.0\ \text{cm} \times \frac{13.6\ \text{g}}{\text{cm}^3} \times \frac{1\ \text{kg}}{1000\ \text{g}}{}^{3)} \times \left(\frac{100\ \text{cm}^{\,4)}}{1\ \text{m}}\right)^2 \times \frac{9.8\ \text{m}^{\,5)}}{\text{s}^2} \\
&= 101\,293\left(\text{kg}\cdot\frac{\text{m}}{\text{s}^2}\right)\cdot\frac{1}{\text{m}^2} = 101\,293\ \frac{\text{N}}{\text{m}^2} = 101\,293\ \text{Pa} \\
&= 1.012\,93 \times 10^5\ \text{Pa} = 1012.93 \times 10^2\ \text{Pa} = \mathbf{1013\ hPa}^{6)}
\end{aligned}
$$

問題 3-5　血圧は 120，80 のように，心臓の収縮期，拡張期の二つの血圧で表される．

(1) この数値は何を意味するのか(数値の単位は何か)．

(2) この数値を水圧(水の高さ)で表すと何 cmH$_2$O/cm^2 になるか．

(3) 1 cmH$_2$O/cm^2 と 1 hPa の大きさの大小関係を示せ．

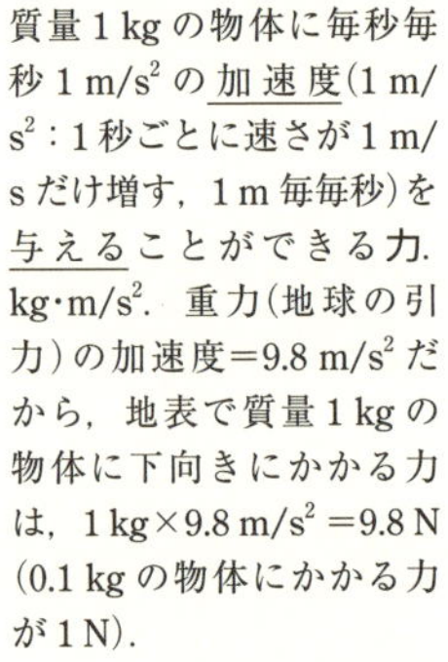

1) 片方を閉じた長いガラス管に水銀を満たし，逆さにして水銀溜めに立てると(図 3-21)，ガラス管を垂直にしても，斜めにしても，水銀液面からの水銀柱の高さはつねに 76 cm = 760 mm となる．この実験から，大気の圧力=1 気圧(1 atm)は 760 mm の水銀柱がその底に示す圧力と等しいことがわかった．

2) **力の単位 N**：1 N とは質量 1 kg の物体に毎秒毎秒 1 m/s^2 の加速度(1 m/s^2：1 秒ごとに速さが 1 m/s だけ増す，1 m 毎毎秒)を与えることができる**力**．kg·m/s^2．重力(地球の引力)の加速度=9.8 m/s^2 だから，地表で質量 1 kg の物体に下向きにかかる力は，1 kg×9.8 m/s^2 =9.8 N (0.1 kg の物体にかかる力が 1 N)．

力 F と加速度 α の関係は，乗車した電車が急発進すると(加速度が加わると)，からだが後ろに倒される力が働き，急停車すると(負の加速度が加わると)からだが前につんのめる力が働くことから理解できよう(F=物体の質量 $m \times \alpha$：ニュートンの運動の第二法則)．

3) g を kg に変換．

4) cm を m に変換．

5) 重力の加速度=9.8 m/s^2(加速度：m/s^2，速さ m/s が 1 秒あたりに増す割合(m/s)/s)．

高い所から石を落とすと，速さは，1 秒後には 9.8 m/s，2 秒後には 19.6 m/s，10 秒後には 98 m/s となる．

6) ヘクト h とは 100 という意味．したがって，1 hPa=100 Pa．高気圧，低気圧は 1013 hPa が基準．

答 3-5

(1) 水銀柱の高さで示すと 120 mm と 80 mm の圧力という意味．単位は **mmHg/cm²**[7]．

(2) $120\ \mathrm{mmHg/cm^2} = 120\ \mathrm{mmHg/cm^2} \times \left(\dfrac{1034\ \mathrm{cmH_2O/cm^2}}{760\ \mathrm{mmHg/cm^2}}\right) = 163\ \mathrm{cmH_2O/cm^2}$,

$80\ \mathrm{mmHg/cm^2} = 80\ \mathrm{mmHg/cm^2} \times \left(\dfrac{1034\ \mathrm{cmH_2O/cm^2}}{760\ \mathrm{mmHg/cm^2}}\right) = 109\ \mathrm{cmH_2O/cm^2}$．それぞれ 163 cm，109 cm の深さの水圧に対応する圧力（1 cm² の底面に 163 g，109 g の重さ）が作用している．

(3) 1 気圧 $= 1.013 \times 10^5\ \mathrm{Pa} = 1013\ \mathrm{hPa} = 1034\ \mathrm{cm\ H_2O/cm^2}$，$\mathbf{1\ cmH_2O/cm^2 \fallingdotseq 1\ hPa}$[8]．

7) 1 mmHg の圧力を 1 トル（Torr，トリチェリ）ともいう．

8) 病院の人工呼吸器には酸素の圧力（酸素分圧，p. 117）が cmH_2O で記載されている．

3.3.2 呼吸と潜水病，高山病，気体の法則

a. ボイルの法則

気象観測気球を揚げる際に，地表で He ガスを満杯には充塡しない（図 3-22(a)）．上空では大気圧が減少し，気体は膨張するので，地表でガスを満杯に詰めると気球は上空で破裂してしまう．逆に深海に潜れば水圧が増し，海面にあった風船は水圧により圧縮され収縮する（図 3-22(b)）．一般に圧力が下がれば気体は膨張し，圧力が上れば気体は収縮する．ボイルは，気体の圧力 P が上がると体積 V は P に反比例して減少すること（$PV = P'V' =$ 一定）を見出した（図 3-23）．これを**ボイルの法則**という．

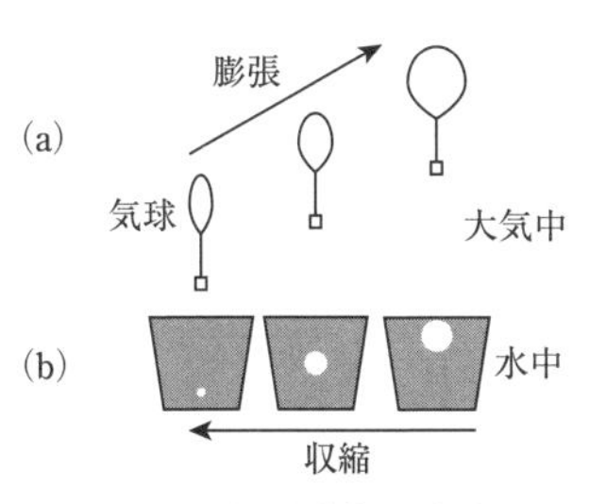

図 3-22　気球(a)と水中の風船(b)の体積と圧力

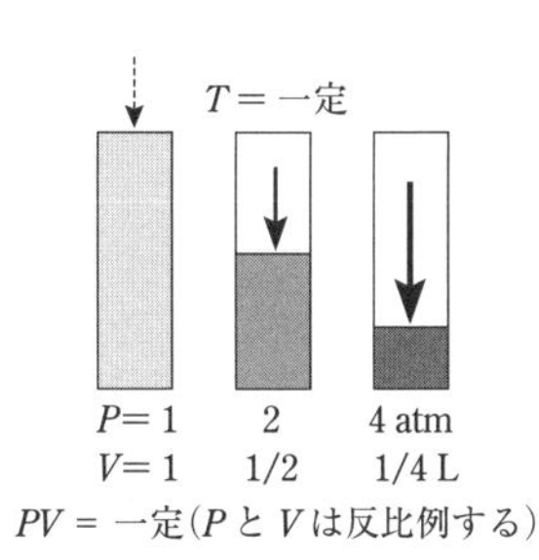

図 3-23　体積と圧力の関係

デモ実験：注射器を用いてボイルの法則を体感する．

問題 3-6　海面で 1 L の気体の体積は，海面下 100 m（水深 100 m）で何 mL となるか．

問題 3-7　高度 1 万 m を飛行中の旅客機中で，空の 500 mL のペットボトルの蓋を閉めておいた．温度は一定，大気圧は高度 5000 m ごとに半減するとすれば，目的地に着陸したときのペットボトルの体積は何 mL になるか．

答 3-6　1 気圧＝$1034\ \mathrm{cmH_2O/cm^2} = 10.34\ \mathrm{mH_2O/cm^2}$ だから[9]，水深 10 m（水圧 10 m）で圧力が 1 気圧増す．よって水深 100 m では，1 気圧（大気圧）＋100/10 気圧（水圧）＝11 気圧．（体積は圧力に反比例するので[10]，1000 mL/11＝90.9 mL．

答 3-7　地表では気圧が 4 倍になる．体積は圧力に反比例するので，1/4 になる．つまり，500 mL/4＝125 mL となる（ペットボトルは押しつぶされる）．

9) 大気の圧力：大気の重さが圧力のもとではない．気体中には自由に運動する N_2, O_2 分子が多数存在する．それらが高速で容器の壁に次々と衝突すると，壁に力が加わることになる．気体分子運動論に基づくと，この力の総和が気体・大気の示す圧力である（1 atm の圧力＝1 kg/cm² の重さに対応する力）．

10) 体積は圧力に反比例するので，11 気圧で体積は 1/11 になる．

呼吸の仕組みとボイルの法則

呼吸には，横隔膜の伸縮による腹式呼吸(おもな呼吸様式)と肋骨運動による胸式呼吸(安静時にみられる)がある．いずれも胸腔を拡大縮小させることにより，肺での吸排気を行う．胸腔拡大(体積増)により肺胞内が減圧状態となると(図3-24(a))，圧を大気圧に戻すために，外部からの吸気が自動的に起こる．胸腔が縮小すると，肺胞内の気体の圧力が1気圧より上昇するために(図3-24(b))，自動的に外界への排気が起こる．つまり，肺での吸排気はボイルの法則に支配されている．注射器で採血する際に，注射器に血液が流れ込む原理も同様である．

デモ実験：呼吸の仕組み

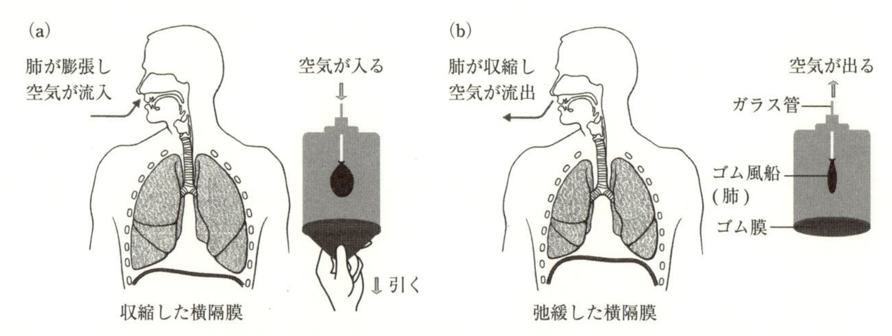

図3-24　呼吸の仕組み(肺と対応する模型図)
(a) 横隔膜が下がる(緊張)　　(b) 横隔膜が上がる(弛緩)
[(肺の図)伊藤俊洋ほか 訳，“生命科学のための基礎化学 無機物理化学編”，丸善(1995)，p. 159]

図3-25　熱気球
[Laura Stone/shutterstock]

1)　**ボイル-シャルルの法則**(応用例)：ヒトの安静時代謝量を，酸素消費量を基に，酸素1Lあたり熱量4.83 kcalを生じるとして求める場合，実測の酸素体積はボイル-シャルルの法則を用いて0℃，1気圧の値に換算する必要がある(問題3-9)．

b.　シャルルの法則と絶対温度

熱気球はなぜ空中に浮くのだろうか．それは，気体は温度が高くなると膨張し体積が増すからである．同じ重さの気体が膨張し，体積が増えれば，気体の密度(一定体積あたりの重さ)は低下し空気より軽くなるので空中に浮くことができる．逆に温度を下げれば，体積は収縮し，ついには −237℃で体積0となってしまう(この温度を零度とした温度表示を**絶対温度** T (K)という．つまり，$T/\mathrm{K} = t/℃ + 273$ と表される，絶対零度0 K = −273℃となる)．

気体の体積と温度の関係を詳しく調べてみると，気体の体積 V は絶対温度 T の上昇に比例して増大することがわかる(図3-26)．$V = kT$ (k は比例定数)．つまり，$V/T = V'/T'$ = 一定 が成立する．これを**シャルルの法則**という．

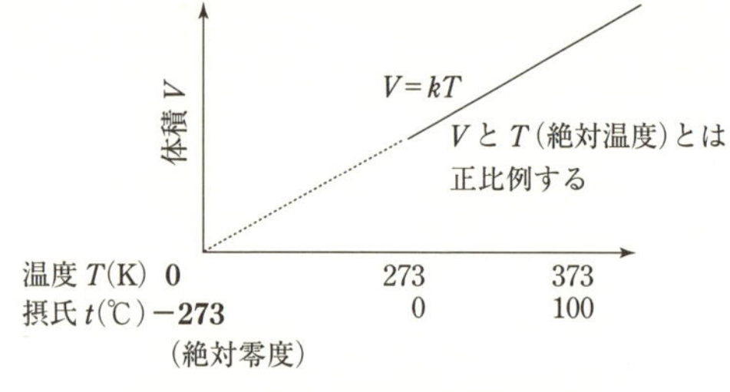

図3-26　気体の体積と温度の関係

c.　ボイル-シャルルの法則

ボイルの法則とシャルルの法則を一つにまとめたものである：$PV/T = P'V'/T'$ = 一定．気体の体積は絶対温度に比例，圧力に反比例する[1)](図3-27(a)，(b))．気体

の体積 V は物質量 n(mol)に比例するので，$PV/T = Rn$(R は比例定数)，$PV = nRT$.
これを理想気体の状態方程式[2]という(0℃，1気圧(1 atm)，1 mol の気体体積 = 22.4 L から，気体定数 $R = 0.082$ atm·L/(mol·K) = 8.31×10^3 Pa·L/(mol·K)[3]).

d. ドルトンの法則(分圧の法則)

たとえば，酸素 O_2 20% と窒素 N_2 80% からなる空気のように，複数の気体からなる混合気体中の気体成分(たとえば，空気中の O_2)が，その気体だけで，混合気体と同温・同体積で，器の全体積を占めていると仮定したときに示す圧力を，その成分気体の**分圧**[4]という(図 3-27(c)，問題 3-8 参照)．混合気体の全圧は，成分気体の分圧の和に等しくなる(図 3-27(c))．たとえば，空気の圧力は O_2 の分圧 0.2 気圧と N_2 の分圧 0.8 気圧の和になる．これを**ドルトンの法則(分圧の法則)**という．温度 T，体積 V が一定なら，圧力 P は物質量 n mol(分子数)，濃度(n/V)に比例する(気体の圧力と分圧は気体濃度に比例する)[5]．また，温度 T と圧力 P が一定なら，物質量 n mol は体積 V に比例する[6].

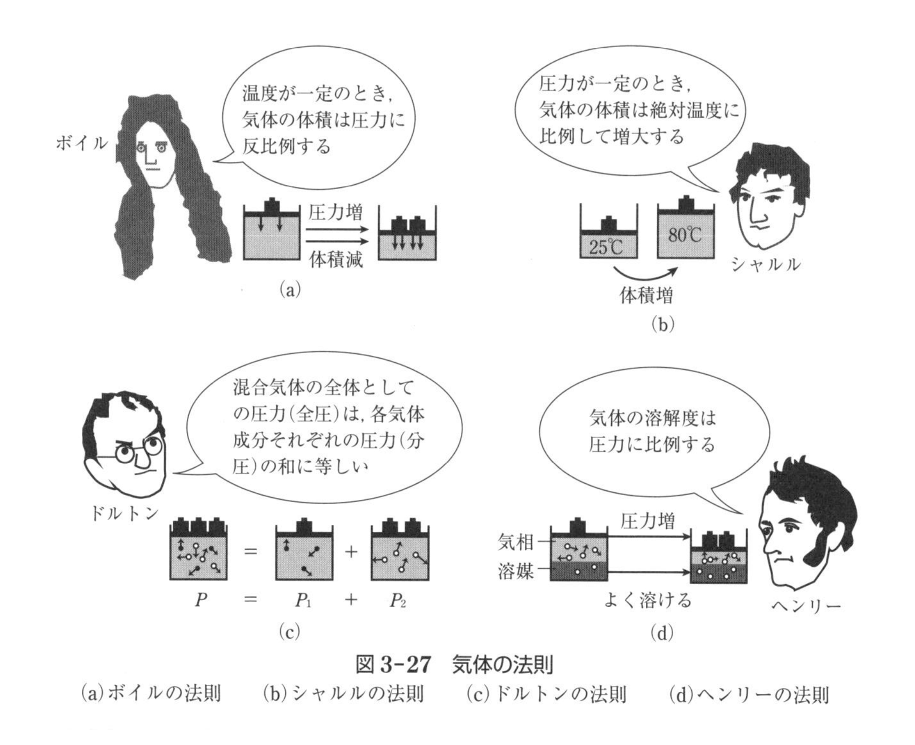

図 3-27 気体の法則
(a)ボイルの法則 (b)シャルルの法則 (c)ドルトンの法則 (d)ヘンリーの法則

問題 3-8 空気中の O_2 は 21%，N_2 は 78% の体積を占める(物質量も同じ比率で存在)．これらの気体の分圧を求めよ(気圧 atm，mmHg，hPa の 3 種類の値を示せ).

問題 3-9 ある人の 10 分間の安静時呼気ガス量を測定したところ，呼気中酸素量 13.3 L(呼気温度 37℃，980 hPa，水蒸気分圧 P_{H_2O} 47 mmHg)，吸気中酸素量 15.3 L (25℃，980 hPa，P_{H_2O} 20 mmHg)だった．呼気・吸気中 O_2 の標準状態(0℃ (273 K)，1 atm＝1013 hPa，P_{H_2O}＝0)における体積を求め，この人の安静時代謝量(kcal/d)[7]を求めよ(標準状態で 1 L の O_2 消費により，4.83 kcal の熱量を生じるとする).

2) 理想気体とは気体分子間の相互作用がまったくなく，気体分子の大きさが 0 の気体のこと．実在気体の状態方程式，$(P+a/V^2)(V-nb)=nRT$ の a, b の値(実験結果に合うように求めた値)から，その気体分子の分子間相互作用の大きさと，分子の大きさを見積もることができる！

3) R＝8.31 J/(mol・K)

4) **分圧**は呼吸やからだの中のガス交換のキーワード．

5) いかなる物質，いかなる気体でも 1 mol の分子数は一定，6.02×10^{23} 個/mol (アボガドロ定数)．これをアボガドロの法則という．気体の体積は物質量(mol)に比例するので，体積は分子数にも比例する．また，体積一定では，圧力は分子数に比例することになる(気体の圧力は，分子論的には，多数の分子が壁へ衝突するときの力の総和である(図 2-10，p. 115 注 9)参照)).

6) PV＝nRT だから，n＝PV/RT＝$(P/T)(V/R)$

7) 安静時代謝量＝基礎代謝量× 1.1〜1.2

答3-8　大気圧は1気圧，760 mmHg，1013 hPaである．したがって，O_2分圧は0.21気圧，160 mmHg，213 hPa，N_2分圧は0.78気圧，593 mmHg，790 hPa.

答3-9　1790 kcal（気体の法則を無視して求めると1390 kcal）.
気体の法則を用いて，呼気・吸気中の酸素量の標準状態における体積10.6_1 L，13.1_9 Lを求める（水蒸気分圧[1]をhPaに変換し，全圧から引く．$PV/T = P'V'/T'$）[2]．この体積の差 ×（24時間 × 60分/1時間 ÷ 10分）×（4.83 kcal/L）となる.

1）温度が上昇し，水蒸気分圧が大気圧に等しくなると，沸騰（液体内部からの蒸発，p. 91）が起こる．外界の圧力が下がれば，水は100℃より低温（富士山頂では88℃）で沸騰し（真空下で低温蒸留），圧力が1気圧より大きくなれば100℃以上でないと沸騰しない．圧力鍋で加圧すれば110～130℃となり食品をすばやく調理できる.

2）呼気の体積の求め方：
P_{H_2O} 47 mmHg ×（1 atm/760 mmHg）×（1013 hPa/1 atm）＝62.6 hPa
980 hPa－62.6 hPa＝917.4 hPa
1013 hPa × V L/273 K＝917.4 hPa × 13.3 L/（273＋37）K
V L＝10.61 L
吸気も同様にして計算する.

3）溶解度が小さい場合に成立する.

e.　ヘンリーの法則

ビール，サイダー，コーラの栓を抜くと発泡する．それは，瓶の中が高い圧力になっていて，CO_2が溶液中にたくさん溶けているからである．栓を抜いて1気圧にすると溶ける量が減少し，その差の分だけが発泡することになる（まれには瓶が破裂する事故もある）．一般に，液体に対する気体の溶解量（溶解度・濃度）は，その液体に接した気体の圧力（分圧）に比例して増大する（図3-27(d)）[3]．これを**ヘンリーの法則**という．そこで，液体に溶けた気体の量は気体の分圧で表される（問題3-10参照）．血液中のO_2とCO_2はヘンリーの法則に従わないが，この場合も問題3-11のように分圧を用いて表される．**ヘンリーの法則**は**潜水病**，**高山病**とも関連している.

潜水病と高山病

海底作業していた潜水夫が急に海面まで浮上すると，筋肉関節痛，めまい，四肢の麻痺などが起こる．これを潜水病（またはケーソン病）という．これは海底の高圧下で血中に溶け込んでいた窒素が（ヘンリーの法則），海面の1気圧で気泡となり，かつ膨張して（ボイルの法則）細い血管をふさぐためである.

一方，高山では，酸素不足が原因で心悸亢進，顔面潮紅，鼻血，悪心（おしん）（むかつき），嘔吐，耳鳴り，難聴，意識障害が起こる．これを高山病という．これは，高山における空気の希薄化による酸素分圧減少（ドルトンの法則）と，それに伴う血液中酸素溶解度減少が原因である.

問題3-10　旅客機中，ペットボトルに水が200 mL残っていた．高度10 000 m（1/4気圧）の上空と着陸時に，ボトルの水を振り混ぜたあとで水中に酸素はどれだけ溶けているか．温度一定，酸素の溶解度は2.0 mL/水100 mL（酸素分圧が1気圧のとき，水100 mLへの酸素の溶解度は2.0 mL），酸素濃度は20％とする.

答3-10　地表の酸素分圧 0.20気圧．酸素の溶解量 ＝ 2.0 mL/100 mL × 200 mL × 0.20 ＝ 0.80 mL．高度10 000 mは1/4気圧，酸素分圧も地表の1/4．酸素の溶解量 ＝ 0.80 mL × 1/4 ＝ 0.20 mL.

3.3.3　ガスの運搬と交換の仕組み

a.　体内におけるガス交換(分圧と呼気，吸気，肺胞気，血液，組織液のガス濃度)

呼吸では酸素 O_2 を吸い込み，二酸化炭素 CO_2 を吐き出す(**ボイルの法則**)．吸気，呼気，肺胞気中の O_2，CO_2，窒素 N_2，水蒸気濃度は各気体の分圧で表される(**ドルトンの法則**)．吸気，呼気，肺胞気中の気体の分圧は気体濃度そのものである(図 3-28, 3-29, 問題 3-8)．外気と肺胞内の温度差の影響は**ボイル-シャルルの法則**で求められる．

血液や組織液中の気体濃度は，血液，組織液と平衡にある気体の分圧で表される(図 3-28)[3]．この分圧は溶液中に溶解した気体濃度そのものではない．水中の O_2 や血液中の N_2 のように，ヘンリーの法則が成り立つ場合には，気体濃度は，1 気圧下での気体の溶解度をもとに分圧から計算され(問題 3-10)，血液中の O_2, CO_2 のようにヘンリーの法則が成立しない場合には，分圧と溶解度の関係図から求められる(問題 3-11 参照)．気体は分圧(濃度に対応)が高いほうから低いほうへ拡散により移動する．体組織の毛細血管では O_2 が血液から組織液へ，CO_2 が組織液から血液へ移動する．肺胞毛細血管では，肺胞気との間で，体組織の毛細血管とは逆方向への移動が起こる(図 3-28)．

3)　組織・静脈血における O_2 の分圧 40 mmHg は安静時の値．運動時は 20 mmHg.

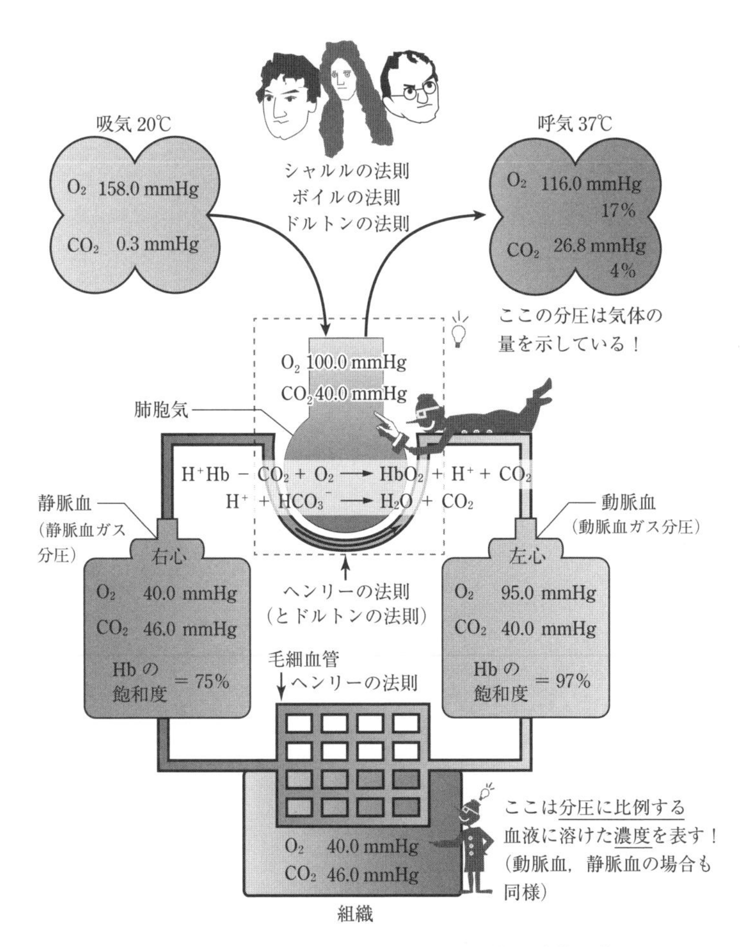

図 3-28　からだの中における O_2 と CO_2 の運搬と交換の仕組み

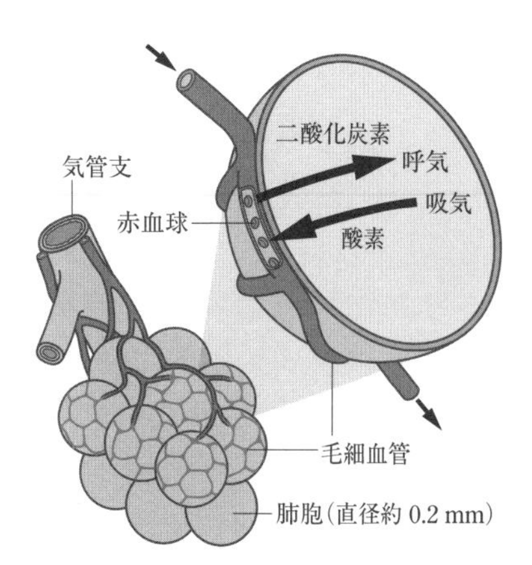

図 3-29　肺胞内のガス交換

問題 3-11　動脈血の酸素分圧は 95 mmHg，静脈血の酸素分圧は 40 mmHg である．酸素分圧の変化に伴う，血中ヘモグロビンの酸素飽和度の変化を示した図 3-33 を用いて，動脈血と静脈血の 100 mL に溶けている酸素量を求めよ．ただし，血中のヘモグロビン量は 145 g/L，1 g のヘモグロビンは最大で 1.34 mL の O_2 を保持する．

答 3-11　図 3-33 より，95 mmHg と 40 mmHg のときの血中ヘモグロビンの酸素飽和度は，それぞれ 97%，75% である．したがって，動脈血 100 mL 中の酸素量は，1.34 mL/g ×14.5 g/100 mL × 0.97 ＝ 酸素 18.8 mL/血液 100 mL．静脈血では，× 0.75 ＝ 14.6 mL/100 mL.

b.　血中の赤血球による酸素運搬の仕組み

酸素は，血色素タンパク質であるヘモグロビンのヘム（図 3-30，3-31）中心の Fe（Ⅱ）（金属錯体の一種）に酸素分子が結合することにより，運搬される．ヘモグロビンは，4 本のポリペプチド鎖（サブユニット）が集合した四次構造（p. 70）をもつタンパク質である（図 3-32）．1 個のサブユニットに 1 個のヘムがあり，各 1 分子，全体で 4 分子の酸素 O_2 を運ぶ．4 個の酸素分子の吸脱着には共同効果[1]が働いており（図 3-33 の S 字型曲線），体内での能率よい合目的的な吸脱着[2]を可能にしている．

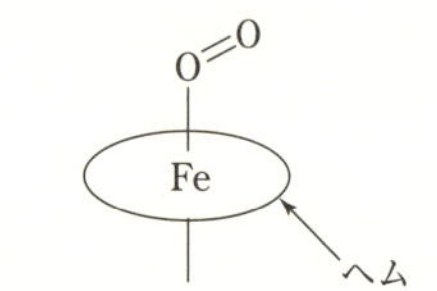

図 3-30　ヘムへの酵素の結合様式

$$\text{(ヘムの構造式: }CH{=}CH_2,\ CH_3,\ H_3C,\ CH{=}CH_2,\ N,\ Fe,\ H_3C,\ CH_3,\ HOOCCH_2CH_2,\ CH_2CH_2COOH)$$

図 3-31　ヘムの構造式

1）1 個目の O_2 が結合すれば 2〜4 個目が容易に結合し，1 個が外れれば，ほかの 3 個もそれに引きずられて容易に解離し O_2 を効率よく交換する．一方，1 本のポリペプチド鎖でできた筋肉の赤色色素ミオグロビン Mb は酸素を貯蔵する役割であるが，ヘモグロビン Hb のような酸素の吸脱着の共同効果はない．平衡定数（p. 136）を用いた議論で Hb の挙動（図 3-33 の S 字型曲線）と Mb の挙動が再現できる*．

* $Hb + nO_2 \rightleftarrows Hb(O_2)_n$　$n = 2.8$

$Mb + O_2 \rightleftarrows MbO_2$

2）酸素分圧変化に対するヘモグロビンの S 字型の酸素飽和度変化は，肺でのヘモグロビン酸素飽和度を一定化し，酸素不足組織での多量の O_2 放出を可能とする．ミオグロビンと比較してみよ．ミオグロビンの酸素分圧変化に対する酸素飽和度変化は下図で示される．

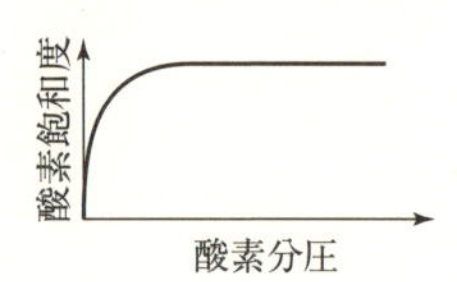

3）炭酸は不安定：$CO_2 + H_2O \rightleftarrows (H_2CO_3) \rightleftarrows H^+ + HCO_3^-$　つまり，H_2CO_3 は溶液中にごく少量しか存在しない．

c.　二酸化炭素の運搬の仕組み

二酸化炭素 CO_2 は水分子と反応（$CO_2 + H_2O \longrightarrow H_2CO_3$）して炭酸[3]を生じるので炭酸ガスともいう．炭酸は弱酸だが，解離して炭酸水素イオンを生じる（$H_2CO_3 \longrightarrow H^+ + HCO_3^-$）．つまり，$CO_2$ は CO_2 ガス，炭酸，炭酸水素イオンとして血液・体液に溶けて運ばれる．CO_2 は，ヘムタンパク質の末端アミノ基に CO_2（炭酸 H_2CO_3，HO-CO-OH，p. 100）が結合したカルバミノヘモグロビンとしても運搬される．

$$\text{ヘモグロビン-NH}_2 + \text{HO-CO-OH} \longrightarrow \text{ヘモグロビン-NH-CO-OH} + H_2O$$

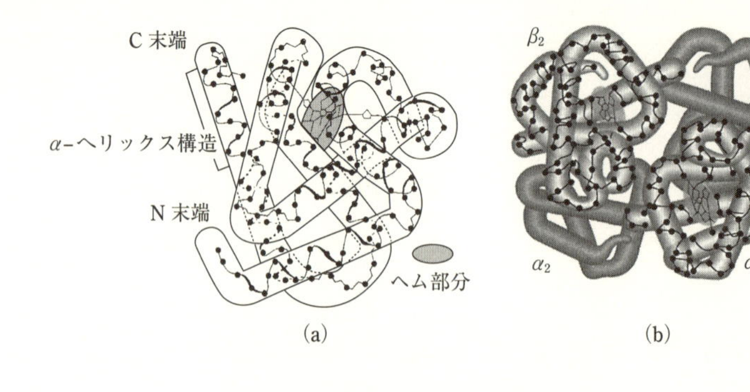

図 3-32　タンパク質の三次構造，四次構造
(a) サブユニット
(b) 四つのサブユニット（α_1，α_2，β_1，β_2）からなるヘモグロビン

d.　ヘモグロビンが酸素を運搬し，二酸化炭素を放出する仕組み

静脈血中の赤血球の，酸素 O_2 と結合していないデオキシヘモグロビン Hb は H^+，CO_2 と結合（$H^+Hb\text{-}CO_2$）している．この $H^+Hb\text{-}CO_2$ は肺胞毛細血管中では，酸素分

圧 Po_2 の高い肺胞気の O_2 を取込んで，HbO_2 となると同時に，H^+ と CO_2 を放出する[4]：

$$H^+Hb - CO_2 + O_2 \rightleftarrows HbO_2 + H^+ + CO_2 \quad ①$$

つまり，肺胞毛細血管中では，式①の左側 → 右側へ反応が進行する（図 3-28）．この反応で放出された H^+ は炭酸水素イオン HCO_3^- と結合し CO_2 を生じる．

$$H^+ + HCO_3^- \rightleftarrows (H_2CO_3) \rightleftarrows H_2O + CO_2 \quad ②$$

式②の左側 → 右側へ反応が進行する．つまり，赤血球のヘモグロビンは肺胞毛細血管中では O_2 を受け取り，CO_2 を肺胞内に放出する（図 3-28）．

一方，体組織では異化により生じた CO_2 濃度が高いので，炭酸由来の H^+ 濃度は増大する（式②の左側 ← 右側へ反応が進行する）[5]．この H^+ と CO_2 が HbO_2 へ結合すると同時に，HbO_2 が O_2 を放出する（式①の左側 ← 右側へ反応が進行）[4]．こうして赤血球は，効率的に組織に O_2 を供給，CO_2 を搬出し，肺胞へ CO_2 を排出，O_2 を取り込む．

このように，ヒトは酸解離の化学平衡（H^+ の出し入れ，pH 変化）を O_2 と CO_2 の交換に上手に利用している！（**ルシャトリエの平衡移動の原理**：化学平衡の状態は，生じた変化を和らげる・打ち消す方向に移動する）．

4）この交換反応は一種の協奏的反応（アロステリックな連携）である．酸素と結合しやすい構造の Hb と結合しにくい構造の Hb の相互変換を O_2，H^+，CO_2，DPG（後述）が連携して行うことで，相互の Hb への脱着を制御している．

5）乳酸などの酸性代謝物も H^+ 濃度を増大させる．

3.3.4 胎児は母体の血液からどのようにして酸素を得ることができるのか

Hb の O_2 の脱着能力はさまざまな要因（CO_2，H^+，DPG[6] の濃度）で変化する．酸素解離曲線（酸素飽和曲線，Hb に結合した O_2 量と酸素分圧 Po_2 との関係）を図 3-33 に示す．肺（Po_2 100 mmHg）で O_2 を取り込んだ Hb（O_2 飽和度 97%）は，母体の体組織（Po_2 40 mmHg[7]）では飽和度 75% に低下し，22% 分の O_2 を解離・放出する．

胎児の血液中の Hb（HbF）は DPG との結合が弱いので，酸素解離曲線は左上側に寄っており，DPG を含む母体（HbA）の胎盤血から放出された O_2 を胎児の Hb が胎盤バリアを介して受け取ることができる．また，高地の住人が高山病にかからないのは，高地順応として，血液中の DPG 濃度が増大するため，酸素解離曲線が右下側に寄ること，血中赤血球数が増大することで，組織への酸素供給量が平地と同じになるためである[8]．

6）2,3-ジホスホグリセリン酸イオン 2,3-bis(di)phosphoglycerate の略．

7）運動中の菌組織での酸素分圧は 20 mmHg に下がるので，Hb はより大量に O_2 を放出できる．また，Hb の酸素解離曲線は pH 低下で右下側に移動するので（ボーア効果），筋肉中の乳酸量増大により，より大量の O_2 を放出できる．

8）血液内に DPG が増大し酸素飽和曲線が右下側に寄ることで，標高 4500 m，酸素分圧 50 mmHg なら，Hb の酸素飽和度 76%，体組織の酸素分圧 40 mmHg で 60% となる（16% の O_2 を利用，平地は 10%）．赤血球数の 30% 増と合わせると，平地並に，21% の酸素を利用できる．

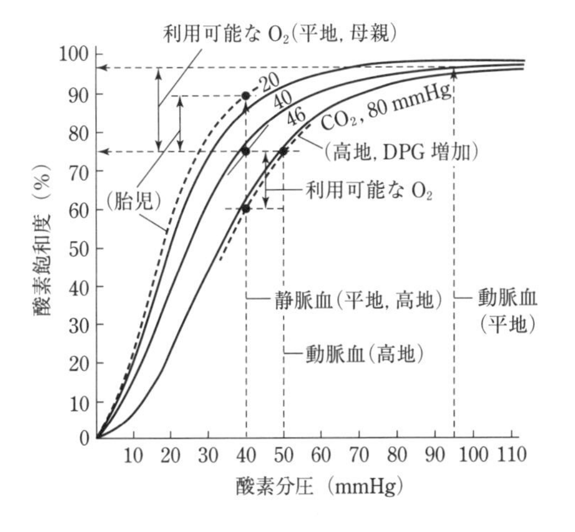

図 3-33 ヘモグロビン Hb の酸素解離曲線（酸素飽和曲線）と CO_2，DPG の影響

酸素飽和度は全ヘモグロビンのなかのオキシヘモグロビン HbO_2 の割合（%）．血液の CO_2 濃度は動脈血で約 40 mmHg，静脈血で約 46 mmHg．

［山本敏行，鈴木泰三，田崎京二 著，“新しい解剖生理学 改訂第 12 版”，南江堂（1999），p. 271 より改変］

まとめ問題　12　以下の語句を説明せよ：

圧力，大気圧の表し方，mmHg，ボイルの法則，シャルルの法則，分圧，ドルトンの法則，ヘンリーの法則，絶対温度，理想気体の状態方程式，ガス交換の仕組み．

3.4　食べた物はどのように変化するのか

3.4.1　臓器(肝臓，消化器，循環器，その他)

臓器は，からだの胸腔と腹腔にある器官である．からだ全体のことを意味する五臓六腑[1]という言葉があるが，これは漢方医学における心臓，肝臓，脾臓，肺臓，腎臓と六種の内臓，大腸，小腸，胆嚢，胃，（三焦：漢方の言葉），膀胱を指す．これらは有機物であるから，リン脂質ほかの脂質，タンパク質，糖質(C，H，O，N，S，P)からつくられている(臓器の形と位置がわかるようにすること)．

消化管(図3-34)は摂取した食物の通路であり，**消化・吸収**を行う．消化管は口腔に始まり，咽頭，食道，胃(噴門(入口)・幽門(出口))，小腸(十二指腸，空腸，回腸)，大腸(盲腸・虫垂，結腸(上行，横行，下行，S状)，直腸)と続き，肛門に終わる．

1)　“お酒が五臓六腑にしみわたる”などという表現がある．

臓器の役割　　**心臓**：血液の循環，**肺臓**：ガスの交換，**肝臓**：3.4.3項参照，**腎臓**：血液の沪過・尿の生成(p.141)．ほか，**脾臓**：血液量の調節，血球の破壊・生成，異物や細菌の捕捉，**胃**：タンパク質の消化，殺菌，**小腸**(図3-35)：食物の消化吸収[2]，**大腸**：水の吸収・ほか[3]，**胆嚢**：胆汁の貯蔵と排出，**膀胱**：尿の貯蔵．

2)　栄養素の効率的吸収のために，小腸壁の微絨毛(刷子縁，図3-35)の表面積はテニスコートに匹敵する広さをもつ．

3)　腸で吸収されなかった難消化性の糖質は，大腸で腸内細菌による発酵を受けるが，その際に生み出される4 kcal/gのエネルギーの約半分2 kcal/gはヒトが吸収利用している．

3.4.2　消化器と酵素：胃，小腸における消化(加水分解反応)と生成物

栄養素は糖・タンパク質・脂質の多量栄養素とビタミン・ミネラルの微量栄養素に分けられる．**消化**とは，食物成分の多糖，タンパク質，脂質を構成単位の小分子に分解する化学反応・加水分解反応のこと．**吸収**とは，消化により生じた小分子(グルコース，アミノ酸，脂肪酸イオンなど)が消化管(食物の通路・からだの外部)から消化器管壁の上皮細胞内(体の内部，図3-35)に取り込まれる生物的過程のことである．

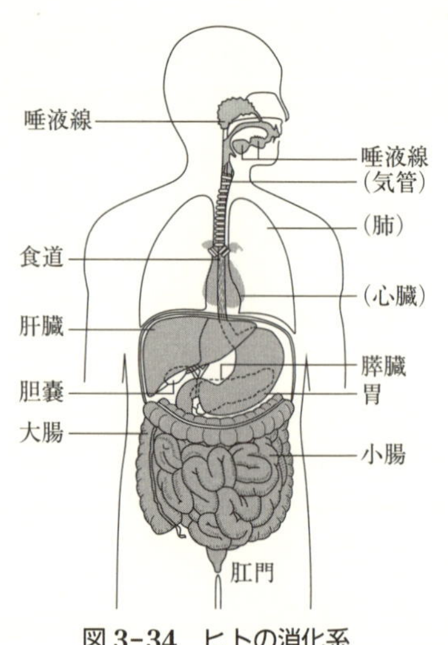

図3-34　ヒトの消化系

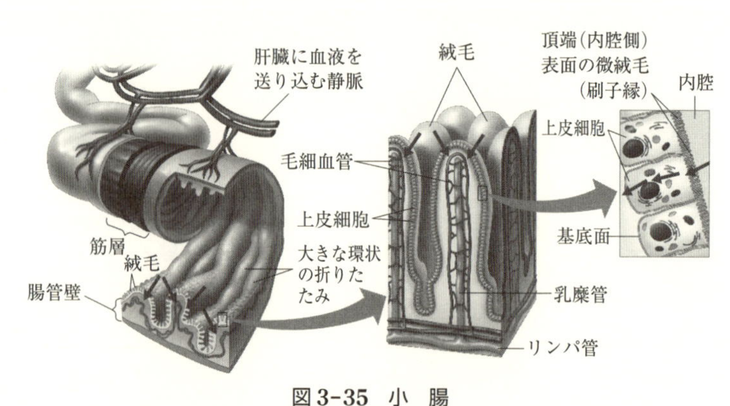

図3-35　小　腸

［J. B. Reece ほか 著，池内昌彦ほか 監訳，“キャンベル生物学 原書9版”，丸善出版(2013)，p.1040］

消化液の種類と役割・反応の種類と生成物

消化液とは，食べ物を消化する酵素溶液のことである．酵素(p. 149)はその語尾をase・アーゼという．酵素反応速度が最大となるpHを**最適pH**(p. 135)，温度を**最適温度**(p. 148)という．**消化腺**とは，消化液を分泌する腺である．唾液腺，肝臓・胆嚢，膵臓，胃腺，腸腺があり，図3-36の消化液(酵素)を分泌する(胆嚢は酵素液ではなく，酵素の働きを助ける胆汁酸塩(p. 105)を含んだ胆汁を貯蔵し，排出する)．各消化器官における酵素の役割と消化生成物を図3-37に示す．

a. 多糖，少糖(オリゴ糖)，二糖類の加水分解：グリコシド結合C-O-C(p. 77)の切断酵素

① α-アミラーゼ[4](グルコース重合体鎖の中間部分を切断する機能をもつ)：唾液アミラーゼはデンプンをデキストリン[5]，マルトースに変える．膵アミラーゼ(膵液)はデキストリンをマルトースに変える(管腔内消化[6])．

以下の②～④は小腸内膜に埋め込まれている膜消化[6]酵素である．

② マルターゼ(非還元末端よりグルコースを1個づつ切断する機能をもつグルコアミラーゼの一種)：マルトース(麦芽糖，二糖類)をグルコース(ブドウ糖)2個に変える(イソマルターゼ：α(1→6)結合のイソマルトースを加水分解)．

③ スクラーゼ[7]：スクロース(ショ糖，二糖類)をグルコースとフルクトース(果糖，単糖)に変える．

④ ラクターゼ：ラクトース(乳糖)をガラクトースとグルコースに変える[8]．

b. ペプチドの加水分解：ペプチド結合-CONH-(p. 68, 133)の切断酵素[9]

以下の①～⑤は管腔内消化酵素であり，①～③はエンドペプチダーゼ[10]，④，⑤はエキソペプチダーゼ[11]である．

① ペプシン(胃液：いろいろな大きさのペプチドの混合物であるペプトンにする[12])

4) amyl, amyloは，デンプンを意味するギリシャ語amylon由来の言葉(英語はamylum)．
5) デンプン消化の際の中間生成物．種々の長さのグルコース重合体の混合物．
6) 消化管内での通常の消化を**管腔内消化**という．一方**膜消化**とは，小腸上皮細胞の刷子縁膜上に結合する膜に組み込まれた各種の膜タンパク質(膜消化酵素)によって行われる消化である．管腔内消化により得られたオリゴ糖やオリゴペプチドをモノマーの形まで消化する．これらは膜輸送により直ちに細胞内に吸収される．
7) 転化糖の製造に使用．
8) 乳糖不耐症とは，ラクターゼの活性低下が原因で乳糖を消化できず下痢を起こす(ラクトースはβ結合)．
9) **プロテアーゼ**：タンパク質(protein)分解酵素．**ペプチダーゼ**：ペプチド分解酵素．プロテアーゼ中の一群の酵素の名称，後述のエキソペプチダーゼに相当．
10) ペプチドの両端以外の中間部分を切断する酵素．エンドendoは，ギリシャ語由来で内側という意味．
11) ペプチドの末端の結合を切断する酵素．エキソexoとは外側という意味．
12) 芳香族アミノ酸やロイシン，酸性アミノ酸のペプチド結合を加水分解する．

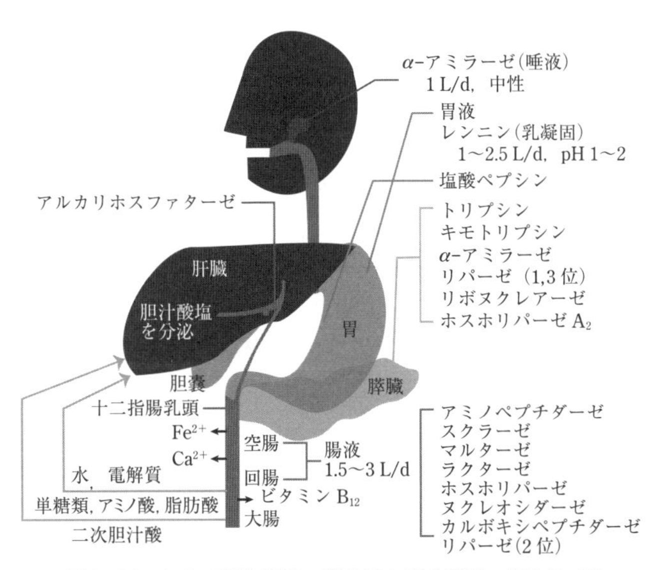

図3-36 ヒトの消化器官・消化液と消化酵素，消化生成物などの腸管からの吸収

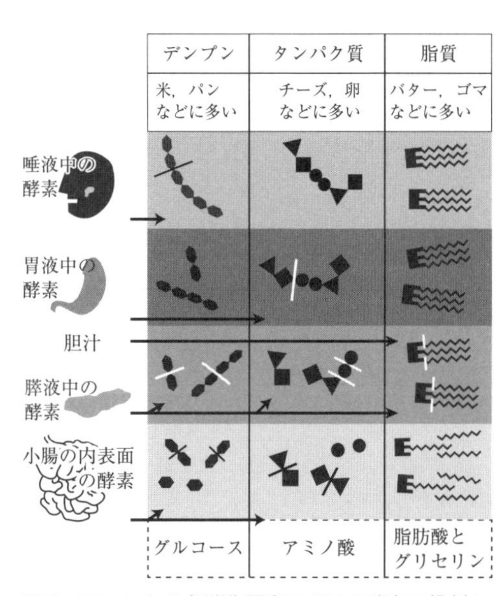

図3-37 ヒトの各消化器官における酵素の役割と消化生成物

② トリプシン(膵液：タンパク質中の塩基性アミノ酸のカルボキシ基側のペプチド結合を加水分解する．前駆体のキモトリプシノーゲン[1]をキモトリプシンにする)
③ キモトリプシン(膵液:芳香族アミノ酸のカルボキシ基側の結合を加水分解する)
④ カルボキシペプチダーゼ(膵液，腸液:カルボキシ末端・C末端の結合を切断する)
⑤ アミノペプチダーゼ(腸液:アミノ末端・N末端を切断，オリゴペプチドとする)
⑥ ジペプチダーゼ(膜消化酵素：ジペプチドをアミノ酸とする)

c. エステルの加水分解：エステル結合 C–CO–O–C(p. 56, 73, 74, 133)の切断酵素

リパーゼ[2](膵液：胆汁の助けを借りて中性脂肪(トリアシルグリセロール)の1,3位を加水分解し，脂肪酸2分子と2–(モノ)アシルグリセロールとする[3])．

3.4.3 肝臓：肝心要! からだの中でもっとも重要な化学工場(生化学反応の反応場)

肝臓は消化管と(肝)門脈で結ばれ，胆管で胆嚢を介し腸に連なる体内最大の腺性器官である(胆汁を生成・分泌)．腹腔右上部，横隔膜下にあり，赤褐色をしている．左葉・右葉・方形葉・尾葉からなり，右葉下面に胆嚢がある(図3–38)．

肝臓の役割

1. **糖代謝**：**糖新生**(アミノ酸からグルコースを合成，p. 129)・**コリ回路**(筋肉で生じた乳酸から糖新生，p. 129)，**グリコーゲン**(貯蔵糖，グルコースよりなる多糖・ポリマー)の合成・貯蔵，緊急時のグリコーゲン分解，**血糖**(グルコース)分泌，**ペントース(五炭糖)リン酸回路**(解糖系のグルコース–6–リン酸から，リボースなどの五炭糖 C_5，C_3+C_7，C_4+C_6 炭糖生成，同時に NADPH を生成(NADPH は脂肪酸・コレステロール合成における還元剤として利用))，単糖類の相互変換．
2. **脂質代謝**：エネルギー過剰時の中性**脂肪**合成(p. 133，貯蔵エネルギー源)，飢餓時の**ケトン体**の合成(p. 130，脂肪酸骨格の β 酸化 ⟶ アセチル CoA[4])，**コレステロール**の合成(p. 131)，**リポタンパク質**(p. 112)の合成．
3. **アミノ酸代謝**：アミノ基由来の NH_4^+，NH_3 の**尿素回路**による尿素 $CO(NH_2)_2$ への変換(p. 130)，アミノ酸の変換(**アミノ基転移・酸化的脱アミノ化**[5]，p. 129)，血漿タンパク質**アルブミン**などの合成を行う．
4. **解 毒**：ヘムタンパク質シトクロム P–450 による酸化，**グルクロン酸抱合**[6](p. 133)による解毒・排泄，S の酸化(硫酸化．システインからタウリンを生成)と還元，胆汁への排出，**ステロイドホルモン**(p. 157)の合成，胆汁色素(ヘムの分解生成物ビリルビン・胆赤素，糞便の色)などの処理，**胆汁酸塩**形成(p. 105, 133)，**胆汁**の生成と分泌など．
5. **体温維持**：1〜4 のように，肝臓は中間代謝の中枢的役割を果たしており，体内で産生される熱量(反応熱，p. 84)の約2割が肝臓で生み出されている．この熱は血液を介して全身へ伝達され，体温維持に寄与している(p. 143，159)．

1) キモトリプシンの前駆体，加水分解されてキモトリプシンとなる．最初からキモトリプシンを分泌すると，消化管に入る前にからだ自体を消化してしまう．ペプシノーゲンも同じ．胃液の塩酸の作用でペプシンとなる．トリプシノーゲンはエンテロキナーゼの作用でトリプシンとなる．

2) リパーゼとは，脂質の加水分解酵素という意味．lip，lipo は脂肪 fat を意味するギリシャ語 lipos 由来の言葉(英語の lipid は脂質のこと)．

3) 腸液には2–の位置を加水分解するリパーゼが含まれている．リポタンパク質リパーゼ，脂肪組織のホルモン(p. 159)感受性リパーゼはすべてのエステル結合を切断する．

4) アセチル CoA は，オキサロ酢酸が十分にあれば TCA 回路で消費されるが，そうでないと，アセチル CoA 同士が反応してアセト酢酸となり，これが脱炭酸されてアセトン，還元されて β–ヒドロキシ酪酸になる．

5) アミノ基転移酵素の代表例はアラニンアミノトランスフェラーゼ ALT(グルタミン酸–ピルビン酸トランスアミナーゼ GPT)，アラニン ＋ 2–オキソ(α–ケト)グルタル酸 ⇄ グルタミン酸＋ピルビン酸の反応を触媒する酵素，アスパラギン酸アミノトランスフェラーゼ AST(グルタミン酸–オキサロ酢酸トランスアミナーゼ GOT)，アスパラギン酸＋ 2–オキソ(α–ケト)グルタル酸 ⇄ グルタミン酸 ＋オキサロ酢酸の反応を触媒する酵素である．ALT は肝細胞に多量に存在するので，肝細胞障害で血中に逸脱した酵素の活性を測定することで，肝細胞障害の有無の検査に利用，AST は肝臓や心筋，骨格筋からの逸脱酵素の活性を測定することで，これらの細胞障害の有無を検査することに利用されている．

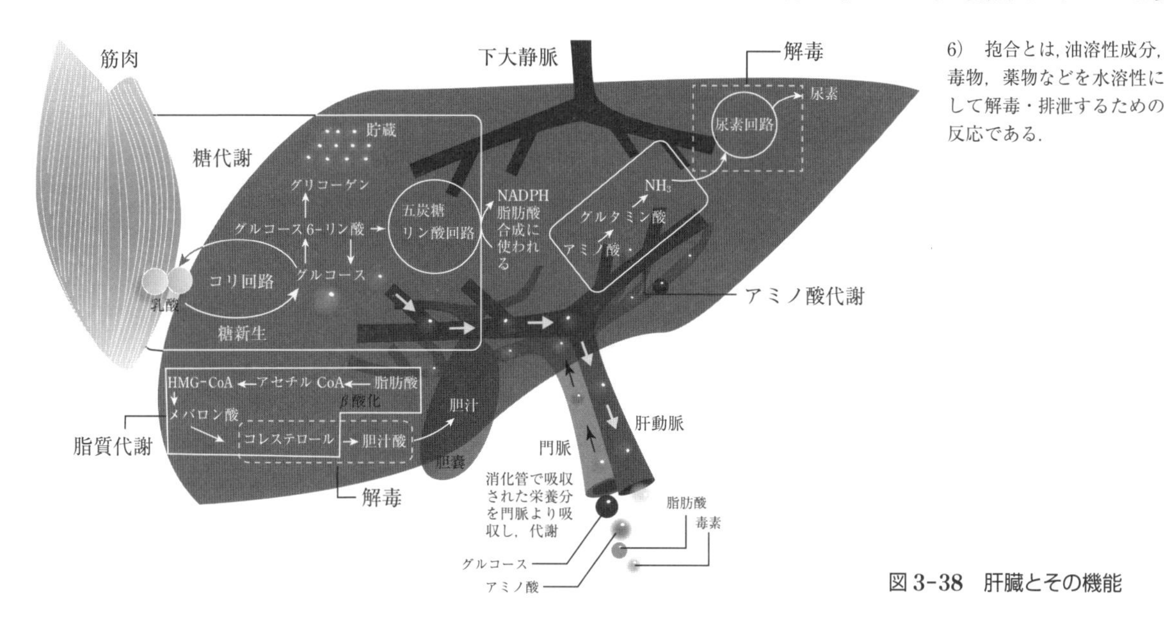

図 3-38　肝臓とその機能

6)　抱合とは，油溶性成分，毒物，薬物などを水溶性にして解毒・排泄するための反応である．

3.4.4　体内の生化学反応（同化，異化），食品の反応

a.　糖の代謝

グルコースの異化（酸化）による ATP 産生　生命は食物の**酸化反応**のエネルギーを利用して生きている．食物中の有機物（分子）の燃焼前後の自由エネルギー変化（p. 97）を ATP 合成に利用している．**ATP** はエネルギーの一時貯蔵物質（エネルギー通貨）であり，いわば**車のガソリン**に対応する．われわれはこの ATP を用いてさまざまな生命現象を行っている（p. 95〜97）[7]．

（1）糖の代謝（異化）の経路： 解糖系 → TCA 回路（クエン酸回路）→ 電子伝達系

食物から ATP を生み出す初期過程である（i）**解糖**は，細胞質基質で起こり，グルコースは NAD^+[8] により酸化（脱水素）されて 2 分子のピルビン酸となる（4 H と 2 ATP 生成，下の（i）参照）．（ii）ピルビン酸は，無酸素下で NADH[8] により乳酸に還元され（NAD^+ 再生），酸素存在下ではミトコンドリアのマトリックスで酸化的脱炭酸し，補酵素 A（HS-CoA）[9] と反応してアセチル CoA となる（2 CO_2 と 4 H 生成，次ページ（ii）参照）．

（iii）アセチル CoA のアセチル基はマトリックス中の **TCA**[10] **回路**（**クエン酸回路**，図 3-39）で完全に酸化される（4 CO_2 と 16 H と 2 GPT 生成）．（iv）計 24 個の H はミトコンドリア内膜・クリステの**電子伝達系**で電子と H^+ に分離する．電子が電子伝達系で酸化還元を繰り返すことで生じた膜内外の H^+ 濃度勾配と膜電位差を利用して ATP が合成される．電子は最終的に呼吸で得た 6 O_2 が受け取り，H^+ と水分子を生成する（12 H_2O と 26 ATP 生成，図 3-40）．

7)　以下，何が起こっているか，何をするのが目的かを理解すること．

8)　NAD^+：補酵素ニコチンアミドアデニンジヌクレオチド，ビタミン B 群）．NADH：還元型 NAD^+，$NAD^+ + 2\,H(2\,H^+ + 2\,e^-) \longrightarrow NADH + H^+$，基質から 2 個の H 原子が外され，$NAD^+$ は 1 個の H^+ と 2 個の電子 e^- を受け取り，NADH となる．残りの H^+ は溶液中に放出される．

9)　CoA とは補酵素 A（co-enzyme-A，HS-CoA：チオールの一種）のこと．

10)　TCA：トリカルボン酸（tri-carboxylic acid）の略．カルボキシ基（-COOH）が 3 個ある酸のこと．

（i）解糖系：

グルコース　→（酸化）2 C_3 に切断 →　グリセルアルデヒド　→（酸化）脱水素 →　ピルビン酸

$$\underset{\text{グルコース}}{\begin{matrix}CH_2-CH-CH-CH-CH-CHO\\ |\quad\ \ |\quad\ \ |\quad\ \ |\quad\ \ |\\ OH\ \ OH\ \ OH\ \ OH\ \ OH\end{matrix}} \xrightarrow[2\,C_3\text{に切断}]{(\text{酸化})} 2\,\begin{matrix}CH_2-CH-CHO\\ |\quad\ \ |\\ OH\ \ OH\end{matrix} \xrightarrow[\text{脱水素}]{(\text{酸化})} 2\,\begin{matrix}CH_3-C-COOH\\ \|\\ O\end{matrix}$$

$C_6H_{12}O_6$　　2 $C_3H_6O_3$　　2×(−2 H)　　2 $C_3H_4O_3$

$$C_6H_{12}O_6 + 2\,NAD^+(\text{酸化剤}) \longrightarrow 2\,C_3H_4O_3 + 2\,(NADH + H^+),\ 2\,ATP^{*1}$$

*1　基質レベルのリン酸化：基質（中間代謝物）との反応によりADPがリン酸化されてATPを生じる．

(ii) ピルビン酸の反応

・無酸素下：　ピルビン酸　$2\,CH_3-C(=O)-COOH$ —還元（水素付加）$+2\times 2\,H$→ 乳酸[*2]　$2\,CH_3-CH(OH)-COO^-$

$$2\,C_3H_4O_3 + 2(NADH + H^+) \longrightarrow 2\,C_3H_6O_3 + 2\,NAD^+(\text{酸化剤の再生})$$

cf. 乳酸発酵とアルコール発酵

*2　コリ回路，p. 129：乳酸（運動時の筋肉中）→（肝臓）→ピルビン酸→糖新生

・酸素存在下：　ピルビン酸　$2\,CH_3-C(=O)-COOH + 2\,HS-CoA$ —$-2\,CO_2$（酸化的脱炭酸）$+2\times(-2\,H)$→ アセチル CoA　$2\,CH_3-C(=O)-S-CoA$

$$2\,C_3H_4O_3 + 2\,HS-CoA + 2\,NAD^+ \longrightarrow 2\,CH_3CO-S-CoA + 2\,CO_2 + 2\,(NADH + H^+)$$

(iii) TCA回路（クエン酸回路，図3-39）：ピルビン酸から生じたアセチルCoAはオキサロ酢酸と結合してクエン酸となる．クエン酸は，脱炭酸酵素の作用で段階的にCO_2を放出，脱水素酵素で酸化されて，オキサロ酢酸へ戻る．この過程でアセチルCoAのアセチル基は完全に酸化される．TCA回路は糖，脂肪，多くのアミノ酸の炭素骨格を完全に酸化する代謝経路であり，これらの物質の合成原料の供給源でもある．

$$2\,CH_3CO-S-CoA(\text{アセチル CoA}) + 6\,H_2O + 6\,NAD^+ + 2\,FAD^{*3}$$
$$\longrightarrow 4\,CO_2 + 6\,(NADH + H^+) + 2\,FADH_2 + 2\,HS-CoA,\ 2\,GTP$$

*3　FAD（補酵素フラビンアデニンジヌクレオチド，ビタミンB群），$FADH_2$（還元型FAD，$FAD + 2\,H(2\,H^+ + 2\,e^-) \longrightarrow FADH_2$）

ピルビン酸の脱炭酸反応(ii)からクエン酸回路(iii)までの正味の反応は，

$$2\,C_3H_4O_3 + 6\,H_2O + 8\,NAD^+ + 2\,FAD \longrightarrow 6\,CO_2 + 8\,(NADH + H^+) + 2\,FADH_2,\ 2\,GTP$$

・TCA回路における反応1：水分子，水素分子の脱離反応と付加反応（図3-39）

酸化反応を行う準備としての第二級アルコールをつくる反応．

クエン酸 →（② 水の脱離）→ アコニット酸 →（③ 水の付加）→ イソクエン酸，コハク酸 →（⑧ 脱水素，FAD → $FADH_2$）→ フマル酸 →（⑨ 水の付加）→ リンゴ酸

$$-C(C)(OH)-C(H)(H)- \xrightarrow[②]{-H_2O} -C(C)=C(H)- \xrightarrow[③]{+H_2O} -C(C)(H)-C(H)(OH)-$$

（第三級アルコール）　　（第二級アルコール）　⑧，⑨もほぼ同様

・TCA回路における反応2：第二級アルコールの酸化

$$\text{脱水素}(-2\,H):\ >CH\text{-}OH + NAD^+ \longrightarrow >C=O + NADH + H^+$$

イソクエン酸 →（④ 脱水素・酸化）→ オキサロコハク酸，リンゴ酸 →（⑩ 脱水素・酸化）→ オキサロ酢酸[1)]

1)　アスパラギン酸が2-オキソ化されたものと同じ．

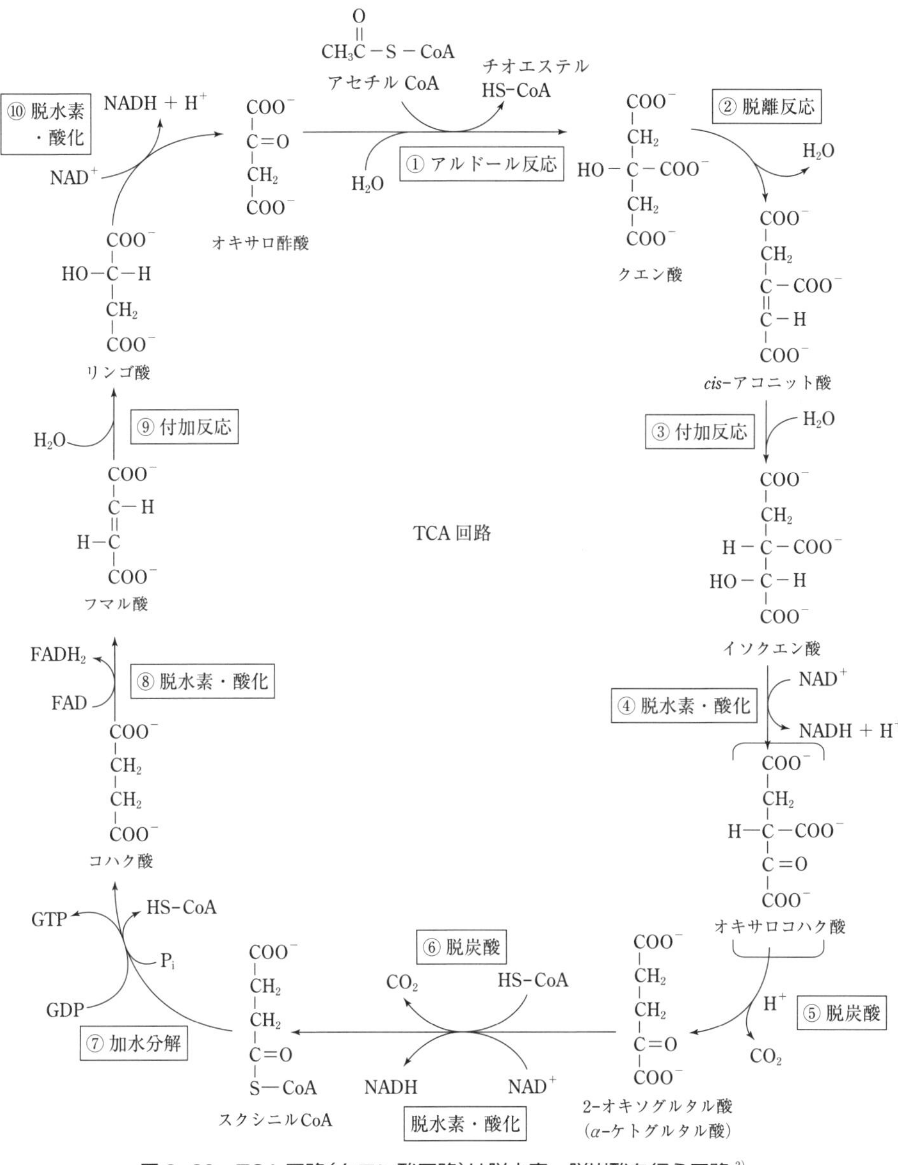

図 3-39 TCA 回路(クエン酸回路)は脱水素，脱炭酸を行う回路 [2]

・**TCA 回路における反応 3：脱炭酸(–COOH を CO_2 として放出する)** [3, 4]

⑤ オキサロコハク酸 ⟶ 2-オキソグルタル酸(α-ケトグルタル酸)

⑥ 2-オキソグルタル酸 ⟶ スクシニル CoA [5]

(iv) **電子伝達系** [6]

解糖系・TCA 回路 ⟶ 10(NADH + H^+) + 2 $FADH_2$ ⟶ 10 NAD^+ + 2 FAD + 24 H

24 H + 6 O_2(呼吸で得た酸素) [7] ⟶ 12 H_2O + q_3(反応熱)　(26 ATP 合成) [8]

2) 水溶性のビタミン B 類(VB)は，TCA 回路における NAD^+(ナイアシン，ニコチン酸)，FAD(VB_2，リボフラビン)，CoA(パントテン酸)や，2-オキソグルタル酸の脱炭酸反応(VB_1，チアミン)，その他の代謝反応の補酵素である．糖(ピルビン酸の脱炭酸酵素と五炭糖リン酸回路のトランスケトラーゼ：VB_1)，アミノ酸(アミノ基転移酵素：VB_6，ピリドキシン)，糖・脂質(糖新生と脂肪酸合成経路のカルボキシラーゼ：ビオチン)など．

3) ⑤では分子内の酸化と還元が同時に進行，⑥では NAD^+ による酸化が同時進行している．

4) これら以外の TCA 回路における反応は：

① オキサロ酢酸の C=O の C に，アセチル CoA が $^-$：CH_2CO-S-CoA の形で C–C 結合し，クエン酸を生じる反応(アルドール反応；解糖系の C_6 ⟶ 2 C_3 反応と糖新生の 2 C_3 ⟶ C_6 もアルドール反応である)．

⑦ スクシニル CoA(チオエステル)の加水分解と共役した GTP の合成(**基質レベルのリン酸化**)．

⑧ FAD ⟶ $FADH_2$ による脱水素(酸化)反応，>CH_2–CH_2< ⟶ >CH=CH< 脂質の β 酸化でも同じ反応が起こる(p. 130)．

5) コハク酸 succinic acid のアシル基．

6) ミトコンドリア内膜・クリステ(p.7, 72, 128)で起きる．

7) 電子伝達系では，解糖系とクエン酸回路で得られた NADH と $FADH_2$ 由来の 24 H を酸化し，次式とする．

24 H ⟶ 24 H^+ + 24 e^-

この電子が電子伝達系で酸化還元反応を繰り返すことで生じたクリステ膜内外の H^+ 濃度勾配と膜電位差を利用して ATP が合成される(**酸化的リン酸化**)．電子は最終的に次の反応で酸素が受け取る．

24 H^+ + 24 e^- + 6 O_2 ⟶ 12 H_2O(代謝水)．

つまり，呼吸で得た酸素は代謝水の酸素原子となり，呼気で吐き出す CO_2 の O は基質分子と水分子由来の酸素原子である．

8) 酸化的リン酸化で得た ATP.

好気的条件下では，解糖系 → クエン酸回路 → 電子伝達系全体の正味の反応は(図 3-40)，

$$C_6H_{12}O_6 + 6\,H_2O + 6\,O_2 + 30\,ADP + 30\,P_i \longrightarrow 6\,CO_2 + 12\,H_2O + 30\,ATP + 30\,H_2O$$

つまり，ATP，ADP，P_i(無機リン酸イオン)を除いた正味の反応は，

$$C_6H_{12}O_6 + 6\,H_2O + 6\,O_2 \longrightarrow 6\,CO_2 + 12\,H_2O$$

さらに，反応に関与する水分子を除くと，$C_6H_{12}O_6 + 6\,O_2 \longrightarrow 6\,CO_2 + 6\,H_2O$ と，これらの一連の生化学反応はグルコースのたんなる燃焼反応と等価であることがわかる．したがって，この一連の生化学反応で生じる反応熱 Q は，**ヘスの法則**(総熱量保存則，p. 87)から，グルコースを燃やしたときの反応熱(燃焼熱)に等しいといえる．

$$C_6H_{12}O_6 + 6\,O_2 \longrightarrow 6\,CO_2 + 6\,H_2O + 2802\text{ kJ}$$

また，ATP(生きるためのさまざまな一時的エネルギー源)だけの正味の合成反応は，次式となる．

$$30\,ADP + 30\,P_i \longrightarrow 30\,ATP + 30\,H_2O$$

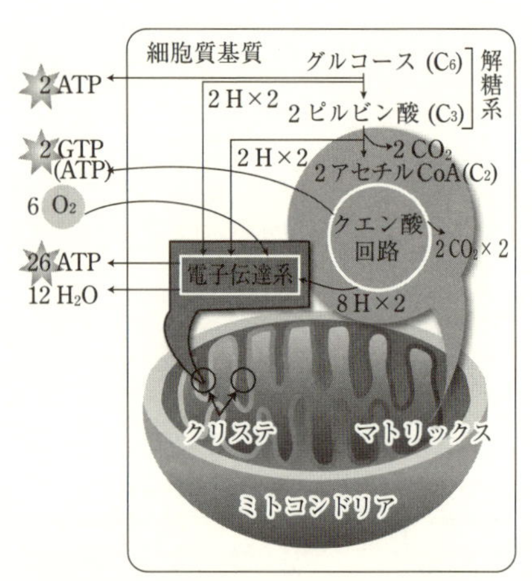

図 3-40　グルコースの異化反応過程

上記の反応の自由エネルギー変化は正，$\Delta G > 0$ であり，反応は自発的には進まないので(p. 96)，ATP の合成反応を進めるために，上述のように食物の酸化反応で取り出される化学エネルギーを利用している．

この逆反応，ATP の加水分解反応により取り出される ATP の化学エネルギー・自由エネルギー変化 ΔG_1 を，ヒトは生きるためのエネルギー源として利用している．グルコースの酸化(燃焼)で生じた全自由エネルギー変化 ΔG(≒ 燃焼熱 Q，p. 97)をヒトが ATP のエネルギーとして利用している比率は，$(\Delta G_1/\Delta G) \times 100\%$ となる(p. 96)．イオン性物質 ATP の加水分解では，反応の前後で電荷が変化するので，イオンの水和(p. 106)に基づく自由エネルギー変化の寄与が無視できない．したがって，燃焼反応とは異なり，ATP の加水分解エネルギーは反応熱 $Q_1(-\Delta H_1)$ では議論できず，ΔG_1 を用いる必要がある($Q_1 = -24.3$ kJ/mol，$\Delta H_1 = 24.3$ kJ/mol と吸熱反応であるが，$\Delta G_1^{\circ\prime} = -30.5$ kJ/mol < 0，**発エルゴン反応**(p. 97)，自発的に起こる反応である)．グルコース 1 モルの燃焼の $\Delta H^\circ = -2802$ kJ/mol，$\Delta G^\circ = -2879$ kJ/mol，30 ATP の加水分解の $30\,\Delta G_1^{\circ\prime} = -915$ kJ/mol，よって，$(30\,\Delta G_1^{\circ\prime}/\Delta G^\circ) \times 100\,\% = 915/2879 \times 100 = 32\,\%$($30\,\Delta G_1^{\circ\prime}/\Delta H^\circ \rightarrow 33\%$)．つまり，ヒトは食物の燃焼の標準自由エネルギー変化の 32%，生理的条件では 50% 以上($30\,\Delta G_1 \fallingdotseq -50$ kJ/mol[1] × 30 ＝ −1500 kJ/mol より，1500/2879 × 100 ≒ 52%)を ATP の化学エネルギー(生きるためのエネルギー源)に変換している．

1)　p. 96 注 2) の式に，細胞内の ATP，ADP，P_i の濃度を代入して ΔG を計算すると，$-\Delta G > 50$ kJ/mol となる．

グルコースの異化反応過程(エネルギー代謝)のまとめ(図 3-40)

解糖系：細胞質基質，C_6 グルコース $\longrightarrow$ 2 C_3 ピルビン酸 ＋ 4 H(2(NADH ＋ H^+)) ＋ 2 ATP，無酸素：2 C_3 ピルビン酸 ＋ 4 H $\longrightarrow$ 2 C_3 乳酸，有酸素：ミトコンドリア・

マトリックス，2 C_3 ピルビン酸 ＋ 2 HS-CoA ⟶ 2 C_2 アセチル CoA ＋ 2 CO_2 ＋ 4 H (2(NADH ＋ H^+)) → **TCA 回路(クエン酸回路)**：2 C_2 アセチル CoA ＋ 6 H_2O ⟶ 4 CO_2 ＋ 16 H(6(NADH ＋ H^+) ＋ 2 $FADH_2$) ＋ 2 GTP(ATP) ＋ 2 HS-CoA，**電子伝達系**：ミトコンドリア内膜・クリステ，10(NADH ＋ H^+) ＋ 2 $FADH_2$ ⟶ 10 NAD^+ ＋ 2 FAD ＋ 24 H，24 H ＋ 6 O_2(呼吸) ⟶ 12 H_2O ＋ 26 ATP．全体では，グルコース $C_6H_{12}O_6$ ＋ 6 O_2 ⟶ 6 CO_2 ＋ 6 H_2O ＋ 30 ATP.

電子伝達系と酸化還元反応[2)]

電子伝達系とは，解糖系や TCA 回路で起こっている水素原子のやり取り・授受としての酸化還元反応ではなく，電子の授受としての酸化還元反応が起こる所である．グルコースの酸化（異化）により生じるエネルギーを利用して合成される生体エネルギー源 ATP の 30 分子のうち，26 分子がここで生み出される(酸化的リン酸化)．(解糖系，TCA 回路で脱水素された 24 個の H(NADH，$FADH_2$)は電子伝達系で酸化されて H^+ と電子 e^- になる (NADH ＋ H^+ ⟶ NAD^+ ＋ 2 H^+ ＋ 2 e^-，$FADH_2$ ⟶ FAD ＋ 2 H^+ ＋ 2 e^-：電子の授受としての酸化反応，H ⟶ H^+ ＋ e^-)．この e^- が電子伝達系で H^+ の出し入れを含む酸化還元反応(電子の授受)を繰り返す過程で，酸化還元反応の自由エネルギーを用いてプロトン H^+ がマトリックス側からクリステ膜間側に汲み出される(3 種類のプロトンポンプ・複合タンパク質 I，III，IV が働く)．これにより生じた H^+ の濃度勾配と膜電位差 (p. 153)のエネルギーを利用して，高濃度の H^+ が，クリステ膜間側からマトリックス側に，ATP 合成酵素経由で戻る際に，ATP の 26 分子が合成される．電子は最終的に呼吸で得た酸素分子 6 O_2 が受け取り，24 H^+ と一緒に水分子 12 H_2O を生成する(全体としては H 原子の酸素化としての酸化反応が起こったことになる) (図 3-40).

2) 嫌気性と好気性で ATP 生成量は大きく異なる．グルコース 1 分子から得られる ATP 量は，乳酸発酵(解糖系，嫌気性反応)では 2 ATP，ヒトの代謝系(解糖系 ⟶ クエン酸回路 ⟶ 電子伝達系，好気性反応)では 30 ATP である．このように，ATP 合成効率は，好気性(酸素を利用すること)により大幅にアップしたが，同時に，活性酸素の毒性(老化，がんの原因の一つ)をからだが受けることになった．活性酸素は白血球による殺菌作用などに上手に利用もされている．

コリ回路　激しい運動(無酸素・嫌気性下，解糖系)で生じた筋肉中の乳酸は血液により肝臓に運ばれ，次の反応でグルコースとなる(糖新生).

乳酸 ⟶ ピルビン酸 ⟶ (＋ CO_2，ピルビン酸カルボキシラーゼ)[3)] ⟶ オキサロ酢酸 ⟶ (4 ATP) ⟶ (CO_2 ＋) ホスホエノールピルビン酸 ($CH_2 = C(-O-Ⓟ)-COOH$) ⟶ グリセルアルデヒド ⟶ フルクトース ⟶ グルコース

3) この反応ではビタミン B 類のビオチンが補酵素.

b. アミノ酸の反応

アミノ酸の酸化的脱アミノ化とアミノ基転移[4)]　α-アミノ酸 R-CH(NH_2)COOH の脱アミノ化とはアミノ基-NH_2 が取れることである．酸化的は酸化だから，脱水素 −H か，酸素原子の付加 +O である．したがって，

$$R-CH(NH_2)-COOH \xrightarrow[\text{脱アミノ基}]{-NH_2} R-CH-COOH \xrightarrow[-H,\ +O]{\text{酸化}} R-C(=O)-COOH \quad \text{2-オキソ酸 (α-ケト酸)}$$

アミノ酸合成はこの逆．ケト原性アミノ酸★，アミノ酸プール★，アミノ酸価[5)]★.

糖新生　糖新生は乳酸のほか，糖原性アミノ酸★からも行われる(例：アラニンの ALT による脱アミノ化 → ピルビン酸，以下，上記のコリ回路の反応と同様)[6)].

4) 2-オキソ酸(α-ケト酸)へのアミノ基転移．ビタミン B_6 が補酵素．肝臓の酵素 ALT(GPT)は肝機能の検査指標，肝臓・心筋・骨格筋の酵素 AST(GOT)はこれらの部位の機能の検査指標である．細胞の障害によりこれらの酵素が血液に漏出する(逸脱酵素).

★ アミノ酸の代謝のキーワード．要理解.

5) 食品中のタンパク質栄養価の評価法の一つ．食品中の必須アミノ酸量とからだをつくるアミノ酸組成との関係，制限アミノ酸.

6) 糖原性アミノ酸ではピルビン酸のほか，クエン酸回路の 2-オキソ(α-ケト)グルタル酸(グルタミン酸)とオキサロ酢酸(アスパラギン酸)ほか経由で起こる.

尿素回路（オルニチン回路）[1]　アミノ酸の酸化的脱アミノ化で生じたアンモニア NH_3（アンモニウムイオン NH_4^+，脳神経毒）を尿素 $CO(NH_2)_2$ にして無毒化する回路（肝臓で行われる）．

アミノ酸由来の NH_4^+ + CO_2 + アスパラギン酸の NH_2[2] ⟶ 尿素 $CO(NH_2)_2$

NH_3 + 老廃物 CO_2（H_2CO_3）+ ATP（$H_2N\text{-}H$ + $HO\text{-}CO\text{-}OH$ + $HO\text{-}PO_3^{2-}$）⟶

カルバモイルリン酸 $H_2N\text{-}CO\text{-}O\text{-}PO_3^{2-}$ + $2\,H_2O$

カルバモイルリン酸 $H_2N\text{-}CO\text{-}O\text{-}PO_3^{2-}$ + アスパラギン酸のアミノ基 $-NH_2$ ⟶ 尿素 $H_2N\text{-}CO\text{-}NH_2$ + H_2O（カルバモイルリン酸 + オルニチン ⟶[3] シトルリン，シトルリン + アスパラギン酸 ⟶[4] アルギノコハク酸 ⟶[5] アルギニン + フマル酸[6]，アルギニン ⟶ 尿素 + オルニチン）

c.　脂肪酸の反応

脂肪酸の代謝：β酸化　ミトコンドリアのマトリックス中[7]で脂肪酸の β 位（下記）の炭素の酸化反応が起きて，アセチル CoA（活性酢酸）の形で炭素を 2 個ずつ切り出し，クエン酸回路に送る．飢餓などの糖欠乏時には，オキサロ酢酸が十分量は生成されないので，アセチル CoA はクエン酸回路では処理できず，ケトン体（アセトン体：アセト酢酸，アセトン，β-ヒドロキシ酪酸）を生じる．これが，飢餓時に生きるためのエネルギー源となる（飢餓と糖尿病では，ともに細胞が飢餓状態・糖不足である）．

ω ………………… γ　β　α 炭素　　β 酸化

$CH_3\text{-}CH_2\text{-}\cdots\text{-}CH_2\text{-}\mathbf{CH_2}\text{-}CH_2\text{-}COOH \longrightarrow CH_3\text{-}CH_2\cdots CH_2\text{-}CH_2\text{-}C(=O)\text{-}CH_2\text{—}COOH$

（アシル基）

脂肪酸 $\xrightarrow[\text{FAD（酸化）}]{-2\,H}$ $-CH=CH-COOH$ $\xrightarrow[\text{付加}]{+H_2O}$ $-CH(OH)-CH_2-COOH$ $\xrightarrow[\text{NAD}^+\text{（酸化）}]{-2\,H}$ $-C(=O)-CH_2-COOH$（切断）

$\xrightarrow[(H_2O)]{}$ $CH_3\text{-}CH_2\text{-}\cdots\text{-}CH_2\text{-}CH_2\text{-}C(=O)\text{-}OH$（$\cdots CO\text{-}S\text{-}CoA$）+ CH_3COOH（$CH_3CO\text{-}S\text{-}CoA$）

アシル CoA（R-CO-S-CoA）　　アセチル CoA（チオエステル）

このように，脂肪酸の炭素鎖を 2 個ずつ，アセチル CoA として切り取っていく．

脂肪酸の合成　アセチル CoA（C_2）+ 老廃物の CO_2 ⟶ マロニル CoA（C_3），マロニル CoA（C_3）+ アシル CoA（R-CO-S-CoA）⟶（R + C_2）CO-CoA + CO_2 ⟶ … ⟶ 脂肪酸

以上を R = C_2，つまり $C_2 + C_2 = C_4$ の過程について詳述すると，次のようになる．アセチル CoA（C_2）+ CO_2[8] ⟶ マロニル CoA，アセチル CoA（C_2）+ ACP[9] ⟶ アセチル ACP，アセチル ACP + マロニル CoA + ACP ⟶（アシルマロニル ACP 縮合酵素）⟶ アセトアセチル ACP（C_4）[10] + ACP + CO_2 ⟶（NADPH+H^+，還元）⟶ D-3-ヒドロキシブチリル ACP[11] ⟶（脱水）⟶ クロトニル ACP（-C=C-）[12] ⟶（NADPH + H^+）⟶ ブチリル ACP（-C-C-伸長 C_4）[13] ⟶ … ⟶ 長鎖脂肪酸

1) 正味の反応は，$CO_2 + 2\,NH_3 \longrightarrow CO(NH_2)_2 + H_2O$

2) アミノ酸の$-NH_2$は，2-オキソグルタル酸へ転移されグルタミン酸の NH_2 となる．この$-NH_2$がオキサロ酢酸へ転移され，アスパラギン酸の$-NH_2$となる．

3) アミド生成．

4) $HOOCCH(NH_2)\text{-}CH_2\text{-}CH_2\text{-}CH_2\text{-}NH\text{-}CO\text{-}NH_2$ + $H_2N\text{-}Asp$ ⟶ イミン

5) 脱水素，C-N 結合切断．

6) フマル酸はクエン酸回路経由で，リンゴ酸 ⟶ オキサロ酢酸 ⟶（酸化的脱アミノ化の逆）⟶ アスパラギン酸となる．

7) 脂肪酸はカルニチン*のエステル，アシル化カルニチンとしてミトコンドリア内膜を通過しマトリックス側に取り込まれる．
* $(CH_3)_3N^+CH_2CH(OH)\text{-}CH_2COOH$（β-ヒドロキシ-γ-アミノ酪酸の N メチル化物，双性イオン）．

8) 老廃物の CO_2 を利用した反応の一つ．CO_2-ビオチン酵素，マロニル CoA（マロン酸，$HOOCCH_2COOH$）．

9) ACP（acyl carrier protein）：アシルキャリヤータンパク質．

10) $C-C(=O)-CH_2-C(=O)-$

11) $C-CH(OH)-CH_2-C(=O)-$

12) $C-CH=CH-C(=O)-$

13) $C-CH_2-CH_2-C(=O)-$

コレステロールの合成 アセチル CoA＋アセトアセチル CoA ⟶ HMG-CoA[14] ⟶ (HMG 還元酵素・NADPH，律速段階，p. 147)[15] ⟶ メバロン酸[16] ⟶ … ⟶ スクワレン ⟶ … ⟶ コレステロール

d. 食品の反応

付加反応：(i) 水素添加(植物油・魚油(不飽和脂肪酸のグリセリンエステル) → 硬化油(マーガリン，せっけん，ろうそくなどの原料(p. 132 注 5)).

(ii) ヨウ素価(トリアシルグリセロールを構成する脂肪酸の不飽和度(二重結合数)を知るために，二重結合にヨウ素分子を付加する反応，油脂 100 g あたり消費されるヨウ素の量(g)；この値で乾性油，半乾性油，不乾性油を分類する(p. 132 注 6)).

次のように，二重結合の結合の一つを切断してほかの原子と手をつなぐ[17].

水素添加

$$>C=C< + H_2 \ (H\text{-}H) \longrightarrow >C(H)-C(H)<$$

ヨウ素付加

$$>C=C< + I_2 \ (I\text{-}I) \longrightarrow >C(I)-C(I)<$$

糖の酸化還元 アルドン酸(糖の C_1 アルデヒド炭素(p. 26, 76)の COOH への酸化，例：グルコース → グルコン酸)，ウロン酸(C_6-OH の COOH への酸化，例：グルコース → グルクロン酸)，糖アルコール(C_1 アルデヒド基の C-OH への還元，例：グルコース → ソルビトール，キシリトール(ガム))．還元糖(相手を還元すること[18]ができる糖であり，単糖類などグリコシル OH(アルドースの C_1-OH，ケトースの C_2-OH)をもつもの)と非還元糖(還元性がない糖．二糖類のスクロース（($\alpha 1 \rightarrow \beta 2$)結合)，トレハロース($\alpha(1 \rightarrow 1)$結合)などそれぞれのグリコシル OH を相手の単糖との結合に用いたもの).

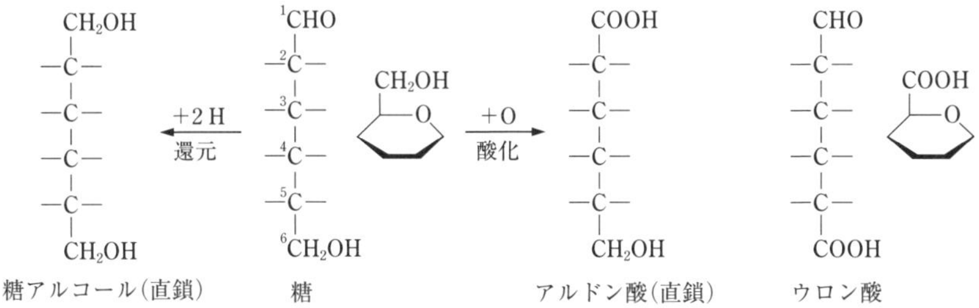

糖アルコール(直鎖)(^{1}C の還元)	← +2H 還元	糖	+O 酸化 →	アルドン酸(直鎖)(^{1}C の酸化)	ウロン酸(^{6}C の酸化)
CH_2OH–(C)$_4$–CH_2OH		^{1}CHO–^{2}C–^{3}C–^{4}C–^{5}C–$^6CH_2OH$（環状：CH_2OH, O）		COOH–(C)$_4$–CH_2OH	CHO–(C)$_4$–COOH（環状：COOH, O）

油脂(多価不飽和脂肪酸)の酸化(酸敗，変敗)[19] 多価不飽和脂肪酸の二重結合の間の $-CH_2-$ は反応性が高く，熱・光と酸素により酸化されて，比較的安定なヒドロペルオキシド(過酸化脂質) R-O-O-H を生じ，ラジカル[20] 連鎖反応(自動酸化)を起こす(下式)．ROOH は重合(粘度増)や，分解によりケトンやアルコール，酸化によりアルデヒドや低級脂肪酸を生じる[21]．分解は微量の鉄や銅などの金属イオンにより促進される．

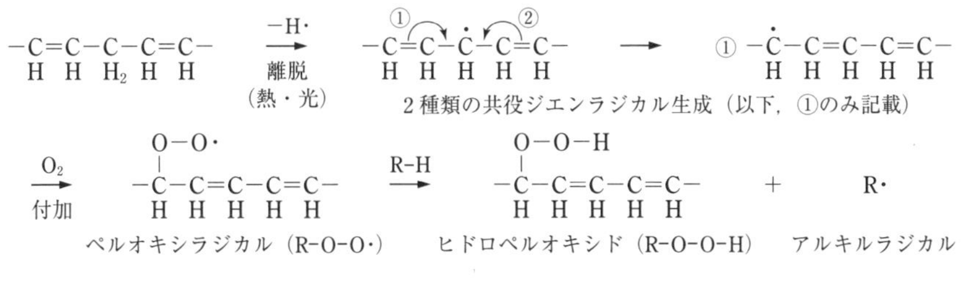

$$-\underset{H}{C}=\underset{H}{C}-\underset{H_2}{C}-\underset{H}{C}=\underset{H}{C}- \xrightarrow[\text{離脱（熱・光）}]{-H\cdot} -\underset{H}{C}=\underset{H}{C}-\underset{H}{\dot{C}}-\underset{H}{C}=\underset{H}{C}- \longrightarrow ① -\underset{H}{\dot{C}}-\underset{H}{C}=\underset{H}{C}-\underset{H}{C}=\underset{H}{C}-$$

2 種類の共役ジエンラジカル生成（以下，①のみ記載）

$$\xrightarrow[\text{付加}]{O_2} -\underset{H}{\overset{O-O\cdot}{C}}-\underset{H}{C}=\underset{H}{C}-\underset{H}{C}=\underset{H}{C}- \xrightarrow{R-H} -\underset{H}{\overset{O-O-H}{C}}-\underset{H}{C}=\underset{H}{C}-\underset{H}{C}=\underset{H}{C}- + R\cdot$$

ペルオキシラジカル（R-O-O·） ヒドロペルオキシド（R-O-O-H） アルキルラジカル

14) 3-ヒドロキシ-3-メチルグルタリル CoA，$HOOCCH_2C(OH)(CH_3)-CH_2CO-CoA$ (3-ヒドロキシ-3-メチルペンタン二酸).

15) HMGCoA の -COOH を $-CH_2OH$ に還元する.

16) メバロン酸 (3,5-ジヒドロキシ-3-メチルグルタル酸)，$CH_2(OH)CH_2C(OH)(CH_3)CH_2COOH$ これが脱水，脱炭酸すれば，ステロイド，テルペノイド，カロテノイドの原料イソプレン $CH_2=C(CH_3)-CH=CH_2$ となる.

17) 二重結合の 2 本目の結合電子は気が多い浮気電子，ほかの原子とすぐ仲良くする．p. 190 も参照.

18) フェーリング反応 (Cu(II) ⟶ Cu(I))・銀鏡反応(Ag^+ ⟶ Ag)など.

19) 酸化の指標は次の 4 種類ある：過酸化物価，チオバルビツール酸(TBA)価，酸価，カルボニル価.

20) ラジカル("過激な"なる意)は遊離基ともいう．R·，R-O-O·，HO·など，不対電子をもつもの．相手と結合する手が 1 本空いているので，反応性が高く，ほかのものとすぐにくっつく・結合する性質がある.

21) リノール酸，α-リノレン酸の酸化生成物のアルコール，アルデヒドは野菜・果物の香りの一部である．不飽和脂肪酸とは関係ないが，食品の香り物質には，このほか，テルペン類，分子構造中に複数個のイソプレン(注 16)を含む化合物群，アブラナ科，ネギ科，キノコの香り，魚の生臭さ，香料の香りなどがある．呈味物質には，グルタミン酸，イノシン酸，グアニル酸 (p. 167)などがある．酸化に関係した呈色反応として，ポリフェノールオキシダーゼによるリンゴ，ゴボウ，レンコン，山芋などの酵素的褐変反応がある.

e. 生体反応と食品の反応のまとめ

(1) 酸化反応(アルコールの酸化)：逆反応はアルデヒド・ケトンの還元反応(p. 54).

(i) 第一級アルコール ⟶ アルデヒド ⟶ カルボン酸[1]

(エタン ⟶)エタノール $\xrightarrow[\text{酸化}]{-2\,H}$ エタナール(アセトアルデヒド) $\xrightarrow[\text{酸化}]{+O}$ エタン酸(酢酸)

C_2H_6　　CH_3CH_2-OH　　CH_3CHO(p. 54)　　CH_3COOH(p. 55)

(ii) 第二級アルコール ⟶ ケトン(p. 54)

(プロパン ⟶)2-プロパノール $\xrightarrow[\text{酸化}]{-2\,H}$ プロパノン(アセトン)[2]

C_3H_8　　$CH_3CH(OH)CH_3$　　CH_3COCH_3(p. 54)

(2) 脱離反応(二重結合の形成)：

エタノール $CH_3\text{-}CH_2\text{-}OH$ ⟶ エチレン(エテン)$CH_2=CH_2$ ＋ H_2O(水分子の脱離[3])

アルカンから水素分子の脱離[4] $-CH_2\text{-}CH_2-$(FAD) ⟶ $-CH=CH-$ ＋ 2 H($FADH_2$)

(3) 付加反応[5](水素添加，ヨウ素価，水の付加，糖の環化(α・β アノマー)**)**：

(i) エチレン ＋ 水素：$H_2C=CH_2$ ＋ H_2 ⟶ エタン $H_3C\text{-}CH_3$(C_2H_6)　(水素添加[5])

(ii) エチレン ＋ ヨウ素：$H_2C=CH_2+I_2$ ⟶ $CH_2I\text{-}CH_2I$(ヨウ素価[6])

(iii) エチレン ＋ 水：$H_2C=CH_2+H_2O$ ⟶ エタノール CH_3CH_2OH(水の付加)[7]

(iv) アルドール反応(生成物がアルデヒド基とヒドロキシ基・オール)とその逆反応.

① アセトアルデヒド ＋ アセトアルデヒド：$CH_3\text{-}CHO+CH_3\text{-}CHO$ ⟶ $CH_3CH(OH)CH_2CHO$

② TCA回路のオキサロ酢酸とアセチルCoAとの反応(クエン酸の生成反応)，解糖系における糖の切断フルクトース ⇄ グリセルアルデヒド ＋ ジヒドロキシアセトン，糖新生・糖合成におけるグリセルアルデヒド2分子の結合.

(v) カルボニル基へのアルコールの付加(ヘミアセタール形成)

① アセトアルデヒド＋エタノール：$CH_3\text{-}CHO+C_2H_5OH$ ⟶ $CH_3CH(OH)OC_2H_5$

② 糖の環化(アルデヒド・ケトンの分子内付加反応)と，α と β のアノマー生成[8].

(4) (脱水)縮合反応：

(i) アミドの生成(アミド結合)

① 酢酸 ＋ メチルアミン：CH_3CO[OH ＋ H]$-NHCH_3$ $\xrightarrow{-H_2O}$ $CH_3CONHCH_3$(*N*-メチルエタンアミド)

② ペプチド結合(アミド結合の一種，p. 68)(α-アミノ酸 ＋ α-アミノ酸[9])

$R-CH(NH_2)-C(=O)$[$-OH + H-$]$N(H)-CH(R')-COOH \xrightarrow{-H_2O} R-CH(NH_2)-C(=O)-NH-CH(R')-COOH$ と $R'-CH(NH_2)-C(=O)-NH-CH(R)-COOH$

1) エタノールの代謝(酒を飲んだときのからだの中での反応).

2) 解糖系と肝臓におけるピルビン酸 $CH_3COCOOH$ と乳酸 $CH_3CH(OH)COOH$ の相互変換(p. 126, 129)，酸化と還元. 類似反応は酸化的脱アミノ化による2-オキソ酸の生成反応.

3) TCA回路②(p. 127).

4) TCA回路⑧(p. 127). 脂肪酸のβ酸化の初期過程.

5) 植物油の不飽和結合への水素添加(硬化油：マーガリンなど)，水素添加によりシス形の二重結合が飽和単結合になることで，固化しやすくなり油(液体)が脂(固体)に変化する.

6) I_2 の質量(g)/100 g 油脂で油脂中の二重結合の多少を知る. リノレン酸，リノール酸などの不飽和度の高い脂肪酸のエステル含量が多い亜麻仁油や桐油など，ヨウ素価130以上を乾性油，130〜100を半乾性油，オレイン酸などのエステル含量が多い，100以下のオリーブ油，つばき油などを不乾性油として区別する.
　亜麻仁油などの硬化油はペンキ，印刷インク，ワニスなどの塗料に用いられる.

7) H_2O の付加反応はTCA回路③，⑨(p.127).

8) 平面構造のアルデヒド基の^{1}Cへ，^{5}C-OHのOが上から攻撃するとα(下向き)，下から攻撃するとβ(上向き)を生じる.

9) グリシン R=H とアラニン R=CH_3 のジペプチドは2種類，トリペプチドは6種類ある(p. 68).

③ 胆汁酸の抱合(アミド結合，界面活性剤のHLB[10]を良くする，p. 105)

コール酸 ⟶ タウロコール酸(コール酸 + タウリン $H_2N\text{-}CH_2CH_2\text{-}SO_3H$，グリココール酸(コール酸 + グリシン)(p. 105)

(ii) ニトロソアミン(発がん性物質)の生成

第二級アミン RR′NH + 亜硝酸 HNO_2[11] ⟶ ニトロソアミン RR′N-NO + H_2O

(iii) エステルの生成(エステル結合)(p. 74)[12]

① 酢酸 + エタノール：$CH_3COOH + C_2H_5OH \xrightarrow{-H_2O}$ 酢酸エチル $CH_3COOC_2H_5$

② 中性脂肪酸

$$\text{脂肪酸 + グリセリン：}\begin{array}{l} RCO\boxed{OH\ \ H}\!-O-CH_2 \\ \qquad\qquad\qquad\ \ | \\ RCO\boxed{OH + H}\!-O-CH \\ \qquad\qquad\qquad\ \ | \\ RCO\boxed{OH\ \ H}\!-O-CH_2 \end{array} \xrightarrow{-3\,H_2O} \begin{array}{l} R-CO-O-CH_2 \\ \qquad\qquad\quad\ | \\ R-CO-O-CH \\ \qquad\qquad\quad\ | \\ R-CO-O-CH_2 \end{array}$$

(トリグリセリド，トリアシルグリセロール)

③ エステル交換：エステル生成は平衡反応だから，中性脂肪の3個のアシル基を別のアシル基と交換できる．RCO-OR′ + R″CO-OH ⟶ R″CO-OR′ + RCOOH

④ ラクトン(分子内エステル)の形成：アスコルビン酸の構造，グルコン酸(p. 131) ⟶ グルコノ δ-ラクトン(豆腐の凝固剤)[13].

(iv) グリコシド結合(p. 77)：*O*-グリコシド結合，*N*-グリコシド結合[14].

① グルクロン酸抱合(p. 124, C_1 グリコシル-OH と各種官能基との脱水縮合反応)

(v) アミノカルボニル反応(メイラード反応)：糖とアミノ酸の非酵素的褐変反応[15]

$R\text{-}NH_2$ + O = CH-CH(OH)- …… (アルドース) $\xrightarrow{-H_2O}$ R-N=CH-CH(OH)- …… (シッフ塩基) ⟶ ⟶ R-NH-CH_2-CO- …… (ケトアミン)とエノール型 -CH=C(OH)-(アマドリ転移生成物) ⟶ …… ⟶ メラノイジン(褐色色素)

(5) 加水分解反応：多糖(グリコシド結合)，中性脂肪(エステル結合)，ポリペプチド(ペプチド結合)の結合切断(p. 82).

転化糖，エステルの塩基加水分解・けん化と**けん化価**[16](脂肪酸のグリセリエステル(中性脂肪) $\xrightarrow{NaOH}$ グリセリン + 脂肪酸塩 $RCOO^-Na^+$(せっけん))

$$R-\underset{\underset{O}{\|}}{C}-O-R' + H_2O \longrightarrow R-\underset{\underset{O}{\|}}{C}-O-H + H\text{-}O\text{-}R' \longrightarrow (\text{NaOH で中和}) \longrightarrow R-\underset{\underset{O}{\|}}{C}-\overset{\ominus}{O}\overset{\oplus}{Na}$$

中性脂肪 + 3 KOH ⟶ 3 脂肪酸のカリウム塩($3\,RCOO^-K^+$)[16] + グリセリン

まとめ問題 13　以下の語句を説明せよ：

消化酵素・管腔内消化と膜消化，肝臓の役割，代謝(解糖系，五炭糖リン酸回路，TCA回路，電子伝達系，コリ回路，糖新生，アミノ酸の代謝経路(尿素回路，アミノ基転移，アミノ酸合成)，脂肪酸の代謝経路(β 酸化，脂肪酸合成))，食品の反応(水素添加，ヨウ素価，糖の酸化と還元，油脂の酸化)，アルコールの酸化と代謝・解糖系，脱離反応とTCA回路，付加反応(水素添加，ヨウ素価，水の付加とTCA回路，アルドール反応，糖の環化)，脱水縮合反応(アミド・ペプチド結合形成・抱合，ニトロソアミン，エステル合成・ラクトン，グリコシド結合，アミノカルボニル反応)，加水分解反応とけん化価.

10) HLB(hydrophilic lipophilic balance)：疎水性と親水性のバランス．界面活性剤の性質の指標.

11) HO−N=O

12) リン酸エステル(p. 74)は，リン脂質，DNA，ATP．リン酸エステルの生成反応式も考えてみよ．また，ヌクレオシド，ヌクレオチドとは何か(p. 168).

13)

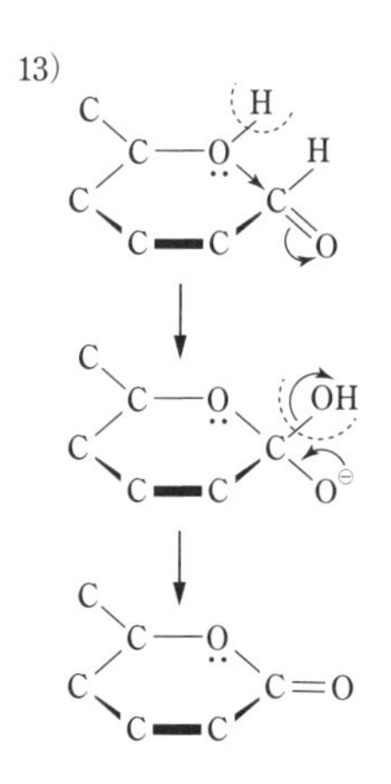

14) リボース ^{1}C-OH(グリコシル OH)と核酸塩基 N-H とのグリコシド結合によるヌクレオシドの生成.

15) 醤油，味噌などの食品の褐変や，ヒトの老化・疾患と関係するタンパク質の糖化を引き起こす(糖尿病の指標ヘモグロビン A1c など).

16) 油脂のけん化価(mgKOH/1 g 脂質)から油脂を構成する脂肪酸の平均分子量がわかる(けん化価大 ⟶ 1 g 中のエステル分子数が多い ⟶ 分子量小).

4章　からだの恒常性（ホメオスタシス）

問題 4-1　「からだの仕組みの中でもっとも大切なものは恒常性である」とは，さる生理学教員(医師)の言葉である．**恒常性・ホメオスタシス**とは何か．その仕組みを司っているものは何か．

4.1　血液の pH はなぜ一定か

血液の pH(ピーエイチ)[1]を一定に保つことは，生きていくための必須条件の一つである．ここでは，まず pH とは何かについて，高校で学んだ知識を復習しよう．

1)　“ピーエイチ(ピーエッチ)”は英語読み，“ペーハー”はドイツ語読みである．現在は英語読みが約束である．

4.1.1　pH

水溶液中に酸が存在するとその溶液は酸性，塩基が存在すると塩基性(アルカリ性)を示す．この酸性，塩基性を示す尺度を**水素イオン(濃度)指数** pH という．水素イオン濃度$[H^+]$は水中で 1.0〜0.000 000 000 000 01 mol/L[2]と大きく変化する．これでは不便なので，$[H^+]=10^{-14}$, 10^{-7}と指数で表し，その指数部分からマイナス(−)を除き，14, 7 として$[H^+]$の大小を表す．これが pH である．われわれの胃液は pH 1.0〜2.0，膵液・腸液は pH 7.4〜8.3，血液は pH 7.4 で一定である．多くの生物は pH 3 以下の酸性下では生きられない．pH は食品，環境，衛生などの分野でも重要である．

2)　pH のもととなる水素イオン濃度はモル濃度 mol/L で表す．モル mol，モル濃度 mol/L については付録 1(p. 172)を参照のこと．以下で頻出する［　］は濃度を表す記号である．たとえば，$[H^+]$ は H^+ のモル濃度(mol/L)を示しており，“水素イオン濃度”と読む．

問題 4-2　(1) pH とは何か．日本語訳，読み方・発音，その意味を示せ．

(2) **pH の定義**を二つ示せ．

(3) 中性の pH はいくつか．酸性，塩基性の pH はいくつか．**水のイオン積**とは何か．

(4) ① $[H^+]=0.0001$ mol/L，10^{-14} mol/L，10^{-7} mol/L の水溶液の pH はいくつか．
② pH 2，pH 7 の水溶液の$[H^+]$のモル濃度を求めよ．

(5) ① $[OH^-]=0.01$ mol/L のときの水溶液の pH を求めよ．
② pH 10 のときの水溶液の$[H^+]$，$[OH^-]$を求めよ．

(6) ① $[H^+]=0.002$ mol/L の pH を求めよ．
② pH 3.52 のときの水溶液の$[H^+]$を求めよ．

(7) 以下の値を求めよ．
① $[H^+]=0.03$ mol/L の水溶液の pH
② $[H^+]=6\times10^{-4}$ (0.0006) mol/L の水溶液の pH
③ $[OH^-]=2\times10^{-3}$ (0.002) mol/L の水溶液の pH
④ pH 1.75 の水溶液の$[H^+]$
⑤ pH 11.6 の水溶液の$[OH^-]$

問題 4-3　(1) 食べ物，生き物と，酸性，pH の関係の例を述べよ．

(2) なぜ血液の pH は一定でなければならないのか(pH 7.40±0.02).

(3) 二酸化炭素は本当に老廃物なのか．からだの pH 一定化の仕組みを述べよ．

答 4-1 **恒常性・ホメオスタシス**とは同一(ホメオ)状態(スタシス)のこと．生物が生きていくために身につけている仕組み．生物体の体内諸器官が，気温・湿度などの外部環境変化やからだの姿勢・運動などの変化に応じて，統一的，合目的的に**体温・血流量・浸透圧**，**pH**，**血液成分**(血糖値，Ca^{2+}，…)などの体内環境を一定に保っている状態とその仕組み．哺乳類では**自律神経**(p. 151, 156)と**内分泌腺**(**ホルモン**，p. 158)がおもに司っている．

答 4-2 次の“化学の基礎 13”を見よ．

化学の基礎 13 pH(ピーエイチ，ピーエッチ)

(1) pH：水素イオン(濃度)指数．
　水素イオンのモル濃度 [H^+] mol/L の対数値にマイナス(−)をつけたもの．
　水溶液の液性(酸性，中性，塩基性(アルカリ性)の強さ)を示す尺度．

(2) pH の定義：$\mathrm{pH} = -\log([H^+])$ または $[H^+] = 10^{-\mathrm{pH}}$
　([H^+]$=10^{-n}$ のとき，その溶液の pH$=n$ と表現する)．

(3) pH 7 で中性([H^+]$=$[OH^-]$=10^{-7}$)．
　0〜pH＜7 なら酸性，7＜pH〜14 なら塩基性(アルカリ性)．
　(水の解離平衡 $H_2O \rightleftarrows H^+ + OH^-$；**水のイオン積**[3] $K_w = [H^+][OH^-] = 10^{-14}\ (\mathrm{mol/L})^2$)

(4) ① [H^+]$=0.0001$ mol/L なら [H^+]$=0.0001=10^{-4}$ mol/L
　定義より，[H^+]$=10^{-\mathrm{pH}}$ だから pH$=4$．
　　[H^+]$=10^{-14}$ なら pH$=14$，10^{-7} mol/L では pH$=7$．
　② pH 2 なら，定義より [H^+]$=10^{-\mathrm{pH}}=10^{-2}=0.01$ mol/L．pH 7 なら [H^+]$=10^{-7}$ mol/L

(5) ① [OH^-] $=0.01=10^{-2}$ mol/L,
　　[H^+]$=10^{-14}$/[OH^-][4]$=10^{-14}/10^{-2}=10^{-12}$ mol/L，pH 12
　② pH 10 では，定義より，[H^+]$=10^{-10}$，
　　[OH^-]$=10^{-14}$/[H^+]$=10^{-14}/10^{-10}=10^{-4}$ mol/L(0.0001 mol/L)

(6) ① pH$=-\log$[H^+]$=-\log$ (0.002) $=$[5] 2.7,
　② [H^+]$=10^{-3.52}$($=10^{0.48}\times10^{-4}$)$=$[5] 3.0×10^{-4} mol/L
　「pH の値が 1 違うと水素イオン濃度[H^+]は 10 倍異なる」は記憶せよ．

(7) ① pH 1.5_2[6] ② pH 3.2_2 ③ pH 11.3_0
　④ [H^+]$=1.7_8\times10^{-2}$ mol/L ⑤ [OH^-]$=4._0\times10^{-3}$ mol/L

答 4-3 (1) ① すし飯，日の丸弁当・おにぎりの梅干しは，酸性下での腐敗防止効果を利用して長期保存する工夫である．② pH 3 以下の酸性湖にはほとんどの魚・生き物は住めない．③ オタマジャクシはレモンの酸性で死んでしまう．④ プールの水を浄化しているかび・苔の類は pH 6 で死滅する(プールの水は炭酸緩衝液である，p. 136)．

(2) われわれのからだの中では血液・組織液・リンパ液(p. 16)のみならず，細胞内液の pH も一定である．これはアミノ酸，タンパク質などの生体内の酸塩基平衡(p. 136)を一定に保つため，および体温一定と同じ理由・反応速度を一定に保つためである．酵素反応速度(p. 148)はある一定の pH で最大となる(**最適 pH**)[7]．

(3) 体液の pH 一定化は弱酸とその共役塩基の混合溶液である**緩衝液**が担っている(p. 136)．二酸化炭素は血液の pH 一定化の主役である(炭酸緩衝液)．からだには pH メーター(p. 151)[8]，pH 一定化装置(p. 141)もついている！

3) 水のイオン積：純粋な水はわずかに解離(電離)し，水素イオン H^+ と水酸化物イオン OH^- が生じて，水分子との間に平衡(p. 136)を保っている．この H^+ と OH^- の濃度の積は温度一定下では常に一定である．この積を水のイオン積という．

4) 水のイオン積，K_w=[H^+][OH^-] を変形して，[H^+]$=K_w$/[OH^-]$=10^{-14}$/[OH^-]．または，イオン積の式に[OH^-]$=10^{-2}$ を代入して式の左右を比べれば [H^+]$=10^{-12}$ とわかる．指数の掛け算は，指数部分の足し算である．

5) 安価な関数電卓では，以下のように計算する(高級電卓は計算式通りに電卓のキーを押せばよい)．
① 0.002，log，＋/−
② 3.52，＋/−，2ndF，10^x，F⇔E
(6) と (7) の ①〜③ は，log 2 ≒ 0.30 と log 3 ≒ 0.48 の値を用いて手計算も可．

6) 下付きの数字は，答の最下位の桁の数値である．この数字は，有効数字を厳密に考える際には，四捨五入して丸める．

7) 消化酵素の最適 pH はペプシン 1.5〜2，スクラーゼ 4〜5，α-アミラーゼ 6.0，カタラーゼ 7.6，トリプシン 7.8，リボヌクレアーゼ 7.8，リパーゼ 8.0，アルカリホスファターゼ 9〜10，アルギナーゼ 9.7．

8) からだの中の pH メーター(pH 検出部位)：脳脊髄液中の二酸化炭素 CO_2 の濃度(分圧，p. 117) 変化を延髄の呼吸中枢が検知する．

4.1.2　血液，組織液，細胞内液の pH は一定：緩衝液

血液を弱塩基性(弱アルカリ性)・pH 7.4 で一定に保つことは，酵素の働きを守るなど生存の必須条件である．血液の正常範囲は pH 7.40±0.02(弱塩基性)，7.4±0.05 を超えた状態を**アシドーシス**(**酸血症**)，**アルカローシス**(**アルカリ血症**)[1]という．血液の pH が pH 6.9〜7.7 の範囲を超えるとヒトは生きられない．pH を一定に保つことができる溶液が(pH)**緩衝液**である．細胞外液(血漿，組織間液，リンパ漿)は炭酸の緩衝液，細胞内液はリン酸の緩衝液である(pH〜7.0)．血液の pH 制御は，腎臓からの H^+ などの排泄によっても行われている(p. 141)．

1)　アシドーシスとアルカローシスには呼吸性・代謝性があり，前者は呼吸困難・糖尿病，後者は過呼吸・胃液の大量吐失がある．呼吸困難で肺の CO_2 濃度が増すと肺胞血管の血液 CO_2 濃度も上昇し，$H_2O+CO_2 \longrightarrow H_2CO_3$ と炭酸，H^+ 濃度が上昇する．

デモ実験：
- 酢酸，酢酸ナトリウム，酢酸/酢酸ナトリウムの pH
- ＋HCl，＋NaOH の pH

問題 4-4　(1) 緩衝液とはどのような性質をもつ液か，説明せよ．

(2) CO_2 は血液中で緩衝作用を示す．HCO_3^-/H_2CO_3 の水溶液に塩基 OH^-，酸 H^+ を加えたときの反応を反応式で示せ(炭酸緩衝液の原理の定性的理解)．

問題 4-5　細胞内液の pH 制御を行っている緩衝液の種類と，その緩衝液に酸・塩基を加えたときの反応式を示せ．

4.1.3　平衡定数と緩衝液

◀化学の基礎 14▶　化学平衡[2]と平衡定数

可逆反応と平衡状態[3]　図 4-1 は，高温下でのアンモニアの生成・分解反応 $3\,H_2+N_2 \rightleftharpoons 2\,NH_3$ を示したものである．反応開始時点で H_2 と N_2 だけが存在して，NH_3 の濃度 $[NH_3]$ が 0 の場合が図中の下の曲線である．時間の進行とともに $[NH_3]$ は増大し，一定となっている．一方，反応開始時点で NH_3 だけが存在し，$[H_2]$ と $[N_2]$ が 0 の場合が上の曲線である．時間進行とともに $[NH_3]$ は減少し，一定値(下の曲線と同じ値)となっている．このように，時間が経過しても，もはや変化が見られない状態を平衡状態という．一般に，$aA+bB+\cdots \rightleftharpoons cC+dD+\cdots$ なる可逆反応で平衡が成立しているとすると，反応物の濃度と生成物の濃度との間に，次式が成り立つ(平衡反応式の，左辺の化学種濃度の係数乗の積を分母，右辺のそれを分子とする)．

$$K \equiv \frac{[C]_\infty^c [D]_\infty^d \cdots}{[A]_\infty^a [B]_\infty^b \cdots} = \text{一定}$$

これを **"化学平衡の法則"**[4]，K を**平衡定数**(一定値)という．

$$\text{反応}\ 3\,H_2+N_2 \rightleftharpoons 2\,NH_3\ \text{では，}\ K=\frac{[NH_3]_\infty^2}{[H_2]_\infty^3 [N_2]_\infty^1}$$

ここで，∞は反応が開始してから経過時間が無限大になった，つまり，十分に時間が経過し，反応系が左右方向速度の等しい平衡状態に達したことを意味する．

2)　からだの中の酸・塩基の化学平衡には，体液の緩衝液としての作用，タンパク質・アミノ酸などの酸解離平衡がある．必須ミネラルの吸収と難溶性塩生成との関係は溶解平衡が関係する．そのほか，生体内ではさまざまな化学平衡が関与している("演習 溶液の化学と濃度計算"(丸善)，p. 124 参照)．

3)　平衡状態，平衡定数の概念についても，詳しくは注 2)の参考文献を参照．

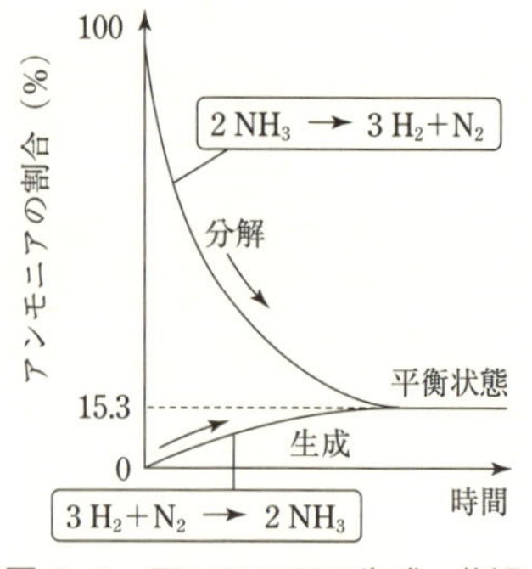

図 4-1　アンモニアの生成・分解反応と平衡状態

4)　化学平衡に関する**平衡移動の法則**(**ルシャトリエの原理：平衡状態にあるときの条件(濃度・圧力・温度)を変えると，その影響を打ち消す方向に平衡が移動する**)は，この化学平衡の法則に基づいて理解される．

問題 4-6　(1) 平衡，平衡定数とは何か，説明せよ．

(2) 炭酸緩衝液の酸解離平衡の反応式を示し，この平衡定数の定義式を書け．

(3) 炭酸緩衝液で，$[H_2CO_3]/[HCO_3^-]=1/1$，10/1，1/10，1/2，3/1 のときの pH を求めよ[5]．また，pH 7.4 での $[H_2CO_3]/[HCO_3^-]$ の値を求めよ．ただし，炭酸の酸解離定数 K_a は，37℃で $10^{-6.1}$ ($pK_a = -\log K_a = 6.1$) である[6]．

(4)　0.1 mol/L の酢酸水溶液の pH を求めよ．ただし，酢酸の酸解離定数 K_a は $10^{-4.8}$ ($pK_a = 4.8$)である．

答 4-4　(1)　**緩衝液**とは，少量の酸や塩基を加えても pH が変化せず，pH をほぼ一定に保つ溶液．代表例は酢酸緩衝液(CH_3COOH/CH_3COONa 溶液，pH 3.8〜5.8)．

(2)　緩衝液としての作用：二酸化炭素(炭酸ガス)$CO_2 + H_2O \rightleftarrows$ (H_2CO_3 **炭酸**)[7] $\rightleftarrows H^+ + HCO_3^-$ (**炭酸水素イオン(重炭酸イオン)**)

この緩衝液(HCO_3^-/H_2CO_3)に OH^- を加える：

$OH^- + H_2CO_3 \longrightarrow H_2O + HCO_3^-$ となり，OH^- は増えない(中和)[8]．

この緩衝液(HCO_3^-/H_2CO_3)に H^+ を加える：

$H^+ + HCO_3^- \longrightarrow H_2CO_3$ となり，H^+ は増えない(**共役塩基**が酸に変化)[9]．

(弱酸である炭酸は，$H_2CO_3 \longrightarrow HCO_3^- + H^+$ とばらばらにはなりたがらない[10]．強酸の塩酸 HCl($\longrightarrow H^+ + Cl^-$ とばらばらになりたがる・解離度大)と異なり，$H^+ + HCO_3^- \longrightarrow H_2CO_3$ と，いつも一緒に居たがる・くっつきたがる・離れたがらない(イオンになりたがらない)，つまり解離度小，仲の良い夫婦，それが弱酸であることの意味である．だから，H^+ を加えると $H^+ + HCO_3^- \longrightarrow H_2CO_3$ となり，くっついてしまう)

炭酸緩衝液：弱酸の炭酸 H_2CO_3($\rightleftarrows H_2O + CO_2$)とその塩 $NaHCO_3$ のイオン(共役塩基)炭酸水素イオン(重炭酸イオン)HCO_3^- が高濃度で共存することが緩衝液の条件である．

答 4-5　細胞内液の pH 緩衝液は**リン酸緩衝液**である．$H_2PO_4^- \rightleftarrows H^+ + HPO_4^{2-}$ ($HPO_4^{2-} + H^+ \longrightarrow H_2PO_4^-$，$H_2PO_4^- + OH^- \longrightarrow H_2O + HPO_4^{2-}$)

答 4-6　(1)　平衡とは，平らで均衡のとれた釣り合った状態．時間が経過しても変化が見られない状態．気液平衡の例：密閉容器中の水は蒸発し続けると遂には飽和状態に達し，容器中の水蒸気量はもはや増えなくなる．この水の蒸発と水蒸気の凝縮とが釣り合った，水蒸気量一定の状態が水と水蒸気の気液平衡状態である．化学反応については，図 4-1 と "化学の基礎 14" を，平衡定数については，"化学の基礎" 14 の後半部分を参照のこと．

(2)　$H_2CO_3 \rightleftarrows H^+ + HCO_3^-$，　$K_a = \dfrac{[H^+][HCO_3^-]}{[H_2CO_3]}$

(3)　$K_a = [H^+]\cdot[HCO_3^-]/[H_2CO_3] = 10^{-6.1}$(一定)．よって $[H^+] = 10^{-6.1}[H_2CO_3]/[HCO_3^-]$．したがって，$[H_2CO_3]/[HCO_3^-] = 1/1$，10/1，1/10，1/2，3/1 の pH は，それぞれ 6.1(pK_a に等しい)，5.1，7.1，6.4，5.6．また，pH 7.4，$[H^+] = 10^{-7.4}$ では，$10^{-7.4} = 10^{-6.1}[H_2CO_3]/[HCO_3^-]$ より，$[H_2CO_3]/[HCO_3^-] = 10^{-1.3} = 1/20$[11]．

(4)　酢酸分子は $CH_3COOH \longrightarrow CH_3COO^- + H^+$ と解離する．$[CH_3COO^-] = [H^+] = x$ とおくと[12]，$K_a = x \times x/(0.1 - x)$．酢酸は弱酸だから，$x \ll 0.1$ mol/L[11])が成り立つ．つまり，$0.1 - x \fallingdotseq 0.1$ とおくことができる．したがって，$K_a = x \times x/(0.1 - x) \fallingdotseq x^2/0.1 = 10^{-4.8}$，$x = [H^+] = 10^{-2.9}$，よって，pH 2.9．

まとめ問題　14　以下の語句を説明せよ：

pH の意味と定義，中性・酸性・塩基性の pH，水のイオン積，pH 計算法($[H^+]$ から pH，pH から $[H^+]$ を求める)，緩衝液とその例，緩衝液に酸，塩基を加えたときの反応式，平衡定数，アシドーシスとアルカローシス．

5)　緩衝液の定量的理解：生化学の教科書で必ず取り上げられる**ヘンダーソン-ハッセルバルヒの式**，pH＝pK_a＋log([塩基]/[酸])を用いず，**平衡定数の定義式**，K_a＝$[H^+]$[塩基]/[酸]を用いればよい．こちらが原理により忠実なやり方である．

6)　アミノ酸の等電点(p. 190)の計算には，アミノ酸の K_a(前ページ)を用いる("演習　溶液の化学と濃度計算"(丸善)，p. 136 参照)．

7)　炭酸は不安定で，溶液中には微量しか存在しない．

8)　$\longrightarrow$ は，反応が左から右に一方向にのみ進むという意味，$\rightleftarrows$ は反応が両方向に進む，左から右に行ったものが，また逆戻りする(平衡反応)という意味である．プールの水も炭酸緩衝液である．

9)　**ブレンステッド-ローリーの酸・塩基の定義**では，H^+ を受け取るのが塩基．

10)　酸や塩基の強弱，解離度の大小を直感的に理解するためには，酸・塩基を人形と思って欲しい．強酸とは，人形の頭(H^+)と胴体(酸のイオン，Cl^-)が自らばらばらになりたがる(イオン化しやすい)性質のこと，弱酸とは，頭(H^+)と胴体(CH_3COO^-)がいつも一緒にいたい・人形のままでいたい(イオンになりたがらない)性質のことである．p. 99 も参照のこと．

11)　指数・対数計算は，p. 135 注 5)および "演習 溶液の化学と濃度計算"(丸善)参照．

12)　なぜ $[CH_3COO^-]$＝$[H^+]$＝x，$[CH_3COOH]$＝$0.1-x$ とおけるかは，注 10)の人形の例を参照．ばらばらになった人形の数と，生じた頭と胴体の数は同じ．例：最初，人形が 100 体，頭は 0，胴体も 0 $\longrightarrow$ 平衡状態で人形は 100 体 −3，頭 3，胴体 3．

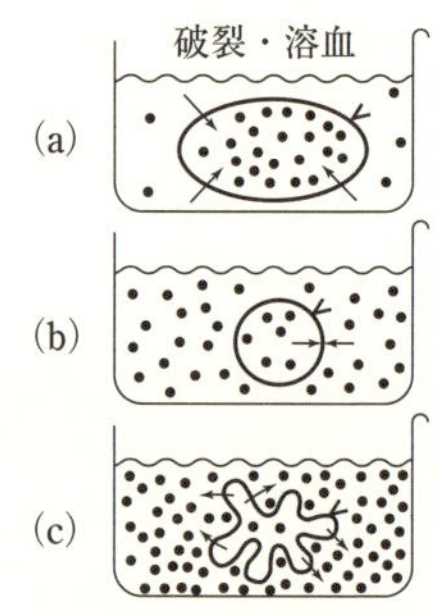

図 4-2　赤血球の形
(a)低張液　(b)等張液
(c)高張液
[五明紀春ほか 著, "アクセス生体機能成分", 技報堂出版(2003), p.167]

1)　生体中や食品中の水は糖質やタンパク質, イオンなどに吸着された束縛水と, 通常の水の性質をもつ自由水に分けられる. **水分活性**の低下(0.70 以下)として現れる自由水の減少は微生物の増殖, 酵素活性, 褐変を抑制するが脂質酸化は 0.3 以下で促進.

2)　**浸透膜**：溶媒しか通さない膜. **半透膜**：溶液中の水, 小さいイオンや分子は通すが大きい分子やイオンは通さない膜(図 4-5 参照).

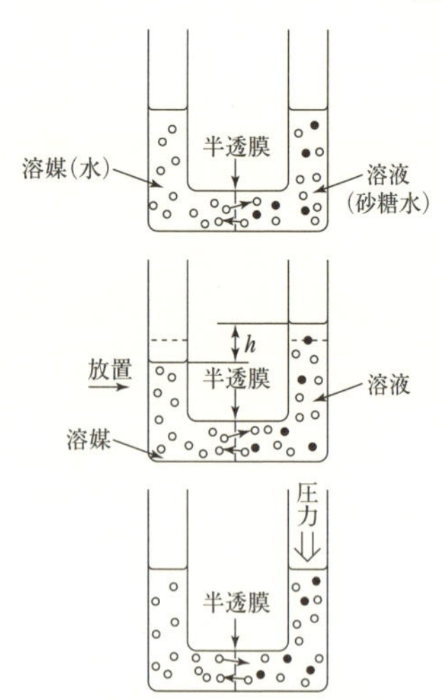

図 4-3　浸透と浸透圧
[金原 粲 監修, "基礎化学 1", 実教出版(2006), p. 88 をもとに作成]

3)　図 4-2(a)で赤血球内は高張液なので膨張破裂, (c)では低張液なので低張, 縮む. 詳しくは p. 141 欄外の※を参照.

4.2　ヒトは食塩がなくてはなぜ生きられないのか

溶液の性質・浸透圧の一定性

ヒトは食塩がなくてはなぜ生きられないのだろうか. "青菜に塩"という言葉と意味を知っているだろうか. ナメクジに塩をかけるとどうなるだろうか. 血を水に垂らすと赤血球は膨張・破裂し溶血する(図 4-2(a)). 逆に濃い塩水に入れると赤血球は縮んでしまう(図 4-2(c)). これらはすべて溶液の**浸透圧**が関係している. 細胞が一定の大きさを保つためには, 細胞の内外の溶液の浸透圧を一定に保つ必要がある. 食品の塩漬け(塩蔵), 砂糖漬けはこの浸透圧の原理と自由水の減少(水分活性低下)を利用して微生物の繁殖を防ぎ, 食品を貯蔵・保存する方法である[1].

浸透圧とは, **浸透膜**[2]の両側に純水と食塩水などの溶液を置いたとき, 膜の両側に現れる圧力差のことである. 純水と溶質が溶けた水溶液が接しているとき, 両液を隔てる膜がなければ溶質は**拡散**し, 最終的に両液は同じ濃度になる. しかし, 二つの液が浸透膜で隔てられた場合には, 水分子しか通さない. そこで, 膜の両側の液濃度を同じにしようと, 水が純水のほうから溶液のほうへ移動(**浸透**)し, 溶液の濃度を薄めようとする. 純水側の水分子が溶液のほうに浸透する結果, 溶液側の液面が高くなる. 高くなったほうは, 高くなった分だけ重力によりその液を下へ押し戻そうとするので, ある所でバランスが取れて液の高さは一定になる. その高さ分の圧力, またはその高さを押し戻すのに必要な圧力を, その溶液の**浸透圧**という(図 4-3). 濃度が異なった 2 種類の溶液を半透膜の両側に置いた場合も, 両液の濃度を同じにしようと, 濃い溶液に溶媒が入り込む. つまり, 溶液の濃度が異なれば浸透圧も異なる. 浸透圧が高い液(濃度の濃い液)を**高張液**, 低い液を**低張液**, 等しい液を**等張液**という[3]. **生理食塩水**と血液が等張液の例である. 生理食塩水とは浸透圧が体液と同一の食塩水(約 0.9%, 0.15 mol/L の塩化ナトリウム水溶液)[4]のことである.

a.　食塩の役割

血漿・組織間液に溶けている物質の中でもっとも濃度が高いものは Na^+ と Cl^-, 食塩・塩化ナトリウム NaCl である(p. 16〜17). したがって, 血液はなめるとしょっぱい味がする[5]. 細胞外液(血漿・組織間液)はいわば海である. その中で細胞・生命が生きている. 図 4-2 からも明らかなように, 細胞が形を保つためには·生きるためには, 細胞外液の浸透圧を細胞内液の浸透圧と同じ·等張に保つ必要があり, 食塩はその主役である. 食塩は生体電気(神経伝達, p. 151), 胃液の塩酸(p. 99), 膵液, 腸液の重曹のもと(p. 102)としても重要であり, 生きるために必須の物質である.

浸透圧は溶液中に溶けているものの濃度(粒子のモル濃度・**オスモル濃度**)によって定まる[6]. つまり, **浸透圧** π/atm(気圧)は**粒子の濃度** C(浸透圧モル濃度：**オスモル濃度 Osm/kg 溶媒**, または, 容量オスモル濃度 **Osm/L**：低濃度なら両濃度は等しい)に比例する：$\pi = CRT$(**ファントホッフの式**), または $\pi V =$

nRT（ここで，Vは体積/L，nはオスモル Osm，Rは気体定数 0.082 atm·L/(mol·K)[7]，Tは絶対温度を示す）．

問題 4-7　容量オスモル濃度 Osm/L は粒子のモル濃度である．スクロース（砂糖・ショ糖）などの分子ではモル濃度 mol/L と等しくなるが，塩である NaCl の水溶液は Na^+ と Cl^- に分かれて存在するので粒子濃度はモル濃度×2 となる．生理食塩水（0.15 mol/L，食塩の式量＝58.5），およびこれと浸透圧が等しいスクロース溶液（分子量＝342）を 1 L つくるにはそれぞれ何 g の NaCl とスクロースが必要か．また，この溶液の 25℃における浸透圧を求めよ．

メック mEq

からだの中のイオン濃度はモル濃度 mol/L ではなく，**ミリイオン当量濃度 mEq（ミリ当量，メック）**/L で表す．ミリイオン当量 mEq，ミリイオン当量濃度 mEq/L は臨床栄養分野の重要語！ Eq は equivalent（等価な）という意味．電荷＋，－としての物質量（mol）をイオン当量 Eq という．細胞内液，外液ではそれぞれ，陽イオンのイオン当量濃度の総和と陰イオンのイオン当量濃度の総和は等しくなるはずである（電荷は中和している必要がある[8]）．アニオンギャップ＝$[Na^+]-([Cl^-]+[HCO_3^-])$＝10 mEq/L からのずれは代謝性アシドーシス（p. 136）の診断に用いる（血液中の酸性物質増大により緩衝塩基である $[HCO_3^-]$ が減少し[9]，アニオンギャップ増加，減少を Cl^- が補う場合は不変）．

問題 4-8　3 mmol の Na^+，Cl^-，Ca^{2+}，SO_4^{2-} のイオン当量は何 mEq，何 Osm か．

答 4-7　生理食塩水を 1 L つくるには，0.15 mol/L × 58.5 g/mol ＝ 8.8 g/L，8.8 g の食塩が必要．この食塩溶液の粒子濃度 ＝ 容量オスモル濃度は 2 × 0.15 mol/L ＝ 0.30 Osm/L．スクロース溶液はモル濃度 ＝ 容量オスモル濃度なので，0.30 mol/L × 342 g/mol ≒ 103 g/L．生理食塩水と同じオスモル濃度のスクロース溶液をつくるには，砂糖 103 g，食塩の 11.7 倍重量が必要！ 浸透圧 π ＝ CRT ＝ 0.30 × 0.082 × 298 ＝ 7.3 atm

答 4-8　イオン当量は ＋ や － の電荷としての物質量 mol だから，イオンの 3 mmol は，それぞれのイオンの順に，3，3，6，6 mEq．これが 1 L の溶液に溶けていれば，それぞれ，3，3，6，6 mEq/L（メック/L）である．Osm は粒子の物質量 mol だから，イオンの 3 mmol ＝ 3 mOsm（＝ 0.0030 sm）である（イオンの種類，電荷によらない）[10]．

b.　能動輸送と受動輸送―栄養素・老廃物の輸送経路と輸送の原動力

浸透圧は細胞の形の維持だけでなく，体内における物質輸送にも大きな役割を果している．**受動輸送**とは ATP のエネルギーを使わないで行う輸送．受動輸送には**拡散**（水に落とした墨汁が全体に広がる現象，濃度の濃いほうから薄いほうへの濃度勾配に従った移動），**沪過**（ドリップコーヒーのつくり方と同じ方法），**浸透**（浸透圧に従って移動）の 3 種類がある．**能動輸送**とは濃度の低いほうから高いほうへ，ATP のエネルギーを用いていわばポンプで汲み上げることをいう[11]．（消化）吸収時のグルコース・ガラクトース，一部のアミノ酸の**共輸送**（Na^+ の濃度拡散を利用して Na^+ と一緒に汲み上げる）も能動輸送の一つである．この場合，細胞内に入った Na^+ を細胞外に汲み

4）アイソトニック（等張）スポーツドリンクとは体液と浸透圧が等張の飲み物．

5）他人の血には決して触れてはいけない．感染症にかかる危険性が高い．

6）浸透圧の大きさは，その溶液中の粒子濃度（オスモル濃度），オスモル Osm/kg 溶媒（≒ Osm/L）に比例するが，物質が溶けた溶液の**沸点上昇**と**凝固点降下**の大きさも，オスモル濃度 m に比例する．凝固点降下 $\Delta T_f = K_f m$（K_f は溶液のモル凝固点降下＝1 Osm/1 kg 溶媒の溶液の凝固点降下値）．したがって，砂糖水や塩水は凝固点降下がおきるため 0℃では凍らない．氷菓子，アイスクリームは氷より溶けやすい．

7）R は 8.31 J/(mol·K) とも表される．ただし，この場合は π の単位がニュートン N/m^2，V の単位は m^3 である．

8）細胞内からは K^+ がわずかに流出しており，そのため細胞内は陰イオン（有機イオン）がわずかに多くなる．その結果，細胞膜は内と外で－と＋に，わずかに分極している（p. 153）．

9）$HCO_3^- + H^+ \longrightarrow H_2CO_3 \longrightarrow H_2O + CO_2$ となり，HCO_3^- は減少する．

10）一方，mEq/L から mOsm/L を求める際には，個々のイオンの電荷を考慮する必要がある．
例：8 mEq/L の Ca^{2+} は 4 mOsm/L．

11）ATP のエネルギーを用いて特定のイオンを能動輸送する膜タンパク質を**イオンポンプ**という．Na^+ を細胞の内から外へ，K^+ を外から内へ輸送する Na^+/K^+ ポンプなどがある（p. 71 注 7）参照）．

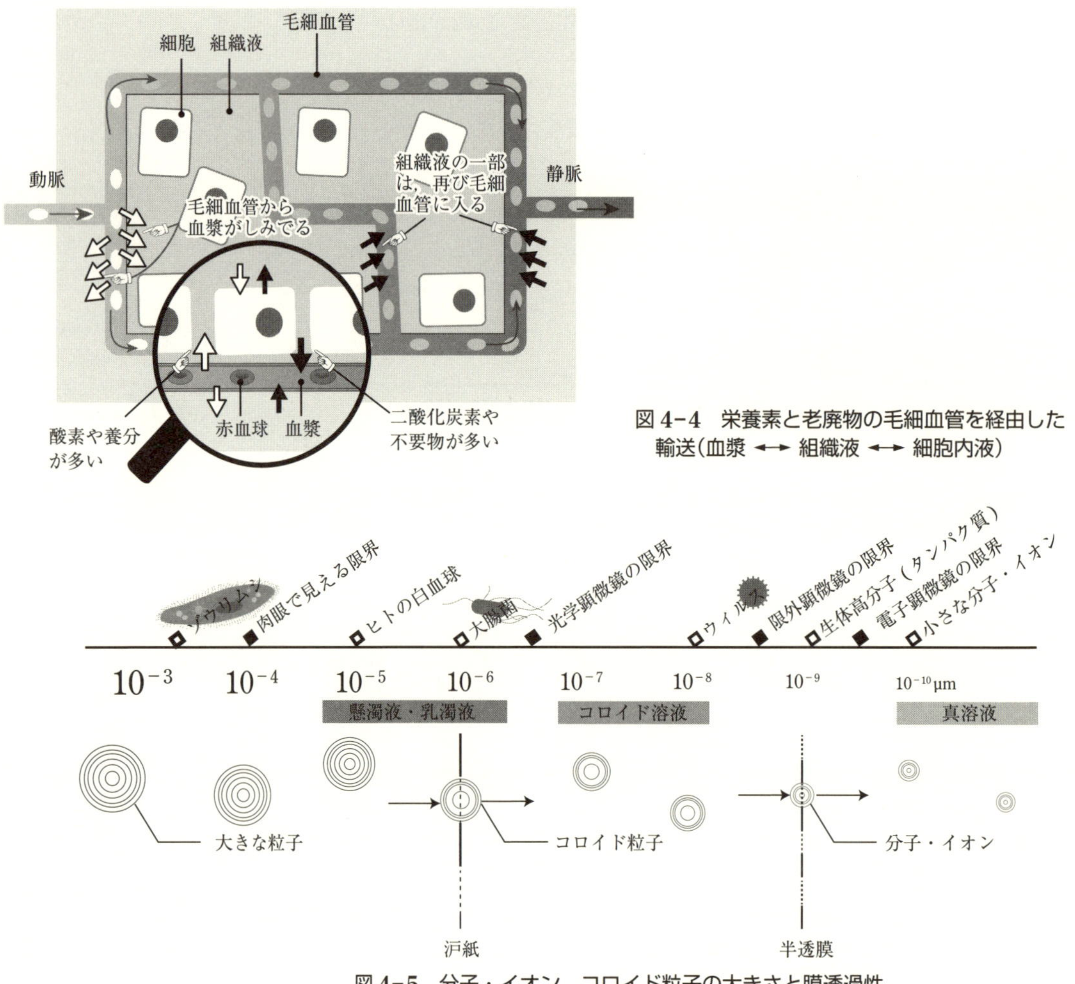

図 4-4　栄養素と老廃物の毛細血管を経由した輸送（血漿 ←→ 組織液 ←→ 細胞内液）

図 4-5　分子・イオン，コロイド粒子の大きさと膜透過性

出すためにATPが必要である（グルコースの細胞内への通常の取り込みは受動輸送である，p. 71 注 7）促進拡散）.

血管中の栄養素が体細胞に届く道筋・輸送経路は，血漿 → 組織液（間質液）→ 細胞内液（図 4-4）．細胞内の老廃物が排泄される道筋・輸送経路は，細胞内液 → 組織液 → 血漿・リンパ漿 → 腎臓 → 尿．血漿から組織液への輸送の原動力は毛細血管壁の小孔での**血圧**による血漿の**沪過**（血漿中の小さい分子・イオンは通り抜ける（図 4-5）），細胞膜を介した組織液成分と細胞内液成分の相互移動は能動輸送と受動輸送の両方がある．毛細血管の出口・静脈部における組織液成分の血液への移動は**血漿コロイド（膠質）浸透圧**の作用による組織液の血管への吸収・受動輸送である（図 4-6）.

血漿中の無機イオン・小分子は毛細血管壁を自由に通るので，血管内（血漿）と外（組織液）の濃度はほぼ等しくなるが，コロイド（膠質）粒子[1]の一種であるタンパク質は分子が大きく，毛細血管壁を通過できない（図 4-5）．血液ではその分だけ粒子数が多いので，組織液に比べて浸透圧が高くなる．タンパク質により生じたこの浸透圧差を，**コロイド（膠質）浸透圧**という．動脈では，血圧＞コロイド（膠質）浸透圧なので，動脈

1）　コロイド（膠質）：分子よりは大きいが，普通の顕微鏡では見えないほど微細な粒子（原子数 10^3～10^9 個）が分散している状態．膠（にかわ），デンプン，寒天，タンパク質の水溶液など，1個1個の高分子が液全体に分散した分子コロイドと，せっけん分子のコロイドのように，小分子が多数集合して生じた会合コロイド（ミセルコロイド，p. 109）とがある．コロイド溶液（光の波長程度の大きさの微粒子溶液）に光束をあてると光の通路が濁って見えるチンダル現象を示す.

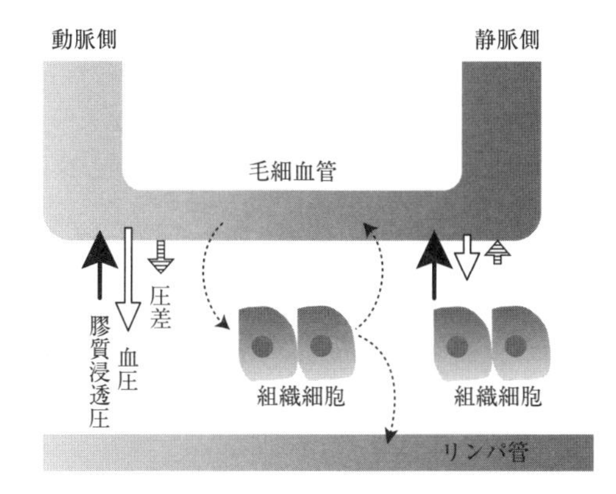

※ 高張液，低張液の意味：濃さの違う液が入った二つの袋を浸透膜でつなぐと，両液の濃度を同じにしようと，薄い液から濃い液へ水が移動する．すると，薄い液の袋は縮んで張りが弱く（低張に）なり，濃い液の袋は張りが強く（高張に）なる．そこで，濃い液（高浸透圧液）を高張液という．

図 4-6　毛細血管における物質の交換と，血圧，コロイド（膠質）浸透圧の役割

側の毛細血管壁の小孔からは血漿が漏れ出るが，静脈では，通りにくい毛細血管を通ったことで血圧が下がるために，血圧＜コロイド（膠質）浸透圧となる．そこで組織液から血液方向への流れ（逆流）が生じる（図 4-6）．

浮腫と脱水症

浮腫とはからだの組織間隙・体腔内に漿液が多量にたまった状態，むくみのこと．動脈毛細血管から漏れ出た血漿，つまり，組織液（血球・血漿タンパク質が毛細血管の小孔で血液から沪過された沪液）が静脈毛細血管に戻ることができない状態である．**その原因**は，① 炎症などが原因で毛細血管の**透過性**が上昇し水分が血管から外へ出やすいこと，② **血圧の異常**（心臓病による機能低下・静脈圧上昇）で水分が血管内に戻りにくいこと，③ 血漿タンパク質の減少・低タンパク症による**コロイド（膠質）浸透圧の低下**（腎臓の疾患，低栄養）により水分が血管内に戻りにくいことである．低タンパク栄養失調症をクワシオルコルという[2]．

脱水とは組織液が減少すること．水分が血管内から出ていかない，組織液が血管内へ戻り過ぎる現象である（脱水症は赤ちゃんの死因の第1位である）．その**原因**は，① 高張脱水（水欠乏脱水）：水分摂取不能による水喪失（組織液の脱水による高張化）．この場合には塩を排泄するか，細胞内液より組織液側へ水が移動すれば**浸透圧**を元に戻せるが，後者は細胞内液の水が減少する．② 低張脱水（塩欠乏脱水）：アジソン病・糖尿病性アシドーシスなどによる塩喪失（**組織液の脱塩による低張化**）．この場合には，水分が血管内へ戻りやすくなる．組織液の水が排出されることにより**浸透圧**が元に戻るが，組織液の水が減少する．したがって，対処法は両者で異なる[3]．

腎臓の役割と仕組み

腎臓の役割は尿をつくることにより，① タンパク質のアミノ基由来の尿素や尿酸ほかの窒素代謝物を体外へ排泄，② 体内の過剰の水分や電解質（Na^+，K^+ ほか），酸（H^+）・アルカリ（HCO_3^-）を排泄して，体液量（尿，バソプレシン・抗利尿ホルモン，p. 160）や pH，浸透圧，電解質濃度（アルドステロン（ミネラルコルチコイド），p. 160）などの体液組成・性質を一定とすることである．この役割を果たすために，**腎臓**は血液成分の沪過と再吸収を行っている．タンパク質，血球を除く血液成分は，腎小体の糸球体の半透膜で沪過され**ボーマン嚢**に溜まる（図 4-7 ①）．この原尿中の糖，アミノ酸のすべてと水（浸透）・Na^+・Cl^- の 2/3 が近位**尿細管**で毛細血管に再吸収され（能動輸送），遠位**尿細管**でアルドステロンの作用で Na^+ を体液の状況に応じて必要量だけ吸収（能動輸送）[4]．代わ

2）　低エネルギー栄養失調症（低タンパク症を伴う）をマラスムスという．

3）　どのように対処したらよいか考えてみよう．どのような静脈注射・点滴が必要か．

4）　次ページ注 1）参照.

1）**レニン−アンジオテンシン−アルドステロン系による血圧の制御**：Na^+代謝を介して，血圧を規定する循環血液量と，血管抵抗性を調節する．レニン（タンパク質分解酵素）がアンジオテンシノーゲンに作用しアンジオテンシンⅠに変換．Ⅰは変換酵素（ACE）によりⅡとなる．Ⅱは強力な血管収縮を引き起こす．同時にアルドステロンの分泌を刺激，アルドステロンの作用でNa^+を尿細管から再吸収．Na^+増加は水分増加を伴い，細胞外液量を増加させる．また，血管抵抗性も増大させる．これらの結果，血圧が上昇する．これが糸球体近傍細胞のレニン生成を抑制する（フィードバック機構）．

りにK^+（受動輸送），H^+（能動輸送）を排出する（図4−7②）．尿素，尿酸などの窒素化合物は排泄される（受動輸送・拡散，図4−7④）．腎小体と尿細管を**腎単位**（**ネフロン**）とよぶ．原尿中の水分の85〜90％が尿細管で，10〜15％が**集合管**で再吸収される（図4−7③）．これはバソプレシンによって必要量に応じて促進される．最終的には水分の99％が再吸収される．

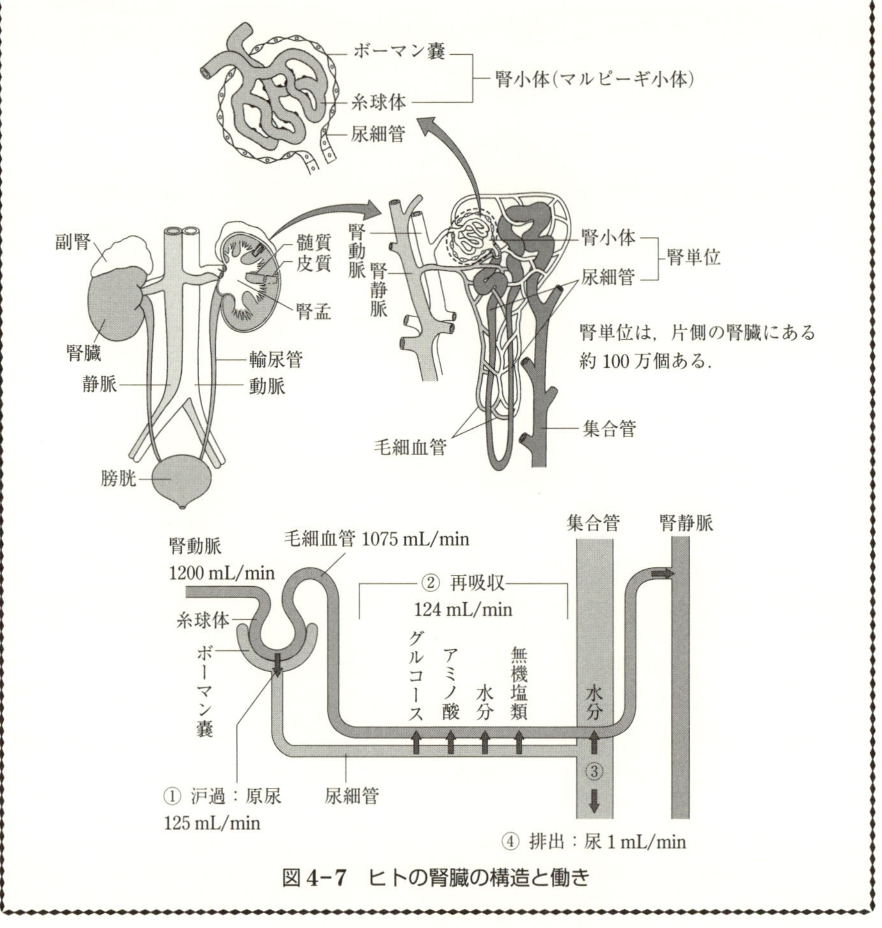

図4−7　ヒトの腎臓の構造と働き

以上のように，食塩，溶液の性質，水と電解質の出納（出入り，収支）が，からだの維持にとって大変重要であることが理解できよう（水と電解質の生理学・栄養学）．

まとめ問題　15　以下の語句を説明せよ：

電解質（p. 17），非電解質，浸透圧，オスモル濃度，ファントホッフ式，沸点上昇，凝固点降下，イオン当量（メック，mEq，mEq/L），アニオンギャップ，能動輸送と受動輸送，拡散，沪過，浸透，共輸送，栄養素と老廃物の輸送経路，膠質（コロイド）浸透圧，生理食塩水，等張液，高張液，低張液，浮腫，脱水症（高張脱水，低張脱水），腎臓の構造と役割，ボーマン囊，尿細管，集合管，腎単位（ネフロンとネフローゼ）．

4.3 体温はなぜ一定か：恒温動物と変温動物——反応速度と反応速度定数

4.3.1 変化の速さ

“生きている”とは，それを支えるさまざまな**化学反応**が体内で起きているということである．からだは精密な化学工場・反応釜である．からだの中の変化の速さ，つまり化学反応の速さ・**反応速度**は**温度に大きく依存**する(p. 147)．体温が低いと反応の進みは遅く，からだは俊敏には動かない．体温が高すぎると，反応速度が大きすぎて，からだはすぐに消耗してしまう．そこで，体温が周りの温度に左右される変温動物のトカゲは，朝のまだ気温が低いときには日光浴をしてからだを暖め，気温が上昇した昼下りには，体温が上り過ぎないように日陰で涼むわけである．哺乳類・鳥類のような恒温動物では体温が一定なので，体内の反応速度も一定となり，外界温度と無関係に同じ生活を営むことができる．それゆえヒトはトカゲなどと異なり，極寒の北極圏でも生活できる[2]．

生体内反応では生体触媒の**酵素**が反応を進みやすくしている(触媒，接触反応，p. 149)．酵素反応は通常の反応とは異なり，**最適温度**で反応速度最大となる．からだは反応速度(代謝速度)を一定に保つための温度一定の恒温槽である．では，一定である体温のもとは何だろうか．体温はどのようにして生じるのだろうか．体温のもとは食物の体内における異化(酸化反応)や，その他のすべての反応の反応熱(p. 84)である[3]．

2) 恐竜は，昔はトカゲの仲間・変温動物だと考えられていたが，今は鳥類の祖先であり，より活動的な恒温動物であると考えられている．

3) 電子伝達系での電子伝達とATP合成とが共役する(H^+の濃度勾配として蓄えられた酸化的リン酸化エネルギーをATP合成に用いる)ことをしないと(ミトコンドリア内膜のプロトン(H^+)輸送体・脱共役タンパク質により脱共役する・H^+の濃度勾配を小さくすると)，その分が熱となり放出される(西洋人と日本人の耐寒性の違い)．

体温維持の仕組み

からだ(間脳の視床下部)にはいわば温度計がついている．からだは常に外界へ放熱しているが，間脳が体温を感知，低体温となった場合には，体温を維持すべく，交感神経(p. 156)，運動神経，アドレナリン，チロキシン(p. 159)が働き，放熱を防ぎ，体温を上昇させることにより体温を一定温度に維持する(p. 159)．体温が上昇した場合はこれと逆の作用が働く一方，からだは発汗によりからだの熱を蒸発熱として放散する．

温度が高くなると反応の速さはなぜ大きくなるのだろうか．また，なぜ最適温度が生じるのだろうか．この問いに答える前に，まずは反応の速さ・速度の大きさがどのように表されるかを考えてみよう．

a. 反応速度の大きさ

台所のガス・メタン CH_4 に火をつければガスは即座に燃えて(酸化されて)CO_2 と H_2O に変化する．一方，金属の鉄は徐々にしか錆びて(酸化されて)いかない．このように反応の速さは千差万別である．この反応の速さの速い・遅い，つまり，反応速度の大きさを，数値としてどのように表したらよいだろうか．

身近な“速さ”である“走る速さ”vは，たとえば，新幹線が東京—青森間 720 km を 3 時間で走れば，このときの新幹線の平均速度は 720 km/3 時間＝240 km/h の

1) $\Delta C/\Delta t$ は，ある長さの時間 Δt の間に，物質の濃度が ΔC だけ変化した，という意味．（ギリシャ語デルタ Δ，は英語の D に対応しており，変化量を表す．t は時間 time，C は濃度 concentration，v は速度 velocity を意味する．Δ は比較的大きい変化量，dC，dt の d は，通常小さい変化量・微分量を表す．

ように，v＝動いた距離/要した時間で表す．**反応の速度**も，走る"速さ"とまったく同様に考えればよいはずである．つまり，v＝変化量/時間＝反応したものの濃度変化量/要した時間＝$\Delta C/\Delta t$[1]．10分間で濃度が0.25 mol/L減少したなら，v＝0.25 mol/L/10分間＝0.025 (mol/L)/min と表すことができる（10分間の**平均の速さ**）．1秒の間の変化なら，数学の微分形を用いて $v=\mathrm{d}C/\mathrm{d}t$[1] と表すことができる（**瞬間の速さ**）．

では，この反応の速さは，変化が起こる時間の全範囲で同一なのだろうか．反応の速さは基本的には時間とともに変化するものである．身近な例として，湯呑みに入れたお湯の温度が時間とともにどのように変化するか（お湯の冷却曲線）を考えてみよう．化学反応とは化学"変化"のことだが，これを拡大解釈して，ここでは物理"変化"も反応とみなし，お湯の冷却も一種の反応とみなして考える．一般に物質が変化する速さを**反応速度**という．

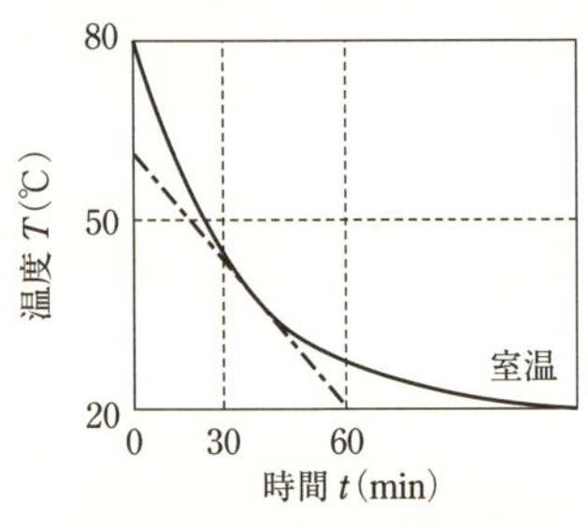

図 4-8　お湯の冷却曲線
［立屋敷　哲，化学と教育，**46**，54(1998)］

変化の速さ（反応速度）とお湯の冷却曲線：湯呑み中のお湯は放置しておくと，時間とともにしだいに冷えて，十分に時間が経過した後には室温となる．この変化をグラフで表すと，図4-8の**指数関数**となる．この反応の瞬間の速さ，冷却速度 $v=\mathrm{d}T/\mathrm{d}t$（短時間の間の温度変化），はこの曲線の各時間における接線の勾配に対応する（図4-8，直線の勾配）．

問題 4-9　図4-8の30〜60分の平均の速度，30，60分の瞬間の速度を求めよ．

b.　速度変化の法則―反応物の濃度と速度との関係（一次反応）

一般に，反応の速さ（単位時間あたりの変化量の大きさ）は反応する物質の濃度が大きいほど大きくなる．代表的な例は，反応速度 v が反応する物質Aの濃度[A]の1乗に比例する，つまり，速度 $v=k$[A] と表される場合である．これを**一次反応**，この式を一次反応の**速度式**という．k はたんなる比例定数であり，**反応速度定数**という．速度 v とそのときの濃度[A]がわかれば速度式から k が求められる．k がすでにわかっていれば，そのときの濃度[A]から速さ v が求められる．逆に v から[A]を求めることもできる．この原理を用いて，反応速度を測ってある物質の濃度を知るという，速度論的な濃度の分析法も存在する．上記のお湯の冷却は，狭い温度範囲ではニュートンの冷却の法則に従う．つまり，冷却速度 $V=-\Delta T/\Delta t=k(T-T_\infty)$[2]，または $-\mathrm{d}T/\mathrm{d}t=k(T-T_\infty)$（$T-T_\infty$ が反応の変化量，T_∞ は室温）であり，お湯の冷却は一次反応である（湯温が高いほど，1分間の間に下がる温度幅は大きい，図4-8）．

2) 温度が下がる速さという意味である．温度が上がる速さなら $v=\Delta T/\Delta t$.

発　展

一次反応速度式，$v=-\Delta[\mathrm{A}]/\Delta t=-k[\mathrm{A}]$（－は濃度の減少を示す）を微分形 $v=-\mathrm{d}[\mathrm{A}]/\mathrm{d}t=k[\mathrm{A}]$ で表し（v は[A]に比例，k は比例定数・反応速度定数），積分すると，濃度[A]と時間 t の関係式，$[\mathrm{A}]_t=[\mathrm{A}]_0\times10^{-kt/2.303}$ が得られる．時間に対し[A]を図示すると指数関数となる（図4-8）．

固体の反応では表面積が反応物の濃度に対応するので（表面のみが外部と接触，反応できる），反応物全体の重さが同じなら表面積が大きい小さい粒の集まり（p. 104）ほど反応速度は大きくなる．金属の鉄も粉にすれば燃える！ すぐに酸化される[3]．

化学反応には，反応速度が反応物の濃度の１乗に比例する上述の一次反応 $v=k[\mathrm{A}]$ のほか，２乗に比例する二次反応，$v=k[\mathrm{A}]^2$，$v=k[\mathrm{A}][\mathrm{B}]$，などがある．この一次，二次[4]を**反応の次数**という．

問題 4-10 男女の出会いで，１時間あたりに誕生するカップル数は，男子の数と女子の数とどのような関係にあるか．“カップル生成反応速度”はどのような式で表されるか．

指数関数的変化 お湯の冷却に伴う温度変化は，図 4-8 のように指数関数的である．身の周りのさまざまな変化の多くは，このように一つの指数関数，または複数の指数関数を重ね合わせて表すことができる[5]．

問題 4-11 指数関数，$y=10^x$，$y=10^{-x}$ について（$x=-1$，-0.9，…，-0.1，0，0.1，0.2，…，1.0）のときの y の値を，関数電卓を用いて計算し，グラフに図示せよ．

反応の速さの尺度として**半減期**がある．半減期とは，最初存在したものがすべてなくなる反応の場合，最初の量・濃度が半分に減るまでに要する時間のことである[6]．反応物の濃度 C と時間 t の関係をグラフに描けば，半減期は容易に求められる．

問題 4-12 図 4-8 のお湯の冷却反応の半減期を求めよ．

答 4-9 v ＝（到着点 28－出発点43）℃/経過時間 30 分（2 点を結ぶ直線の勾配）＝ －0.50℃/min（－は温度低下を示す）．接線の勾配から，v_{30} ＝ －0.81℃/min，v_{60} ＝ －0.22℃/min.

答 4-10 “カップル生成反応”は，男子の数と女子の数に比例する二次反応である．カップル生成反応速度 $v = k$［男子の数］×［女子の数］.

答 4-11 $y=10^{-x}$ のグラフ（下図(a)）を $x>0$，$y<1$ の部分だけ拡大すると（図(b)），お湯の冷却曲線（図 4-8）と同じ形になる（グラフには各計算値を“・”で図示せよ）．

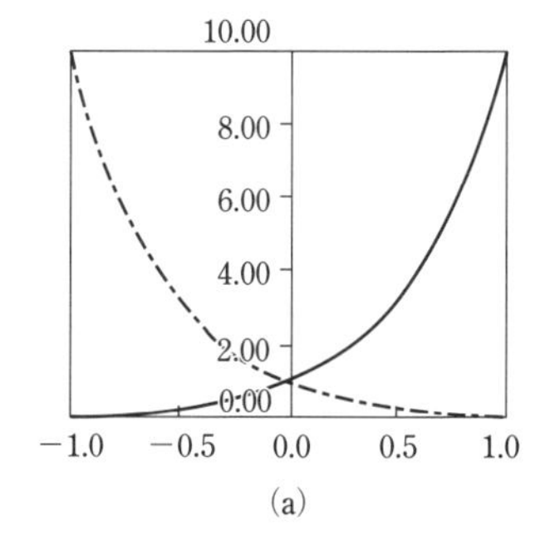

(a)

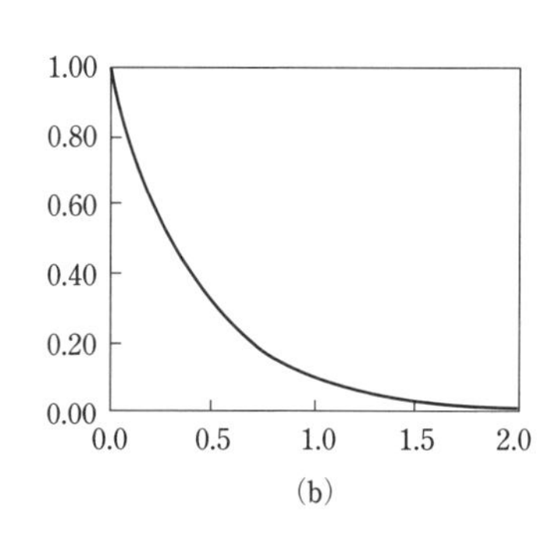

(b)

3) 小腸での脂質の消化における胆汁酸の乳化作用も，水に溶けない油を小さな粒にして加水分解の反応速度を大きくするためである．

4) この一次，二次は一次，二次方程式の一次，二次とまったく同じ意味である．一次反応は反応物の濃度の１乗に比例する，二次反応は反応物の濃度の２乗に比例するという意味である．[A][B]も反応物の２乗．

5) 指数関数的変化には，代謝反応や食品の変性などさまざまな化学反応の進行に伴う成分濃度の時間変化のほか，微生物の増殖曲線（対数増殖期），骨密度測定装置の測定原理と超音波・X線強度の減衰，比色分析の原理，放射能の減衰，鼠算と大久保彦左衛門の逸話，人口増減，習慣・文化の伝承と衰退，赤米と赤飯・赤子の埋葬・男女差別・家父長制度・官尊民卑，など多数の例がある．
⟶ 指数関数的変化の理解は栄養学徒のみならず社会人にとっても重要である！

6) 物理学では，半減期よりも緩和時間 τ を用いる（$1/e = 1/2.718$…となるのに要する時間）．

答 4-12　図 4-8 の曲線より 80℃のお湯が最終的に室温の 20℃となっているので，総変化量 60℃が半減したときの温度は，60/2＋20＝50℃．よって半減期は約 22 分(21〜23 分)．

反応が速ければ半減期は短く，遅ければ長くなる．半減期 60 時間，1 時間，1 分，1 秒と表せば，その速さの違いは容易にイメージできる．体中に取り込まれたもの(栄養素，投薬など)がどれ位の速さで代謝されるか，体外に排出されるかを示す表現として，**生物学的半減期**がある．からだを構成するカルシウム Ca の生物学的半減期は約 5 年，水素原子 H で 19 日，炭素 C で 5 週間である．**放射性同位体**(p. 14)の半減期については，2011 年 3 月 11 日の大地震と大津波に伴う原子力発電所の事故との関連で，しばしば耳にする．放射性セシウム ^{137}Cs の半減期は 30 年である．

指数関数的変化と一次反応の半減期：反応物の量・濃度は，時間の経過とともに，半分(1/2)，半分(1/4)，半分(1/8)と同じ時間(半減期 $t_{1/2}$)で減少する(図 4-9)．

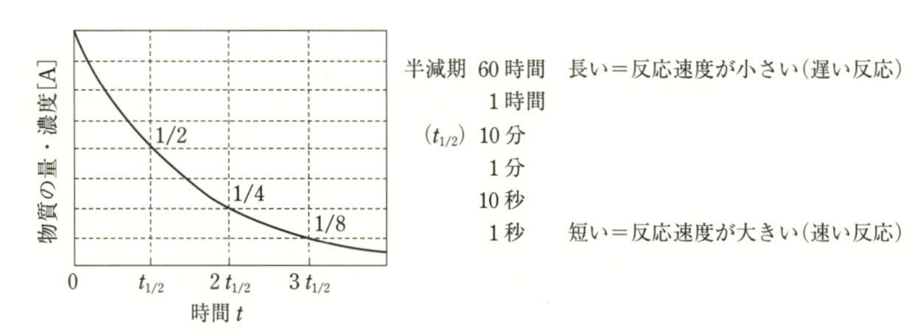

図 4-9　指数関数的変化と一次反応の半減期

問題 4-13　放射性同位体 ^{137}Cs が放射線(β 線)を放出する反応(放射壊変)，$^{137}Cs \longrightarrow {}^{137}Ba + e^-$ (β 線)[1] は一次反応であり，半減期は 30 年，放射線の強さは ^{137}Cs の量に比例する(お湯の冷却曲線と同じ変化をする)．放射線の強さ(放射能・放射性物質 ^{137}Cs の量に比例)が最初の 1/1000 の強度になるまでには何年かかるか．

発　展

反応物 A の濃度が初濃度$[A]_0$ の 1/2 となるのに要する時間が半減期だから，半減期 $t_{1/2}$ では，$[A]_{t_{1/2}} = 1/2[A]_0 = [A]_0 \times 10^{-kt_{1/2}/2.303}$，したがって，$1/2 = 10^{-kt_{1/2}/2.303}$，これより[2] $k = 0.693/t_{1/2}$，または，$t_{1/2}$(半減期)＝$0.693/k$，の関係が得られる(反応速度定数 k と半減期 $t_{1/2}$ は反比例する)．つまり，一次反応では半減期($0.693/k$)は濃度に依存せず，反応開始から終了まで一定である(図 4-9)．反応の速さを表す半減期 $t_{1/2}$ は反応速度定数 k よりも直感に訴え，わかりやすい概念である．

答 4-13　半減期 30 年ごとに 1/2 の強さになる．したがって，$1/2 \times 1/2 \times \cdots = (1/2)^n = 1/1000$，$n = 10$ ($(1/2)^{10} = 1/1024 \fallingdotseq 1/1000$)[3]，つまり，放射能が最初の値の 1/1000 の強さに減少するまでには，半減期の 10 倍の時間，300 年もかかる！

c.　素反応と複合反応，多段階の連続反応と律速段階(律速過程)

一般に身の周りで観察される変化は，A → B で示される一段階の反応(**素反応**)だ

1)　^{137}Cs の放射壊変は，厳密には，$^{137}Cs \rightarrow {}^{137m}Ba + e^-$ (94.5%，β 線放出)，$^{137m}Ba \rightarrow {}^{137}Ba$ (γ 線，半減期 2.60 分)，p. 14 も参照のこと．

2)　$1/2 = 10^{-kt_{1/2}}/2.303$ の対数をとると，
$\log 1/2 = \log(2)^{-1} = -\log 2 = -k \times t_{1/2}/2.303$
よって，$k = 2.303 \times \log 2/t_{1/2} = 0.693/t_{1/2}$

3)　$(1/2)^n = 1/1000$ の対数をとると，
$\log(1/2)^n = \log(2)^{-n} = -n\log 2 = \log(1/1000) = \log(10)^{-3} = -3$
$n = 3/\log 2 = 3/0.3010 \fallingdotseq 10$(半減期の 10 倍)．

けではなく，その多くは，複数の素反応が組み合わさった多段階の**複合反応**である．

A(反応物) → B(中間生成物)，B → C，C → D，…，Y → Z(生成物)

上記を**連続反応**というが，反応物から生成物を生じる一連の反応の中で反応速度が1番遅い所(たとえばC → D)を，その反応の**律速段階**(反応速度全体を律するステップ，その反応で反応全体の速さが決まる)という．たとえば，自動車で家を出て，一般道から高速道路に入りスムーズに走っていたが，高速道路の出口の所が1ヵ所しかなかったために車が渋滞し，目的地に着くのに要した時間が出口での渋滞時間で決まってしまったという場合，高速道路の出口を出る所が，家を出てから目的地に着くまでの律速段階ということになる．つまり，ボトルネック(瓶の首の部分)と似た意味である．たとえば，からだの中のコレステロール合成は複雑な過程であるが，HMG-CoA ⟶ メバロン酸が律速過程である(p. 131)[4]．

反応で生じた生成物がその反応をさらに進めてしまう場合，つまり，最初の反応が直接次の反応を引き起こし，外部からのエネルギーを供給されることなく次々に連鎖的に全体の反応が進行する現象を**連鎖反応**という．核爆発は反応により生じた中性子と高温が，さらに次の核反応を進める連鎖反応である．爆発はすべて連鎖反応である．ポリエチレンなどの合成樹脂の合成反応も連鎖反応である．食品の油脂の油焼け・自動酸化(p. 131)は光(ポテトチップスで遮光袋使用の理由)，金属イオンなどが触媒となる酸化の連鎖反応である(ラジカル反応[5])．

以上，反応の進行に伴い，物質の量が時間とともにどのように変化するか(指数関数的変化)，反応する物質の濃度にどのように依存するのか(一次反応と反応の次数)，多段階反応と律速段階，連鎖反応について学んだ．次に反応速度が温度によってどのように変化するのかを考えてみよう．

4) 律速段階のほかの例：脂肪酸合成におけるアセチルCoA＋CO_2 ⟶ マロニルCoA(p. 130，アセチルCoAカルボキシラーゼ，クエン酸量で制御)，ペントースリン酸回路(p. 124)のグルコース-6-リン酸の脱水素過程($NADP^+$量で制御)など．

5) ラジカル＝遊離基，不対電子があるもの．通常は反応性が高い．通常の分子から電子を引き抜き，次から次にラジカルを生じる．Fe^{3+}などの金属イオンの触媒作用を防止するために，金属イオンとキレート錯体をつくるEDTAが食品に添加されることがある．

4.3.2 ヒトの体温が一定である理由：反応速度の温度依存性

一般に，反応速度の大きさは周りの温度に大きく依存しており，温度が**10℃上昇**するごとに約**2〜4倍に増大**する(図4-10(a))．体温が一定(恒温)である理由は代謝速度(反応速度)を一定に保つためである．変温動物と異なり，恒温動物では代謝の反応速度が一定なので寒い冬でも動くことができる．ヒトが100 mを9秒台でしか走れない理由は筋力の強さもあるが，からだが温度一定の恒温槽であり，代謝速度が一定だからである．低温手術法というからだを20℃まで冷やして仮死状態にして手術を行う方法があるが，この条件では代謝の速度が小さくなり，手術に長い時間を使うことが可能となる(ただし，感染症にかかりやすい)．

反応速度式，$v=k[A]$，の比例定数である**反応速度定数** k(これが大きいほど速度は大きい)は，図4-10(a)に示したように温度Tの上昇に伴い指数関数的に増大する．数式で表すと，反応速度定数 $k=A\times10^{-E_a/2.303RT}$，(**アレニウスの式** $k=Ae^{-E_a/RT}$)となる．ここで，Aは比例定数(頻度因子)，Rは気体定数8.3 J/mol，Tは絶対温度，E_aは(**アレニウスの)活性化エネルギー**とよばれる，反応を起こすために乗り越えなければならないエネルギー障壁(山)である．E_a以上の(運動)エネルギーをもった分子のみが**遷移状態**(**活性錯合体**，図4-11)となり反応する．温度が10℃上昇するごとに反応速

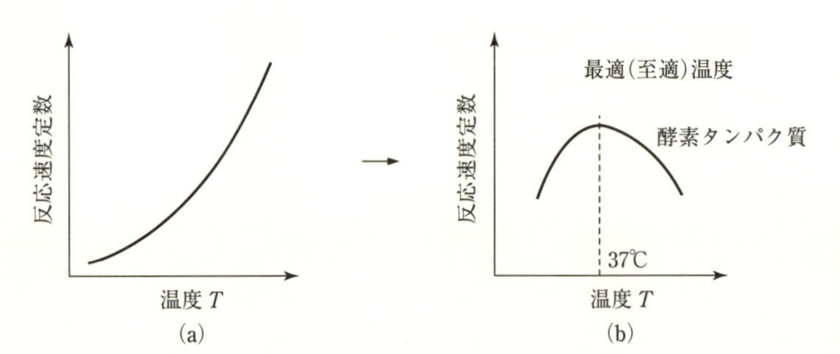

図 4-10　反応速度定数の温度変化
(a) 通常の化学反応
(b) 酵素反応

度が約 2〜4 倍増大することは，アレニウスの式に基づいて計算すればわかる(2.3 倍，3.9 倍)[1]．**酵素反応**では，反応速度が最大値を示す温度・**最適温度**が存在する(図 4-10(b))．その理由は触媒である酵素タンパク質が高温では高次構造の変化(変性，p. 71)により**失活**するからである[2]．

1)　アレニウスの式を用いて，E_a=63 kJ(15 kcal)/mol として，25℃と 35℃での k の値の比，k_{35}/k_{25} を計算すると，k_{35}/k_{25}=2.3，E_a=105 kJ(25 kcal)/mol について同様に計算すると，k_{35}/k_{25}=3.9.

2)　冷蔵庫の役割：家庭での冷蔵庫の利用は，低温にして微生物の繁殖を防ぐためである(酵素反応，図 4-10(b))．一方，脂質の酸化(古米など)は酵素反応ではないので(図 4-10(a))，低温にしても徐々に酸化反応は起こる．

問題 4-14　10℃で反応速度が 2 倍変化するとして，20℃で半減期が 1 日のとき，−20℃では半減期は何日か．液体窒素温度−180℃では何日か．

反応速度が**温度依存性**を示す理由について，高温下における水素分子の解離反応，H_2(分子) → 2 H(原子)を例にして考えてみよう．この反応は H–H 結合(二つの H 原子がばねでつながれているとイメージしてよい)の切断反応である．

H〰H(結合の伸縮運動) ⟶ H＋H(結合切断)

反応が進む，つまり，結合が伸び切って切断されるためには，反応系と生成系の間の高さ E_a のエネルギー障壁(山)を乗り越える必要がある(図 4-11)．山の頂点を**遷移状態**，または，**活性錯合体**という．すると，反応の速さ(速度定数 k の大きさ)は，E_a 以上のエネルギーをもった分子数に比例するはずである．図 4-11 の左側の斜面で，E_a より高い所から転がってきたボールだけが，E_a の高さの山を乗り越えることができる．分子は温度が高いほど大きい熱運動エネルギーをもつ(激しく動いている(振動・回転・並進))．したがって，温度が高いほど，E_a 以上のエネルギーをもつ分子の比率が大きくなり反応速度が大きくなる(図 4-12)．

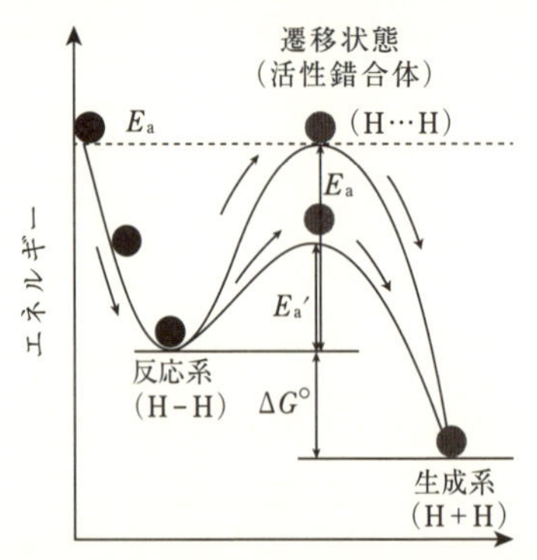

図 4-11　通常の反応と酵素反応における遷移状態と活性化エネルギー E_a，E_a'

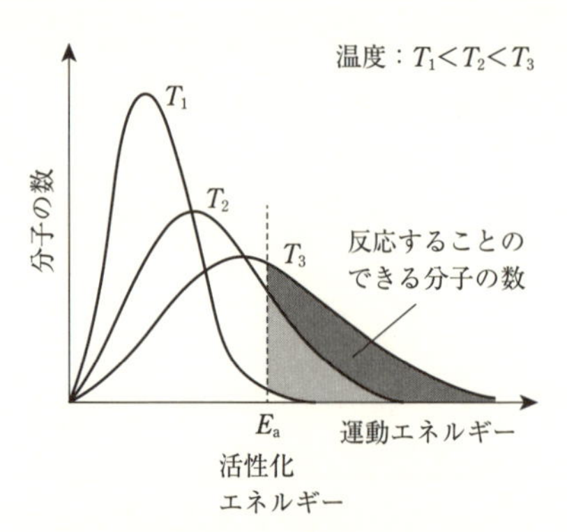

図 4-12　気体分子の運動エネルギーと分子数の関係

答 4-14　−20℃では 40℃変化，10℃で 1/2 だから半減期＝1 日 × $(1/2)^4$＝16 日；−180℃では 200℃変化，よって半減期＝1 日 × $(1/2)^{20}$＝2873 年．

a.　活性化エネルギーと触媒，酵素反応

酵素とは，生体内の化学反応の速度を速める生体触媒として作用するタンパク質，またはこのタンパク質と低分子物質・補酵素(水溶性ビタミン類など)の複合体のことである．酵素は熱，凍結，酸，塩基や尿素，重金属，撹拌などで変性(p. 71)，失活する(酵素としての活性を失う)．

ヒトのからだの中では，4000 種類以上の酵素が働いている．この酵素全体の約 1/3 以上は，酵素活性発現に金属イオンが必須な酵素である[3]．**酵素反応**(**触媒反応**)では反応が異なった反応経路を通って進行するため，活性化エネルギーが下がり(図 4-11，$E_a \longrightarrow E_a'$)反応が進みやすくなり，反応速度は増大する．たとえば，炭酸脱水酵素(カルボニックアンヒドラーゼ)は，$H_2CO_3 \rightleftarrows CO_2 + H_2O$ の反応を接触(触媒)する亜鉛 Zn を含んだ酵素(金属酵素)であるが，この酵素により，反応速度は酵素がない場合の 10^7 倍(1000 万倍)にもなる．ただし，反応物と生成物のエネルギーは変わらないので(図 4-11，$\Delta G°$ は不変)，反応系と生成系の相対的安定性($\Delta G°$)と関係している生成物の生成量(平衡量)[4]は変わらない．

3)　活性中心に金属イオンを含んだ金属酵素や，金属賦活酵素など．Zn はアルカリホスファターゼ(ALP)などのさまざまな酵素の構成要素．Mg はキナーゼ(ATP からのリン酸基転移酵素・ATP-Mg^{2+} 複合体形成)などの細胞内の酵素反応の活性化因子．

4)　平衡量を決めるこの反応の平衡定数(p. 136)は $\Delta G°$(標準自由エネルギー変化，p. 96)の値で定まる．活性化エネルギー E_a も厳密には活性化自由エネルギー $\Delta G^{\ddagger}$ で表す必要がある．

b.　酵素の種類・分類

酵素は反応の種類により次の 6 主群に分類される[5]．(1) **酸化還元酵素**(オキシダーゼ，デヒドロゲナーゼ，レダクターゼ)[6]，(2) **転移酵素**(トランスフェラーゼ)，(3) **加水分解酵素**(ヒドラーゼ)，(4) **リアーゼ**(**分解酵素**，**脱離酵素**・**開裂酵素**・**除去付加酵素**：デカルボキシラーゼ・脱炭酸酵素，アルドラーゼ・解糖系・糖新生 $C_6 \rightleftarrows 2\,C_3$・TCA 回路のクエン酸合成過程)，(5) **異性化酵素**(イソメラーゼ)，(6) **リガーゼ**(連結酵素または**合成酵素**，2 分子の結合反応)．タンパク質を加水分解する酵素プロテアーゼ・ペプチダーゼ，デンプンの消化酵素アミラーゼ，脂質の消化酵素リパーゼなどの消化酵素は，すべて加水分解酵素(EC 3.……[5])であり，糖新生で，ピルビン酸をオキサロ酢酸に変える酵素ピルビン酸カルボキシラーゼ(p. 129)は合成酵素(EC 6.……)である．

5)　この分類法に基づき各酵素に酵素番号がつけられている．例:EC 1. 1. 1. 1(最初の数字が 6 主群の番号，2,3 番目が副群，副々群，4 番目が副々群の各酵素の通し番号である)．

6)　記載順に酸化酵素，脱水素酵素，還元酵素．

まとめ問題　16　以下の語句を説明せよ：

反応の速さ(反応速度)，一次反応，反応速度式，速度定数，指数関数的変化とその例，半減期，連続反応と律速段階，連鎖反応，反応速度の温度依存性(10℃上昇での速度変化の大きさ)，(アレニウスの)活性化エネルギー，遷移状態，酵素の役割と酵素の種類，最適(至適)温度，(最適(至適)pH，p. 135)．(酵素反応速度論：ミカエリス・メンテン式，ミカエリス定数 K_m，E・S 複合体，最大速度 V_{max}，ラインウィーバー・バークプロット，競合阻害(競争阻害，拮抗阻害)，非競合阻害(非競争阻害)[7]，反競合阻害(不競合阻害)[8]，酵素活性の二つの制御様式は他書を参照のこと)．

7)　酵素の基質結合部以外の部位への結合による構造変化に基づく(アロステリック効果)．

8)　酵素と基質(反応物)の複合体への結合に基づく．

5章　情報伝達：神経・ホルモン・免疫・遺伝と化学の原理——電池，分子間力

5.1　神経情報の伝達はどのように行われるのか：からだの中には電池がある？

神経[1]の興奮伝達は，神経細胞が一種の電池としてふるまう結果，生じるものである．この神経伝達の原理を理解するために，まず電池について復習しよう．

身近な(化学)電池には，各種の乾電池，車の鉛畜電池(バッテリー)，パソコン・携帯などのリチウムイオン電池，燃料電池などさまざまなものがある．中学，高校で学んだ電池にはレモン電池(果物電池)，ボルタ電池，ダニエル電池などがある．また，生物学分野では，電気生理学の始まりとなったガルバーニ効果[2]，ガルバーニ電池がある．

1)　自律神経，ホルモンは4章で取り上げた恒常性維持のための仕組みであるが，本章で扱う．

2)　イタリアの解剖学者・生理学者ガルバーニが1780年に発見した．カエルの脚が金属に触れてけいれんを起こす現象．生体の電気現象の研究の端緒，ボルタ電池の原理の発見の先駆．

電池(化学電池)とその仕組み　2種類の異なった金属板を電解質溶液(電気を通す溶液，食塩水，酸の水溶液など)に浸し，二つの金属板を導線でつなぐと導線に電気が流れる．これは次のように理解される．2種類の金属板の表面で，それぞれの金属原子の一部が電子を失って，陽イオンとして溶け出す．その際には，電極に電子を残していくので，電極には電子が溜まる．両金属で**イオン化傾向**[3](陽イオンへのなりやすさ・電子の失いやすさ = 酸化されやすさ)が異なると，イオンになりやすい，イオン化傾向が大きい金属の電極に電子がより多く溜まる(図5-1)．そこで，この二つの金属板を導線でつなぐと，その電極からもう一方の電極に向かって電子があふれ出して移動する(電気が流れる)．この流れる強さ(圧力：水圧・水位差に対応)が電位差(電圧)である(乾電池の1.5 Vなど)．

3)　金属元素のイオン化傾向(イオン化列)は次のとおり：K＞Ca＞Na＞Mg＞Al＞Zn＞Fe＞Ni＞(H)＞Cu＞Hg＞Ag＞Pt＞Au.

デモ実験：金属の析出

(1) 硝酸銀 $AgNO_3$ 水溶液に金属銅片(10円玉)を浸す[4]，$2Ag^+ + Cu \longrightarrow 2Ag + Cu^{2+}$

(2) 硫酸銅 $CuSO_4$ 水溶液に金属亜鉛を浸す[5]，$Cu^{2+} + Zn \longrightarrow Cu + Zn^{2+}$

(3) 硫酸銅水溶液に鉄釘を浸す[6]，$Cu^{2+} + Fe \longrightarrow Cu + Fe^{2+}$

4)　銅表面に銀が析出.

5)　亜鉛表面に銅が析出.

6)　鉄表面に銅が析出.

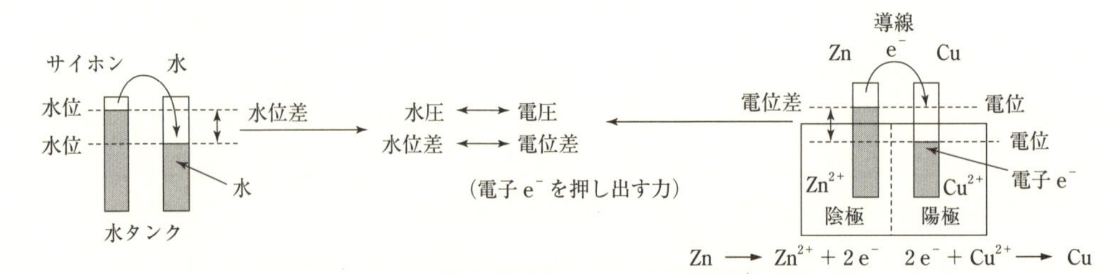

図5-1　化学電池の原理(水位差と電位差の相似性)

このように，電池の起電力（電位差 V）は両金属のイオン化傾向の大きさの違いと直接関係している．この電位差を，水素のイオン化しやすさを基準(0)として還元電位（還元されやすさ）で表したものを標準還元電位 E° という[7]．電位は英語でポテンシャルというが，この意味は“潜在能力”である．たとえば，Li は還元電位が−3.05 V と1番小さいので（負の大きい値）還元される能力がもっとも低い，つまりもっとも還元されにくいことを意味する（Li^+ → Li は起こりにくい，逆にもっとも酸化されやすく Li → Li^+ となる）．Zn は−0.76 V，H は 0 V（基準），Cu は 0.34 V，Au は 1.69 V[8]．

7）$\Delta G^\circ = -nFE^\circ$ (p. 96，n は電子数，F は定数)．

8）金が宝飾品や貨幣として用いられるのは，還元電位が大きく，還元されやすい＝酸化されにくいので，いつまでも金属のまま光輝いているからである．

濃淡電池　上記の化学電池とは異なった原理の電池も存在する．たとえば，図 5–2 に示すように，電池の二つの極の電解液として 0.010 mol/L と 1.0 mol/L の硝酸銀溶液を素焼き板で仕切って，その両液にそれぞれ銀板を電極として浸し，両電極を導線でつなぐと電流が流れる．これは次のように理解される．二つの電極の表面では銀原子 Ag が Ag^+ として溶け出す一方で，Ag^+ が Ag にもどることが絶えず起こっている．Ag^+ 濃度が高い電極では，より数多くの Ag^+ が電極にぶつかって Ag となる際に，金属がもっている自由電子を金属電極からより多く受け取る．その結果，この電極は電子不足になる．そこで，導線で両電極をつなぐと，この電極は Ag^+ 濃度の低いほうの電極から電子をもらう，つまり，電子は濃度の低いほうの電極から高いほうの電極へ流れる．この電子の流れ（電流）は両液の濃度差がなくなるまでつづく）．これを**濃淡電池**といい，その電位差 E は両液の濃度比 C_1/C_2 の対数に比例する（$E = -59 \log(C_1/C_2)$ mV[9]）．

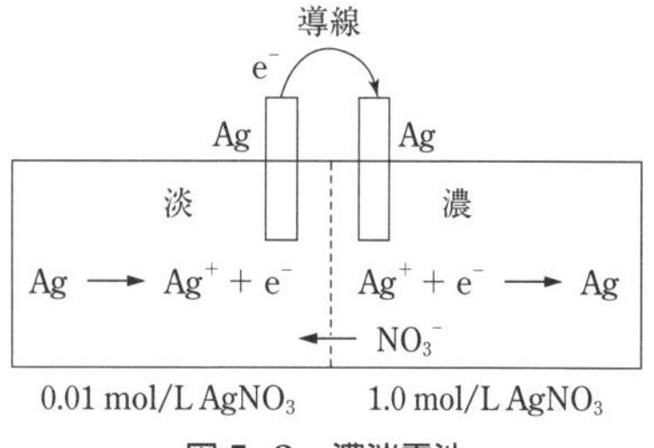

図 5–2　濃淡電池

9）この式は，厳密には C_1/C_2 ではなく，Ag^+ の活動度 activity の比 a_1/a_2 で表され，物理化学，電気化学の分野ではネルンストの式と呼称される（“演習 溶液の化学と濃度計算”（丸善），p. 186 参照）

溶液の pH を測る装置である **pH メーター**も，実は濃淡電池の原理を利用している．pH メーターでは，pH 測定に用いるガラス電極（図 5–3）内の溶液の水素イオン濃度 $[H^+]_i$ と，電極外の試料溶液の水素イオン濃度 $[H^+]_o$ の濃度の違いから生じた濃淡電池の電位を測ることで，試料溶液の pH（$= -\log([H^+]_0)$）[10] を求めている．$[H^+]$ の濃度比と電位差 ΔE の間には，ΔE (mV) $= -59 \log([H^+]_i/[H^+]_o)$ mV が成立する．したがって，ΔE を測定すれば，既知の $[H^+]_i$ の値から試料の $[H^+]_o$ と pH を求めることができる．ヒトの神経情報伝達も実は，神経細胞がイオン濃淡電池としてふるまうことに基づいている．

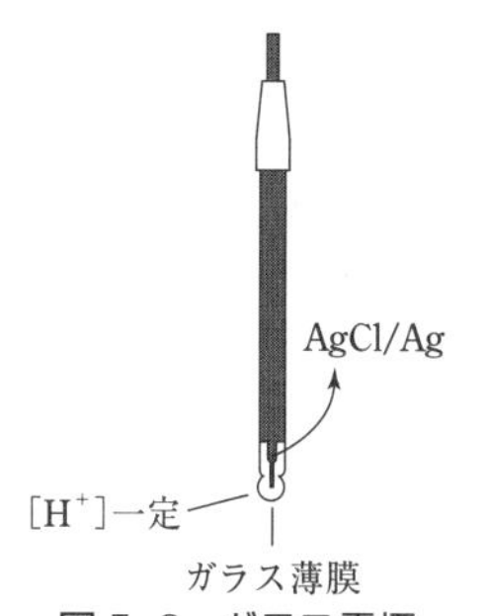

図 5–3　ガラス電極

10）厳密には，pH＝−log(a_{H^+}) で表される（a_{H^+} は水素イオンの活動度）．

5.1.1 外部刺激への応答・神経伝達の仕組み

病院における心電図，筋電図，脳波の測定でわかるように，からだの中には電気が流れている．また，アマゾン川に生息する電気ウナギ（シビレウナギ）は，600 V もの電圧を生み出す．この電気，電圧はどのようにして生み出されるのだろうか．実は，これらはともに細胞内外の K^+，Na^+ の存在量の違い（図 1–12）に基づいた**神経細胞**（**ニューロン**，図 5–4）における神経伝達の仕組み，イオン濃淡電池としての振る舞い（後述）と関係している．

神経系には**運動神経**系，**知覚**（**感覚**）神経系の体性神経系[11]（図 5–5）と，**交感神経**と**副交感神経**（p. 157）よりなる**自律神経系**[11]（植物性神経系，p. 156）があり，それぞれ**中枢神経**と**末梢神経**からなっている（図 5–6）．外部刺激の受容（末梢神経）とその応答は

11）体性とは体幹を内臓と区別して示すときに用いる．体性神経系とは，骨格筋を支配し，体の運動を司る神経系，自律神経系とは内臓器官を支配して内蔵機能を司る神経系のこと．

図5-5のように体性神経系の末梢神経(感覚神経，運動神経)と**中枢神経**(**脊髄**，**脳**)との連結によっている．

刺激の伝達はニューロンの軸索を通して行われる．ニューロンは核をもつ**細胞体**に，**軸索**，樹状突起の2種類の突起が付属している(図5-4)．また，ニューロン同士は**シナプス**により接合されている(図5-4，5-11，5-12)．このシナプスを介して，細胞の興奮が次の細胞に伝達される場合と，次の細胞の興奮が抑制される場合とがある(p. 155)．

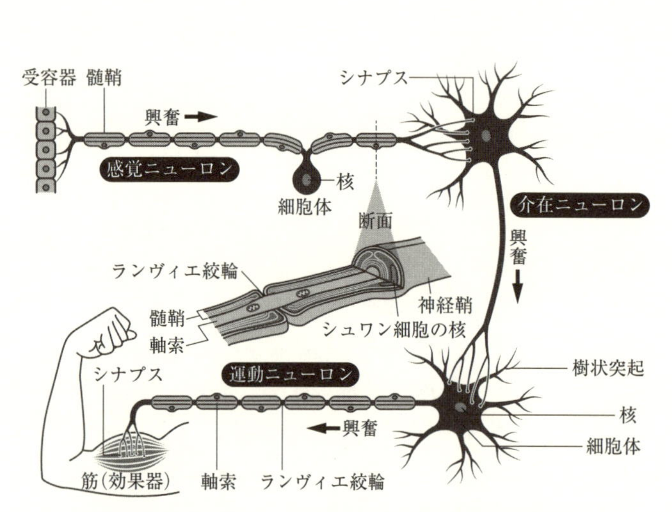

図5-4　いろいろなニューロンとニューロンのつながり
［浅島　誠ほか 著，"生物"，東京書籍(2013)，p. 218 をもとに作成］

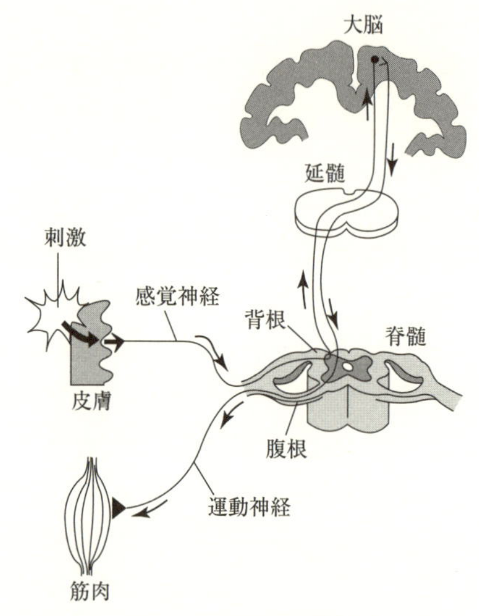

図5-5　脳と脊髄を結ぶ興奮伝達の経路
［A. Siegel ほか 著，前田正信 監訳，"エッセンシャル神経科学"，丸善(2008)，9章の図を参考に作成］

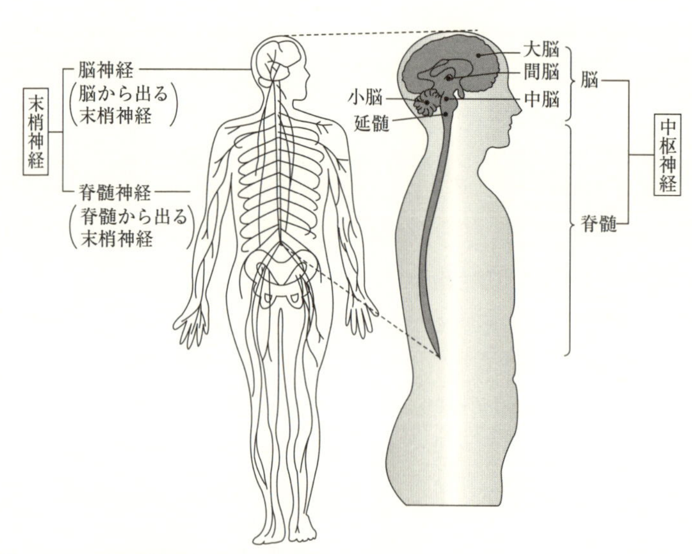

図5-6　ヒトの神経系
ヒトの場合，脳神経は視神経などを含めて12対ある．脊髄神経は31対あって，からだの各部に分布している．
［田中隆荘ほか 著，"高等学校 改訂 生物Ⅰ"，第一学習社(2012)，p. 195 をもとに作成］

a. ニューロンが神経刺激を伝達する仕組み，軸索での興奮の伝導（1）―静止電位

細胞膜は分極している　K^+濃度は細胞内では高く，細胞外ではわずかである（図1-12参照）．刺激を受ける前は，細胞内のK^+は細胞外へわずかながら流出している（図5-7，＋電荷が動いているので電気が流れていることになる）．細胞内には，陰イオン性のタンパク質が多数含まれているが，サイズが大きいために細胞膜から外に出ることができない．そこで，細胞の中は，K^+が流出した分だけ陰イオン過剰となっている．つまり，細胞膜は内外で－＋に帯電，分極している（図5-7，5-8(a)）．この状態では，膜の内外で，K^+の濃度差に基づく電位差，膜電位（**静止電位**[1)]）を生じている（図5-9(b)①）．つまり，この状態は**K^+濃淡電池**に対応している．K^+の流出が続けば，生じた静止電位に基づく静電力がK^+の細胞外へのさらなる濃度拡散を抑えるので[2)]，K^+は内外で平衡状態となる．このときのK^+の細胞膜内外の濃度をもとに電位差ΔEを求めると[3)]，$\Delta E = -59 \log(155\ \mathrm{mM}/5\ \mathrm{mM}) = -88\ \mathrm{mV}$となる（M = mol/L）．実測の**静止電位**は動物，細胞により異なり－50～－90 mVである（図5-7，5-9(b)①）．

1）外部刺激が神経系に与えられる前の状態で，神経細胞が示す**膜電位**（濃淡電池の電位差・電圧）．

2）K^+の流出により＋電荷が減った分だけ，細胞内では中和されていない－電荷が増えていくので，この－に＋が引きつけられる結果，K^+の流出が抑えられる．

3）ネルンストの式（p.151）．

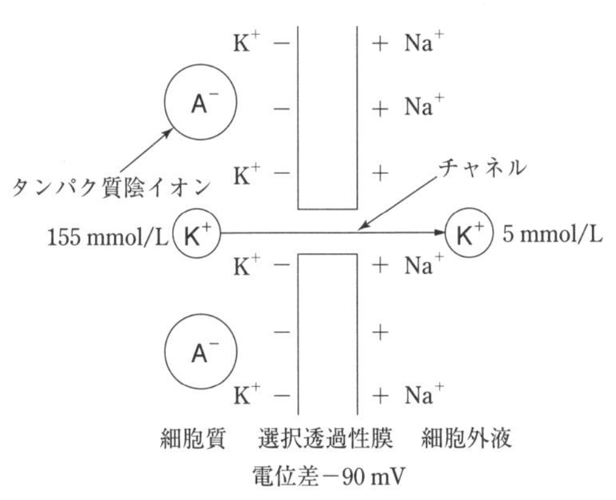

図5-7　静止膜電位の発生
［O. Lippold ほか 著，入来正躬ほか 訳，"生理学 はじめて学ぶ人のために"，総合医学社（1995），p.137より一部改変］

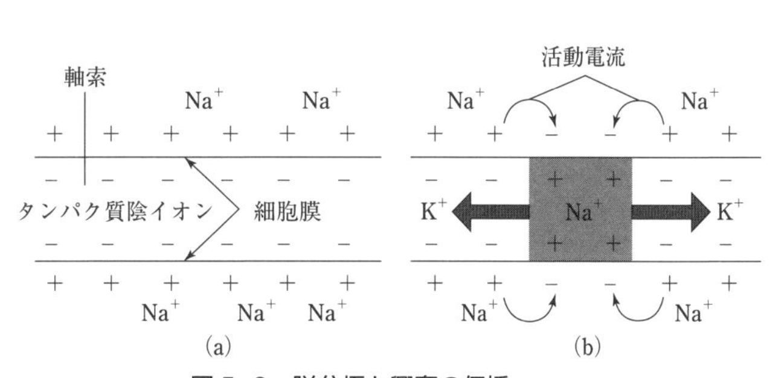

図5-8　脱分極と興奮の伝播
(a) 静止部位　(b) 興奮部位

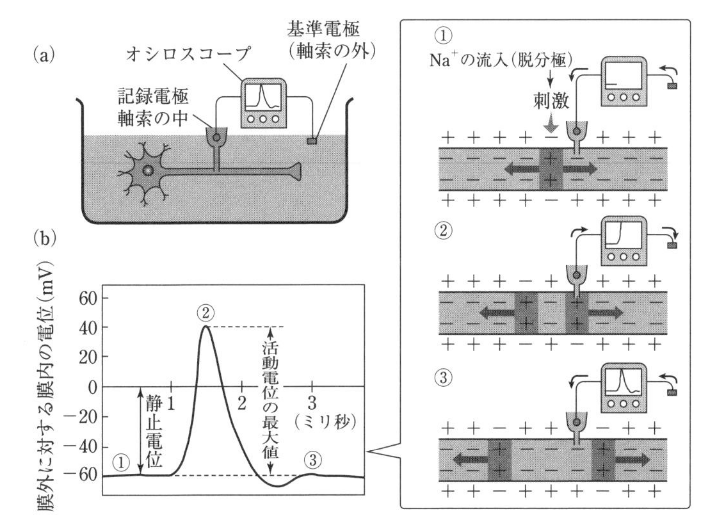

図5-9　活動電位と興奮
［嶋田正和ほか 著，"生物"，数研出版（2013），p.205をもとに作成］

後述の軸索での刺激伝達では実際に電気が流れている[1, 2]．

b. 神経刺激を伝達する仕組み，軸索での興奮の伝導(2)—活動電位

刺激直後の現象と状態：静止電位は刺激により変化する．指先などの刺激が原因で細胞膜の Na^+ チャンネル(通路)が開くと(興奮)，Na^+ 濃度は細胞内より細胞外で高くなっているので(p. 16)，Na^+ が神経細胞膜外から細胞膜内に流入する(濃度が薄いほうに拡散，＋の電荷が移動した＝電気が流れたことになる[1]，図 5-8(b))[3]．

負に帯電していた内側に Na^+ が流入することで負電荷が中和されるために分極が解消され，電位は 0 となり(**脱分極**：−60〜−90 mV → 0 mV)，さらに少し正へ変化する．この状態では，主として細胞膜内外の Na^+ の濃度差に基づき電位差・膜電位(約 ＋30 mV，**活動電位**)を生じている(図 5-9(b)②の状態は Na^+ 濃淡電池に対応している*)．一定の短時間後，Na^+ のチャンネルは閉じてしまい，Na^+ の流入は停止する(図 5-9(b)③)．細胞内に入った Na^+ は，その後，Na^+/K^+ ポンプ[4] により細胞外へ汲み出されてもとの状態にもどる[5]．

*　Na^+ の細胞膜内外の濃度をもとに電位差 ΔE を求めると，$\Delta E = -59 \log(10\ \mathrm{mM}/145\ \mathrm{mM}) = 69\ \mathrm{mV}$ と，実測値 30 mV とは異なる．実際にはほかのイオンの量が無視できないので(電位は軸索内(i)，軸索外(o)の過剰の総陽イオン，総陰イオンの濃度の比(電荷比)で決まるので)，ホジキンは，イオンの膜透過の容易さを示す膜透過係数 P を用いて，膜電位 ΔE に対する式として，次の式を提案した．

$$\Delta E = -59 \log((P_K[K^+]_o + P_{Na}[Na^+]_o + P_{Cl}[Cl^-]_i)/(P_K[K^+]_i + P_{Na}[Na^+]_i + P_{Cl}[Cl^-]_o))$$

そして，ヤリイカの巨大神経では，イオンの膜透過の容易さを示す膜透過係数 P を次のように報告している．

静止電位：$\underline{P_K} : P_{Na} : P_{Cl} = 1 : 0.04 : 0.45$，$P_K[K^+]_o$，$P_K[K^+]_i \gg P_{Na}[Na^+]_{o,i}$，$P_{Cl}[Cl^-]_{i,o}$

活動電位：$P_K : \underline{P_{Na}} : P_{Cl} = 1 : 20 : 0.45$，$P_{Na}[Na^+]_o$，$P_{Na}[Na^+]_i \gg P_K[K^+]_{o,i}$，$P_{Cl}[Cl^-]_{i,o}$

c. 神経刺激を伝達する仕組み，軸索での興奮の伝導(3)—刺激の神経系での伝導

神経細胞(**ニューロン**)では，手などの感覚器の刺激で生じた**活動電位**が移動することにより**軸索の中を興奮**が**伝導**し情報が伝えられる(図 5-4)．

活動電位が移動する(電気が流れる)ためには電気回路が閉じている(いわば電線，導線がつながる)必要がある．回路が開いて(切れて)いれば，刺激により Na^+ が細胞内に流入しても Na^+ はそこに留まり，その部分だけが脱分極(過剰の負電荷が中和)されて Na^+ の流入が止まるので，電気刺激は弱いままで止まる．電気回路が閉じて(つながって)いれば，流入した Na^+ は回路に沿って次から次に移動するので Na^+ の流入はさらに続き，大きな電気刺激となって Na^+ の移動先が脱分極することになる．

軸索に**髄鞘**(図 5-4)をもった有髄神経では**ミエリン鞘**(外部との境界の細胞膜，スフィンゴリン脂質(p. 75))の電気抵抗が大きいため，**ランヴィエ絞輪**(図 5-4，5-10)の間で閉じた電気回路となり，この間を＋電荷が移動し，隣の絞輪の脱分極(電荷の中和，図 5-10(a))を行う．つまり，興奮はランヴィエ絞輪ごとに伝わるので興奮の伝導速度は大きくなる．この電位の伝搬を**跳躍伝導**という．無髄神経では髄鞘がないので鞘の電気抵抗が小さく，興奮の伝搬はすぐ隣で起きる．回路はそこで閉じ(切れ)，短い距離の繰り返しでしか脱分極が起きない(図5-10(b))[6]．

1)　この場合の電気の流れは，家庭の電気のように導線中を電子(−)が流れるのではなく，軸索の中，外を K^+，Na^+ の陽イオンが移動する(流れる)ことが，“電気が流れる”ことの実体である．

2)　電気ウナギも膜電位の濃淡電池を多数直列につないで高電圧で放電を達成している．

3)　フグ毒は，Na^+ の流入するナトリウムチャンネルの作動を阻害するので，活動電位を発生できなくなる．

4)　Na^+/K^+ ポンプ：ATP のエネルギーを使って Na^+ を細胞内から汲み出し K^+ を取り入れる．

5)　膜の内外における正電荷，負電荷の過剰といっても，全体の電荷からすればほんの一部で起こっているにすぎない．そこで，1 回の活動電位の間に移動するイオンの数は総イオン数に比べて非常に少ない．

6)　哺乳類の神経伝達の速度は無髄神経で 1〜2 m/s(内臓，血管，心臓などとの信号の受け渡し)，有髄神経で最大 120 m/s(速い反射や筋を制御する信号を運ぶ，ヒトの運動神経では最大 52〜53 m/s)．軸索の直径が大きいほど電気抵抗は小さく，伝導速度は大きくなる．ヤリイカの巨大軸索は無髄だが，神経伝達速度は 35 m/s と大きい．

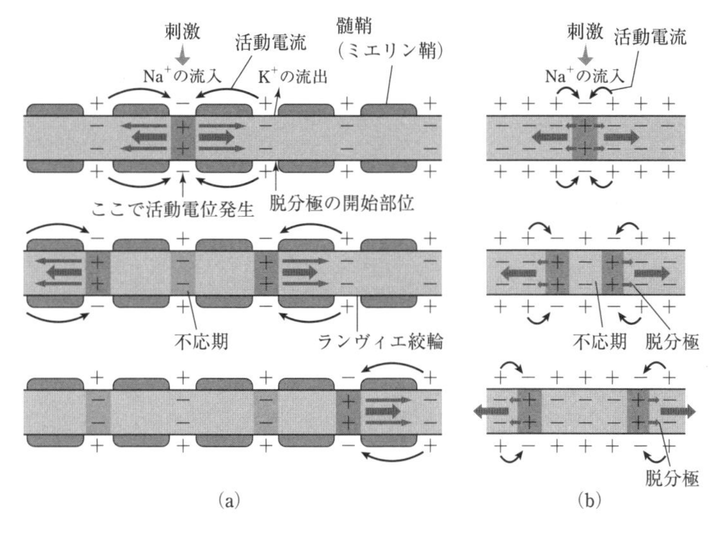

図 5-10 興奮の伝導[7)]（跳躍伝導）
(a) 有髄神経における伝導
(b) 無髄神経における伝導
Na^+，K^+がリレーを行っているだけ．軸索内の移動イオンは，おもにK^+（$[K^+] \gg [Na^+]$），軸索外の移動イオンはおもにNa^+（$[Na^+] \gg [K^+]$）．また，興奮が終わった直後の部位はしばらく刺激に反応できない状態となり，興奮は直前（不応期）に興奮した部位に逆向きに伝わることはない．
［嶋田正和ほか 著，"生物"，数研出版(2013)，p. 208 をもとに作成］

5.1.2 シナプスと神経伝達，神経伝達物質[7)]：神経系の分子による神経伝達の制御

神経細胞の細胞膜はC，H，O，N，Pからつくられたスフィンゴリン脂質・糖脂質（p. 75）から構成されている．このリン脂質で電気的に絶縁された神経細胞内外のNa^+，K^+の濃度差が前述のように神経伝達の根源である（p. 153，154）．

活動電位が神経末端に到達したときのシナプスでの興奮伝達：軸索の末端には細胞間の接合部位・**シナプス**（図 5-4，5-11，5-12）があり，次のニューロンの細胞体または**樹状突起**（図 5-4）の表面に接している（図 5-11）．活動電位が神経末端に到達すると，電位応答性のCaイオンチャンネルが開き，Ca^{2+}が流入する（このCa^{2+}がシナプス小胞と結合する）ことにより，シナプス小胞から**神経伝達物質**がシナプス間隙に放出される．この放出された神経伝達物質（図 5-11 のリガンド）が次のニューロン（シナプス後膜）の**受容体**に結合すると，受容体タンパク質の構造が変化し，Na^+がニューロンの細胞内に流入することにより活動電位が誘導され，興奮が伝達される．

神経伝達物質とは，脳や脊髄の神経細胞と隣の神経細胞の神経末端（接合部）のシナプス小胞から放出され，次の細胞を**興奮**させる，または**抑制**して情報を伝達する物質

7) 化学的伝達物質の一つ．化学的伝達物質には，神経伝達物質，ホルモン（後述），**オータコイド**（局所ホルモン*）がある．
 * 局所で産生され，数cmの距離で作用し，速やかに（数分から数時間で）分解される．全身循環はしない．活性アミン（ヒスタミン，セロトニン），プロスタグランジン，サイトカイン（免疫応答，増殖・分化などにおける細胞間相互作用で機能する糖鎖修飾を受けたポリペプチド），アンジオテンシン，NO（一酸化窒素）ガスなど．とくに炎症・痛みで重要な役割を果たす．

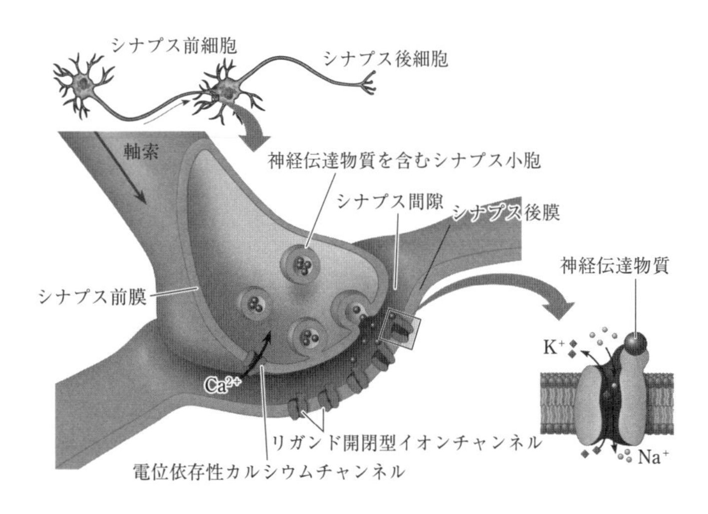

図 5-11 シナプスの間の興奮の伝達
［J. B. Reece ほか 著，池内昌彦ほか 監訳，"キャンベル生物学 原書9版"，丸善出版(2013)，p.1226 を一部改変］

である[1]．脳で作用する中枢神経の興奮的な伝達物質には**ノルアドレナリン**[2]，**ドーパミン**[3]（カテコールアミン類），**セロトニン**（トリプトファン由来），グルタミン酸，アスパラギン酸（酸性アミノ酸，陰イオン），抑制的な伝達物質にはγ-アミノ酪酸 GABA がある[4]．アミノ酸のグリシンは脊髄で作用する抑制的な伝達物質である．末梢神経系伝達物質にはノルアドレナリン，アセチルコリン（p. 28，157）がある．

$$\text{グルタミン酸イオン：}{}^{-}OOC-CH_2CH_2-\underset{\underset{NH_3^+}{|}}{\overset{\overset{H}{|}}{C}}-COO^-$$

1）ニューロンの軸索からの電気信号による神経伝達情報を，シナプスで神経伝達物質という化学物質でつなぐのは，興奮的情報伝達，抑制的情報伝達，という方法で神経伝達を制御するためである．

2）アドレナリン，ノルアドレナリンはエピネフリン，ノルエピネフリンともいう．分子構造は p. 28，157 参照．

3）脳のさまざまな部分で分泌，快楽などの感情に関係する．分子構造は p. 57 参照．

4）グルタミン酸の脱炭酸で得られる．

5.1.3　神経系によるからだの制御

自律神経（植物性神経）[5]とは，意思とは無関係に生体の自律機能（植物的機能）を自動的に調節する神経のことである．生体の維持機能を担い，血管，心臓，胃腸，子宮，膀胱，内分泌腺，汗腺，唾液腺，膵臓などの諸器官を支配している．**交感神経系**と**副交感神経系**から構成されており[5]，両者は拮抗的に作用する．

交感神経　興奮状態にあるとき，または精神的，身体的に活動を活性化しなければならないときに働く．呼吸と筋肉の活動を活発化させ，生体を活動的にする．唾液の分泌や消化器官の活動は抑えられる．交感神経の中枢は**脊髄**の胸腰部側角にあり（図 5-12），高次中枢は間脳の**視床下部**にある（図 5-15）．神経線維は脊柱の両側を走る交感神経幹に入る．ここには交感神経節があり，そこから出た神経末梢が血管，皮膚，汗腺，内臓平滑筋，分泌腺などに分布する（図 5-12）．交感神経筋後繊維の大部分で興奮を支配器官に伝える物質は**ノルアドレナリン**[6]と**アドレナリン**であり，興奮的な情報伝達を行う．これらは副交感神経と拮抗的に作用する．

5）末梢神経系

体性神経系	自律神経系
（骨格筋）	（内臓，血管）
	交感神経系　副交感神経系

6）交感神経のおもな情報伝達物質．ノルアドレナリンの構造式はアドレナリンの構造式で N-CH_3 を N-H に変えたもの．

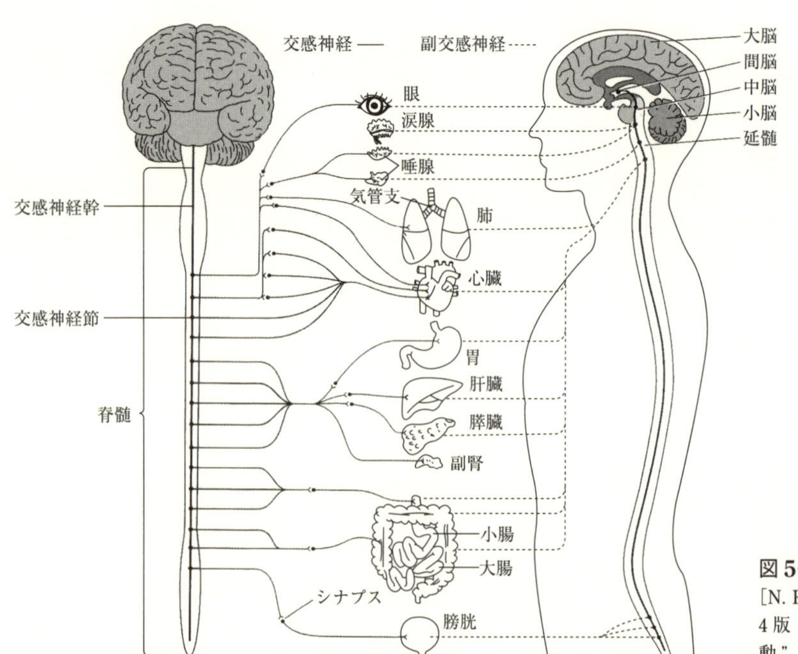

図 5-12　ヒトの自律神経の模式図
［N. R. Carlson 著，泰羅雅登ほか 監訳，"第 4 版 カールソン神経科学テキスト 脳と行動"，丸善出版（2013），p. 97 をもとに作成］

HO
HO—(ベンゼン環)—CH—CH$_2$—N—CH$_3$
OH　H
アドレナリン(副腎皮質ホルモン)

副交感神経　動目，顔面，舌咽，迷走[7]の脳神経に含まれ，呼吸，消化，循環などを支配する．その中枢は中脳・延髄にあり(図 5-12)，末梢神経が脊髄の最下部からでている(図 5-12)．興奮すると末端から**アセチルコリン**[8]を分泌して主として興奮的な情報伝達を行い，支配器官に作用する．つまり，心臓に対しては制止的抑制的に，胃腸運動に対しては促進的に作用するほか，血管拡張，瞳孔縮小，温熱発汗などの働きがある．副交感神経は食事や休息時などに働く．交感神経と拮抗する．

7) 迷走神経とは脳の延髄から出ている末梢神経の一つ．複雑な走行を示し，頸部・胸部に分布し，さらに腹部に達して，多くの内臓に分布，大部分が副交感神経からなる．平滑筋の運動や腺の分泌機能を調節する．第 10 脳神経．

8) すべての自律神経節前繊維と副交感神経節後繊維，運動神経，および中枢神経系の情報伝達物質．

アセチルコリン(エステル)の生成と加水分解

$$CH_3-\underset{\underset{O}{\|}}{C}-O-H + HO-CH_2CH_2-N^{\oplus}(CH_3)_3 \rightleftarrows CH_3-\underset{\underset{O}{\|}}{C}-O-CH_2CH_2-N^{\oplus}(CH_3)_3 + H_2O$$

酢酸　　　コリン[9]　　　アセチルコリン

9) 2-アミノエタノールのアミノ基が第四級のトリメチルアンモニウムイオンとなったもの．アセチルコリンは神経の刺激伝達後コリンエステラーゼによりすぐに加水分解されるので作用は一過性である．

まとめ問題　17　以下の語句を説明せよ：

活動電位，静止電位，脱分極，軸索，シナプス，樹状突起，脊髄，脳，膜電位，髄鞘，ミエリン鞘，ランヴィエ絞輪，跳躍伝導，中枢神経，末梢神経，体性神経，自律神経，交感神経，副交感神経，化学的伝達物質，神経伝達物質，アセチルコリン，ノルアドレナリン，アドレナリン(エピネフリン)，ドーパミン，セロトニン，GABA.

5.2　ホルモンによるからだの制御と化学の原理

ホルモンとは内分泌腺など特定組織/器官から血液へ分泌される化学物質の総称である(図 5-13)．ホルモンは体液とともに体内循環し，特定組織(標的細胞)に**特異的**に作用し(図 5-13)[10]，その機能に極めて微量で一定の変化を与える．このことを通して血糖，体温，体液濃度などの調節を行う．

10) ホルモン A は標的細胞 A にのみ，ホルモン B は標的細胞 B にのみ働く．

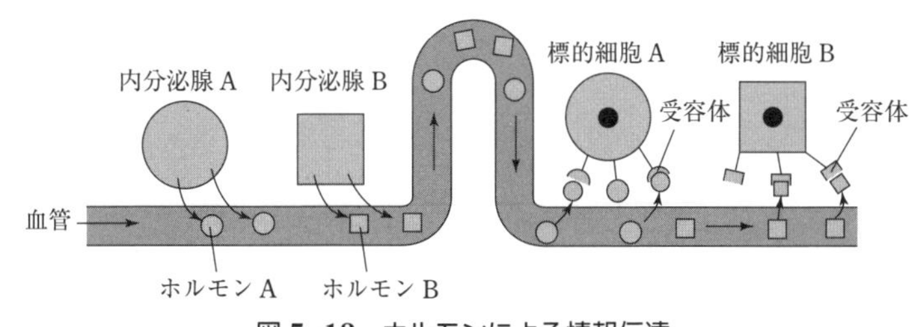

図 5-13　ホルモンによる情報伝達

ホルモンは脂溶性と水溶性の二つの型に大別される(生体は水と油を上手に利用！)．**ステロイドホルモン**[11]はコレステロール(p. 74，75)を原料とした**脂溶性**(疎水性，p. 107)ホルモンなので(次ページ)，リン脂質(いわば油，p. 71，73)からできた細胞膜を通過し細胞内の核内に入り，特定のホルモンを受け取る**受容体**タンパク質と結合して DNA に働き，遺伝子発現[12]を調節する(図 5-14)．

11) 構造式の例は p. 160 のアルドステロン(ステロイドホルモンの一種)参照．

12) 遺伝子がその機能を現すこと．つまり，DNA が転写・翻訳されて機能をもつタンパク質などを合成すること(p. 171)．

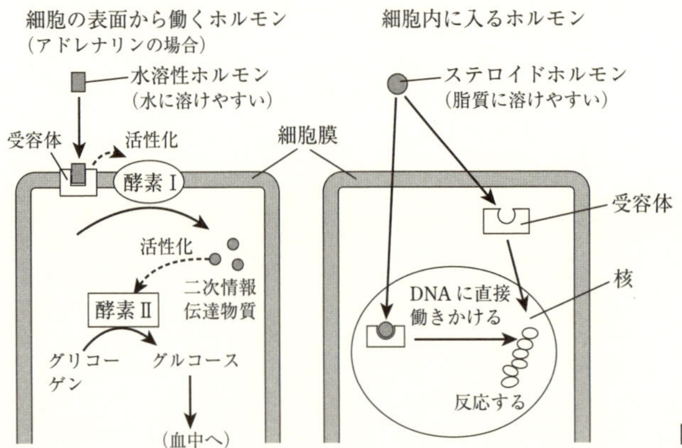

図 5-14　ホルモンの働き方の違い

水溶性（親水性，p. 106，107）の**ホルモン**であるアドレナリン[1]（後述，アミンの一種）やインスリン（**ペプチドホルモン**）などは，疎水性部位をもつ細胞膜を通過できない．そこで，これらのホルモンは，細胞膜の**外側**の**受容体**と結合することで働く（図 5-14 も参照）．**受容体**タンパク質と**ホルモン**との**特異的認識**は**分子間力・分子間相互作用**（p. 192）に基づいている．親水性のホルモンが細胞膜の受容体につくことにより，それを受けて，cAMP（サイクリック AMP）[2] や Ca^{2+} などが細胞内で目的とする酵素を活性化する．この cAMP，Ca^{2+} などを**二次情報伝達物質**という．

1）構造式は p. 157 を見よ．アミンの一種であり，溶液中では，アンモニウムイオンとなっている．

2）ヌクレオチド（p. 168）の一種，アデノシンモノリン酸 AMP の 1 個のリン酸基がリボースの 3′-OH と 5′-OH の両方とエステル結合し環状になったもの．

a.　分泌腺に基づくホルモンの分類

体内では組織の機能制御用に，さまざまなホルモンが働いている（表 5-2）．

表 5-2　分泌腺に基づくホルモンの分類

ホルモン名	分　類
膵臓ホルモン （膵臓ランゲルハンス島）	インスリン（ランゲルハンス島 B 細胞から分泌されるペプチドホルモン．細胞内への糖の取込みを行う） グルカゴン（ランゲルハンス島 A 細胞から分泌されるペプチドホルモン．グリコーゲン，タンパク質，脂肪の分解・代謝を促進する）
間脳視床下部・脳下垂体ホルモン	[前葉から分泌されるもの]成長ホルモン（ソマトトロピン，成長を促進），生殖腺刺激ホルモン*1，甲状腺刺激ホルモン，副腎皮質刺激ホルモン，黄体形成ホルモン [中葉から分泌されるもの]メラニン細胞刺激ホルモン [後葉から分泌]バソプレシン（抗利尿ホルモン，視床下部で産生），子宮筋収縮ホルモン
甲状腺ホルモン	チロキシン（物質代謝を盛んにする．チロイド・タイロイドとは甲状腺のこと） カルシトニン（骨形成，Ca 放出抑制）
副甲状腺ホルモン	パラトルモン（骨吸収，Ca 放出）
副腎皮質ホルモン （すべてステロイドホルモン）	アルドステロン（ミネラルコルチコイド．無機塩類の量（濃度）を調節．コルチとは皮質のこと） コルチゾール・コルチコステロン・コルチゾン（グルコ（糖質）コルチコイド），糖質代謝に関与（糖新生の促進，血糖上昇，抗炎症作用）
副腎髄質ホルモン	アドレナリン（代謝を促進．アドレナルとは副腎のこと）
卵巣ホルモン（女性ホルモン）	卵胞ホルモン*2，黄体ホルモン*3
精巣ホルモン（男性ホルモン）	テストステロン（ステロイドホルモンの一種．テスタスとは睾丸のこと）

*1　プロラクチン（黄体刺激ホルモン，乳腺発育ホルモン，泌乳刺激ホルモン，ラクト・ラクチとは乳のこと）．
*2　エストロゲン（エストラジオール，エストロン，エストリオール（ステロイド化合物，エストは発情））．
*3　プロゲステロンなど（子宮内膜を受精可能な状態にする，妊娠の維持）．

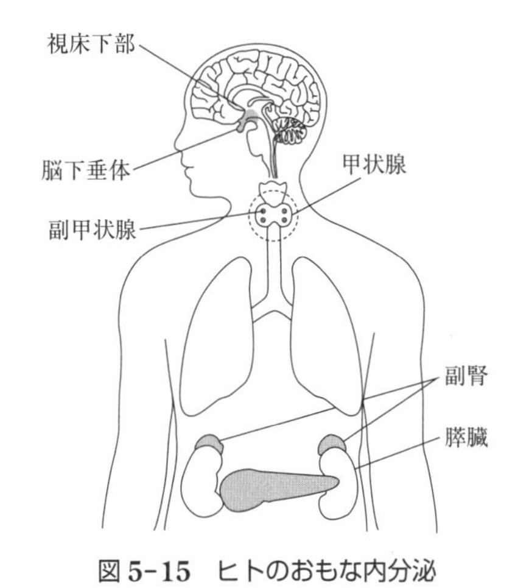

図 5-15　ヒトのおもな内分泌

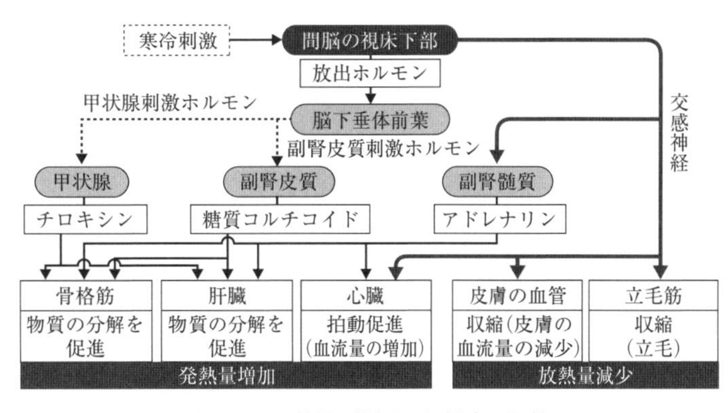

図 5-16　体温が低下した場合の調節

［吉里勝利ほか 著，"高等学校 生物基礎"，第一学習社（2014），p. 192］

b.　ホルモンによる制御

（1）**体温の制御**：体温は次のようにして一定に保たれている．体温を制御する司令部は，間脳の視床下部，脳下垂体前葉である（図 5-15，5-16）．

体温を制御するホルモン[3]　代謝を盛んにして異化（酸化反応）を亢進し，酸素消費を増やす（燃焼熱の増加）（図 5-16，表 5-2）．

- **アドレナリン**：これが膜上の受容体に結合すると，図 5-14 のようにして，肝・骨格筋のグリコーゲン分解が進む．分解生成したグルコースはグルコース輸送体 GLUT により細胞外に運ばれ血糖値が上昇する．脂肪組織にも作用し脂肪の分解を促進する．その結果，異化が進み酸素消費を高める．
- **チロキシン**（表 5-2，p. 160）：基礎代謝を維持する働き．物質代謝を盛んにする．過剰でバセドウ病，欠乏で粘液浮腫を起こす．
- **グルコ**（糖質）**コルチコイド**（表 5-2，p. 160）：肝臓に作用して，タンパク質からの糖新生（グルコースを合成すること）とグリコーゲンの貯蔵を促す．

（2）**血糖値の制御**（一定に保つ，空腹時血糖値：70～110 mg/dL）

① **血糖値を下げるホルモン**（表 5-2）

- **インスリン**：血糖値を下げる唯一のホルモン[4]．グルコース，アミノ酸，K^+の細胞への取込みとグリコーゲン合成（肝臓，筋肉）を促し，分解を抑制する（血糖値低下）．脂肪・タンパク質代謝にも作用し，血糖値を下げる（肝臓，骨格筋，脂肪組織に作用）．

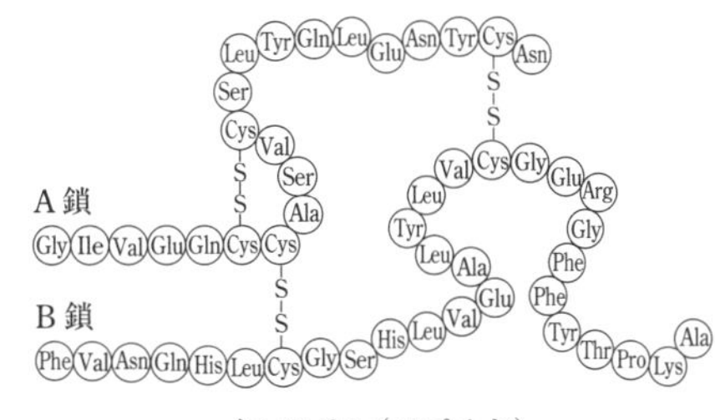

インスリン（ペプチド）

② **血糖値を上げるホルモン**[5]（表 5-2）

- **グルカゴン**：グリコーゲン，タンパク質（肝臓），脂肪（脂肪組織）の分解を促進する．その結果，血糖が上昇する（抗インスリン）．
- **アドレナリン（エピネフリン）**（構造式は p. 157）

3）体温，血糖値の制御はホルモンと神経系が連動して行っている．
　神経による体温の制御：交感神経が働く（皮膚血管と立毛筋が収縮し熱放散を防ぐ，心臓の拍動促進・血流量増により肝臓からの熱を体中に運ぶ，副腎髄質に働きアドレナリンを放出）．
　運動神経が働く（骨格筋が震える・運動することで体温を上昇させる）．
　体温上昇時には副交感神経が発汗，血管拡張を制御．

4）血糖増加時に，ランゲルハンス島 B 細胞が血糖上昇を感知，視床下部でも感知，副交感神経を通して，B 細胞を刺激し，インスリンを分泌する．

5）血糖減少時に，膵臓のランゲルハンス島 A 細胞が直接感知してグルカゴンを分泌する．また，視床下部の血糖調節中枢が刺激されて，交感神経が A 細胞を刺激しグルカゴンを放出する．
　副腎髄質は交感神経の信号を受けて，アドレナリンを放出する．
　交感神経の信号を受けて，間脳・視床下部の脳下垂体前葉から副腎皮質刺激ホルモンを分泌 ⟶ 糖質コルチコイドを分泌する．交感神経が肝臓にも直接作用し，グリコーゲンの分解を促進する．

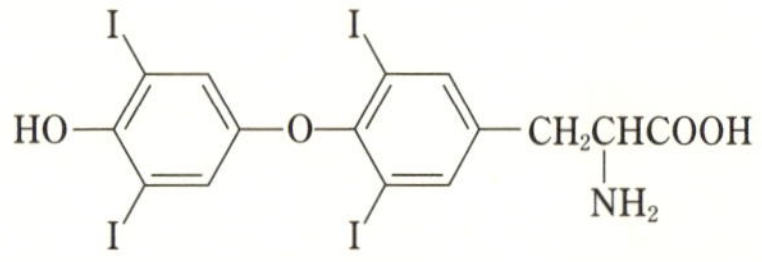

チロキシン

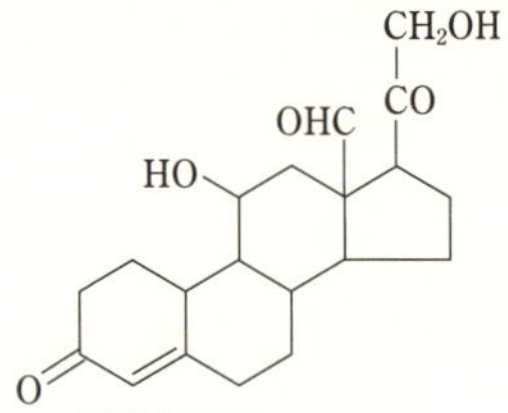

アルドステロン

・**グルコ(糖質)コルチコイド**：タンパク質の分解を促進し，糖新生(合成)を行う．
・**成長ホルモン**(ソマトトロピン)
・**チロキシン**

(3) 体液量[1]，ミネラル濃度とpHの制御

・**バソプレシン**：抗利尿ホルモン．腎臓での水分再吸収促進により尿排泄を抑制[1]．
・**アルドステロン**：Na^+，Cl^-の再吸収を促し，K^+，H^+の排泄[2]を高め，血中のpH，塩分，血圧の調節[3]に作用する(腎臓)．

1)　体液濃度の調節は自律神経と内分泌系が連携して行う．水のバランスが失われ血液の総量が減少する → 体液の塩類濃度が変化．体液の1％の水分変化 = 体液塩濃度の1％の変化を間脳(飲水中枢)で感知 → 脳下垂体後葉からバソプレシンを分泌 → 腎臓からの水の再吸収の際に集合管(p. 142)の水の透過率を上昇させ，水の再吸収量を増加させる → 塩濃度を一定に保つ．

間脳には飲水中枢がある．体液減少は血管収縮や視床下部の脳下垂体からのバソプレシンの分泌を促し，副腎皮質からはミネラルコルチコイド(アルドステロン)を分泌，腎臓の塩分と水の再吸収を促す．同時に自律神経系は心臓の収縮力と心拍数を高め，血液減少に伴う血圧低下を回復させる．

2)　$HPO_4^{2-} + H^+ \longrightarrow H_2PO_4^-$，$NH_3$(グルタミン) + $H^+ \longrightarrow NH_4^+$として$H^+$を尿中に排泄，
$H^+ + HCO_3^- \longrightarrow H_2CO_3 \longrightarrow CO_2$(回収) + H_2Oとしてアルカリ(HCO_3^-)を回収．

3)　血管平滑筋が収縮し血圧が上昇する．

(4) 血中カルシウム濃度の制御[4]

・**カルシトニン**　カルシウム放出を抑制，骨形成を促進．腎尿細管からのリン酸塩の再吸収を抑制(リン酸カルシウムの沈殿生成を抑え，血中Ca濃度を高める)．
・**パラトルモン**　カルシウムの放出(骨吸収 = 骨の溶出)を促進する．

まとめ問題　18　以下の語句を説明せよ：

ステロイドホルモン，ペプチドホルモン，親水性，疎水性，二次情報伝達物質(セカンドメッセンジャー)，アドレナリン，インスリン，グルカゴン，グルコ(糖質)コルチコイド，チロキシン，アルドステロン(ミネラルコルチコイド)，バソプレシン，カルシトニン，パラトルモン，消化管ホルモン．

5.3　免疫：抗原抗体反応，免疫と分子間相互作用

5.3.1　リンパ(液)

リンパとは，組織間隙を満たす**組織液**がリンパ管に流入したものである．液体成分を**リンパ漿**といい，もともとは血漿が毛細血管からもれ出てきたものだから，血漿と類似している．リンパは細胞成分として少数の**リンパ球**を含む．リンパは組織からリンパ管に入り，**胸管**[5]および右リンパ本管を経て，それぞれ左右の鎖骨下静脈の合流部で大静脈に合流する(図5-17)．小腸からのリンパは**乳糜**(にゅうび)(p. 17注5))といい，消化吸収された脂肪滴(キロミクロン，p. 112)を含んで乳白濁している．

リンパ節(**リンパ腺**)とは，リンパ管にある栗粒〜大豆粒大の小器官であり，頸部，腋下部，鼠径部など表在性のもの，肺門，肝門，後腹膜などの深在性のものがある(図5-18)．免疫作用を行う**白血球**[6]である**食作用**[7]をもつ**マクロファージ**(**大食細胞**,

4)　その他の制御を行うホルモンとして，消化管由来のペプチドホルモン(**消化管ホルモン**)であるガストリン(胃酸の分泌)，セクレチン(膵液量，HCO_3^-量増大)，コレシストキニン(胆汁，膵液分泌)，ソマトスタチン(消化管ホルモンの分泌抑制，成長ホルモン抑制)などがある．なお，“ガスト”は胃，“コレ”は胆汁の意．

5)　左リンパ本幹．最大の管．腰と腸のリンパ管を受けた乳糜槽に始まり，上行して下半身全部と左側上半身のリンパを集め，左側の静脈角(内頸静脈と大静脈の合流部)に至る．

6)　末梢血の血球の中で核を有する細胞で，多数集めると肉眼的に白色を呈することからこの名がある．

7)　ファゴサイトーシス．細菌・異物・細胞の残骸などを取り込み，消化する力．貪食．細胞膜表面に小粒子が接触すると，細胞膜は粒子を包みつつ細胞内に落ち込み小胞となる．これを食作用胞(ファゴソーム)という．ファゴソームはリソソーム(p. 72)と融合して，その加水分解酵素によって分解される．

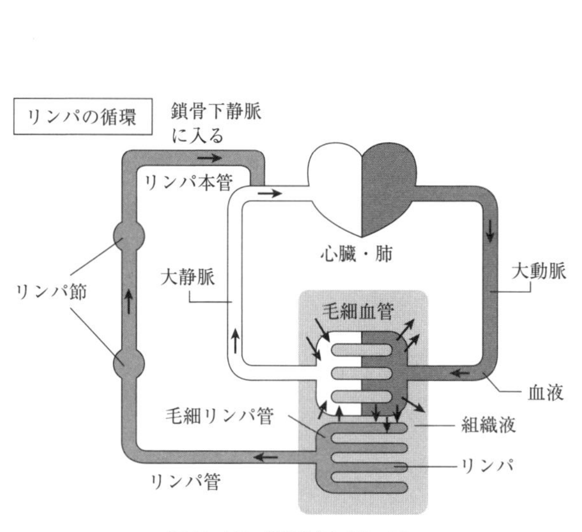

図 5-17　組織液とリンパ

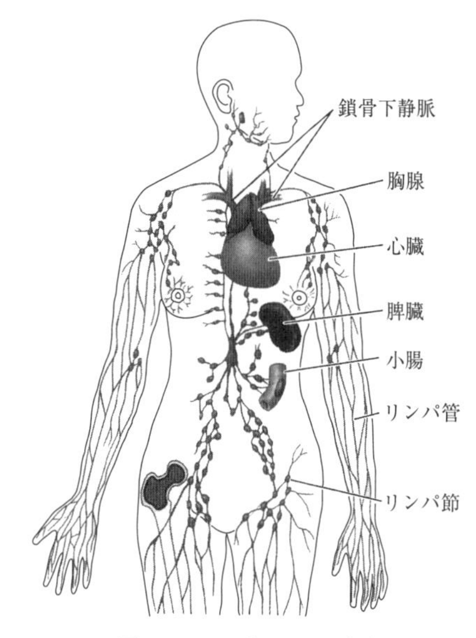

図 5-18　ヒトのリンパ系

p. 162）と **T 細胞**（**T リンパ球**，後述），**抗体**（p. 162 注 2））をつくる **B 細胞**（**B リンパ球**）に富み，リンパを経て到達する病原菌や異物を食い止め，処理するので，からだの一部に炎症が起こると付近のリンパ節は腫れる．リンパ液が血管へもどる際に，一つの組織に入り込んだ異物がからだ全体へ回るのをせき止める役割を果たす．

白血球の分類　免疫作用を行う白血球は，主として**骨髄**で，造血幹および造血前駆細胞からつくられ，**リンパ球**，**単球**，**顆粒球**に分けられる．リンパ球は主としてリンパ組織で，単球と顆粒球は骨髄で，産生され成熟・増殖したものが末梢血に出現してくる．それぞれ特有の機能をもち，主として血管外に遊出して機能を発揮する．

① **リンパ球**：　生体防御にあずかる細胞．抗体産生，遅延型過敏反応，同種移植片拒絶反応などの免疫応答を担っている．血中だけでなく，他の諸組織の中にも移動する．

・**B 細胞**（B リンパ球）：B 細胞は骨髄（bone marrow）で成熟した細胞・リンパ球．B 細胞は T 細胞の助けを借りて**抗体**を産生する（**体液性免疫**）．リンパ節・脾臓で増殖する．B 細胞では細胞表面の免疫グロブリンが抗原特異的抗体として働く．

・**T 細胞**（T リンパ球）：T 細胞とは胸腺（thimus）で増殖・成熟した細胞．**細胞性免疫**と**免疫機能調節**にあたる（図 5-19，5-20）．T 細胞では T 細胞受容体[8]（TCR）が抗原特異的抗体として働く．

・**NK 細胞**（ナチュラルキラー細胞）：非特異的キラー活性をもつ（ウイルス感染細胞や腫瘍細胞を傷害除去する）．

② **単球**（単核白血球）[9]：　食作用がある白血球．白血球の 5% を占める．白血球中で最大，核形がさまざまな程度に陥凹傾向を示す．最も未熟なものは単芽球とよばれる．単球は遊走能，貪食能，粘着能が盛んだが，本来の機能はマクロファージ（**大食細胞**）に変化してから発揮される．

8）受容体（レセプター）：細胞表面や内部に存在し，細胞外のホルモンや神経伝達物質，ウイルスなどと特異的に結合することにより，細胞の機能に影響を与えるタンパク質．

9）単核細胞，単核球は円形に近い核を有する白血球という意味であり，リンパ球と単球の総称．

・**マクロファージ（大食細胞）**：単球から移行した食作用の強い大型単核細胞．血球などの老廃物，細菌などの異物を貪食し処理する（炎症の修復）．免疫反応の引き金となる顆粒球や単球の産生刺激因子を分泌する．

③ **顆粒球**（顆粒白血球）：　細胞内に多数の顆粒を含む多核白血球（顆粒の染色性で**好中球**，好酸球，好塩基球に分類）．食作用あり．

好中球（小食細胞）はその走行能，貪食能，および殺菌能などにより主として感染防御に役立っている．

5.3.2　免疫：自然免疫と適応免疫

免疫とは疫病から免れるという意味であり，生体が感染症に対して抵抗力を獲得する現象である．自己と異物とを識別し，異物から自己を守る機構のことをいう．免疫には**自然免疫**と**適応免疫**がある（図 5-19）．

a.　自然免疫

(1) **皮膚や粘膜の作用**：異物が体内に進入するのを防ぐ（図 5-19）．

(2) **食作用**：体内に侵入した微生物などの高分子・**抗原**[1]に対する，白血球の単球（単核白血球）から変化したマクロファージと，顆粒球（多核白血球）の一種である好中球による食作用（図 5-19）．

b.　適応免疫

(1) **細胞性免疫**：キラーT細胞による排除（図 5-19 右下，5-20）および，活性化されたマクロファージの食作用（図 5-20）．

(2) **体液性免疫**：B細胞による**抗体**[2]産生に基づく**抗原抗体反応**（図 5-19 右上，5-21

1)　**抗原**（antigen）：生体内に入ると抗体を形成させ特定の抗体と特異的に反応する物質．細菌・毒素，異種タンパク質など，生体にとり異物の高分子物質が抗原として作用する．

2)　**抗体**（antibody）：外界から進入した異物（抗原）に対して，生物がつくる，抗原を排除する性質をもつタンパク質のこと．特定の抗原と特異的に反応して，凝集（IgM）・沈降，抗原毒素の中和などの作用があり，生体にその抗原に対する免疫性や過敏性（**アレルギー**）を与える．抗体はH鎖とL鎖の二本鎖よりできている（p. 164，図 5-22）．

3)　**樹状細胞**：全身の間質液中に広く存在する強力な抗原提示細胞で，抗原の進入に対し，最初にこの細胞が抗原を取り込み，その断片をT細胞に提示する．免疫応答を誘導する要の細胞．

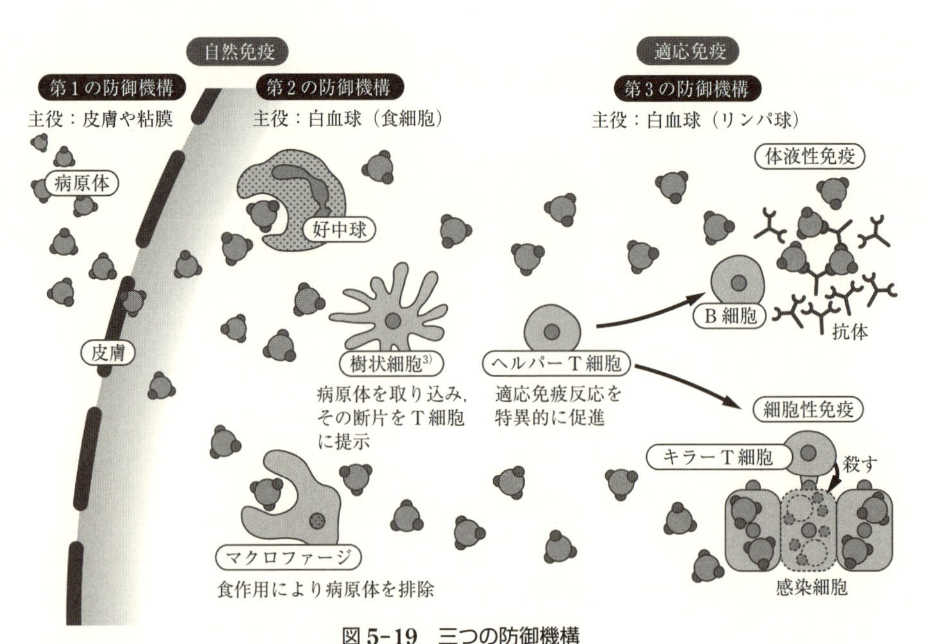

図 5-19　三つの防御機構

［浅島 誠ほか 著，“生物基礎”，東京書籍（2014），p. 113 をもとに作成］

左下)で，**抗原**の作用を排除・抑制する．

5.3.3 適応免疫：細胞性免疫と体液性免疫

a. 細胞性免疫

細菌感染，移植時の拒絶反応など，キラーT細胞，活性化されたマクロファージが直接抗原を攻撃して排除する免疫である(図5-20)．抗原の認識は**T細胞**の細胞膜にある**T細胞受容体TCR**が抗原を認識し，特異的に結合することによりなされる．

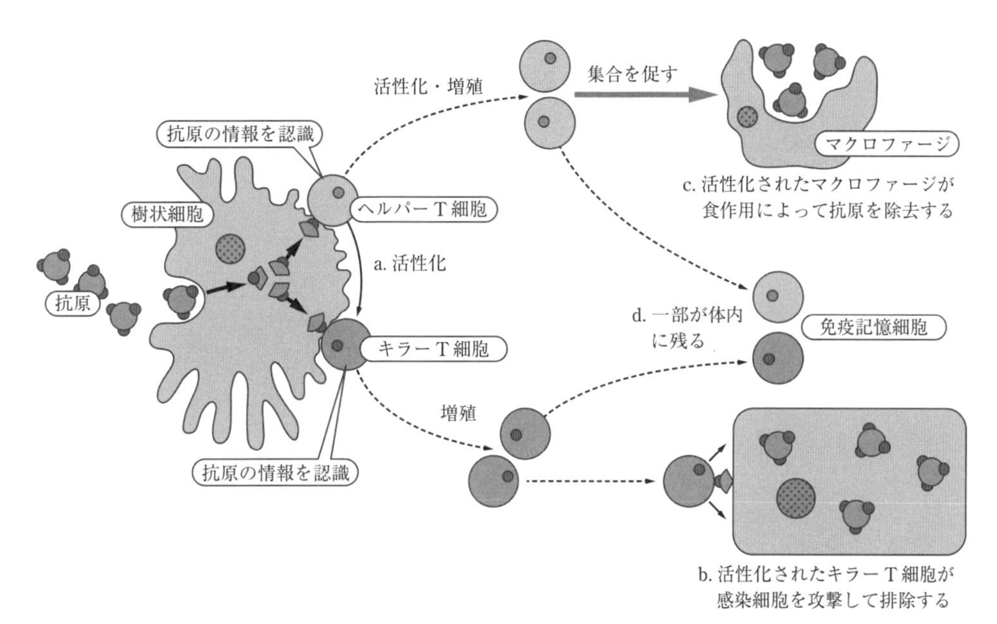

図5-20　細胞性免疫のしくみ
［吉里勝利ほか 著，"高等学校 生物基礎"，第一学習社(2014)，p. 168をもとに作成］

b. 体液性免疫(抗体による抗原抗体反応)

抗体として免疫グロブリン(**Ig**)[4]が関与する免疫である(図5-21)．

消化した抗原の情報をもつ**樹状細胞**をT細胞が抗原として認識し，B細胞を活性化させる．この**B細胞**は抗体産生細胞へと分化し**抗体**を産生し，血液中に放出された抗体(免疫グロブリン)は**抗原抗体反応**を起こし抗原を無毒化する．B細胞は最初の抗原刺激を記憶保持し，同一抗原の再侵入時には即座に抗体を産生する(ワクチンやアレルギーの原理)．

4) グロブリン：単純タンパク質の一群の総称，中性で塩溶性．血清のグロブリンはα, β, γに分画される．**γ-グロブリン**のほとんどが免疫グロブリン(イムノグロブリン)である．

抗原抗体反応　体内に入った異物が抗原となり，対応する抗原ごとに異なった抗体(タンパク質・免疫グロブリン)がつくられると，それが抗原と特異的に結合して抗原の働きを抑える特異的反応を抗原抗体反応という(図5-22)．この反応に伴い，凝集・沈降・溶血などが肉眼的に観察される．抗体の抗原への**特異的認識・選択的結合**(抗体が抗原を見分ける仕組みのもと)には**分子間相互作用**(**分子間力**，p. 192)，つまり，**ファンデルワールス力**(永久，誘起，瞬間双極子間の相互作用)，**水素結合**(水素原子を介したクーロン力)，および**静電的相互作用**(クーロン力)，**疎水性相互作用**(疎水性

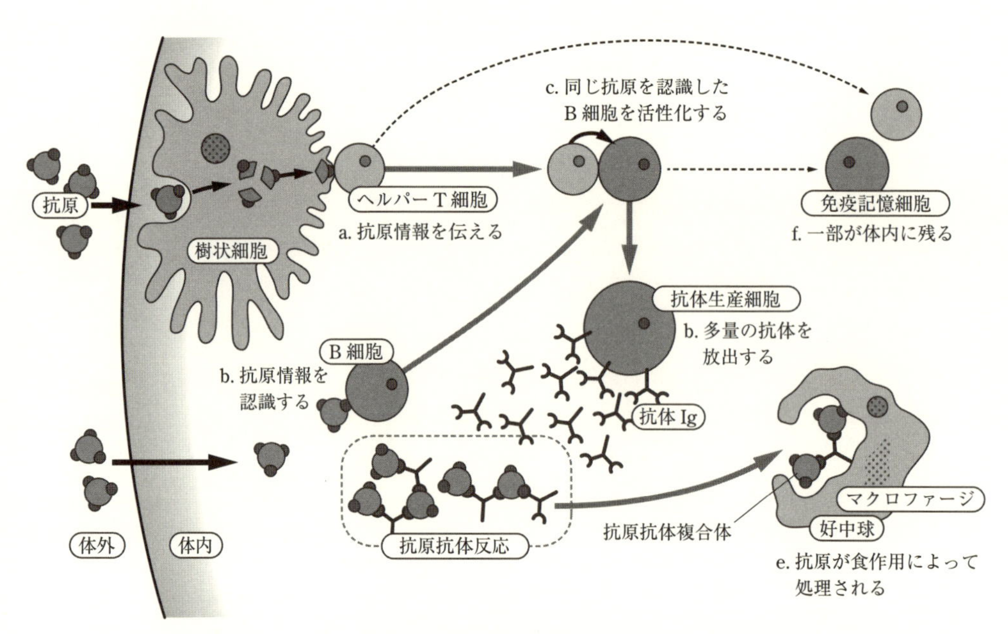

図 5-21　体液性免疫の仕組み
［吉里勝利ほか 著，"高等学校 生物基礎"，第一学習社(2014)，p. 166 をもとに作成］

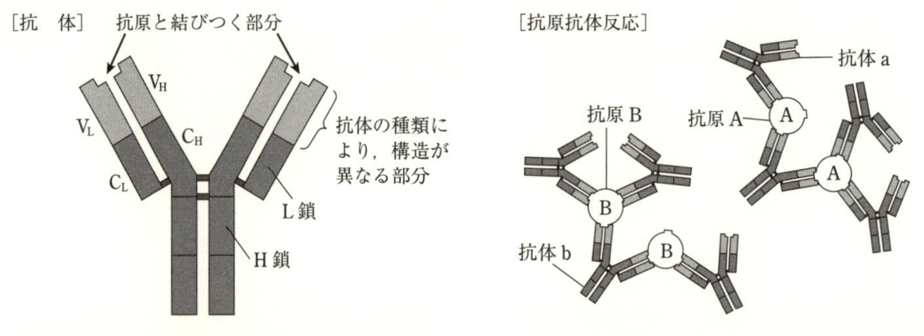

図 5-22　抗体 Ig の構造
抗原抗体反応では，抗体 a は抗原 A，抗体 b は抗原 B のみ，つまり抗原と抗体は特異的結合を行う．

物質の水からの疎外，p. 70，107，108)が多重に作用している．

抗体 Ig はさまざまな抗原とそれぞれ特異的に結合する．この複合体に白血球やマクロファージなどの食細胞(貪食細胞)が働いて抗原を排除する(図 5-21)．Ig は血清や体液中に存在し，ヘルパーT細胞で活性された**B 細胞(形質細胞)**で産生される．

高等動物の Ig には **IgG**，**IgA**，**IgM**，**IgD**，**IgE** の **5 種類**がある．Ig は 2 本の L 鎖(light，軽鎖)と 2 本の H 鎖(heavy，重鎖)のタンパク質からなる基本構造をもち，L 鎖は 5 種類に共通，H 鎖は固有である．それぞれが S–S 結合でつながれ，さらに非共有結合により，高次構造を保っている(図 5-22)[1]．抗原の侵入に対しては，まずは IgM が反応し，その後 IgG が働く．IgE はアレルギーの原因となる．

・**IgA**：血清型 IgA(全免疫グロブリンの 10〜15%，図 5-23)．全哺乳動物，鳥類に存在する．

1)　抗原の，抗体との特異的結合は，H 鎖と L 鎖タンパク質を構成する V (可変領域：抗体の種類により構造が異なる部分)，C (定常領域)ドメインのうち N 末端側の V_H，V_L ドメインのアミノ酸配列の多様性により決められている(なお，C 末端部分が C ドメインである)．

・**IgD**：ヒト血清中にわずかしか存在しない．IgM と同様にB細胞の主要抗原レセプター(受容体)である．タンパク質消化酵素プロテアーゼで分解される．機能は不明．

・**IgE**：血清中にはわずかしか含まれないが，**アレルギー**[2]や**アナフィラキシー**[3]のおもな原因となる．この作用でIgEがマスト細胞(肥満細胞)に結合すると，この細胞から**ヒスタミン**(アミノ酸ヒスチジンの脱炭酸)や**セロトニン**(アミノ酸トリプトファンの誘導体)が放出され**I型アレルギー**(アナフィラキシー)が起こる．皮膚アレルギー試験(パッチテスト)により原因物質(**アレルゲン**)を同定できる．

・**IgG**：血清中の主要免疫グロブリンである(全体の70〜80%)．IgGは四つのグループに分けられる．補体(免疫・炎症などに関与して生物活性を示す血清中のタンパク質，抗体の作用を補完する)の活性化や胎盤通過能を与え，マクロファージや好中球などの細胞表面のFc受容体(レセプター)[4]へ結合する役割をもつ．

・**IgM**：ヒト血清中の免疫グロブリンの5〜10%．免疫応答の初期に産生され，抗原に対する結合部位の結合力は低いが10ヵ所(10価)の抗原結合部位をもつので(図5-23)，多価(複数の箇所を使って結合する)の抗原とは高い機能的親和力をもつ(架橋により抗原を凝集させる)．IgMは1分子で補体の古典的過程[5]を活性化できる．膜型IgMはB細胞の抗原レセプターである．

2) アレルギー：抗原として働く物質の摂取や注射により抗体を生じ，抗原抗体反応を起こす結果，抗原となった物質に対する生体の反応が変わる現象．この結果，障害的な過敏症状を呈するものをいう．**アレルギーの種類**には，アナフィラキシー反応(I型アレルギー)，アレルギー性細胞障害(II型)，免疫複合体反応(III型)，遅延性過敏症(細胞性免疫反応，IV型)がある．

3) アナフィラキシー：無防備の意味．アレルギーの一種．抗原抗体反応により急激なショック症状を発し，著しい場合死に至る．平滑筋の単収縮が基本現象．血液循環障害，呼吸困難などをきたす．

4) 免疫系その他の細胞膜などに発現し，抗体のH鎖のC末端側から構成されるFc部分と結合し，抗原の分解処理、炎症の惹起や抑制，抗体の輸送などを担う分子群．なお，抗体のFc部分は受容体との結合と補体の活性化を担っている．

5) 抗原と結合した抗体(抗体抗原複合体)により開始される補体の賦活化過程．賦活化により，補体はオプソニン化作用，細胞溶解，炎症反応などを起こす．オプソニン化作用とは活性化された補体などが細菌やウイルスに付着，被覆することにより異物が食細胞により取り込まれやすくなることをいう．

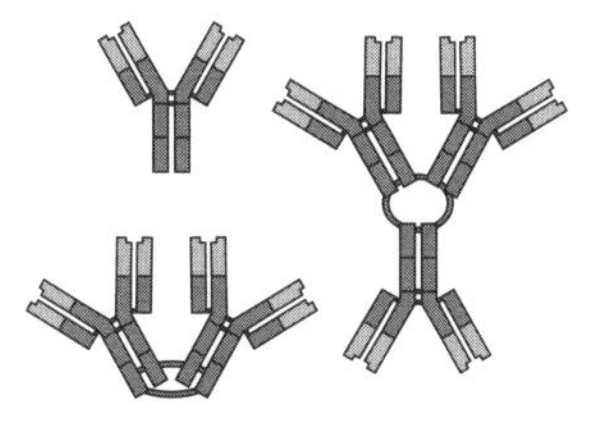

lgA
重鎖 δ
血漿濃度 1.4〜4 mg/mL
血漿半減期6日

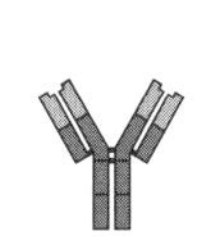

lgG
重鎖 γ
血漿濃度 7〜16 mg/mL
血漿半減期5日

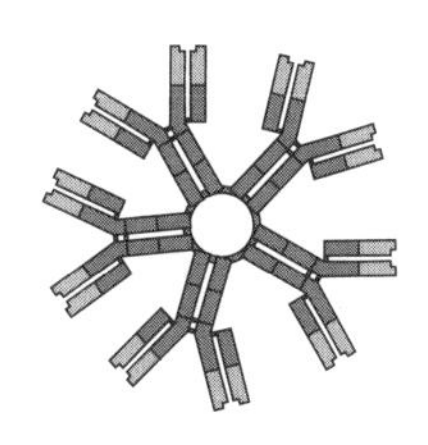

lgM
重鎖 $\alpha\delta$
血漿濃度 0.5〜2 mg/mL
血漿半減期5日

図5-23 抗体の構造
[O. Lippold ほか 著，入来正躬ほか 訳，"生理学 はじめて学ぶ人のために"，総合医学社(1995)，p. 41 をもとに作成]

まとめ問題 19 以下の語句を説明せよ：

リンパ，リンパ節，細胞性免疫，体液性免疫，リンパ球，T細胞，B細胞，単球，顆粒球，マクロファージ，免疫グロブリン(IgA，IgD，IgE，IgG，IgM)，抗原抗体反応と特異的認識・選択的結合 = 分子間力(静電的相互作用，双極子相互作用，ファンデルワールス力，水素結合，疎水性相互作用)．

5.4　遺伝情報はいかにして伝達されるのか：子が親に似る仕組みと水素結合

動物細胞が増殖するときの**体細胞分裂**(染色体数 $2n \longrightarrow 2n \times 2$ 細胞)[1] の様子は図 5-24 のとおりである.

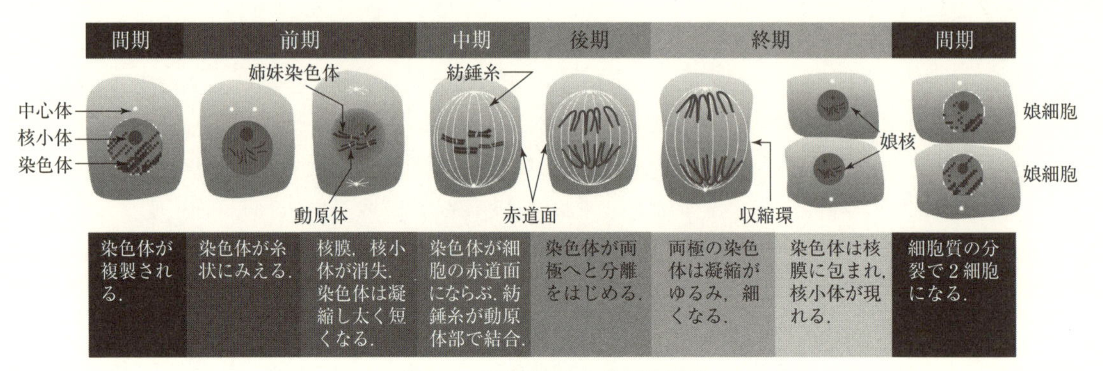

図 5-24　動物細胞の体細胞分裂

染色体(**クロモソーム**)とは真核生物の細胞核が分裂するときに見えてくる核の中の糸状の構造体であり，後述するように **DNA**(遺伝子の本体)と，陽イオン性の塩基性タンパク質**ヒストン**からできている(図 5-25)．染色体は塩基性色素に染まりやすいので，この名称がある．ヒトでは性染色体 2 個が存在し(メスは X 染色体 2 個(XX),

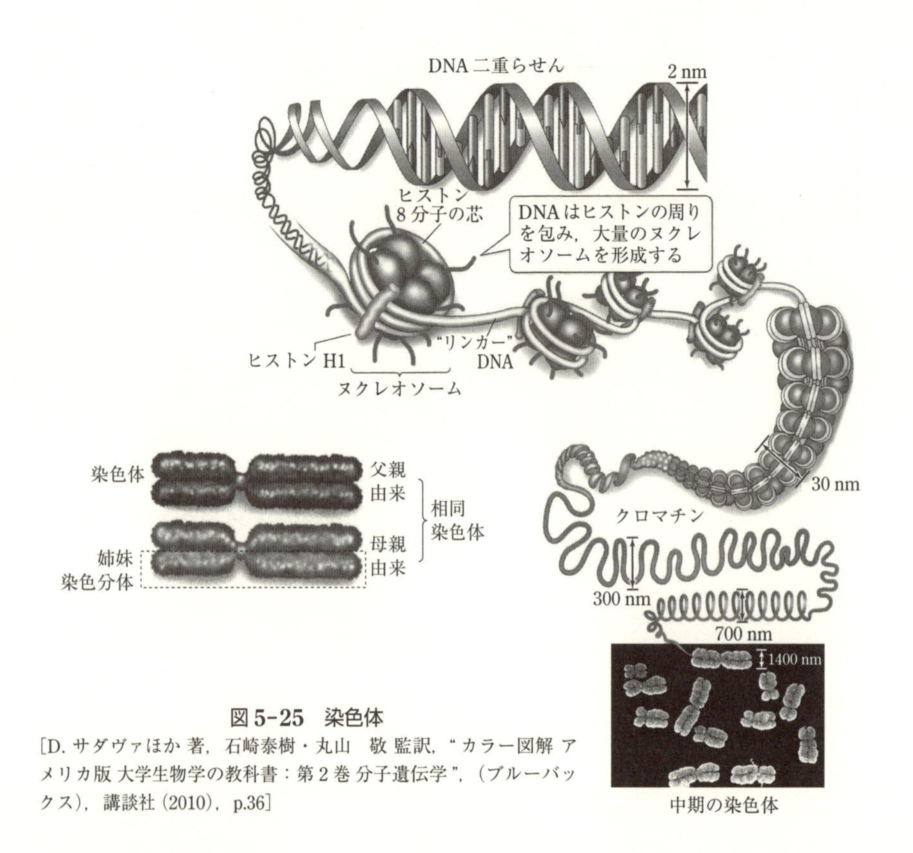

図 5-25　染色体

[D. サダヴァほか 著，石崎泰樹・丸山　敬 監訳，"カラー図解 アメリカ版 大学生物学の教科書：第 2 巻 分子遺伝学"，(ブルーバックス)，講談社 (2010)，p.36]

1)　$2n$ は父親由来と母親由来のそれぞれ n 個の染色体数を意味する（ヒトでは $n = 23$ 本，$2n = 46$ 本の染色体）．形，大きさが同じ1対の染色体を**相同染色体**といい（図5-25，ヒトでは22対，計44本，ほかの2本は性染色体），それぞれ父方，母方に由来する．細胞分裂時には，DNAが複製されるため，1本の染色体はそれぞれ縦裂面をもった2本が接合した形（同じ染色体・1対の**姉妹染色分体**が一体となった形）となっている（図5-25）．体細胞分裂ではこの接合した2本が割れて両極に分かれることで2細胞が形成されるので，新しい2細胞はともに父親由来，母親由来それぞれ n 本，計 $2n$ 本の，細胞分裂前と同じ染色体をもつ．つまり，$2n \longrightarrow 2n \times 2$，$2n$ 本の染色体をもった細胞が2個生じる．

一方，卵や精子（生殖細胞）ができるときには染色体数が $2n \longrightarrow n$ となる**減数分裂（第一分裂）**が起きる．減数分裂時には，1対の姉妹染色分体が接合した1本の染色体は接合したままで，父親由来 n 本，母親由来 n 本の相同染色体が接着（対合）した二価染色体 n 本となる．この n 本の二価染色体それぞれの父方と母方はランダムに両極に分かれて細胞分裂し2細胞が形成される．つまり父母の染色体がランダムに混ざった染色体数 n の細胞が2個生じる．この場合には2度目の細胞分裂（第二分裂）が起きる．第一分裂で生じた n 本の染色体をもつ2個の細胞は，体細胞分裂と同じ形式で分裂する．すなわち，この細胞は1対の姉妹染色分体が接合した染色体を n 本もっているので，この2本が接合した n 本の染色体が1本ずつに割れて n 本ずつが両極に分かれ2細胞が形成される．つまり $n \longrightarrow n \times 2$，第一分裂で $2n \longrightarrow n \times 2$ だから，第一，第二分裂に合わせて，染色体数 $2n \longrightarrow$ 染色体数 $n \times 4$ 個の細胞，減数分裂で染色体が半減し n 本となった細胞が4個生じる．

オスはXとY染色体（XY））となる．また，それ以外の染色体 = 常染色体が22対（44個），計46個存在する．原核細胞ではDNAはひとつながりの裸のままで存在する．

遺伝子の本体は生体高分子の**デオキシリボ核酸 DNA**（deoxy-ribo-nucleic acid）であり細胞の核中に存在する核酸（リン酸化合物）の一種である．デオキシリボースとは五炭糖のリボースの2番目の炭素に結合した-OH基（2′-のOH）がHとなった（deoxy：酸素Oがない・取れた）ものである（図5-26）．このデオキシリボースの C_1 のOH（グリコシルOH）と**核酸塩基**（A（**アデニン**）・G（**グアニン**）・C（**シトシン**）・T（**チミン**）[2]（構造式は下図））のN-Hが***N*-グリコシド結合**（p. 77，脱水縮合）した単位を**ヌクレオシド**という．このヌクレオシド中のリボースの3′-と5′-のOHがさらにそれぞれリン酸基とエステル結合をしたもの，つまり，この核酸塩基，糖，リン酸の三つが結合したものを**ヌクレオチド**という（図5-26）[3]．ヌクレオチドの繰り返し（ポリマー）が1本鎖のDNA分子である．実際のDNAは2本の分子が水素結合でつながり，二重らせん構造をしている（図5-27）．後述するように，この2本鎖間の塩基対AとT，GとCの間の**相補的水素結合**[4]が遺伝情報のもとである．

2)　リボ核酸RNAではチミンの代わりにウラシルUとなる．

3)　核酸塩基とリボースのみが結合したものを**ヌクレオシド**，これにリン酸基が結合したものを**ヌクレオチド**という．ヌクレオチドは食品のうま味の成分（呈味成分）でもある．つまり，5′-イノシン酸（グアニンの$-NH_2$が-Hに変化）のナトリウム塩は鰹節の，グアニル酸塩はしいたけのうま味成分である．

4)　相補的（=相補う）とは，分子構造的に，互いに水素結合する相手が決まっている．他の組合せではうまく水素結合できないという意味である（図5-27(b)）．また，疎水性環境（低誘電率）における水素結合は，親水性環境より強い結合となる．

プリン塩基：　アデニン（A）　グアニン（G）

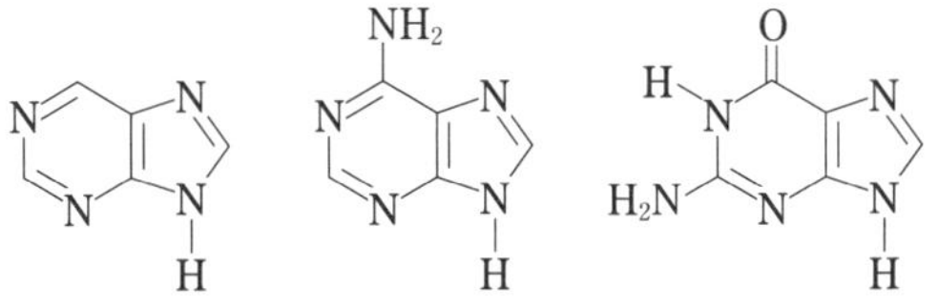

ピリジン塩基：　シトシン（C）　チミン（T）　ウラシル（RNA）（U）

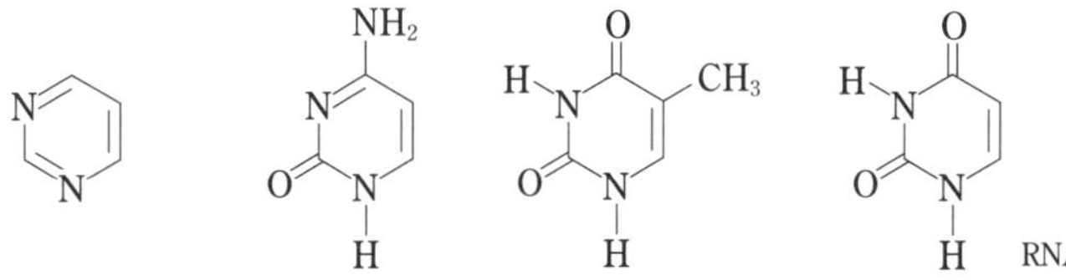

RNA：ribonucleic acid

DNA の折りたたみ構造　遺伝子の本体は以上のようにDNAという鎖状高分子，すなわち，小さな分子のヌクレオチドが多数つながったポリヌクレオチドであり，細胞内のすべてのDNA分子を1本につないだとしたら約2 mにもなる．この長い分子は，小さい細胞の中でどのようにしてしまい込まれているのだろうか．DNAは，すでに述べたように，二本鎖でらせん(二重らせん)をつくり，これが次のようにヒストンというタンパク質に糸巻き糸のように巻きつき，それが，さらに染色体の形で折りたたまれている．**ヒストン**は塩基性のタンパク質であり，その中のアミノ基(–NH_2)は水素イオンH^+が結合した陽イオンのアンモニウムイオン–NH_3^+となっている．そ

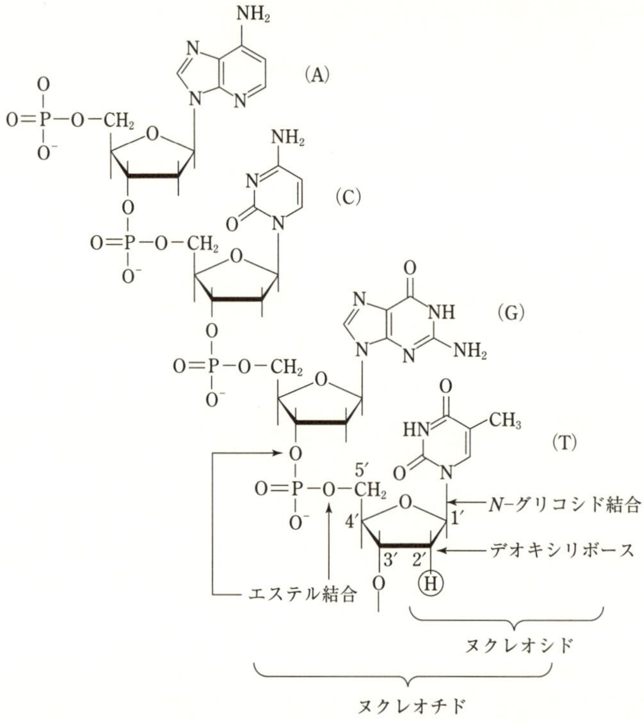

図 5-26　DNA の構造式

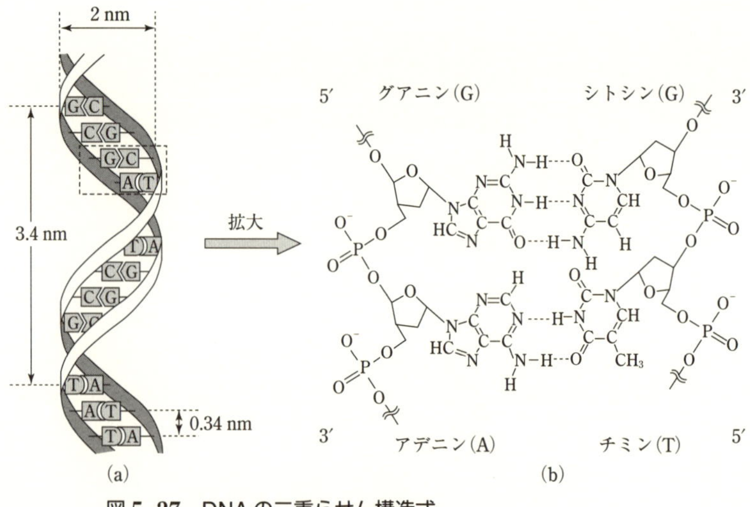

図 5-27　DNA の二重らせん構造式
(a) DNA の二重らせん構造　　(b) 塩基間の水素結合

こで，陰イオン性の高分子電解質である**DNA**[1]と陽イオン性の高分子電解質の**ヒストン**は，その正負の電荷を利用した**静電的相互作用**(**クーロン相互作用＝イオン結合**，図5-28)により次のような規則的な会合体を形成する．

つまり，4種類のヒストンH2A，H2B，H3，H4の各2分子が8量体を形成し，これを単位としてDNAが2周巻きついたヌクレオソームという基本単位を形成している(図5-29)．このヌクレオソームが6個でらせん1巻きの単位クロマチン(図5-30の1段分)をつくっている．クロマチンが多数集まって**染色体**(**クロモソーム**)を形成している(図5-25)．このようにDNAの長鎖はタンパク質(二次構造(p. 69)，三次構造(p. 69))とはまったく異なる原理で折りたたまれている．DNAは陰イオンであるため，陽イオンの高分子(塩基性タンパク質)ヒストンを用いることによりコンパクトにしまい込んでいる[2]．このように，タンパク質とDNAについて，生物が化学の基本原理をいかに上手に利用しているか理解できよう．

1)　DNA中にリン酸基が多数ある．

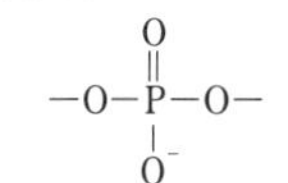

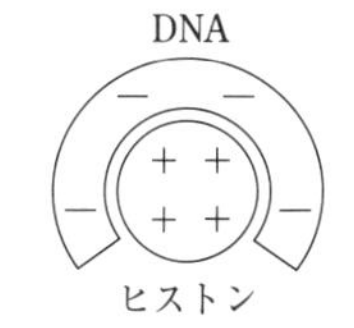

図5-28　ヒストンとDNAの相互作用

2)　DNAの遺伝情報を読み取るためにはヒストンに巻きついたDNAをほどく必要がある．生物はヒストンのアミノ基-NH_2をアセチル化しアミノ基の塩基性を下げることによりアンモニウムイオンの生成を抑制することでそれを達成している．逆にメチル化では，アミノ基の塩基性は上昇し，結合は強固になる．

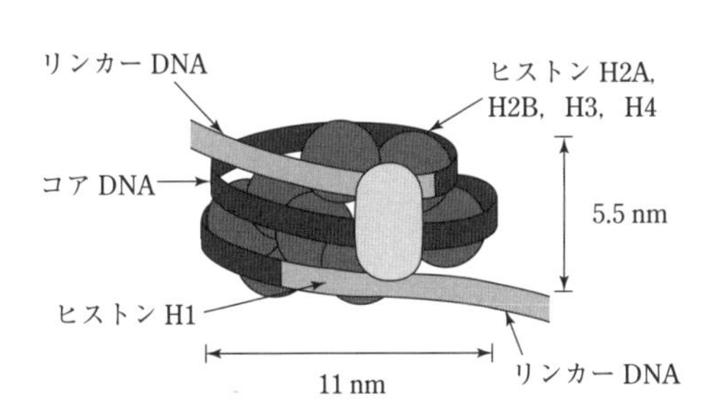

図5-29　ヌクレオソーム

［L. Stryer著，入村達郎ほか監訳"ストライヤー生化学 第4版"，東京化学同人(2000)，p. 979］

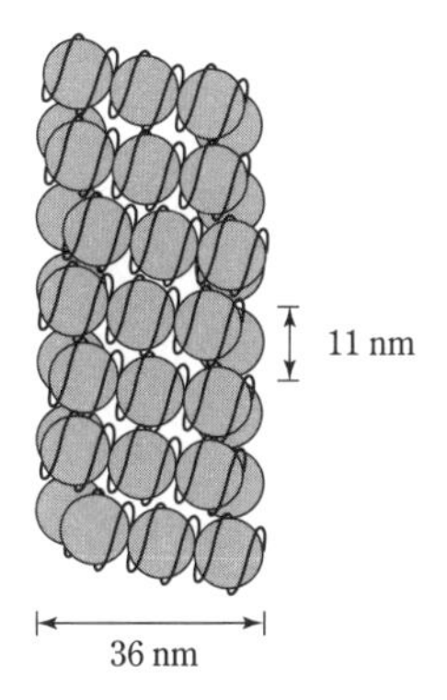

図5-30　クロマチン

［L. Stryer著，入村達郎ほか監訳"ストライヤー生化学 第4版"，東京化学同人(2000)，p. 921］

5.4.1　遺伝情報の伝達

では，遺伝情報はこのDNAにどのようにして書き込まれているのだろうか．遺伝情報はいかにして親から子に伝達され，また，いかにして読み取られ，タンパク質合成が行われるのだろうか．DNA中の遺伝情報は核酸中のアデニンA，グアニンG，シトシンC，チミンTの四つの塩基の配列によって保存，複製されている．DNAは，核酸塩基間で，**AとT，GとC**の定まった組合せで(図5-27)**相補的に水素結合**をすることにより，**二重らせん**構造をとっている．遺伝子複製ではDNA二重鎖の一部がほどけるが，その際，その二重鎖の両方が鋳型となる(図5-31，相補性)[3]．

一方，mRNA(メッセンジャーRNA，伝令RNA)の合成では，ほどけたDNA鎖の片方のみ[4]が鋳型となる(図5-32)．タンパク質のアミノ酸配列を規定するmRNAの遺伝暗号の単位を**コドン**という．これは，mRNAを構成する4種の塩基A，G，C，Uのうち3個ずつが配列して一単位となったものである．1個のコドンが1個のアミノ酸に翻訳され，タンパク質が合成される．4種類の塩基から三連の塩基配列(トリプレット)をつくると，その数は$4^3=64$通りである．このうち61個のコドンが20種類のアミノ酸(裏表紙の内側の表)を規定し，残り3個が読み取りの終止を指示する[5]．

3)　DNAの複製ではまず複製の開始点となる短いRNA鎖からできたプライマーが合成される．この5′端がDNAの3′末端につき，このプライマーの3′方向に向かってDNAポリメラーゼが働き，DNA鎖の5′方向に複製が進む．このDNA鎖をリーディング鎖という．もう一方のDNA鎖はラギング鎖といい，こちらではプライマーに続いて複数の短いヌクレオチド鎖(岡崎フラグメント)がDNAの5′から3′方向へ断続的に合成され，これが次々に連結されることが繰り返される．

4)　RNAに転写される鎖をアンチセンス鎖，されない方をセンス鎖という．

5)　開始コドンはAUG(メチオニン)，終止コドンはUAA，UAG，UGAの三つ．

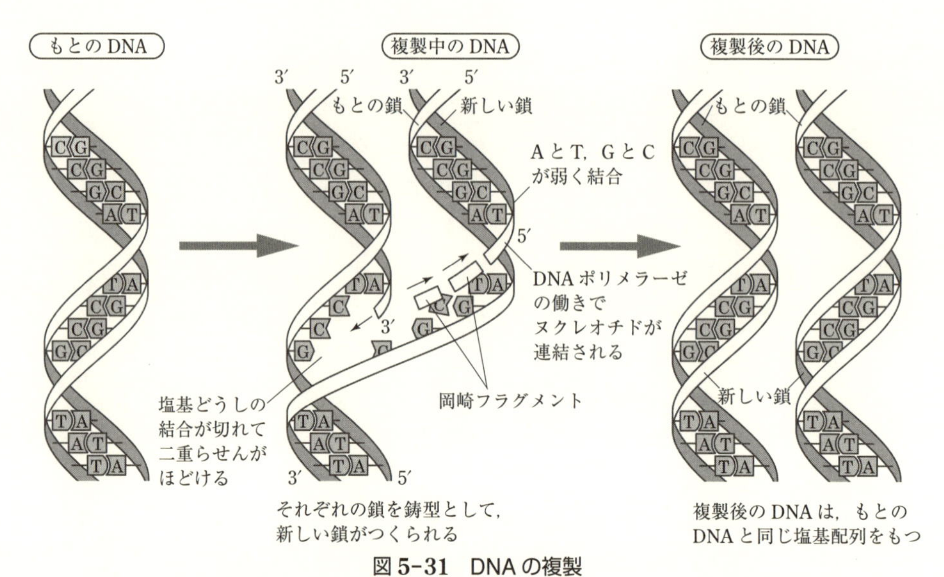

図 5-31　DNAの複製

［嶋田正和ほか 著，"生物"，数研出版(2013)，p. 83 をもとに作成］

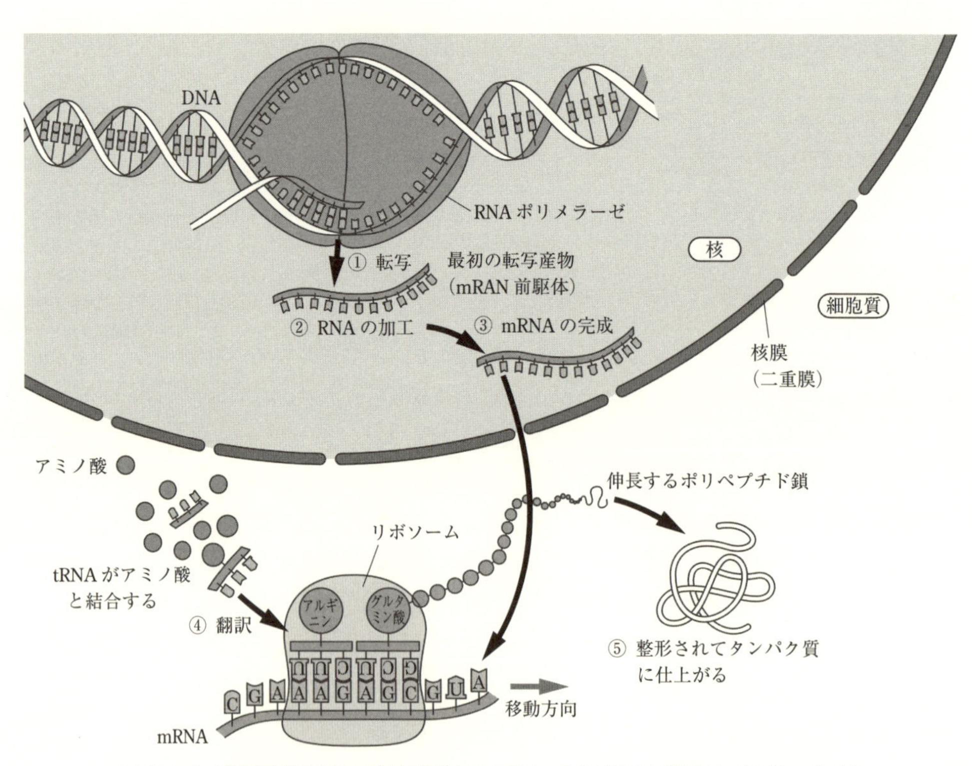

図 5-32　遺伝情報の核における転写とリボソームにおける翻訳（真核細胞の場合）

5.4.2 遺伝情報とタンパク質合成の仕組み(DNA → RNA → タンパク質)

DNAの遺伝情報，タンパク質のアミノ酸配列情報は，細胞の核内で，DNAを**鋳型**として，核酸塩基対を組み合わせる仕組み(**相補的水素結合**の形成)で**転写**され，合成された**mRNA**により核外のリボソームへ伝えられる(下記①～③，図5-32①～③).

核内：DNA → ① 転写[1] → mRNA前駆体[2] → ② RNAの加工(スプライシング[3]) → ③ mRNAの完成 → 核外へ

核外のリボソームではこのmRNAの情報が**翻訳**され(図5-32④)，生体種や組織に固有のタンパク質が合成される(**遺伝子発現**，図5-32⑤)．この際には，**tRNA**(トランスファーRNA，運搬RNA)が，合成のために必要なアミノ酸をリボソームへ運ぶ[4]．**翻訳**とは，tRNAがリボソーム上で，mRNAのAUGなどの三連のヌクレオチド配列の遺伝情報**コドン**と逆のコドンの**アンチコドン**でmRNAと**結合**(**相補的水素結合**形成)することで，アミノ酸を遺伝情報に定められた順に配列し，このアミノ酸を酵素作用をもつリボソームRNA(rRNA，リボソームの構成成分)がペプチド結合でつないでいく過程のことである．mRNA上の読み取り終止点まで翻訳と合成がすめば，つくられたポリペプチドは放出され，自動的に，一定の高次構造をもつタンパク質となる(図5-33⑤[5])．

1) **転写**は，DNA中のプロモーター(DNA配列中の転写の開始を決定する領域)と基本転写因子(プロモーターに結合するタンパク質，Zn含有タンパク質もある)とRNAポリメラーゼ(RNA合成酵素)が複合体を形成することにより開始される(図5-32①).

2) DNAの塩基配列は，そのすべてが写し取られて(転写されて)mRNA前駆体が合成されるが，mRNAの完成時には配列の一部が除去される．この部分に対応するDNA領域をイントロン，それ以外の最終的にmRNAに残される配列を，エキソンという(図5-33).

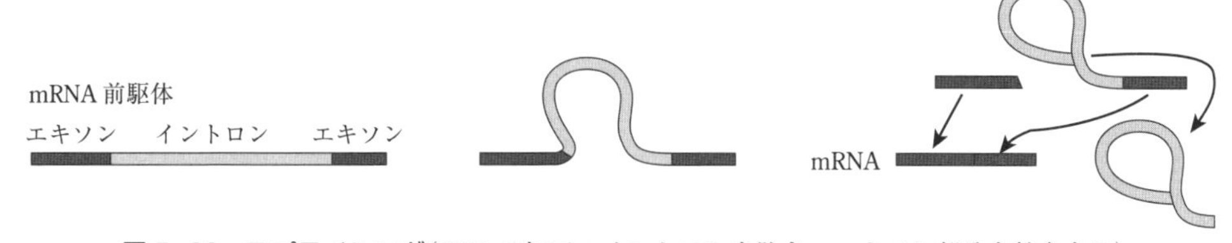

図5-33　スプライシング(RNAの加工：イントロンを除き，エキソン部分を統合する)

以上のように，**DNA複製**による親から子への**遺伝情報伝達**と，遺伝情報に基づくタンパク質合成，つまりmRNAの合成(**転写**)と，リボソームでの**翻訳**(tRNAのアンチコドンを利用したコドンのアミノ酸への変換)は，**相補的水素結合**に基づく**特異的塩基対形成**[6]に基づいている．

まとめ問題 20　以下の語句を説明せよ：

染色体，核酸塩基DNA(4種類)，RNA(4種類)と塩基対の組合せA, G, C, T, U，ヌクレオシド，ヌクレオチド，DNAの構造，相補的水素結合，ヒストン，mRNA，tRNA，rRNA，転写，スプライシング，翻訳，コドン，トリプレット，アンチコドン，遺伝子発現.

3) スプライシング：mRNA前駆体からイントロンに対応する部分を除き，隣り合うエキソン部分を結合し，mRNAを完成させる反応のこと(図5-32②，5-33).

4) tRNAの3′末端のアデノシンの3′-OHとアミノ酸のカルボキシ基とがエステル結合する.

5) この後，ゴルジ体中で糖修飾を受けたりすることによって，機能をもったタンパク質が完成する.

6) DNAではAとT，GとC，RNAではTの代わりにUウラシル(p. 167).

付録 1　モル，モル濃度，中和滴定，密度，さまざまなパーセント濃度，希釈

6.1　物質量・モルとモル濃度，モル計算

6.1.1　物質量・モルとは何か

化学反応にかかわる物質の量を議論する際には，物質の量を示す単位である**モル**（**mol**）および mol を用いた濃度表示法である**モル濃度 mol/L**（1 L 中に何 mol の目的物質が溶けているか）の知識は必須である．この知識は，生理学，生化学，臨床栄養学，食品学，衛生学などの分野の学習や，これらの実験・実習における血液・尿・食品などの成分分析の際には，当然必要とされる．たとえば，酸性・アルカリ性の尺度である pH（水素イオン指数）は水素イオンのモル濃度を指数表示したものである．

1）**分子量**：分子中の原子の原子量（原子の体重，原子番号ではない！）の総和．分子の体重．
分子式：分子の構成原子の種類と数を示したもの．例：グルコースの分子式 $C_6H_{12}O_6$．
組成式：物質の元素組成を示したもの．例：グルコースの組成式 CH_2O．

2）**式量**：化学式（組成式）中の原子の原子量の総和．物質の構成単位が分子ではないときに，分子量の代わりに式量（＝化学式量，組成式量）という言葉を用いる．ここでは，分子量と式量は同じと思ってよい．

問題 6-1　グルコース（ブドウ糖）$C_6H_{12}O_6$ の分子量[1]，硫酸ナトリウム Na_2SO_4 の式量[2]を計算せよ．原子量は表紙裏の周期表を参照のこと（電卓使用可）．

答 6-1　$C_6H_{12}O_6$ は C が 6 個，H が 12 個，O が 6 個よりできた分子だから，その重さは，

$C_6H_{12}O_6$ の重さ（分子量）＝ C の原子量 × 6 ＋ H の原子量 × 12 ＋ O の原子量 × 6
＝ 12.01 × 6 ＋ 1.008 × 12 ＋ 16.00 × 6 ＝ 180.156 ≒ 180.16

Na_2SO_4 の重さ（式　量）＝ Na の原子量 × 2 ＋ S の原子量 × 1 ＋ O の原子量 × 4
＝ 22.99 × 2 ＋ 32.07 × 1 ＋ 16.00 × 4 ＝ 142.05

問題 6-2　われわれがミカンやリンゴの量（数）を知りたいときには 1 個，2 個，…と個数を数える．米や砂糖の量（数）を知りたい場合にはどのように表すか．

答 6-2　米や砂糖のように，小さくて数が多いものの場合には，1 粒，2 粒，…と数を数える代わりに，米や砂糖何 g とその重さで量（数）を表すか，または計量カップ・計量スプーン何杯と体積で表す．ミカンやリンゴでも数が多いと，ミカン何 kg とか，リンゴ何箱とかのように，やはり重さ，箱の数・体積で表す．

モルとは物質の量（物質量）を表す単位である．物質の量を表す場合，構成原子，分子，イオンの数を 1 個，2 個，…と数えれば，分子の個数○○個と量を厳密に定義できる．しかしながら，原子・分子はあまりにも小さく，目にも見えないので，昔は数えるこ

とは不可能であった．そこで化学者が考えたことは，米や砂糖の場合と同様に，原子・分子の数を数える代わりに重さをはかる，重さで量を表すことであった．

原子・分子の重さ（体重）は原子量・分子量（水素原子の何倍の重さか）としてすでにわかっていたので，原子量・分子量・式量にグラム（g）をつけて，原子・分子の世界もグラム単位で量を表すことにした．たとえば，分子量 g（モル質量 g/mol）の水の量は，分子量 18 に g をつけて分子量（g）＝ 18 g，分子量 g の 2 倍の水は 18 × 2 ＝ 36 g といった具合である．

こうして，原子量 g・分子量 g をひとかたまり・単位として原子・分子の世界の物質量を表すことができるようになった．この“ひとかたまり ＝ 原子量 g・分子量 g の重さの物質量”を 1 山“1 mol（モル）（の数の原子・分子集合体）”とよぶ．たとえば，水 180 g は水分子の 10 mol（10 山）である．mol（mole）とはギリシャ語の 1 山，ひとかたまりを意味する．したがって 1 mol とは，たとえば，八百屋の店先でかご入りで売られているミカンの 1 山，または紅茶を飲むときに入れる砂糖のスプーン 1 杯分（1 山）と同じ意味である．

物質量の単位

1 mol（1 山）は
1 盛る

3 mol

原子量・分子量は水素原子 H の重さを 1（厳密には ^{12}C ＝ 12）[3]とした相対質量であり，分子量 18 の水分子は水素原子の 18 倍の重さがあることを意味している．したがって，“水素 1 g 中に含まれている水素原子の数と，水 18 g 中に含まれている水分子の数は同じである”（理解，納得せよ）．つまり，どのような物質であれ，1 mol 中には同じ数の原子・イオン・分子・組成式で表される物質単位が含まれていることになる．しかし，この**“1 mol（モル）”に含まれている粒子の個数**，この数を**アボガドロ数**とよぶが，当時はその数は明らかではなかった．

3）この宇宙に一番多く存在する元素で，かつ一番軽い元素は水素である．そこで水素の重さを基準（H ＝ 1）としてほかの元素の（相対的な）重さを表す．これがドルトンによって，歴史的に最初に定義された原子量である．現在では，炭素の同位体の中でもっとも存在比の多いもの，^{12}C の原子 1 個の質量を 12（12 原子質量単位）として定義されている．

時代が進み，現在は，実験的に求められた**アボガドロ数 ＝ 6.02 × 10^{23}** を用いて，**“分子量（g）の物質量 ＝ 6.02 × 10^{23} 個の粒子からなる物質の量 ＝ 1 mol（モル）**と定義している．または，1 mol の分子数 ＝ **アボガドロ定数 ＝ 6.02 × 10^{23} 個/mol**．そこで，純物質の重さをはかることは分子数を数えることと等価である．たとえば，水 1.8 g ＝ 0.1 × 分子量 g ＝ 0.1 mol（モル）＝ 0.1 × 6.02 × 10^{23} 個分子 ＝ 6.02 × 10^{22} 個の水分子のことである．ただし，実際に**役立つ定義**は，**“1 mol ＝ 分子量・式量にグラム（g）をつけた物質量”**，である．1 mol の物質量（重さ）を**モル質量**とよぶ．

問題 6-3

（1）1 mol の重さ（モル質量）はどのように表されるか．

（2）モル質量の単位を示せ．

（3）（1），（2）の水の例を示せ[4]．

4）以下の学習に際して，問題は，まず例題として答をよく読んで，解き方とその手順を理解する．次に，答を見ないでノートに解いてみる．途中でわからなくなったら，答をちらり見した後，続きを最後まで解く．後日，問題を練習問題として解いてみる．できなかった問題に印をつけ，時間をおいて，解いてみる．できるようになるまでこれを繰り返すこと．

答 6-3

（1）**1 mol ＝ 分子量 g（＝ 式量 g ＝ 6.02 × 10^{23} 個の分子）**

（2）**モル質量（g/mol）＝（分子量 g）/mol ＝** $\dfrac{\text{分子量 g}}{1\ \text{mol}}$ $\left(=\text{（式量 g）/mol} = \dfrac{\text{式量 g}}{1\ \text{mol}}\right)$

（3）（1）H_2O の分子量 18.02 ⟶ 水の 1 mol（1 山）＝ 18.02 g

（2）水のモル質量 ＝ 18.02 g/mol ＝ $\dfrac{18.02\ \text{g}}{1\ \text{mol}}$（水の 1 山は 18.02 g という意味）

6.1.2 質量(g)から物質量(mol)，物質量から質量を求める(g ⇄ mol)

問題 6-4　スプーン1山(1杯)の砂糖は5gだった．

(1) スプーン10山(10杯分)は何gか．0.5山(0.5杯分)は何gか．

(2) 100gの砂糖はスプーン何山か(何杯分か)．1gの砂糖は何山か．

答 6-4　(直感法)　(1) 50g，2.5g：1山5gだから，10山は5g × 10 = 50gまたは，$\left(\frac{5\,\text{g}}{1\,\text{山}}\right)$[1] × 10 ~~山~~ = 50g．0.5杯は，5g × 0.5 = 2.5gまたは$\frac{5\,\text{g}}{1\,\text{杯}}$ × 0.5 ~~杯~~ = 2.5g．

(2) 20山，0.2山：1山5gだから，100gは直感的に20山とわかる．この直感の内容を考えてみると，無意識に100gの重さを1山の重さで割っていることがわかる．

つまり，100g ÷ 5g = 20，または，100g ÷ $\left(\frac{5\,\text{g}}{1\,\text{山}}\right)$ =[2] ~~100g~~ × $\left(\frac{1\,\text{山}}{5\,\text{g}}\right)$ = 20山．

同様に，1gは，1g ÷ $\left(\frac{5\,\text{g}}{1\,\text{山}}\right)$ = ~~1g~~ × $\left(\frac{1\,\text{山}}{5\,\text{g}}\right)$ = 0.2山．この問いの○○山が，○○ molのことである．

1) 1山あたりの重さが5gという意味．

2) 分数の割算はひっくり返して掛ける．

問題 6-5　食塩(塩化ナトリウム NaCl)の1mol(1山)は何gか．原子量は表紙裏の周期表を参照のこと．

答 6-5　58.44 g/mol：1molとは，1山のこと．1山(1mol)の重さ = モル質量 = 分子量g（式量g）．周期表からNaとClの原子量を調べて，NaClの式量(分子量)を求めると，Na = 22.99，Cl = 35.45だから，NaClの式量 = Na + Cl = 22.99 + 35.45 = 58.44，

したがって，NaClの1mol(モル質量) = 58.44 g/mol $\left(= \frac{58.44\,\text{g}}{1\,\text{mol}}\right)$．

a. 物質量(mol)から試料の重さ(g)を求める(mol ⟶ g)

問題 6-6　NaClの10mol，0.2000molはそれぞれ何gか．NaClの式量 = 58.44．

答 6-6　10mol：584.4g，0.2000mol：11.69g

(換算係数法[3])　単位が合うように計算する"換算係数法"では，2種類の換算係数を考え，そのどちらが答の要求する単位に合うかを判断する．単位が合うようにすることだけ，なぜそういう計算になるかを考えない，機械的なやり方，誰にでもできるやり方である(換算係数法の具体的な方法は以下を学習すること)．

NaClの**物質量**(mol)**を重さ**(g)**に変換する**には，mol × $\left(\frac{?}{?}\right)$ = g．この$\left(\frac{?}{?}\right)$が換算係数である．式の左右を見れば$\left(\frac{?}{?}\right) = \left(\frac{\text{g}}{\text{mol}}\right)$とすればよいことがわかる．つまり，mol × $\left(\frac{?}{?}\right)$ = ~~mol~~ × $\left(\frac{\text{g}}{\text{~~mol~~}}\right)$ = g (molを消去するために分母にmol，答をgとするために分子にgをおく)．

molとgの間の関係式は**モル質量**だから，食塩NaClのモル質量 = 58.44 g/molより，換算係数は① $\frac{\text{NaCl}\ 58.44\,\text{g}}{\text{NaCl}\ 1\,\text{mol}}$ と② $\frac{\text{NaCl}\ 1\,\text{mol}}{\text{NaCl}\ 58.44\,\text{g}}$．必要な換算係数は$\frac{\text{g}}{\text{mol}}$だから，①を用いる．

つまり，NaCl 0.2000molの重さg = ~~NaCl~~ 0.2000 ~~mol~~ × $\left(\frac{\text{NaCl}\ 58.44\,\text{g}}{\text{~~NaCl 1 mol~~}}\right)$ ≒ NaCl 11.69g．

10molも同様にして解くと584.4g．

> 物質の質量(g) = 物質量(mol) × モル質量$\left(\frac{\text{g}}{\text{mol}}\right)$

3) 以下，すべての問題で，三つの解き方(換算係数法，直感法，分数比例式法)を示す．直感法が最良の方法ではあるが，換算係数法は慣れればたいへん有効で，強力な，間違いにくいやり方で，一生役に立つので，努力して身につけて欲しい．比例式で解く人も多いと思うが，比例式を用いるなら，分数比例式として扱うこと．小学校で学んだ比例式は分数式とすることで，分数自身が意味をもつ，大学生のやり方となる．小学生の比例式から早く卒業すること．

(直感法) $\frac{58.44\text{ g}}{1\text{ mol}} \times 10\text{ mol} = 584.4\text{ g}$　$\frac{58.44\text{ g}}{1\text{ mol}} \times 0.2000\text{ mol} = 11.688\text{ g} \fallingdotseq 11.69\text{ g}$.

解　説：mol とは“山”という意味なので，問題 6-4(2)のように，1 mol＝スプーン 1 山の砂糖と考える．1 山(1 mol)58.44 g(モル質量，58.44 g/mol)だから，10 山(mol)は 10 倍，0.2000 山は 0.2000 倍すればよい．つまり，

$$試料の質量(\text{g}) = 1山の重さ \times 山の数 = \left(\frac{\textbf{モル質量(g)}}{\textbf{1 mol}}\right) \times 物質量(\text{mol})$$ [4]

すなわち，換算係数法と直感法は，次のように，掛ける順序が異なるだけである．

$$試料の質量(\text{g}) = モル質量\left(\frac{\text{g}}{1\text{ mol}}\right) \times 物質量(\text{mol}) = 物質量(\text{mol}) \times モル質量\left(\frac{\text{g}}{1\text{ mol}}\right)$$

(分数比例式法) $\frac{\textbf{58.44 g}}{\textbf{1 mol}} = \frac{x\text{ g}}{0.2000\text{ mol}}$ [5]，$x =$ [6] 11.69 g，

10 mol も同様にして解くと 584.4 g.

4) 数値には必ず単位をつけること！ これが濃度計算ができるようになるコツの一つである．

5) この分数式は 1 mol が 58.44 g ならば 0.2000 mol は何 g か (x g) を示したもの，つまり，1 mol：0.2000 mol＝58.44 g：x g または 1 mol：58.44 g＝0.2000 mol：x g を分数としたものである．

6) たすき掛けして整頓する．

b. 試料の重さ(g)から物質量(mol)を求める(g ⟶ mol)

問題 6-7　食塩 11.70 g は何 mol(何山)か．NaCl の式量は 58.44 である．

答 6-7　0.2002 mol

(換算係数法) 食塩 11.70 g の物質量(mol) $= \text{NaCl } 11.70\text{ g} \times \left(\frac{\text{NaCl } 1\text{ mol}}{\text{NaCl } 58.44\text{ g}}\right)$

$$= \text{NaCl}\left(\frac{11.70}{58.44}\right)\text{mol} = \text{NaCl } 0.2002\text{ mol}$$

解　説：NaCl の重さ(g)を物質量(mol)へ変換するには

$$\text{g} \times \left(\frac{?}{?}\right) = \text{mol} \rightarrow \text{g} \times \left(\frac{\text{mol}}{\text{g}}\right) = \text{mol}$$

→ NaCl 11.70 g の g を消去して mol とするには，NaCl の質量(g)と物質量(mol)の換算係数(モル質量) ① $\frac{\text{NaCl } 58.44\text{ g}}{\text{NaCl } 1\text{ mol}}$ と ② $\frac{\text{NaCl } 1\text{ mol}}{\text{NaCl } 58.44\text{ g}}$ のうち，分母に g がある②を食塩の重さ(g)に掛ければよい．つまり，

$$物質量(\text{mol}) = 試料の質量\ \text{g} \times \frac{\textbf{1 mol}}{\textbf{モル質量 g}} = \left(\frac{試料の質量(\text{g})}{モル質量(\text{g})}\right)\text{mol}$$

(直感法) $\left(\frac{11.70\text{ g}}{58.44\text{ g}}\right)\text{mol(山)} = 0.2002\text{ mol}$

解　説：本問は問題 6-4(2)，“100 g の砂糖はスプーン何山か”と同類．11.70 g の塩の物質量(mol)を求めるには，食塩 1 山(1 mol)の重さ・モル質量(58.44 g/mol)で割ればよい．

$$物質量(\text{mol}) = \left(\frac{塩の重さ(\text{g})}{塩1山の重さ(\text{g})}\right)\text{mol} = \left(\frac{塩の重さ(\text{g})}{塩のモル質量(\text{g})}\right)\text{mol}$$

$$= \frac{11.70\text{ g}}{58.44\text{ g/mol}} = 11.70\text{ g} \div \frac{58.44\text{ g}}{\text{mol}} = 11.70\text{ g} \times \frac{\text{mol}}{58.44\text{ g}}$$

$$= \left(\frac{11.70}{58.44}\right)\text{mol} = 0.2002\text{ mol(山)}$$

（分数比例式法）　$\dfrac{\mathbf{58.44\ g}}{\mathbf{1\ mol}} = \dfrac{11.70\ \mathrm{g}}{x\ \mathrm{mol}}$[1]，$x =$[2]0.2002 mol．以上，三つの計算方法ともに，

$$\text{物質量(mol)} = \frac{\text{試料の重さ(g)}}{\text{1山の重さ(式量 g)}}\ \mathrm{mol} = \frac{\text{試料の質量(g)}}{\text{モル質量(g)}}\ \mathrm{mol}\left(= \frac{\text{試料の重さ(g)}}{\text{分子量 g}}\ \mathrm{(mol)}\right)$$

補充：栄養学で学ぶ，Na の食塩相当量（Na の x g は NaCl の何 g に相当するか）の求め方[3]．

問題 6-8　(1) 酒 1 合 180 mL 中にはアルコール成分のエタノール C_2H_5OH が 27.0 g 含まれている．① このエタノールは何 mol か[4]．② 0.250 mol は何 g か．

(2) ① NaOH の 0.835 g は何 mol か[4]．② NaOH の 0.0687 mol は何 g か．

答 6-8　答 6-7 と同様にして解く．

(1) ① 0.586 mol，② 11.5 g　　(2) ① 0.0209 mol，② 2.75 g

6.1.3　モル濃度（mol/L）

問題 6-9　紅茶にスプーン 6 杯（6 山）の砂糖を溶かして紅茶 2 カップとした．この紅茶の中の砂糖の濃さはどれだけか．

答 6-9　紅茶 1 カップにスプーン 3 山（3 杯）の砂糖が溶けた溶液と同じ濃さ．

a.　モル濃度（mol/L）の定義

溶液の濃度を mol 単位で表したもの．溶液 1 L に溶けている物質量（mol）で表す．たとえば，砂糖スプーン 1 山（1 杯，1 mol）を，大型紅茶カップに溶かして紅茶 1 L としたときの砂糖の濃さを $\dfrac{1\ \mathrm{mol}}{1\ \mathrm{L}} = 1\ \mathrm{mol/L}$，1 L 中に砂糖が 1 mol（1 山）溶けている，と表す．したがって，紅茶に砂糖 6 山を溶かして 2 カップ分としたときの紅茶の砂糖濃度は，砂糖 6 山/2 カップ $= \dfrac{\text{砂糖 6山}}{\text{2カップ}} = \dfrac{6\ \mathrm{mol}}{2\ \mathrm{L}} = \dfrac{3\ \mathrm{mol}}{1\ \mathrm{L}} = 3\ \mathrm{mol/L}$（3 山/1 カップ，紅茶 1 カップあたりスプーン 3 山分の砂糖が溶けた濃度）となる．一般に，ある物質量（mol）を溶かして一定体積（L）としたときのモル濃度は，

$$\text{モル濃度(mol/L)} = \frac{\text{物質量(mol)}}{\text{体積(L)}}\ \left(\frac{\text{(○山)}}{\text{△カップ}}\right)$$

つまり，モル濃度（mol/L）は，砂糖の○山（杯数，物質量（mol），○山）を，△カップ（体積 L）で割ったものである．

b.　試料の重さ（g）と溶液の体積（L）からモル濃度を求める（g, L ⟶ mol/L）

問題 6-10　13.5 g のグルコース（ブドウ糖，$C_6H_{12}O_6$）を溶かして 350 mL とした．グルコース水溶液のモル濃度を求めよ．

ヒント：まずはグルコースの分子量を求める．分子量 = 12.01 × 6 + 1.008 × 12 + 16.00 ×6 ≒ 180.16，グルコース 1 山（1 mol）の重さ = **モル質量** ≒ グルコース 180.16 g/mol．

1)　この分数式は 58.44 g が 1 mol なら 11.70 g は何モルか（x mol）を示したもの，つまり，1 mol : x mol = 58.44 g : 11.70 g または 1 mol : 58.44 g = x mol : 11.70 g を分数としたものである．

2)　たすき掛けして整頓する．

3)　Na の原子量 = 22.99，NaCl の式量 = 58.44 だから，Na の x g は，

Na x g × $\dfrac{\text{NaCl 58.44 g}}{\text{Na 22.99 g}}$（Na と g は約分）
= NaCl（x × 2.54）g
= 2.54 x g に対応する．

つまり，Na の重さから食塩相当量を求めるには 2.54 を掛ければよい．

4)　原子量は，C = 12.01，H = 1.008，O = 16.00，Na = 22.99

答 6-10 0.214 mol/L

(換算係数法) $\text{グルコース } 13.5 \text{ g} \times \dfrac{\text{グルコース } 1 \text{ mol}}{\text{グルコース } 180.16 \text{ g}} = \text{グルコース } 0.0749 \text{ mol}$

$$\text{モル濃度} = \frac{\textbf{mol}}{\textbf{L}} = \frac{0.0749 \text{ mol}}{0.350 \text{ L}} = 0.214 \text{ mol/L}$$

解　説：グルコースの重さ(g)を，物質量(mol)に変換する．g → mol は，$\text{g} \times \left(\dfrac{?}{?}\right) = \text{mol} \rightarrow \text{g} \times \left(\dfrac{\text{mol}}{\text{g}}\right)$[5] = mol $\left(\text{g と mol の換算係数(モル質量) ① } \dfrac{\text{グルコース}180.16 \text{ g}}{\text{グルコース}1 \text{ mol}},\right.$ ② $\left.\dfrac{\text{グルコース}1 \text{ mol}}{\text{グルコース}180.16 \text{ g}} \text{ の②を用いる}\right)$．モル濃度は，**定義** $\left(\text{mol/L} = \dfrac{\text{mol}}{\text{L}}\right)$ **通りに，必ず分子に mol，分母に体積(L)とする分数の形で計算**する．350 mL ＝ (350/1000) L ＝ 0.350 L．

(直感法) グルコース 13.5 g はスプーン何山か，問題 6-4(2)と同様に考える．

$$\text{物質量(mol)} = \frac{\text{ものの重さ}}{1\text{山の重さ}} \text{ mol} = \frac{\text{試料の質量(g)}}{\text{モル質量(g)}} \text{ mol(山)} = \frac{13.5 \text{ g}}{180.16 \text{ g}} \text{ mol} = 0.0749 \text{ mol}$$

次に，モル濃度を定義 $\left(\text{mol/L} = \dfrac{\text{mol}}{\text{L}}\right)$ 通りに計算する．

$$\text{モル濃度} = \frac{\textbf{mol}}{\textbf{L}} = \frac{0.0749 \text{ mol}}{0.350 \text{ L}} = 0.214 \text{ mol/L}$$

(分数比例式法) $\dfrac{\textbf{180.16 g}}{\textbf{1 mol}} = \dfrac{13.5 \text{ g}}{x \text{ mol}}$[6]，$x$[7] ＝ 0.0749 mol　$\dfrac{0.0749 \text{ mol}}{0.350 \text{ L}} = 0.214 \text{ mol/L}$

5) $\text{g} \times \dfrac{\text{mol}}{\text{g}} = \text{mol}$ という計算法は，数学的にはたんに式の代入にほかならない．つまり，180 g＝1 mol だから $1 \text{ g} = \dfrac{1 \text{ mol}}{180}$．よって，13.5 g＝13.5 × 1 g ＝13.5 × $\dfrac{1 \text{ mol}}{180}$．

6) この分数式は，180 g が 1 mol ならば 13.5 g は何 mol か(x mol)を示したもの．つまり，1 mol：x mol＝180 g：13.5 g または 1 mol：180 g＝x mol：13.5 g を分数としたものである．

7) たすき掛けして整頓する．

c. モル濃度(mol/L)と溶液の体積(L)から，溶けている試料の物質量(mol)と重さを求める(mol/L ⟶ mol ⟶ g)

問題 6-11 紅茶カップにスプーン 3 山(3 杯)の砂糖を溶かした紅茶がある．

(1) この紅茶カップを 5 個もってきたら，5 カップ全体でスプーンに何山(何杯)の砂糖が溶けているか．

(2) 砂糖は全体で何 g か．ただし，スプーン 1 山(1 杯)の砂糖は 5 g である．

答 6-11

(1) 15 山(杯)：$\dfrac{3\text{山(mol)}}{1 \text{ L}} \times 5 \text{ L} = 15 \text{ 山(mol)}$．

(2) 77 g：15 山(杯，mol)の重さは，$\dfrac{5 \text{ g}}{1\text{山}} \times 15\text{山} = 75 \text{ g}$．

解　説：(1) 砂糖 3 山(杯)が 1 カップに溶けているから，5 カップでは 3 山 × 5 ＝ 15 山．1 山が 5 g だから，砂糖全体の重さ ＝ 5 g × 15 ＝ 75 g．砂糖 3 山が溶けている 1 L の紅茶カップ(3 mol/L の溶液)を 5 L(紅茶 5 カップ)もってきたら，この中には砂糖は，$\dfrac{\text{砂糖 3 山}}{1\text{カップ}} \times 5\text{カップ} = $ 砂糖 15 山があることがわかる．つまり，

$$\text{濃度}\left(\frac{\text{mol}}{\text{L}}\right) \times \text{体積(L)} = \text{物質量(mol)}$$

1 山の重さは $\frac{5\ \mathrm{g}}{1\ 山}$ なので，15 山の重さは，1 山の重さ × 15 山 = $\frac{5\ \mathrm{g}}{1\ \cancel{山}} \times 15\ \cancel{山} = 75\ \mathrm{g}$

つまり，

$$重さ(\mathrm{g}) = \frac{モル質量(\mathrm{g})}{(1)\ \cancel{\mathrm{mol}}} \times 物質量(\cancel{\mathrm{mol}})$$

問題 6-12

(1) 1.50 mol/L のグルコース(ブドウ糖)溶液 400 mL をつくるには，何 mol のグルコースが必要か.

(2) 何 g のグルコースが必要か．グルコースの分子量は 180.16.

答 6-12　(1) 0.600 mol　(2) 108 g

(換算係数法)　(1) $\frac{1.50\ \mathrm{mol}}{\cancel{\mathrm{L}}} \times \left(\frac{0.400\ \cancel{\mathrm{L}}}{1}\right) = 0.600\ \mathrm{mol}$

(2) $0.600\ \cancel{\mathrm{mol}} \times \left(\frac{180.16\ \mathrm{g}}{1\ \cancel{\mathrm{mol}}}\right) = 108\ \mathrm{g}$

解　説：mol/L から mol，mol から g を求めよという問題である.

(1) $\frac{\mathrm{mol}}{\mathrm{L}}$ → mol とするには，$\frac{\mathrm{mol}}{\mathrm{L}} \times \left(\frac{?}{?}\right) = \mathrm{mol}$．左辺の分母の L を消去するには分子に L が必要 → $\frac{\mathrm{mol}}{\cancel{\mathrm{L}}} \times \left(\frac{\cancel{\mathrm{L}}}{1}\right) = \mathrm{mol}$

(2) mol → g とするには，$\mathrm{mol} \times \left(\frac{?}{?}\right) = \mathrm{g}$ とすればよい．この式の左辺の mol を消去するには分母に mol，答えを g とするには分子に g が必要 → $\cancel{\mathrm{mol}} \times \frac{\mathrm{g}}{\cancel{\mathrm{mol}}} = \mathrm{g}$

(直感法)　(1) 物質量(mol) = $\frac{1.50\ \mathrm{mol}}{1\ \mathrm{L}} \times 0.400\ \mathrm{L} = 0.600\ \mathrm{mol}$

(2) 1 山(1 mol)の重さは，モル質量(分子量 g) = $\frac{180.16\ \mathrm{g}}{1\ \mathrm{mol}}$ だから，

0.600 mol の重さ = $\frac{180.16\ \mathrm{g}}{1\ \cancel{\mathrm{mol}}} \times 0.600\ \cancel{\mathrm{mol}} = 108\ \mathrm{g}$

解　説：1 カップに 1.50 山溶けているなら，0.400 カップには 1 カップの 0.400 杯分，

$\frac{1.50\ 山}{1\ \cancel{カップ}} \times 0.400\ \cancel{カップ}$ = 0.600 山が溶けている．つまり，

$$濃度\left(\frac{\mathrm{mol}}{\cancel{\mathrm{L}}}\right) \times 体積(\cancel{\mathrm{L}}) = 物質量(\mathrm{mol})$$

0.600 山の重さは，1 山の重さ × 0.600　つまり，

$$試料の重さ(\mathrm{g}) = \frac{モル質量(\mathrm{g})}{1\ \cancel{\mathrm{mol}}} \times 物質量(\cancel{\mathrm{mol}})$$

(分数比例式法)　(1) $\frac{1.50\ \mathrm{mol}}{1\ \mathrm{L}} = \frac{x\ \mathrm{mol}}{0.400\ \mathrm{L}}$ [1]，たすき掛けすると，x = 0.600 mol

(2) $\frac{180.16\ \mathrm{g}}{1\ \mathrm{mol}} = \frac{y\ \mathrm{g}}{0.600\ \mathrm{mol}}$ [2]，y = 106 g

1)　この分数式は，1 L に 1.50 mol 溶けているなら 0.400 L には何 mol 溶けているか (x mol)，つまり，1 L : 0.400 L=1.50 mol : x mol または 1 L : 1.50 mol=0.400 L : x mol を分数としたものである．また，x mol が 0.400 L に溶けた溶液の濃度は 1.50 mol/L に等しいことを示したものでもある.

2)　この分数式は，1 mol が 180.16 g なら，0.600 mol は何 g か (y g) を示したもの．つまり，1 mol : 180.16 g = 0.600 mol : y g を分数としたものである.

問題 6-13

(1) 6.00 g の NaOH を純水に溶かして 400 mL にした．NaOH 水溶液のモル濃度を求めよ(原子量は表紙裏の周期表を参照)．

(2) 2.00 mol/L の食塩水 200 mL 中には NaCl の，① 何 mol，② 何 g が溶けているか．

(3) 1.00 mol/L の食塩水 150 mL をつくるには，何 g の NaCl が必要か．

(4) 0.50 mol/L の NaOH 水溶液 40 mL 中には NaOH の① 何 mol，② 何 mmol，③ 何 μmol が含まれているか[3]．

答 6-13 (1) 0.375 mol/L[4]　(2)[5] ① 0.400 mol，② 23.4 g　(3)[5] 8.77 g
(4)[5] ① 0.020 mol，② 20 mmol，③ 20 000 μmol

3) ミリ m＝1/1000＝1/10^3＝10^{-3}，マイクロ μ＝1/1 000 000＝1/10^6＝10^{-6}

4) 答 6-10 と同様にして解く．

5) 答 (2)〜(4) は答 6-12 と同様にして解く．

問題 6-14

(1) 物質量(mol)＝？（物質量(mol)を，物質の質量とモル質量(分子量)を用いて表せ）

(2) モル濃度とは何か説明せよ．その単位も示せ．

(3) モル濃度＝？（モル濃度を，物質量(mol)と体積(L)を用いて表せ．また，これを物質の質量，モル質量(分子量)，体積を用いて表せ）

(4) 物質量(mol)＝？（物質量(mol)を，濃度と体積を用いて表せ）

(5) 物質の質量＝？（物質の質量を，モル質量と物質量(mol)を用いて表せ．また，これをモル質量，モル濃度，体積を用いて表せ）

答 6-14 (1) 物質量(mol)＝$\left(\dfrac{\text{物質の質量}}{\text{モル質量}}\right)$mol　$\left(\text{物質の質量(g)}\times\dfrac{1\ \text{mol}}{1\ \text{molの質量(g)}}\right)$

(2) モル濃度とは溶液の濃度を mol 単位で表したもの．溶液 1 L に溶けている物質量(mol)で表す．単位は mol/L　(3) モル濃度(mol/L)＝$\left(\dfrac{\text{物質量(mol)}}{\text{体積(L)}}\right)=\dfrac{\left(\dfrac{\text{物質の質量}}{\text{モル質量}}\right)\text{(mol)}}{\text{体積(L)}}$

(4) 物質量(mol)＝モル濃度$\left(\dfrac{\text{mol}}{\text{L}}\right)\times$体積(L)　(5) 物質の質量＝モル質量$\left(\dfrac{\text{g}}{\text{mol}}\right)\times$物質量(mol)＝モル質量$\left(\dfrac{\text{g}}{\text{mol}}\right)\times$(モル濃度$\left(\dfrac{\text{mol}}{\text{L}}\right)\times$体積(L))

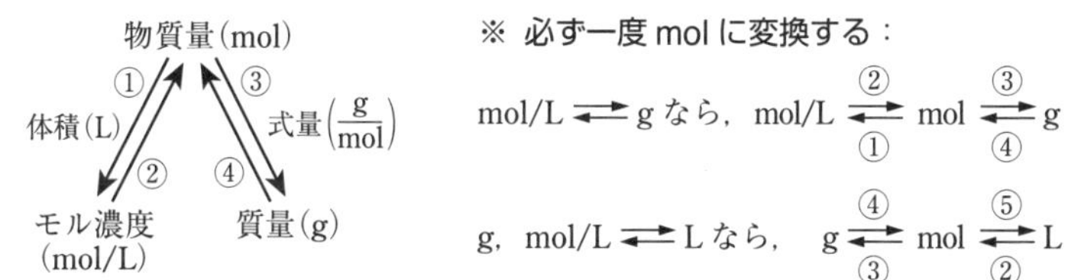

① mol ÷ L$\left(\dfrac{\text{mol}}{\text{L}}\right)$ ⟶ モル濃度(mol/L，$\left(\dfrac{\text{mol}}{\text{L}}\right)$)，② $\dfrac{\text{mol}}{\text{L}}$ × L ⟶ 物質量(mol)，

③ mol × $\left(\dfrac{\text{g}}{\text{mol}}\right)$ ⟶ 質量(g)，④ g × $\left(\dfrac{\text{mol}}{\text{g}}\right)$ ⟶ 物質量(mol)，

⑤ mol × $\left(\dfrac{\text{L}}{\text{mol}}\right)$ ⟶ 体積(L)

6.2　中和反応：中和滴定と濃度計算

6.2.1　中和とは

問題 6-15　(1) 酸性のもと，塩基性のもとは何か，(2) 中和とは何か．

デモ実験：ピペットを用いた滴定のデモ実験(フタル酸水素カリウム，シュウ酸と NaOH，“演習 溶液の化学と濃度計算”(丸善)，p. 44 参照)．滴定のイメージを与える，酸と塩基の体験，中和・中和液の五感での検証．なめる．

答 6-15

(1) 酸の出す H^+ が，酸っぱい・リトマス紙を赤くする・酸性のもと，塩基の出す OH^- が，ぬるぬる・苦っぽい・リトマス紙を青くする・塩基性(アルカリ性)のもとである．

(2) 酸と塩基が中和するとは，酸が出す H^+ の数(物質量(mol))と塩基が出す OH^- の数(物質量(mol))とが等しくなり，酸，塩基がともに前述のおのおのの特性を失うことである．つまり，中和反応とは，H^+ の物質量(mol) = OH^- の物質量(mol)となり，酸と塩基由来の H^+ と OH^- のすべてが水分子となること($H^+ + OH^- \longrightarrow H_2O$)である．この際に，水分子と同時に塩を生じる．

6.2.2　中和滴定法による濃度の求め方

問題 6-16

(1) 硫酸 ① 1 mol，② 0.3 mol からそれぞれ何 mol の H^+ を生じるか．

(2) 水酸化ナトリウム ① 1 mol，② 0.5 mol から，それぞれ何 mol の OH^- が生じるか．

答 6-16　酸，塩基の価数(p. 100，中和反応式(p. 102))を復習せよ．

(1) ① 2 mol，② 0.6 mol：H_2SO_4 は 2 価の酸，価数 $m = 2$．1 mol(98.09 g)から 2 mol の H^+ を生じる(からだ一つに頭二つ；$H_2SO_4 \longrightarrow 2\,H^+ + SO_4^{2-}$ [1])．H^+ の物質量(mol) = 価数 m × 酸の物質量(mol)．0.3 mol からは 2 × 0.3 = 0.6 mol の H^+ を生じる[2]．

(2) ① 1 mol，② 0.5 mol：NaOH は 1 価の塩基ゆえ，その 1 mol(40.0 g)から 1 mol の OH^- を生じる($NaOH \longrightarrow Na^+ + OH^-$)，よって，0.5 mol から 0.5 mol の OH^- を生じる．

1) p. 22 の図，p. 101 の構造式，および下図参照．
$H_2SO_4 \longrightarrow 2\,H^+ + SO_4^{2-}$

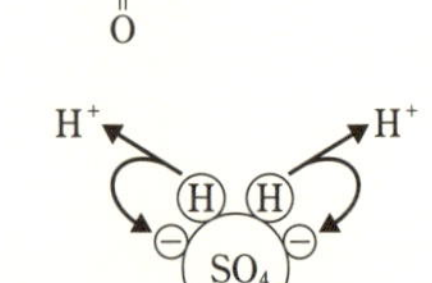

2) 酸・塩基の価数と H^+・OH^- の数の関係をイメージするために，双頭の鷲(ロシア皇帝の紋章)5 羽と八岐大蛇(やまたのおろち，一つの胴体に頭と尾が八つ)3 匹の頭の数を考えてみよう．頭の数は，それぞれ 5 × 2 = 10 個と 8 × 3 = 24 個である．

問題 6-17　水酸化ナトリウムを用いて塩酸を滴定した(図 6-1，6-2 参照)．

(1) 中和反応の反応式を示せ．また，その式が示す意味を述べよ．

(2) 中和反応の一般反応式を書け．また，その式が示す意味を述べよ．

答 6-17　(1) $HCl + NaOH \longrightarrow H_2O + NaCl$ ($(H^+ + Cl^-) + (Na^+ + OH^-) \longrightarrow (H^+ + OH^-) + (Na^+ + Cl^-) \longrightarrow H_2O + NaCl$)．この式は，1 個の塩化水素と 1 個の水酸化ナトリウムが反応して 1 個の水分子と 1 個の食塩を生じる，1000 個の HCl と 1000 個の NaOH，1 mol の HCl(アボガドロ数 6.02×10^{23} 個の H^+)と 1 mol の NaOH(6.02×10^{23} 個の OH^-)とが反応することを意味する．

(2) $H^+ + OH^- \longrightarrow H_2O$．この式は，1 個の H^+ と 1 個の OH^- が反応して 1 個の H_2O ができる，6.02×10^{23} 個と 6.02×10^{23} 個，すなわち 1 mol の H^+ と 1 mol の OH^- とが反応することを意味する[3]．

3) もともと仲が良くて一緒になっていた H^+ と OH^- ($H^+ + OH^- \longrightarrow H_2O$)が別々に存在している(酸($H^+$)，塩基($OH^-$))．それが出会うと，本当は一緒になりたがっているものだから，すぐにくっついてしまう($H^+ + OH^- \longrightarrow H_2O$)．

問題 6-18　濃度既知の水酸化ナトリウムを用いて濃度未知の塩酸の中和滴定を行うと，この塩酸の濃度を求めることができる．理由を述べよ(図 6-2 参照)．

答 6-18　1 mol(1 山)の H^+ と 1 mol(1 山)の OH^-，同じ物質量(mol，山の数)の H^+ と OH^- が反応するのだから，H^+ または OH^- の一方の物質量(mol，山の数)がわかれば，もう一方の物質量(mol，山の数)もわかる(H^+**の数** = OH^-**の数**，H^+の物質量(mol) = OH^-の物質量(mol))．1 個の H^+ と 1 個の OH^-，100 個の H^+ と 100 個の OH^- が反応する．したがって，99 個の H^+ と 100 個の OH^- とが反応すれば OH^- が 1 個余る，また 101 個の H^+ と 100 個の OH^- とが反応すれば H が 1 個余る．これでは完全には中和していないことになる．すなわち H^+の数 = OH^-の数，H^+の物質量(mol) = OH^-の物質量(mol)が中和の必須条件である(図 6-2 も参照)．

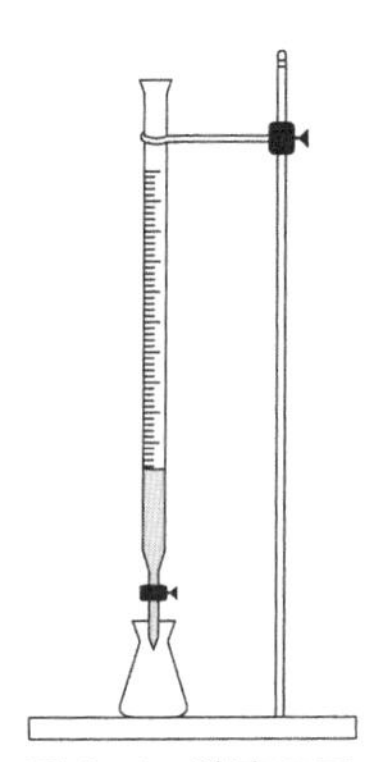
図 6-1　滴定の図

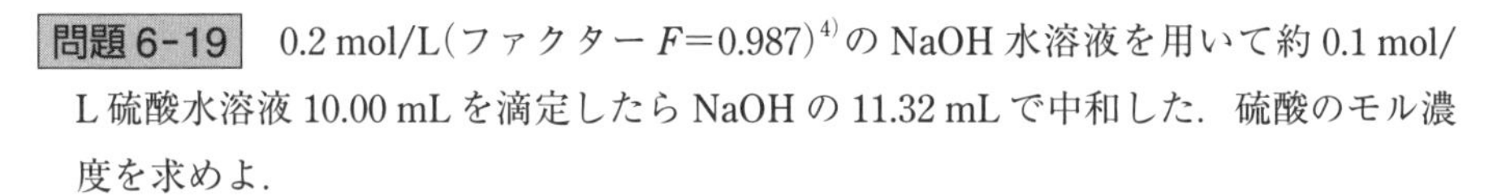

問題 6-19　0.2 mol/L(ファクター F=0.987)[4] の NaOH 水溶液を用いて約 0.1 mol/L 硫酸水溶液 10.00 mL を滴定したら NaOH の 11.32 mL で中和した．硫酸のモル濃度を求めよ．

答 6-19　0.1118 mol/L：中和条件は，H^+の個数(H^+物質量(mol)) = OH^-の個数(OH^-物質量(mol))．

滴定の問題の解き方：

① まず，酸の価数 m，モル濃度 C(mol/L)，(ファクター F)，体積 $V(L)$，塩基の価数 m'，濃度 C'，(ファクター F')，体積 V' の値をリストアップする．

② 中和に要した塩基の物質量(mol) = $m'(C'V')$(または，$m'((C_0'F')V')$)を求める：

$$OH^-\text{の物質量(mol)} = 1 \times (0.2 \times 0.987)\ \frac{\text{mol}}{\text{L}}{}^{4)} \times \left(\frac{11.32\ \text{mL}}{1000\ \text{mL}}\right)\text{L}$$

$$= 0.1974\ \frac{\text{mol}}{\text{L}} \times 0.011\,32\ \text{L} \fallingdotseq 0.002\,235\ \text{mol}$$

[OH^-の物質量(mol) = NaOH 価数 m' × NaOH の物質量(mol) = NaOH 価数 m' ×(NaOH 濃度 $C'\left(\frac{\text{mol}}{\text{L}}\right)$ × NaOH 体積 V' (L)) = $m'(C'V')$mol(= $m'((C_0'F')V')$mol]

③ 約 0.1 mol/L の硫酸 10.00 mL 中の H^+ の物質量 mol = $m(CV)$ (または $m((C_0F)V)$)を求める．約 0.1 mol/L ということは，濃度が厳密にはわかっていないということなので，硫酸の未知濃度を C(mol/L) とすると，

$$H^+\text{の物質量(mol)} = 2^{5)} \times C\left(\frac{\text{mol}}{\text{L}}\right) \times \left(\frac{10.00\ \text{mL}}{1000\ \text{mL}}\right)\text{L} = 0.020\,00\ C\ \text{mol}$$

[H^+ の物質量(mol) = H_2SO_4 価数 m × H_2SO_4 物質量 mol = H_2SO_4 価数 m × (H_2SO_4 濃度 $C\left(\frac{\text{mol}}{\text{L}}\right)$ × H_2SO_4 体積 VL) = $m(CV)^{6)}$mol]

④ **中和条件**，OH^-の物質量(mol) = H^+の物質量(mol)，より，$m'(C'V')$(または $m'((C_0'F')V')$) = 0.002 235 mol = $m(CV)$(または $m((C_0F)V)^{4,5)}$ = 2 × 0.010 00 C = 0.020 00 C mol．よって，

$$C = \frac{0.002\,235}{0.020\,00}\ (\text{mol/L}) \fallingdotseq 0.1118\ \text{mol/L}.$$

一般に，酸の価数を m，塩基の価数を m' とすると，H^+ の数(物質量(mol)) = 酸の価数 m × 酸の物質量(mol) = 酸の価数 m ×(モル濃度 $C\left(\frac{\text{mol}}{\text{L}}\right)$ × 体積 $V(L)$) = $m(CV)$(mol)．(または $m((C_0F)V$ mol)．

4)　濃度計算では**ファクター**を抜かさないこと！
F(**ファクター**，または**力価**)は，たんに "倍率" "何倍" という意味である．溶液の真の濃度が表示濃度からどれくらいずれているかを示したものであり，表示濃度に対する倍率(通常 0.9 ～1.1)で表される．本問の，0.2 mol/L(F=0.987) とは，C_0=0.2000 mol/L の溶液をつくろうとしたが，実際にできた溶液の濃さは，その 0.987 倍だったということ．つまり，この溶液の真の濃度 C は，$C=C_0\times F$=0.2000×0.987=0.1974 mol/L である．

5)　滴定計算では酸と塩基の**価数** m，m' を抜かさないこと！ 答 6-16 参照．モル濃度 C mol/L× 体積 VL = CV mol=物質量(mol)．

6)　価数を考慮する必要性については，須佐之男命(すさのうのみこと)は八岐大蛇との戦いで何個の酒樽を用意したか，八岐大蛇と双頭の鷲の戦いは何対何で互角となるか，を考えるのと同じ(酒樽 8 個，大蛇 1 匹 × 頭 8 つ = 鷲 4 羽 × 頭 2 つ)．

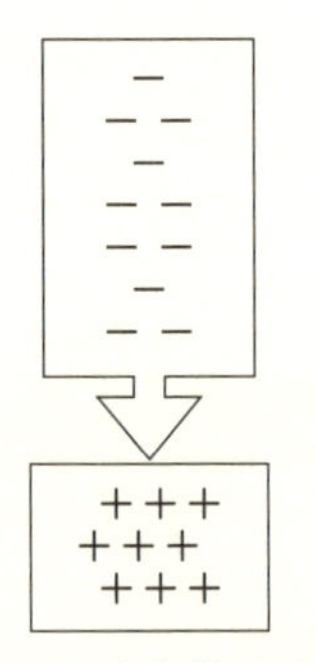

図 6-2　中和滴定の模式図

器の中の酸の H^+（図では＋で表示）に上（ビュレット）から塩基の OH^-（図では－で表示）を加えて中和する（上から加えた－で器の中の＋をすべて＋－＝0とする（$H^+ + OH^- \rightarrow H_2O$）：この図の場合，完全に中和するためには－を9個加える必要がある）．

OH^-の数（物質量（mol））＝塩基の価数 m' ×塩基の物質量（mol）＝塩基の価数 m' ×（モル濃度 $C'\ \frac{\text{mol}}{\text{L}}$ ×体積 $V'L$）＝ $m'(C'V')$mol．（または $m'((C_0'F')V')$mol）

酸と塩基が中和するための条件は，H^+の物質量（mol）＝ **OH^-の物質量**（mol）．

$$m(CV) = m'(C'V')，または\ m((C_0F)V) = m'((C_0'F')V')$$

問題 6-20　約 0.1 mol/L のリン酸 H_3PO_4 5.00 mL を NaOH（0.1 mol/L，$F = 1.023$）で滴定したところ，NaOH の 15.67 mL で当量点となった（中和した）．リン酸のモル濃度を求めよ．

答 6-20　0.1069 mol/L（答 6-19 と同様にして解く．リン酸の価数 $m = 3$，ファクターを忘れない！ 前ページ注 4～6）も参照）．

6.3　密度：密度（比重）と体積

1 cm^3（1 cc）＝ 1 mL の物質の質量（重さ）を **g 単位**で表したものを，その物質の“密度”という．したがって密度の**単位**は $\mathbf{g/cm^3}$（g/mL）．

問題 6-21　25℃における水の密度は 0.9985 g/cm^3（cm^3 ＝ mL）である．

（1）25℃の水 500 mL の重さは何 g か．

（2）25℃の水 1 kg は何 mL か[1]．

答 6-21　（1）499.3 g：

（直感法）　$0.9985\ \text{g/mL} \times 500\ \text{mL} = \frac{0.9985\ \text{g}}{\text{mL}} \times 500\ \text{mL} \fallingdotseq 499.3\ \text{g}$

解　説：g/cm^3 ＝ g/mL．1 mL の重さが 0.9985 g だから，500 mL の重さは 500 倍する．

（換算係数法）　$\text{mL} \times \left(\frac{?}{?}\right) = \text{g}$ だから，$\left(\frac{?}{?}\right)$ は $\frac{\text{g}}{\text{mL}}$ とすればよい．つまり，

$$500\ \text{mL} \times \frac{0.9985\ \text{g}}{1\ \text{mL}} \fallingdotseq 499.3\ \text{g}$$

解　説：密度とは体積（mL）と質量（g）の換算係数 $\left(①\ \frac{0.9985\ \text{g}}{1\ \text{mL}},\quad ②\ \frac{1\ \text{mL}}{0.9985\ \text{g}}\right)$ である．

体積 500 mL を重さ（g）に変換するには，mL 単位が消去されるように，分母に mL がある換算係数①を 500 mL に掛ければよい．

（分数比例式法）　$\frac{0.9985\ \text{g}}{1\ \text{mL}} = \frac{x\ \text{g}}{500\ \text{mL}}$[2]，$x = 499.3$[3]

（2）1001.5 mL：**（直感法）**　1000 mL ÷ 0.9985 g/mL ＝ 1001.5 mL．1000 mL より多いので，0.9985 で割ればよい $\left(x\ \text{mL} \times \frac{0.9970\ \text{g}}{1\ \text{mL}} = 1000\ \text{g},\ x\ \text{mL} = 1000\ \text{g} \div \frac{0.9985\ \text{g}}{1\ \text{mL}} = 1000\ \text{g} \times \frac{1\ \text{mL}}{0.9985\ \text{g}} = 1001.5\ \text{mL}\right)$．

1）　体積が 1000 mL より大きいか小さいかを，直感的に考えると，掛けるか割るかがわかる．たとえば，密度が 1 より小さければ密度を 0.5 g/mL，1 より大きければ密度を 2.0 g/mL として考える．

2）　この分数式は，1 mL の重さが 0.9985 g なら 500 mL は何 g か（x g），つまり，1 mL：500 mL＝0.9985 g：x g または 1 mL：0.9985 g＝500 mL：x g を分数式としたものである．

3）　たすき掛けして整頓する．

（換算係数法） $1000\,\text{g} \times \dfrac{1\,\text{mL}}{0.9985\,\text{g}} = 1001.5\,\text{mL}$.

解　説：重さ1 kgを体積(mL)に変換するには，gが消去されるように，分母にgがある換算係数②を掛ける．

（分数比例式法） $\dfrac{0.9985\,\text{g}}{1\,\text{mL}} = \dfrac{1000\,\text{g}}{y\,\text{mL}}$ [4]，$y =$[3] 1001.5 mL.

4） この分数式は，0.9985 gが1 mLなら，1000 gは何mL（y mL）か，つまり，1 mL：y mL＝0.9985 g：1000 gまたは1 mL：0.9985 g＝y mL：1000 gを分数式としたものである．

問題 6-22

(1) 密度1.29 g/cm^{3}のクロロホルム$CHCl_3$の100 mLは何gか．

(2) $CHCl_3$の100 gは何mLか．

答 6-22 答6-21と同様にして解く．(1) 129 g：100 gより多いか少ないか考えよ．(2) 77.5 mL：100 mLより多いか少ないかを考えよ((1)，(2)について，多いならば1.29を掛ける，少ないならば1.29で割ればよい)．または，(1)，(2)ともに，換算係数法を用いて，$\text{mL} \times \left(\dfrac{?}{?}\right) = \text{g}$，$\text{g} \times \left(\dfrac{?}{?}\right) = \text{mL}$のように単位を合わせて求める．

6.4 さまざまなパーセント濃度

パーセント(%)とは“百分のいくつ”という分数を意味する．perとは“/”，centはラテン語で“100”という意味である[5]．つまり，全体を百に分けたときの割合(率)，**百分率**のこと．全体を100としたとき，その部分がいくつにあたるかが%である．パーセント濃度にはさまざまな種類がある．

5） 1世紀＝century．5%とは，5パー(/)セント(100)，つまり，5/100のことである．微量の含有率を示すppm，ppbはこの%とまったく同じ意味である．ppm：百万分率(5 ppm＝5/10^6)，ppb：10億分率(5 ppb＝5/10^9)．

問題 6-23 **溶質**，**溶媒**，**溶液**とは何か．食塩水を例にあげて説明せよ．

答 6-23 **溶質**(溶ける物質)は食塩NaCl，**溶媒**(溶質を溶かし込む媒体)は水，**溶液**(溶質を溶媒に溶かしたもの全体)は食塩水(全体 ＝ 溶質 ＋ 溶媒 ＝ 溶液)である[6]．

6）
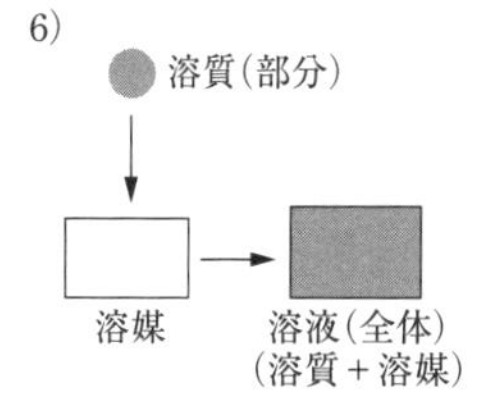

問題 6-24

(1) **質量%**（**w/w%**)とは何か(含有率[5]は，通常，この質量%で表す)．

(2) タンパク質の窒素含有率は16%(w/w)である．窒素1 gならタンパク質は何gか．

答 6-24 (1) **質量%**（＝重量%＝**w/w%**（＝**w**eight/**w**eight＝質量/質量＝**g/g%**，全体，部分ともにgで表す[7]))は小中高校で学んだ%のこと．たんに%濃度というときは，質量%を意味する．質量%の定義は

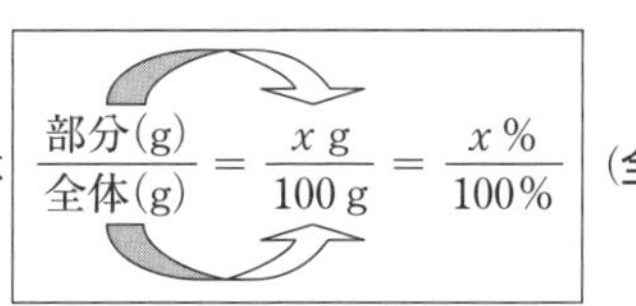

$$\frac{\text{部分(g)}}{\text{全体(g)}} = \frac{x\,\text{g}}{100\,\text{g}} = \frac{x\,\%}{100\%}$$

(**全体を100 gとすると部分は何gか**，全体の何%か)．この式をたすき掛けすると，$x\% = \dfrac{\text{部分(g)}}{\text{全体(g)}} \times 100\% = \dfrac{\text{溶質の質量(g)}}{\text{(溶質＋溶媒)の質量(g)}} \times 100\% = \dfrac{\text{溶質(g)}}{\text{溶液(g)}} \times 100\%$(全体100 g中に何g溶けているか)，

7） $\dfrac{\text{部分 溶質 g}}{\text{全体 溶液 g}} \times 100$
(溶液 g＝溶質 g＋溶媒 g)

または，

$$\text{部分\%(w/w)} = \frac{\text{部分(g)}}{\text{全体(g)}} \times \text{全体 } 100\%$$

(2)　タンパク質 6.25 g：窒素 1 g は，タンパク質 6.25 g に対応する[1].

(換算係数法)[2]　$\text{窒素 } 1\,\text{g} = \text{窒素 } 1\,\text{g} \times \frac{\text{タンパク質 } 100\,\text{g}}{\text{窒素 } 16\,\text{g}} = \text{タンパク質 } 6.25\,\text{g}$

(分数比例式法)　$\frac{\text{窒素 } 16\,\text{g}}{\text{タンパク質 } 100\,\text{g}} = \frac{\text{窒素 } 1\,\text{g}}{\text{タンパク質 } x\,\text{g}}$，たすき掛けして，$x = 6.25$ g

体積%（容量%，**v/v%**(volume/volume = 体積/体積 = **mL/mL%**)）は液体で用いる．一方，質量%と体積%とを混ぜこぜにした**質量/体積%**(**w/v = g/mL%，重容%**)は，分子が質量(g)で分母が体積(mL)として定義される．重容%はモル濃度に直接換算できるので，食品学，生化学，生理学，栄養学などの分野ではよく用いられる．

1)　食品中に含まれるタンパク質量は，その食品の窒素分を分析し，その分析値に 6.25 を掛けて求められる．

2)　含有率が 16%だから，換算係数は，$\frac{\text{窒素 } 16\,\text{g}}{\text{タンパク質 } 100\,\text{g}}$ と $\frac{\text{タンパク質 } 100\,\text{g}}{\text{窒素 } 16\,\text{g}}$．

問題 6-25　**質量/体積%**（**重容%**）とは何か．

答 6-25　**質量/体積%**（**重容%**）の定義は

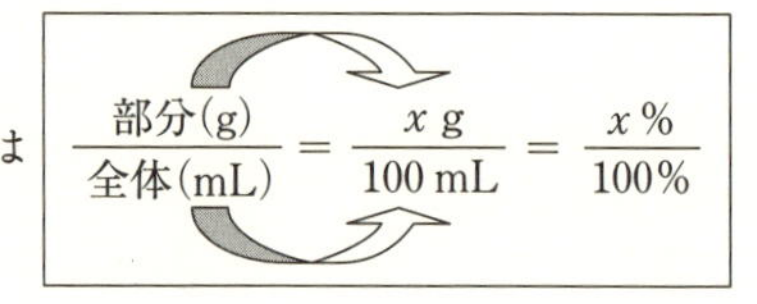

$$\frac{\text{部分(g)}}{\text{全体(mL)}} = \frac{x\ \text{g}}{100\ \text{mL}} = \frac{x\ \%}{100\%}$$

(**全体を 100 mL** とすると**部分は何 g か**，全体の何%か)．この式をたすき掛けすると，

$$x\%\,\text{(w/v)} = \frac{\text{部分(g)}}{\text{全体(mL)}} \times 100\% = \frac{\text{溶質の質量(g)}}{\text{(溶質＋溶媒)の体積(mL)}} \times 100\% = \frac{\text{溶質(g)}}{\text{溶液(mL)}} \times 100\%$$ [3]

または，

$$\text{部分\%(w/v)} = \frac{\text{部分(g)}}{\text{全体(mL)}} \times \text{全体 } 100\%$$

3)　$\frac{\text{部分 ● 溶質 g}}{\text{全体 ■ 溶液 mL}} \times 100$

溶質 g＋溶媒 mL ≠溶液 mL
溶質 g＋溶媒 g ≠溶液 mL
(溶質 g＋溶媒 g＝溶液 g)
溶液 g/溶液 mL
＝密度 g/mL

問題 6-26　グルコース 21.6 g を溶かした水溶液 300 mL[4] の密度は 1.03 g/cm^3 である．この水溶液の**質量/体積**(**w/v**，g/mL)%，**質量**(**w/w**，g/g)%はいくつか．

4)　全体の体積は 300 mL という意味である．

答 6-26　7.20%，6.99%：**%濃度計算**では，まず，**全体の重さ(g)**，**全体の体積(mL)**，**部分の重さ(g)**を求める．問題では，部分は 21.6 g，全体は 300 mL．全体を重さで表すと，**密度** = 1.03 g/cm^3 = 1.03 g/mL(1 mL の重さは 1.03 g)だから，全体の重さは 300 mL ×

$\frac{1.03\,\text{g}}{1\,\text{mL}} = 309\,\text{g}$ (または 300 mL → g とするには，mL × $\frac{\text{g}}{\text{mL}}$，300 mL × $\frac{1.03\,\text{g}}{1\,\text{mL}}$ = 309 g，全体は 309 g)．よって，w/v%は $\frac{\text{部分 (g)}}{\text{全体 (mL)}} \times 100 = \frac{21.6\,\text{g}}{300\,\text{mL}} \times 100 = 7.20\%$ (w/v)，

w/w%は $\frac{\text{部分 (g)}}{\text{全体 (g)}} \times 100 = \frac{21.6\,\text{g}}{309\,\text{g}} \times 100 = 6.99\%$ (w/w)．

問題 6-27

(1)　グルコース 5.0 g を溶かして 7.0%(w/v, g/mL)溶液をつくった．溶液は何 mL できたか．

(2)　グルコースの 7.0%(w/w, g/g)溶液をつくったところ全体が 250 g となった．何 g を溶かしたのか．

答 6-27

(1) 71.4 mL：(換算係数法)　部分 5.0 g × $\frac{\text{全体 } 100\ \text{mL}}{\text{部分 } 7.0\ \text{g}}$[5] = 全体 71.4 mL

(分数比例式法)　$\frac{5.0\ \text{g}}{x\ \text{mL}} = \frac{7.0\ \text{g}}{100\ \text{mL}}$，たすき掛けして，$x = 71.4$ mL

(2) 17.5 g：(換算係数法)　全体 250 g × $\frac{\text{部分 } 7.0\ \text{g}}{\text{全体 } 100\ \text{g}}$[6] = 部分 17.5 g

(分数比例式法)　$\frac{7.0\ \text{g}}{100\ \text{g}} = \frac{y\ \text{g}}{250\ \text{g}}$，$y = 17.5$ g

問題 6-28　グルコース 7.20 g(分子量 180.16)を水 100 mL(密度 1.00 g/cm^3)に溶かす[7]と，水溶液の密度は 1.04 g/cm^3 となった(100 mL に 7.20 g を溶かしたので体積は 100 mL より増えたが，何 mL になったか不明)．

(1) 水溶液全体の重さは何 g か．

(2) 水溶液の体積は何 mL か．

(3) 溶液のグルコース濃度を① w/w%，② w/v%，③ mol/L で表せ．

答 6-28

(1) 107.2 g(水 100 mL = 100 g + グルコース 7.20 g)

(2) 103.1 mL(答 6-21(2)と同様にして解く) $\frac{107.2\ \text{g}}{1.04\ \text{g/mL}}$，$\left(107.2\ \text{g} \times \frac{1\ \text{mL}}{1.04\ \text{g}}\right)$

(3) ① 6.72%：$\frac{\text{部分 } 7.20\ \text{g}}{\text{全体 } 107.2\ \text{g}} \times 100$，② 6.98%：$\frac{\text{部分 } 7.20\ \text{g}}{\text{全体 } 103.1\ \text{mL}} \times 100$

③ 0.388 mol/L：(答 6-10 と同様にして解く) $\left(\frac{7.20\ \text{g}}{180.16\ \text{g}}\right)$ mol/ $\left(\frac{103.1\ \text{mL}}{1000\ \text{mL}}\right)$ L

6.5 溶液の希釈

問題 6-29

(1) 食塩 9%(w/v)水溶液を用いて 6%(w/v)水溶液を 300 mL つくるには 9%溶液何 mL が必要か．

(2) ショ糖の 20%(w/w)溶液(密度 1.20 g/cm^3)50 mL を水で薄めて 5%(w/w)溶液(密度 1.05 g/cm^3)を調製した．5%溶液は何 mL 得られるか．

答 6-29

(1) 200 mL：9%/6% = 1.5 倍に希釈すればよい．薄めて 300 mL となるから，もとの溶液は 300 mL より少ない．よって 9%溶液の体積は，300 mL/1.5 = 200 mL．または $CV = C'V'$ =溶けているものの量(g, mol など) より[8]，9% × V = 6% × 300 mL

(2) 229 mL：$C(Vd) = C'(V'd')$ より[9]，$\frac{\text{ショ糖 } 20\ \text{g}}{\text{溶液 } 100\ \text{g}} \times \left(\text{溶液 } 50\ \text{mL} \times \frac{1.20\ \text{g}}{1\ \text{mL}}\right)$

$= \frac{\text{ショ糖 } 5\ \text{g}}{\text{溶液 } 100\ \text{g}} \times \left(\text{溶液 } V'\ \text{mL} \times \frac{1.05\ \text{g}}{1\ \text{mL}}\right)$，$V' = 229$ mL

5) 換算係数は

① $\frac{\text{部分 } 7.0\ \text{g}}{\text{全体 } 100\ \text{mL}}$

② $\frac{\text{全体 } 100\ \text{mL}}{\text{部分 } 7.0\ \text{g}}$

6) 換算係数は

① $\frac{\text{部分 } 7.0\ \text{g}}{\text{全体 } 100\ \text{g}}$

② $\frac{\text{全体 } 100\ \text{g}}{\text{部分 } 7.0\ \text{g}}$

7) 全体の体積が何 mL かはわからない．密度を用いて，計算で求める必要がある．

8) 3 倍に薄めれば(希釈倍率 3 倍では)濃度 C は 1/3，体積 V は 3 倍になる．つまり CV=一定，$CV=C'V'$ が成り立つ($C \times V$ は溶けているものの量である．薄める前後でものの量は変化しないので，薄める前(C, V)と後(C', V')で $CV=C'V'$ が成り立つ)．モル濃度，w/v%，v/v%溶液でこの式が成立する，

9) w/w%では，$CV=CV$ ではなく密度 d(g/cm^3)を考慮する必要がある(溶液の体積を溶液の質量(g)で表す必要がある)．つまり $C(Vd)=C'(V'd')$．
(C%(w/w)溶液 V mL 中に溶けている溶質の量(g)は，
$\frac{\text{溶質} C\ \text{g}}{\text{溶液} 100\ \text{g}} \times \left(\text{溶液 } V\ \text{mL} \times \frac{d\text{g}}{1\ \text{mL}}\right) = \frac{\text{溶質} C\ \text{g}}{\text{溶液} 100\ \text{g}}$
×溶液(Vd)g=溶質$\frac{C(Vd)}{100}$ g
である)

付録2　有機化合物の性質を理解するための基礎概念：化学結合，分子間相互作用，立体異性体

7.1　原子の電子配置とイオンの生成，共有結合と配位結合

7.1.1　原子の電子配置とイオンの生成

p. 14～15 で説明した原子のもっとも単純なモデルであるモモの実・西瓜(スイカ)ハイブリッドモデルは，より厳密には，高校化学で学んだように，モモの実の果肉部分がモモの実状ではなく，卵の殻をタマネギの皮のように重ねた層状構造をしている(図 7-1)[1]．層状の 1 番内側の殻を K 殻とよび，電子の最大収容数 2 個，K 殻の外側に L 殻(電子の最大収容数 8 個)，その外側に M 殻(同 18 個)，N 殻(同 32 個)，…となっている．各原子について，K，L，M，N 殻にそれぞれ電子が，内側から順番に何個詰まっているかを示したものを，原子の**電子配置**とよぶ．たとえば，11 番元素の Na は $(K)^2(L)^8(M)^1$ である．右肩付きの数字は，各殻に詰まった電子数である．図 7-1 に，各原子の電子配置を図示した．原子の化学的性質は，この電子配置の 1 番外側の電子(**最外殻電子**)によって決まっている[2]．したがって，最外殻電子を**価電子**ともいう．

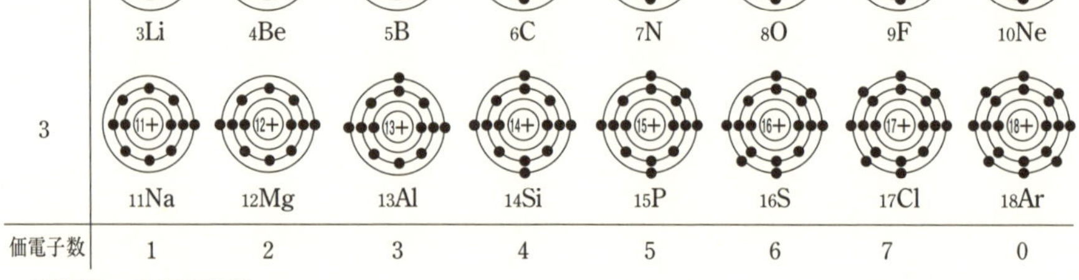

1)　実は，この太陽系モデル・軌道モデルも現代的理解とは異なっている(“ゼロからはじめる化学”(丸善)；“生命科学・食品学・栄養学を学ぶための有機化学 基礎の基礎”(丸善)参照)．

2)　原子核の正電荷と電子殻中の電子の負電荷との静電引力は，正負の電荷間の距離が大きい最外殻電子が一番弱く(静電的相互作用，p. 193)，原子核からの束縛が一番小さいので，この電子が他の原子と一番相互作用しやすい．また，他の原子との接触は一番外側でおこるので，最外殻電子が化学結合に関与することになる．

デモ実験：磁石で遊ぶ
p. 193 のデモ実験，静電的相互作用を参照．

周期＼族	1	2	13	14	15	16	17	18
1	$_{1}$H							$_{2}$He
2	$_{3}$Li	$_{4}$Be	$_{5}$B	$_{6}$C	$_{7}$N	$_{8}$O	$_{9}$F	$_{10}$Ne
3	$_{11}$Na	$_{12}$Mg	$_{13}$Al	$_{14}$Si	$_{15}$P	$_{16}$S	$_{17}$Cl	$_{18}$Ar
価電子数	1	2	3	4	5	6	7	0

価電子数＝最外殻電子数

図 7-1　原子の電子構造・電子配置図：周期表の一部(典型元素：1，2，13～18 族)

問題 7-1

(1) 周期表の 1，2，13～17 族元素について，原子からイオンが生じる際の生じ方を説明し，族番号とイオンの価数(電荷)との関係を示せ.

(2) (1) のイオンが得られる理由を述べよ.

(3) Na イオンと塩化物イオンの生成とイオンの電子配置について説明せよ.

答 7-1

(1) **イオンの生成と周期表**：1，2，13，(14)族では最外殻電子 1，2，3，(4)個をすべて失って，それぞれ＋1，＋2，＋3，(＋4)の**陽イオン**となり，最外殻電子数(5)，6，7 個の(15)，16，17 族では(3)，2，1 個の電子を得て，それぞれ(−3)，−2，−1 の**陰イオン**となる.

(2) (1)のイオンが貴ガスと同じ**電子配置**をとるため．最外殻に電子が満杯に詰まった(**閉殻**)電子配置の**貴ガス**[3]は反応性が低いので，この電子配置は安定と考えられる[4].

(3) ナトリウムイオンと塩化物イオンの生成と電子配置：ナトリウム原子 Na は，最外殻電子を 1 個放出して貴ガス Ne と同じ電子配置の Na^+となる．塩素原子 Cl は最外殻に電子を一つ受け取って貴ガス Ar と同じ電子配置の Cl^-となる.

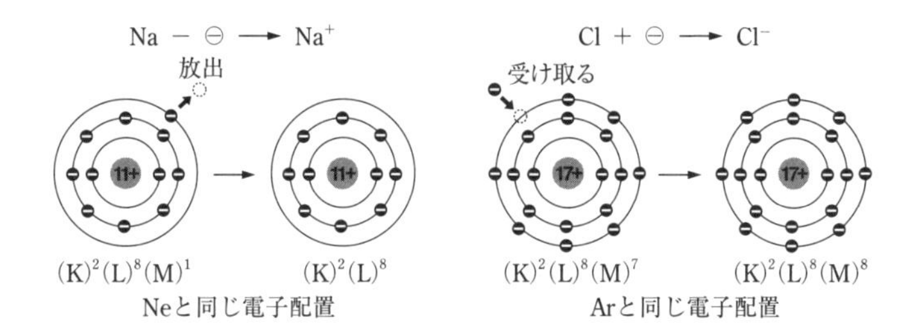

3)　貴ガスは希ガスともいう(p. 11 注 8)，13 参照).

4)　より詳しい本質的な理由は“生命科学・食品学・栄養学を学ぶための有機化学 基礎の基礎”(丸善)，p. 194；“ゼロからはじめる化学”(丸善)，p. 99 参照.

問題 7-2　電子式[5]とは何か．また，H から Ne までの電子式を示せ.

5)　電子を示す“・”をルイス記号，電子式をルイス構造(式)ともいう.

答 7-2　**電子式**とは，最外殻電子(価電子)を元素記号の周りに点で表したものをいう．元素記号の上下左右の 4 ヵ所に電子が 2 個入ることができる部屋が四つある(ただし，H と He だけは部屋が一つしかない)．そこに，最外殻電子をまずは 1 個ずつ入れていく(電子は負電荷をもち，互いに反発するので，まずは 1 個ずつ入りたがる[6])，4 部屋が満室になったら，2 個目が順次入っていく．水素原子と第二周期元素の原子の電子式を以下に示した(4 部屋を占める順序は不同，どこからでも可，4 部屋を区別しない).

6)　反発しあう 2 個の電子が，なぜ一つの部屋(軌道)に一緒に入ることができるかは，“生命科学・食品学・栄養学を学ぶための有機化学 基礎の基礎”(丸善)，p. 199 参照.

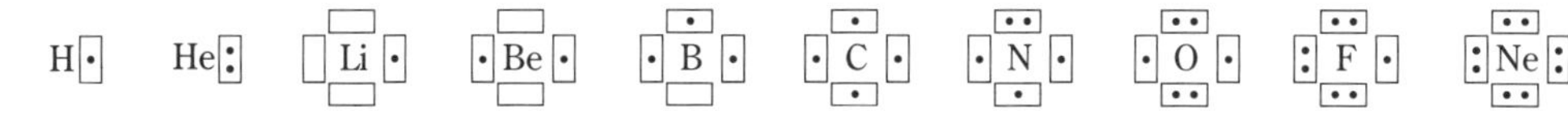

通常は部屋(軌道)の□は書かないで，以下のように点だけで表す.

H・　He:　Li・　・Be・　・B・　・C・　・N・　・O・　:F・　:Ne:

7.1.2　共有結合

問題 7-3

(1) **共有結合**とは何か，説明せよ.

(2) 原子の共有結合の価数(手の数)と周期表の関係を示せ.

答 7-3　(1) **共有結合**とは，二つの原子が“互いに価電子を 1 個ずつ出し合い，生じた電子対を共有してできる結合(**電子対共有結合**)”である．4 部屋の中で，1 個しか入っていない部屋の電子(不対電子)がこの結合に関与する．この電子が p. 30 の“手”に対応する．
(2) 不対電子数に合わせて，水素 H(1 族)の手は 1 本，炭素 C(14 族)は 4 本，窒素 N(15 族)は 3 本，酸素 O(16 族)は 2 本，フッ素 F と塩素 Cl(17 族)は 1 本となる，つまり，原子価はそれぞれ，1，4，3，2，1 価であり，それぞれ，1，4，3，2，1 本の共有結合をつくる．

問題 7-4　水素分子 H_2，水分子 H_2O，アンモニア分子 NH_3，メタン分子 CH_4 のでき方を電子式で示し，それぞれの分子を電子式で表せ．

答 7-4　**共有結合**のでき方を式で示すと，次のようになる．

水素分子 H_2 は，H· + ·H ⟶ H(:)H ⟶ H:H　(H_2)

水分子 H_2O は，H· + ·Ö· + ·H ⟶ H(:)Ö(:)H ⟶ H:Ö:H　(H_2O)

アンモニア分子 NH_3 は，H· + ·N̈· + ·H (+ ·H) ⟶ H(:)N̈(:)H (H) ⟶ H:N̈:H (H)　(NH_3)

メタン分子 CH_4 は，H· + ·Ċ· + ·H (+ ·H, + ·H) ⟶ H(:)C(:)H (H, H) ⟶ H:C:H (H, H)　(CH_4)

A[·] + [·]B ⟶ A([·][·])B ⟶ A[:]B　または　A· + ·B ⟶ A:B
1 + **1** = **2**　　　**1** + **1** = **2**
(1+1，不対電子 2 組から ＝2，**共有電子対**を生じる)

問題 7-5　水素原子 2 個，塩素原子 2 個でなぜ安定な水素分子，塩素分子ができるのか，つまり，水素分子，塩素分子は原子に比べてなぜ安定なのか説明せよ．

答 7-5　水素分子，塩素分子が安定な理由は，分子中では，電子対を共有することにより，それぞれの原子が**貴ガスと同じ閉殻構造**(H は最外殻電子 2 個の He と同じ電子配置，Cl は 8 個の Ar と同じ電子配置)をとるから[1]というのが高校で学んだ考えである(下図)．

1) “ゼロからはじめる化学”(丸善)，p. 95 参照.

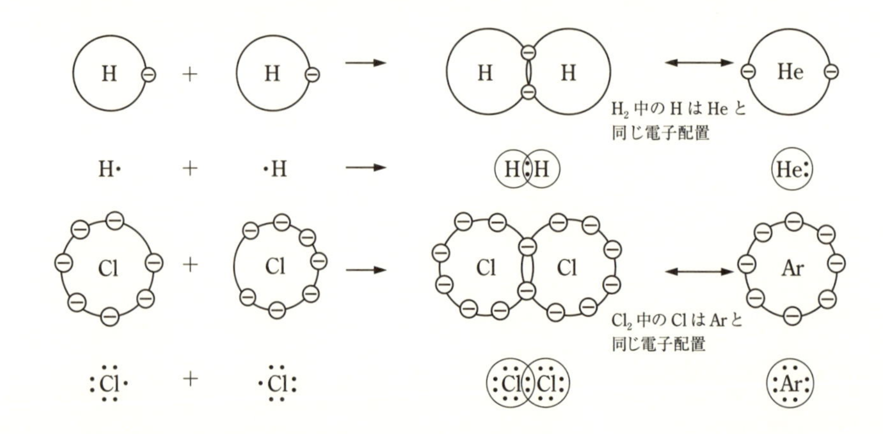

この考えに基づけば，答 7-4 では O，N，C がそれぞれ Ne と同じ電子配置（電子 8 個）となり，かつ，H が He と同じ電子配置となるので結合ができると理解できる[1, 2]．

7.1.3　配位結合とアンモニア，アミンの塩基性

問題 7-6　NaOH を水に溶かすと，NaOH は NaOH ⟶ Na^+＋OH^- のようにイオンに解離して塩基性のもとである OH^- を放出するので水中の OH^- 濃度は増大し，水溶液は塩基性を示す．一方，アンモニア NH_3 やアミン R-NH_2 は OH^- をもっていないが水溶液は塩基性を示す．このことを例に，**配位結合（配位共有結合）**とは何かを説明せよ[3]．

答 7-6　アンモニアを水に溶かすと塩基性（アルカリ性）を示すが，これは NH_3 が水分子と，H:N̈:（上下に H）＋ H-Ö-H ⟶ H:N̈:H⁺（上下に H）（NH_4^+）＋OH^- のように反応して塩基性の素である水酸化物イオン OH^- を生じるためである．この反応は，H-N̈:（上下に H）＋ H^+ ⟶ H:N̈:H^+（上下に H）とも書くことができる．つまり，N が非共有電子対（電子 2 個）を電子 0 個の H^+ に提供し，この電子対を両者が共有し結合をつくる．これを電子対供与（共有）結合，より一般的には，配位（共有）結合という．**配位**とは**非共有電子対**をもつ原子（配位原子，この例では N）が，電子不足の原子（空の部屋をもつ原子，この例では H^+）に電子対を供与する（相手に電子を 1 個与える）ことである．その結果として電子対を互いに共有した結合（この例では NH_4^+）ができる．つまり，配位結合とは，次の式で示すように，**配位という過程により生じた電子対共有結合**のことである．

非共有電子対　空の部屋

H[:]N[:]H（上下に H）＋ □H^+ —配位→ （H[:]N[:]（上下に H） —配位→ □H^+　電子を 1 個 H^+ に与える）

→[4]（H[:]N^+[·]　[·]$H^{[4]}$）共有結合する → H[:]N^+[:]H（上下に H）配位共有結合 ＝ H—N^+—H（上下に H）＝ NH_4^+

電子対を共有

配位結合（配位共有結合）は，次の一般式で表される．

A[:] ＋ □B ⟶ A(:□)B ⟶ A[:]B	または	A: ＋ B ⟶ A:B
2 ＋ 0 ＝ 2		2 ＋ 0 ＝ 2
（2＋0，非共有電子対と空の部屋から ＝2，共有電子対を生じる）		

水に溶けた NH_3 やアミン R-NH_2 は N の**非共有電子対**で水分子と相互作用し，水から H^+ を引き抜いて H^+ と**配位結合したアンモニウムイオン NH_4^+** や R-NH_3^{+}[5] をつくる．一方，H^+ を引き抜かれた水分子は OH^- となり，その溶液は OH^- 濃度が増大し，アルカリ性を示す．

2）ただし，現代的理解は別である．安定性は電子の閉殻構造とは無関係であり，定性的には，共有電子対（負電荷－をもつ）が二つの原子の原子核（正電荷＋をもつ）の接着剤となるから結合ができる，と考えてよい（下図）．

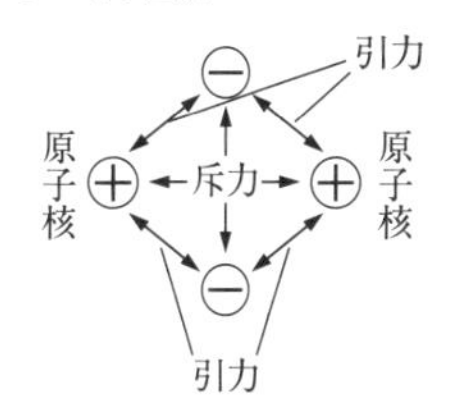

詳しくは，"生命科学・食品学・栄養学を学ぶための有機化学 基礎の基礎"（丸善），p. 209，221，または，"ゼロからはじめる化学"（丸善），p. 107 を参照．

3）H_2O＋H^+ ⟶ H_3O^+ オキソニウムイオンも配位結合により生じる．

デモ実験：濃アンモニア水と濃塩酸が入った 2 本の試験管内の空気を互いに接触させる → 白煙を生じる（白煙は何か？）．フェノールフタレイン入りの試験管中の水の表面にトリエチルアミンの液体を静かに乗せる → 水柱の上方のみが赤変する（なぜか？）．

4）H^+ は N より電子"・"をもらい，無電荷の H となる．N は"・"を与えたので電子 1 個不足で N^+ となる．

5）このアンモニウムイオンの H が 4 個とも R（C）に置き換わったものを第四級アルキルアンモニウムイオンといい，逆性せっけん（殺菌作用がある，p. 104 注 1）），リン脂質のレシチン（細胞膜の成分，p. 73）などがある．

7.1.4 アミノ酸の双性イオンと等電点

アミノ酸はカルボン酸(R-COOH，酸性)であると同時に，アミン(R-NH_2，塩基性)でもあるから，R-COOHの解離反応，RCOOH ⟶ R-COO^- + H^+とR-NH_2の解離反応R-NH_2 + H_2O ⟶ RNH_3^+ + OH^-が同時に起こり，結果として分子内で中和して，RCOOH+ R-NH_2 ⟶ R-COO^- + RNH_3^+(つまり，分子内で，塩-COO^-，-NH_3^+の形：**双性イオン**，**両性イオン**)となる．水溶液中では，アミノ酸は下図のような-COOHと-NH_2の酸塩基平衡の状態で存在し，3種類のイオンの各濃度は水溶液のpHによって異なる．全体として＋の電荷と－の電荷の数が等しくなるpH，つまり，[RNH(NH_3^+)COOH] = [RNH(NH_2)COO^-]が成り立つpHを**等電点**という．等電点では，アミノ酸全体としての電荷が中和されるので溶解度が最も小さくなり，タンパク質は等電点で沈殿する．等電点より低いpH条件で電気泳動すれば，アミノ酸やタンパク質(陽イオン)は陰極側に移動し，高いpH条件では，アミノ酸やタンパク質(陰イオン)は陽極側に移動する．

$$\mathrm{R{-}CH(NH_3^+){-}COOH} \underset{+H^+}{\overset{-H^+}{\rightleftharpoons}} \mathrm{R{-}CH(NH_3^+){-}COO^-} \underset{+H^+}{\overset{-H^+}{\rightleftharpoons}} \mathrm{R{-}CH(NH_2){-}COO^-}$$

陽イオン(酸性側)　　双性イオン・両性イオン(中性近傍)　　陰イオン(アルカリ性側)

7.1.5 多重結合とその反応性

二重・三重結合では，まず，単結合と同じ1本の強い結合(**σ 結合**(シグマ))で分子の骨組みをしっかりつくっている．残りの1本または2本の結合は**π 結合**(パイ)という弱い結合であり，じつは手が余ったので仕方なくつないだものである[1]．σ 結合をつくる σ 電子は，CとCとをつないで分子の骨組みを支えている，いわば二つのC原子の接着剤である．この電子は結合したC-Cの間にしっかり捉えられており，自由に身動きできないので反応性は低い．一方，π 結合をつくる π 電子はC-C間にゆるく捉えられているだけなので比較的自由に動き回ることができ，機会があれば外にひょいと手を出して，ほかの相手(原子)と仲良くしてしまう．つまり，二重結合や三重結合の2本目，3本目の結合を切ってほかの原子と結合をつくる(**付加反応**する)性質をもつ[2]．

(不飽和炭化水素) H-C=C-H (H H)(エチレン)　—C=C—（二重結合の一つを切断）　手が余る (H-C-C-H)　$\xrightarrow[\text{2 H 付加}]{H_2}$　(飽和炭化水素) H-C-C-H (H H / H H)

(付加 = くっつくこと．専門用語である)

7.1.6 芳香族性

芳香族炭化水素にも二重結合があるが，ベンゼン環・芳香環は全体として特別に安定な性質があり(共鳴エネルギーによる安定化[3])，付加反応は起こしにくい．むしろ置換反応が起こりやすく，-Hが-NO_2，-Br，-CH_3などに置き換わる．熱や酸化に対しても安定である．ヒドロキシ基をもつフェノールはアルコールと異なり弱酸とし

1) “ゼロからはじめる化学”(丸善)，p. 109；“生命科学・食品学・栄養学を学ぶための有機化学 基礎の基礎”(丸善)，p. 224 参照．

2) 植物油に水素添加してマーガリン(硬化油)をつくる反応や油脂のヨウ素価測定の原理(p. 131)，生化学のTCA回路における水分子の付加(p. 127 ③, ⑨)．

3) 詳しくは“生命科学・食品学・栄養学を学ぶための有機化学 基礎の基礎”(丸善)，p. 159；“ゼロからはじめる化学”(丸善)，p. 163 参照．

ての性質をもち，アミノ基をもつ芳香族アミンの塩基性は脂肪族アミン $R-NH_2$ よりはるかに弱い．これらの理由は，ベンゼン環の構造が3個の二重結合をもつ六角構造(p. 50“ベンゼン”図中央)ではなく，同図右側の六角形の内側に円を描いた構造をとっているためである[3]．

7.2 共有結合の極性と電気陰性度[4]

共有結合した原子が，結合電子対を自分の方に引き寄せる力の尺度を，**電気陰性度**という($H < C < N \leq Cl < O < F$)．電気陰性度が大きい原子は，共有結合電子対を引き寄せる結果，少しだけ負電荷を帯び，相手原子は正電荷を帯びる．これを**分極**(正負の極に分かれる)といい，このような結合を極性結合(結合が**極性**をもつ)という．

4) 電気陰性度のより詳しい説明は，p. 101(“生命科学・食品学・栄養学を学ぶための有機化学 基礎の基礎”(丸善)，p. 70, 197；“ゼロからはじめる化学”(丸善)，p. 96, 102, 158 参照)．

7.2.1 極性分子と無極性分子

アルカンのC–H結合はC, Hが電子を1個ずつ出し合って電子対を共有することでつながっている共有結合である(H• •C• •H ⟶ H:C:H)．一方，ハロアルカンのC–Cl結合は，共有結合ではあるが，ClはCに比べて**電気陰性度**が大きく，共有電子対の電子を自分の方に引きつける傾向がある(電気陰性度の大きい原子の方に電子対が偏る)．その結果，Clはわずかにマイナス電荷($\delta-$)を帯び，Cはプラス電荷($\delta+$)を帯びる[5]．これを共有結合の**分極**(**正負の極に分かれる**)，共有結合が**極性**をもつという[6]．ごくわずかな電荷，たとえば0.05を記号 δ[7] で表す．

C• + •Cl —共有結合→ C:Cl　　電子対の綱引き C[:]Cl (CよりClが強い) ⟶ 分極(極性をもつ) $\overset{\delta+}{C}:\overset{\delta-}{Cl} \equiv \overset{\delta+}{C}-\overset{\delta-}{Cl}$ 電子対が偏り電荷をもつ[6]

この電荷のためハロアルカンはアルカンよりは水に溶ける[8]．少し電荷をもつので分極した水分子(下述)と相互作用しやすい($H-O^{-}\cdots C^{+}-Cl^{-}\cdots {}^{+}H-O$，OにH，CにCl，OにH)．

NaClが陽イオン Na^+ と陰イオン Cl^- に別れて水に溶けることからわかるように，分子が少しでもプラスとマイナスになれば水に溶けやすくなる．極性をもった結合を極性結合，極性をもった(分極した)分子を**極性分子**(水に溶ける)，極性のない(分極していない)分子を**無極性分子**(水に溶けない)という．

5) 説明が理解できなければイオンのでき方(p. 19)を復習せよ．

6) このように，分子中で距離 l だけ離れて正電荷 $+q$ と負電荷 $-q$ が存在するものを**双極子**という．
$\mu = ql$ を**双極子モーメント**といい，極性の大きさの定量的尺度である．

7) ギリシャ文字のデルタ，英語のdに対応する．少し・わずかのという意味．たとえば，
$\delta+ = +0.05$
$\delta- = -0.05$

8) ペンタンは0.000 04%しか水に溶けないがクロロホルムは水に0.7%溶ける．

7.2.2 水の性質と水素結合

H_2O 分子では，H原子に比べてO原子の電気陰性度が相当大きいために，O–H結合の共有電子対はO原子側に強く引き寄せられて，結合は大きく**分極**している(**極性**をもつ)．すなわち，O原子は負電荷($\delta-$)，Hは正電荷($\delta+$)を帯びているので，$\delta+$ のHと隣の分子の $\delta-$ のO(非共有電子対)の間に引力が働き，分子同士が互いに水素を介してつながる(水素原子を介したクーロン力，p. 193)．これを**水素結合**とよぶ(下図(a)，p. 69, 106)．液体の水は水素結合が無限につながった三次元の網目構造

をしている（下図(b)）．水素結合は普通の化学結合の強さの 1/10 程度と弱いが，数が多いので，結果的に水の性質に大きな影響を与えている[1]．以下の水のさまざまな特異性はこの水素結合に由来する．氷は水に浮く，つまり，液体の水は固体の氷になると体積が増えて密度が小さくなる．このような物質はまれである．水の沸点 100℃は水とほぼ同分子量のメタンの沸点 −161℃に比べて 261℃も高く，蒸発熱は液体中で最大（530 cal/g），比熱も物質中で最大（1.0 cal/g），表面張力も水銀を除き最大である．これらの水の特異性がタンパク質や DNA の構造保持（p. 69，168），発汗による体温調節（p. 143），地球の気温や気候調節（エネルギー循環）など，からだや身のまわりや地球上のさまざまなことを可能にしている．

1）水素結合は，瞬間瞬間につながったり切れたりしている動的なものである．

デモ実験：水とエタノールへの食塩・砂糖の溶解度を比較する．液体の水と氷の構造の分子模型を示す．

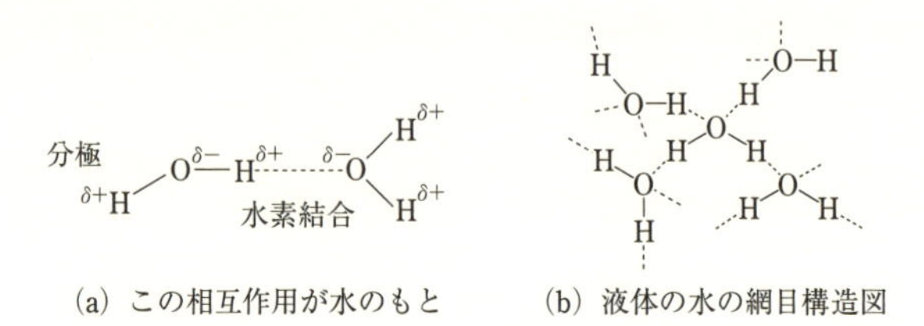

(a) この相互作用が水のもと　　(b) 液体の水の網目構造図

7.2.3 カルボニル基の反応性と極性（π 結合の分極）

二重結合は，構造式では単に 2 本の棒として表されるが，この 2 本は同じ結合ではない．p. 190 で述べたように，2 本の結合のうち，一つの π 結合は反応性が高い．カルボニル基では C に比べて O の電気陰性度が大きく，かつ，二重結合の π 電子は動きやすいために，O 原子は C から π 電子を容易に引き抜いてしまう．その結果，O 原子は電子を得て負となり，C は電子を失い正（プラス）となる．つまり，カルボニル基は大きく分極し極性となる（下図(a)）．プラス（＋）となった C は非共有電子対をもった原子，分子（求核試薬）からの攻撃（配位）を受けやすい．したがって，カルボニル基は反応性が高い[2]（エステル，アミドを除く）．アセトンのような R の小さいケトンが水に溶けやすいのは，極性が大きいカルボニル基 CO と水分子が水素結合や双極子相互作用するためである（下図(b)，次ページ）．

2）糖の鎖状構造の環状構造への変化（p. 132）など．

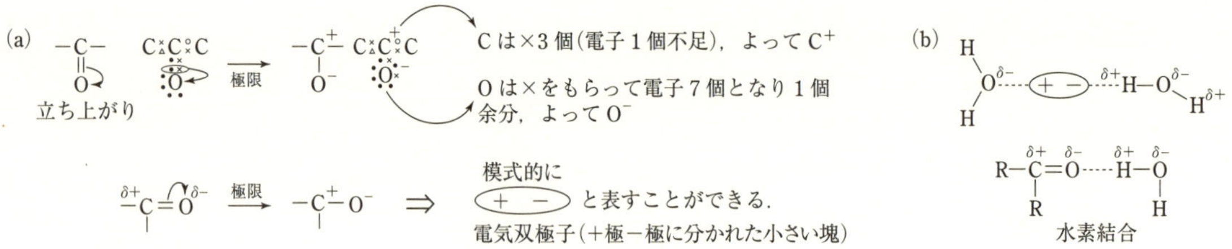

(a) 立ち上がり　極限　C は×3 個（電子 1 個不足），よって C^+　O は×をもらって電子 7 個となり 1 個余分，よって O^-

極限　⇒　模式的に（＋ −）と表すことができる．電気双極子（＋極−極に分かれた小さい塊）

(b) 水素結合

7.3 分子間相互作用・分子間力

下記のさまざまな**分子間相互作用**では，すべて，その 1 個 1 個の相互作用のエネルギーは小さい．しかし，**生体内では**これらの分子間相互作用が多重に働くことにより，タンパク質の構造（p. 69），免疫における抗原と抗体の特異的結合（p. 164），各種ホルモンの受容器への結合（p. 158），DNA の構造，遺伝情報伝達，遺伝子発現（p. 157〜159）など，**重要な役割**を果たしている．相互作用のエネルギーは，共有結合（単結合）

のエネルギー約400 kJ/mol(150～450 kJ/mol)に対して，**水素結合**では10～30 kJ/mol，共有結合の1/20～1/10(5～10％)程度．**双極子相互作用**では共有結合の1％，2 kJ/mol程度．**分散力**は18番元素Arで8 kJ/mol(重たい元素ほど大きい)，有機化合物では分散力は1番元素H原子同士の間で働くためにたいへん小さい．双極子相互作用と分散力を含めた**ファンデルワールス力**は4 kJ/mol程度である．

7.3.1 静電的相互作用

クーロンの法則(クーロン力)に基づくイオン間相互作用のこと．イオン結合の本体でもある．イオン間に働く力$F \propto z_1z_2/r^2$であり，イオン電荷z_1，z_2が同符号の場合には斥力(反発力)，異符号では引力が働く．Fの大きさは電荷の積z_1z_2に比例し距離rの2乗に反比例する．つまり，z_1z_2が大きいほど，rが小さいほど，力Fは大きくなる．この式は磁石のN・S極間の引力・斥力の関係式と同一である[3]．

デモ実験：静電気と磁石を体験する．磁石で遊ぶ，下敷きで紙をくっつける，水道蛇口から流れ出る細い水柱を曲げる(磁石では静電気に関するクーロンの法則と同じ式が成り立つ．“ゼロからはじめる化学”(丸善)，p. 98～99参照)．

7.3.2 (電気)双極子相互作用

電気双極子とは，電気陰性度の違いにより極性を帯びた分子などのように，小粒子の一方が$\delta+$，他方が$\delta-$の部分電荷を帯びたもの，つまり，きわめて短い距離を置いて存在する正負等量の電荷の対のこと．分子や原子は電場中(やイオンや双極子の近傍の電場)でこの状態(誘起双極子)になる．水分子などはそのままの状態で双極子(永久双極子)となっている[4]．双極子同士の間では，右図のように，＋と－の部分でクーロン力による引力が働く．これを双極子相互作用という．

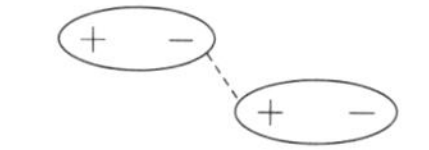

7.3.3 水素結合

水素原子を介したクーロン力．詳しい説明はp. 69，106，191を見よ[5]．

7.3.4 分散力(ロンドン力)

瞬間双極子と誘起瞬間双極子の間の相互作用のこと．原子中では正電荷をもつ原子核の周りを，負電荷をもつ電子が動き回っている．その電子が瞬間的に原子の右側に偏ったとすると，原子はその瞬間，右側が負，左側が正に分極する．これを瞬間分極，この状態を瞬間双極子という．すると，この右隣にいる別の原子中の電子はこの瞬間双極子の影響を受けて，右側に移動する．つまり，この隣の原子も正負に分極する(この状態を誘起瞬間双極子という)．その結果，二つの双極子は双極子相互作用する[6]．

7.3.5 ファンデルワールス力

ファンデルワールス力(Van der Waals force)とは，静電的相互作用，水素結合以外の分子間相互作用，つまり**双極子相互作用**(永久双極子・永久双極子，永久双極子・誘起双極子相互作用)と**分散力**とを一体化した総称である．

7.3.6 疎水性相互作用

水に溶けにくい疎水性物質，疎水性基同士が，水中で集合する現象を指して疎水基間に**疎水性相互作用**[7]が働くと表現する．詳しくはp. 70，107，108参照．

3) 詳しくは“ゼロからはじめる化学”(丸善)，p. 99参照．

4) “生命科学・食品学・栄養学を学ぶための有機化学 基礎の基礎”(丸善)，p. 115参照．

5) “生命科学・食品学・栄養学を学ぶための有機化学基礎の基礎”(丸善)，p. 84, 91；“ゼロからはじめる化学”(丸善)，p. 158参照．

6) “生命科学・食品学・栄養学を学ぶための有機化学 基礎の基礎”(丸善)，p. 75参照．

7) 生物系の本では“疎水結合”という言葉が今でも見受けられるが，疎水基間に結合があるわけではない．

7.4　立体異性体

7.4.1　シス-トランス異性体（幾何異性体）

C=C 二重結合は C-C 単結合（一重結合）の場合と異なり，C-C（C=C）軸の回りに自由に回転できない[1]．その結果，シス，トランス（*Z*，*E* とも表現する）の二つの異性体が生じる．シス *Z* はともに“同じ側”，トランス *E* は“反対側”を意味する[1]．

シス-トランス異性が生体系で果たす役割は小さくない．視覚は光による視物質レチナールのトランスからシス異性体への変化が関与している．昆虫の性誘因物質（性フェロモン）の一種では，シス体のみが効果をもつ．ラードなどの獣脂（脂肪）と異なり，植物油（脂肪油）が液体なのは，中性脂肪の成分の不飽和脂肪酸がシス体だからである[2]．細胞膜の柔剛性にもリン脂質炭化水素鎖のシス構造が関与している．植物油を硬化油に変える際に生じる**トランス脂肪酸**は心筋梗塞や狭心症などを引き起こす．

1)　頭で納得するだけでなく実際に分子模型で組み立てて，からだの五感で納得せよ．Z はドイツ語の Zusammen，E は Entgegen の略号である．

2)　“生命科学・食品学・栄養学を学ぶための有機化学 基礎の基礎”（丸善），p. 238 参照．

問題 7-7　ブテンには 3 種類の異性体が存在する．構造式を書き，命名せよ．

デモ実験：分子模型でシス-，トランス-2-ブテンをつくる．模型回覧．

答 7-7

$H_2C=CH-CH_2-CH_3$
1-ブテン

$H(H_3C)C=C(H)CH_3$（H 同士・CH_3 同士が同じ側）
シス-2-ブテン（*Z*）

$H(H_3C)C=C(CH_3)H$（H と CH_3 が反対側）
トランス-2-ブテン（*E*）[3]

3)　このほかに 2-メチルプロペン，シクロブタン，メチルシクロプロパンがある．

7.4.2　アミノ酸・糖と光学異性体

われわれのからだの右手・左手と同じように，ある種の分子にも右手分子・左手分子が存在する．その身近な例はうま味調味料である L-グルタミン酸ナトリウムというアミノ酸の**左手分子**である．**右手分子**である D-グルタミン酸ナトリウムにうま味はない．その理由は，われわれのからだが L-アミノ酸からできているからである．L-アミノ酸からできた舌の味らい（味を感じる部分）のタンパク質は D-アミノ酸とうまく相互作用できない．この立体特異性を手袋の話にたとえれば，左右の手袋はそれぞれ左右用であり，左右逆では手に合わないことに対応する．

デモ実験：D, L-アミノ酸をなめる・味をみる．L(+)-，D(−)-グルタミン酸ナトリウム（D-は市販品なし），L-，D-メチオニン（市販薬品あり）などのアミノ酸で試みるとよい．

糖にも右手と左手の分子が存在する．からだの中のさまざまな酵素など，からだをつくるほとんどすべての物質が右手分子・左手分子を区別することにより，からだはうまく機能している．分子の右左の概念が生体にとって大変重要であることが理解できよう．この分子の右手・左手を分子の**キラリティー（不斉）**という[4]．

4)　キラル chiral とはギリシャ語で“手”の意味である．ちなみに D-，L-アミノ酸の D は dextro 右，L は levo 左 の意である．

アラニン $CH_3CH(NH_2)COOH$ の分子模型をつくると，下図(a)，(b)の 2 種類の立体構造があることがわかる．(a)，(b)はアラニン分子中心の C* 原子と結合した原子や官能基（水素原子（-H），メチル基（$-CH_3$），アミノ基（$-NH_2$），カルボキシ基（-COOH））の空間的な相対位置（$-CH_3$，$-NH_2$）が異なっているだけであり[5]，いわば左手・右手の関係であるので，これらを**対掌体**（一対の手のひらに対応するもの），または，これらは鏡に映した関係であるので**鏡像体**ともいう．

デモ実験：分子模型で D-，L-アラニンをつくる．模型回覧．

5)　分子模型を使って両者を重ね合わせてみよう．

これらは融点・密度などの通常の物理的性質や化学的性質はまったく同一である

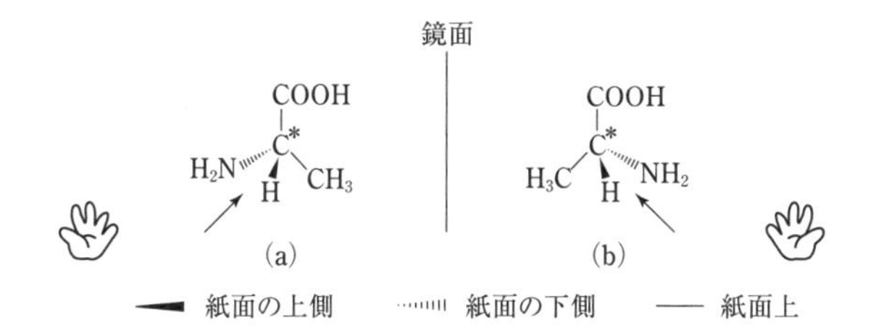

が，光に対する性質(**旋光性**[6])が異なるので対掌体(鏡像体)は互いに**光学異性体**であるといい，右手・左手に対応する異性体をDとLで表す[7]．光学異性体と**シス-トランス異性体**(**幾何異性体**)は，分子中の原子の結合順序が同じで空間配置・立体構造のみが異なるので**立体異性体**とよばれる[8]．

光学異性体，対掌体(鏡像体，エナンチオマー)は，分子中に**不斉炭素**(C^*で表す，上図参照)とよばれるCの4本の手がすべて異なる原子，基(上の例では-H，$-NH_2$，-COOH，$-CH_3$)と結合した炭素原子が存在するときに生じる．同じものが二つ以上結合すると対掌体は生じない[9]．示性式中で炭素原子が不斉炭素であることを示すときは，$CH_3C^*H(NH_2)COOH$のように$\underline{C^*}$で表す(上図および下図)．

糖，乳酸，アミノ酸などの有機分子の絶対配置D，Lは下図のグリセルアルデヒド[10]を基に定義，区別されている．

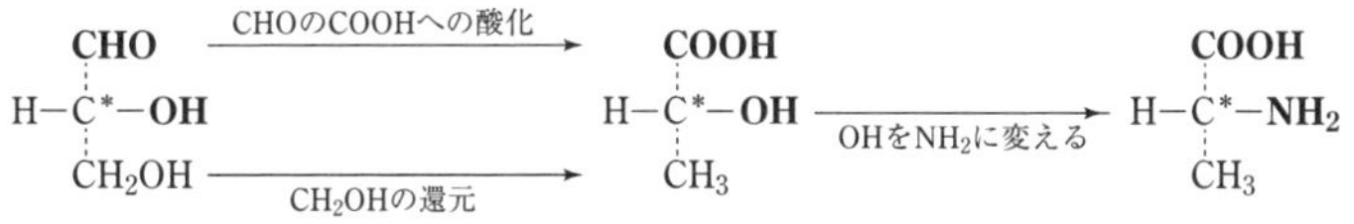

```
      CHO      CHOのCOOHへの酸化        COOH                              COOH
      :        ───────────→            :                                 :
  H−C*−OH                          H−C*−OH  ─────────────────→  H−C*−NH2
      :                                 :      OHをNH2に変える           :
     CH2OH     ───────────→            CH3                               CH3
               CH2OHの還元
D-グリセルアルデヒド                   D-乳酸                         D-アラニン

   L-グルコース        D-グルコース
       CHO                 CHO
        |                   |
   HO−C−H              H−C−OH
        |                   |
    H−C−OH            HO−C−H
        |                   |
   HO−C−H              H−C−OH
        |                   |
   HO−C−H              H−C−OH
        |                   |
      CH2OH               CH2OH
```

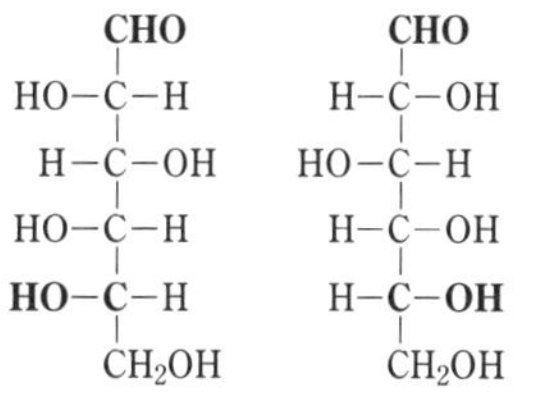

分子中央のC^*は紙面，—は紙面の上側，…は紙面の下側に原子や基があることを意味する．この書き方をフィッシャーの投影図という．アミノ酸と糖類の多くに光学異性体が存在する[11]．

問題 7-8 D-，L-アラニンの構造式を書け．

答 7-8 D-アラニンは上図を見よ．L-アラニンはD-アラニンのHとNH_2を左右入れ替えたものである．ただし，L-ではNH_2基はH_2N-と書く．

問題 7-9 なぜ，光学異性体が重要か．

(1) アミノ酸分子には不斉炭素が存在するので，必然的にD体とL体の光学異性体を生じる．アミノ酸79個からなるポリペプチドには何個の光学異性体が存在するか．

(2) 生体中のアミノ酸には光学異性体の片方だけが存在する．その理由を述べよ．

6) **偏光，旋光性，光学活性**(旋光性を示すこと)．光学活性物質については，"生命科学・食品学・栄養学を学ぶための有機化学 基礎の基礎"(丸善)，p. 169, 170 参照．

7) 光学異性体には，鏡像異性体(エナンチオマー)と，鏡像関係にないジアステレオ異性体(ジアステレオマー)がある．後者は糖類のように後述の不斉炭素が分子中に2個以上ある場合に生じる．例：DDとLL，DLとLDはエナンチオマー，DDとDL，LDはジアステレオマー．

8) 分子中の原子の結合順が異なるものは**構造異性体**(p. 33，34，46)という．

9) 上の例でCH_3がHに変わったグリシンで考えよ，C-COOH軸回りに120°回転させると(a)，(b)の構造式は同じになる．ねじれ，らせんの向きの違いに基づく光学異性体も存在する．

10) グリセリンの一方の端のC-OHがアルデヒド基CHOに変化したもの．グリセルアルデヒドはもっとも簡単な糖，三炭糖のアルドース(p. 76)である．

11) 生体中のアミノ酸はL体，糖はD体のみからなる．ただし微生物が生産するペプチドなどにはD体が含まれている場合がある．

答 7-9

(1) 一つのアミノ酸あたり2個の光学異性体が存在するので，79個のアミノ酸からなるペプチドでは，$2^{79} = 6.0 \times 10^{23}$（アボガドロ数）個もの光学異性体を生じる！

(2) 両方の光学異性体が存在すれば，ポリペプチドは(1)のように1 molの物質量でも1分子ずつ異なった異性体の混合物となってしまい，生体機能を精密には制御できない．D，Lの片方で統一すれば異性体を生じないので，特異性，選択性を生み出すことが容易となる．

まとめ問題　21　以下の語句を説明せよ：

原子の電子配置，電子式，イオンと価数，共有結合と価数，配位結合，アンモニアの塩基性のもと，第四級アルキルアンモニウム塩，アミノ酸の双性イオンと等電点，多重結合の反応性，芳香属性，電気陰性度，極性，水素結合，カルボニル基の性質，分子間相互作用（分子間力），静電的相互作用，双極子相互作用，分散力，ファンデルワールス力，疎水性相互作用，幾何異性体，光学異性体．

参考文献

- 立屋敷　哲 著，“ゼロからはじめる化学”，丸善(2008).
- 立屋敷　哲 著，“生命科学・食品学・栄養学を学ぶための有機化学 基礎の基礎”，丸善(2002).
- 新村　出 編，“広辞苑 第六版”，岩波書店(2008).
- “ブリタニカ国際大百科事典”，ブリタニカ・ジャパン(2013).
- “医学大辞典 第19版”，南山堂(2006)；第20版(2015).
- 香川靖雄，野澤義則 著，“図説医化学 第3版”，南山堂(1995).
- O. Lippold, B. Cogdell 著，入来正躬，永井正則 訳，“生理学 はじめて学ぶ人のために”，総合医学社(1995).
- 山本敏行，鈴木泰三，田崎京二 著，“新しい解剖生理学 改訂第10版”，南江堂(1999).
- J. M. Berg, J. L. Tymoczko, L. Stryer 著，入村達郎，岡山博人，清水孝雄 監訳，“ストライヤー生化学 第4版”，東京化学同人(1996)；第5版(2004).
- 奥　恒行 編，“基礎から学ぶ生化学”，南江堂(2008).
- 渡辺早苗，寺本房子，丸山千寿子，藤尾ミツ子 編，“保健・医療・福祉のための栄養学”，医歯薬出版(2000).
- 川端輝江 編著，“改訂新版 基礎栄養学”，アイ・ケイ コーポレーション(2012).
- 青柳康夫，筒井知己 著，“標準食品学総論 第2版補訂”，医歯薬出版(2006).
- 五明紀春，グュエン ヴァン チュエン，倉田忠男，谷本信也 著，“アクセス生体機能成分”，技報堂出版(2003).
- 川井英雄 編，“食べ物と健康 食品の安全性と衛生管理”，医歯薬出版(2004).
- 三浦　登ほか 著，“新編新しい科学2：分野　上”，東京書籍(2005).
- 三浦　登ほか 著，“新編新しい科学1：分野　下”，東京書籍(2005).
- 浅島　誠ほか 著，“生物”，東京書籍(2013).
- 浅島　誠ほか 著，“生物基礎”，東京書籍(2012).
- 嶋田正和ほか 著，“生物”，数研出版(2013).
- 吉里勝利ほか 著，“高等学校 生物基礎”，第一学習社(2012).
- 細谷治夫ほか 著，“高等学校化学 II”，三省堂(2004).
- 井口洋夫，木下　實ほか 著，“化学 II”，実教出版(2004).
- T. Smith, D. Vukovich, “Allied Health Chemistry”, Prentice-Hall(1997).（化学計算の基礎を1から解説した本）
- 立屋敷　哲 著，“演習　溶液の化学と濃度計算 実験・実習の基礎”，丸善(2004).

索　引

あ

い

き

く

け

こ

さ

し

す

せ

と

な

に

ぬ

ね

の

は

ひ

ふ

へ

り

る

れ

ろ

著者略歴

立屋敷　哲（たちやしき・さとし）

理学博士
現　職：女子栄養大学　教授
1949 年　福岡県大牟田市生まれ
1971 年　名古屋大学理学部卒
研究分野：無機錯体化学，無機光化学，無機溶液化学
E-mail：tachi@eiyo.ac.jp（ご意見・ご助言ください）

からだの中の化学

平成 29 年 3 月 30 日　発　行

著作者　立 屋 敷　　哲

発行者　池　田　和　博

発行所　丸善出版株式会社
〒101-0051 東京都千代田区神田神保町二丁目17番
編集：電話(03)3512-3261／FAX(03)3512-3272
営業：電話(03)3512-3256／FAX(03)3512-3270
http://pub.maruzen.co.jp/

組版印刷・株式会社 日本制作センター／製本・株式会社 松岳社

ISBN 978-4-621-30141-8　C 3043　Printed in Japan

キーワードと基本知識

1章　有機化合物命名のための基礎知識

数詞　1～10，20，22	モノ，ジ，トリ，テトラ，ペンタ，ヘキサ，ヘプタ，オクタ，ノナ，デカ，イコサ，ドコサ					
アルカン　R-H C_nH_{2n+2}：n = 1～6	メタン CH_4	エタン C_2H_6	プロパン C_3H_8	ブタン C_4H_{10}	ペンタン C_5H_{12}	ヘキサン C_6H_{14}
アルキル基　R- C_nH_{2n+1}-：n = 1～4	メチル CH_3- CH_3-	エチル C_2H_5- CH_3CH_2-	プロピル C_3H_7- $CH_3CH_2CH_2$-	ブチル C_4H_9- $CH_3CH_2CH_2CH_2$-	（ペンチル，ヘキシル）	

有機化合物のグループとその官能基，代表的化合物とその化学式，名称

化合物群名	官能基	化合物と化合物名(IUPAC 置換命名法：炭素数で命名)
ハロアルカン　R-X	ハロゲン元素　-X	$CHCl_3$　トリクロロメタン(慣用名：クロロホルム)
アルコール　R-OH	ヒドロキシ基　-OH	C_2H_5OH　エタノール(エタン＋オール(-ol))，レチノール
アルデヒド　R-CHO	アルデヒド基　-CHO	HCHO　メタナール[1](メタン＋アール(-al))，レチナール
ケトン　R-CO-R′	ケトン基　C-CO-C	CH_3COCH_3　プロパノン[2](プロパン＋オン(-one))
カルボン酸　R-COOH	カルボキシ基　-COOH	CH_3COOH　エタン酸(エタン＋酸，慣用名：酢酸)C_{22}の酸[3]
エステル　R-COO-R′	エステル結合　C-COO-C	$CH_3COOC_2H_5$　エタン酸エチル[4]，(中性脂肪，リン脂質)
アミド　R-CO-NR′R″	アミド結合　C-CO-N(C)$_2$ (カルボニル基 -CO-)	$CH_3CON(CH_3)_2$　*N,N*-ジメチルエタンアミド[5](ペプチド[6]) アルデヒド，ケトン，カルボン酸，エステル，アミドに共通
アルケン　…-C=C-…	二重結合　-C=C-	$CH_2=CH_2$　エテン[7](エタンの語尾をエン(-ene))，カロテン[8]
化合物群名	**官能基**	**化合物と化合物名(IUPAC 基官能命名法：メチル・エチルで命名)**
エーテル　R-O-R′， アミン　R-NH_2，RR′NH，RR′R″N	エーテル結合　C-O-C アミノ基　-NH_2	$C_2H_5OC_2H_5$　ジエチルエーテル CH_3NH_2　メチルアミン，$(C_2H_5)_3N$　トリエチルアミン
芳香族炭化水素	フェニル基　C_6H_5-	C_6H_6　ベンゼン，C_6H_5OH　フェノール

1) ホルムアルデヒド，2) アセトン，3) ドコサン酸(C_{22})，4) 酢酸エチル，5) *N,N*-ジメチルアセトアミド，6) タンパク質，7) エチレン，8) その他，DHA，EPA など．

タンパク質を構成する 20 種類の α-アミノ酸

α-アミノ酸	略号	R-CH(NH$_2$)-COOH の側鎖 R	α-アミノ酸	略号	側鎖 R
脂肪族アミノ酸			芳香族アミノ酸		
グリシン	Gly，G	H	フェニルアラニン	Phe，F	C_6H_5-CH_2-
アラニン	Ala，A	CH_3-	チロシン	Tyr，Y	HO-C_6H_4-CH_2-
バリン	Val，V	CH_3-CH(-CH_3)-	トリプトファン	Trp，W	(インドール環)-CH_2-　N-H
ロイシン	Leu，L	CH_3-CH(-CH_3)-CH_2-	酸性アミノ酸		
イソロイシン	Ile，I	CH_3-CH_2-CH(-CH_3)-	アスパラギン酸	Asp，D	HOOC-CH_2-
プロリン	Pro，P	(ピロリジン環) COO^-，H，N^+(H)(H)	グルタミン酸	Glu，E	HOOC-CH_2CH_2-
			アミド		
			アスパラギン	Asn，N	H_2N-C(=O)-CH_2-
ヒドロキシアミノ酸(脂肪族)			グルタミン	Gln，Q	H_2N-C(=O)-CH_2CH_2-
セリン	Ser，S	HO-CH_2-	塩基性アミノ酸		
トレオニン(スレオニン)	Thr，T	CH_3-CH(-OH)-	ヒスチジン	His，H	(イミダゾール環)-CH_2-　N，N-H
含硫アミノ酸(脂肪族)			リシン	Lys，K	H_2N-$(CH_2)_3CH_2$-
システイン	Cys，C	HS-CH_2-	アルギニン	Arg，R	H_2N-C(=NH)-NH-$(CH_2)_2CH_2$-
メチオニン	Met，M	CH_3-S-CH_2-CH_2-			

タンパク質，脂質，糖質と代表的化合物の名称，構造式

タンパク質：ポリペプチド，ペプチド結合 −C(=O)−N(−H)−（アミノ酸同士のアミド結合），一〜四次構造と変性，等電点

脂質：中性脂肪・トリアシルグリセロール（トリグリセリド）
（脂肪酸 RCOOH とグリセロールのエステル，アシル基 R−CO−，−CO−R）

$CH_2-O-C(=O)-CH_2CH_2\cdots CH_2CH_3$
$CH-O-CO-R$
$CH_2-O-CO-R$

（グリセロ）リン脂質・ホスファチジルコリン
（レシチン）

$CH_3CH_2\cdots CH_2CH_2-CO-O-CH_2$
$CH_3CH_2\cdots CH_2CH_2-CO-O-CH$
$CH_2-O-P(=O)(O^-)-O-CH_2-CH_2-N^+(CH_3)_3$

コレステロール，コレステロールエステル

糖質：

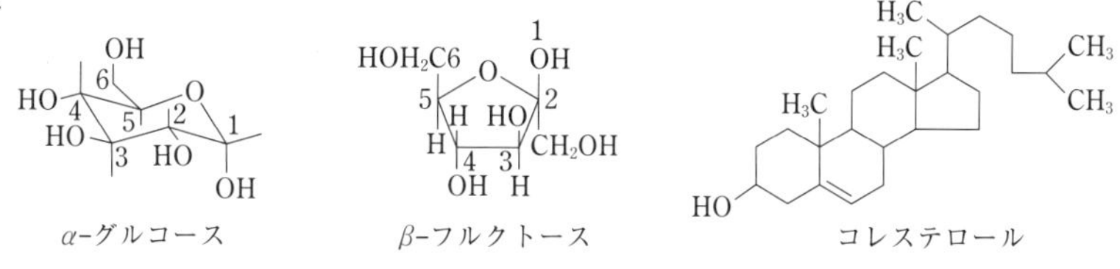

α-グルコース　β-フルクトース　コレステロール

デンプンとセルロース ⟶ (*O*)-グリコシド結合，α(1→4)結合と β(1→4)結合

2章

(1) 代謝（metabolism，同化と異化）：同化（還元反応：食物は体成分になる），異化（酸化反応：食物は二酸化炭素，水，尿素などになり，体外へ排泄される，この過程で，生きるためのエネルギーが取り出される）．

(2) 熱量（カロリー，代謝量）計算の基礎：ヘスの法則（総熱量保存の法則）とエネルギー保存則の成立，生きるためのエネルギー（代謝量）＝食物から摂取したエネルギー≒食物の燃焼熱，熱の仕事当量：1 cal≒4.2 J.

(3) 食物から得られる生きるためのエネルギーとエネルギー保存則：化学エネルギー≒結合エネルギー，自由エネルギー（化学的位置エネルギー）を ATP に蓄える ⟶ 生きるためのエネルギー ⟶ 熱（体温 ⟶ 体外へ放熱）．

3章

(1) 酸と塩基：胃酸・塩酸 HCl と膵液・炭酸水素ナトリウム $NaHCO_3$，オキソ酸とそのイオン，中和反応．

(2) 水と油・親水性と疎水性・疎水性相互作用：細胞膜＝油層はリン脂質（せっけん，界面活性剤の一種）からなる，水溶性と脂溶性ビタミン，ペプチドホルモンとステロイドホルモン，水に溶けにくい脂質（脂肪酸の炭素鎖長と cmc，クラフト点）の消化・運搬と胆汁酸塩・リポタンパク質，乳化・水中油滴型エマルションとミセル形成の違い．

(3) 呼吸・体内におけるガス交換と圧力，気体の法則：大気圧（1013 hPa，760 mmHg，1034 cmH_2O）と血圧（mmHg），分圧の重要性，ボイルの法則（PV＝一定），シャルルの法則（V/T＝一定），ボイル・シャルルの法則（PV/T＝一定），ドルトンの分圧の法則（$P=P_1+P_2$），ヘンリーの法則（気体溶解度 S_i/分圧 P_i＝一定）とガス交換の仕組み．

(4) 肝臓の役割，代謝＝有機物・体成分の反応（酸化還元，脱離反応，付加反応，アルドール反応）
解糖系：グルコース（C_6）⟶ 2 ピルビン酸（C_3）＋4 H（2 ATP）⟶ 2 アセチル CoA＋2 CO_2＋4 H（無酸素：2 乳酸）
クエン酸回路（TCA 回路，アルコールの酸化）：2 アセチル CoA（C_2）＋6 H_2O ⟶ 4 CO_2＋16 H＋2HS-CoA（2GTP））
電子伝達系：24 H＋6 O_2 ⟶ ＋12 H_2O（26 ATP 合成，五炭糖リン酸回路，糖新生，尿素回路，脂肪酸代謝・β酸化）

4章

(1) 恒常性（ホメオスタシス）体液は pH 一定：炭酸緩衝液 HCO_3^-/H_2CO_3 の役割，アシドーシスとアルカローシス，リン酸緩衝液 $HPO_4^{2-}/H_2PO_4^-$），$[H^+]=10^{-pH}$，$pH=-\log[H^+]$，$[H^+][OH^-]=10^{-14}$（中性は pH 7）．

(2) 体液の浸透圧は一定：血漿と組織液間の物質交換と血圧・膠質（コロイド）浸透圧，オスモル濃度（粒子濃度）とファントホッフの式，脱水症と浮腫の原因，メック mEq/L とイオン濃度，電解質代謝，腎臓の役割．

(3) 体温は一定：反応速度は温度 10℃上昇で 2〜4 倍増．半減期．体温一定で反応速度一定．酵素（触媒），一次反応．

5章

DNA：プリン塩基（アデニン A，グアニン G），ピリミジン塩基（シトシン C，チミン T（RNA ではウラシル U）），相補性（A-T，G-C），活動電位，神経伝達物質，ホルモン（ペプチド，アミン，ステロイド），免疫・抗原抗体反応（IgG，IgE）．